Die deutsche Rüstungsindustrie in ihren Türkeigeschäften
zwischen 1871 und 1914

ETHNIEN · REGIONEN · KONFLIKTE

Herausgegeben von Abraham Ashkenasi

Band 13

PETER LANG
Frankfurt am Main · Berlin · Bern · Bruxelles · New York · Oxford · Wien

Fahri Türk

Die deutsche Rüstungsindustrie in ihren Türkeigeschäften zwischen 1871 und 1914

Die Firma Krupp, die Waffenfabrik Mauser und die Deutschen Waffen- und Munitionsfabriken

Ein Beitrag
zu deutsch-türkischen Beziehungen

PETER LANG
Frankfurt am Main · Berlin · Bern · Bruxelles · New York · Oxford · Wien

Bibliografische Information der Deutschen Nationalbibliothek
Die Deutsche Nationalbibliothek verzeichnet diese Publikation in der Deutschen Nationalbibliografie; detaillierte bibliografische Daten sind im Internet über <http://www.d-nb.de> abrufbar.

Zugl.: Berlin, Freie Univ., Diss., 2006

D 188
ISSN 0934-0343
ISBN 3-631-56041-9

www.peterlang.de

Meinem Vater
Muharrem Türk

Danksagung

Die vorliegende Arbeit wurde am 20. Juli 2006 vom Fachbereich Politik- und Sozialwissenschaften Otto-Suhr-Institut für Politikwissenschaft an der Freien Universität Berlin als Dissertation angenommen.

An erster Stelle möchte ich meinem Doktorvater, Herr Prof. Dr. em. Abraham Ashkenasi, für seine Betreuung und die stetige freundliche Aufnahme herzlich danken. Herr Prof. Dr. Hajo Funke danke ich für die zügige Erstellung des Zweitgutachtens und für seinen Beitrag an der angenehmen Atmosphäre während der Disputation.

Allen Freunden, die mich ertragen und an mich geglaubt haben, gilt mein Dank. Ich bin meinem teuren Freund, Dilek Taşkın, zu Dank verpflichtet, der das Manuskript aufmerksam gelesen und mir wertvolle Hinweise gegeben hat. Meinem Freund, Dipl.- Ing. Architekten Haydar Türk, möchte ich ebenfalls meinen Dank aussprechen, der mir bei der Neuformatierung der Tabellen und Grafiken dieser Dissertation behilflich war. Mein ganz besonderer Dank gilt meinem unersetzlichen Schulfreund, Dipl.- Betriebsw. Hacı Say, der mir die Mittel für die Drucklegung dieses Buches zur Verfügung gestellt hat. Ich danke ebenfalls meinem langjährigen Schulfreund, Finanzberater Dipl.-Volksw. İlhan Malkoç, der mich in den turbulenten Zeiten vielseitig unterstützt hat.

Darüber hinaus danke ich den Archivaren des politischen Archivs des Auswärtigen Amtes in Berlin und denen des historischen Archivs der Firma Krupp in Essen. In diesem Zusammenhang bedanke ich mich besonders beim Krupparchivar, Herrn Mark Stagge, für seine Bereitschaft zur Klärung einiger statistischer Daten. Ich bin Herrn Walter Schmid aus Oberndorf ebenfalls zu Dank verpflichtet für die zur Verfügungstellung seiner Informationen, die einen entscheidenden Beitrag zur Analyse der Waffenfabrik Mauser geleistet haben.

Nicht zuletzt möchte ich meiner Mutter, Ayşe Türk, danken, die meinen beruflichen Werdegang nicht nur ermöglicht, sondern mir felsenfest zur Seite gestanden hat, wann ich immer sie brauchte, weswegen ich ihr nicht genug danken kann. In diesem Zusammenhang gedenke ich meines toten Vaters, Muharrem Türk, in ewiger Dankbarkeit. Meinem Vater, der mit großem Interesse zwar ihren Beginn, aber nicht mehr ihre Fertigstellung erleben durfte, widme ich diese Arbeit.

Fahri Türk — Berlin-Charlottenburg, im Juli 2006

VORWORT

Die vorliegende Arbeit von Fahri Türk ist als Dissertation am Fachbereich Politik- und Sozialwissenschaften an der Freien Universität Berlin entstanden. Der Autor geht dem Erkenntnisinteresse nach, wie die deutsche Rüstungsindustrie die deutsch-türkischen zwischenstaatlichen Beziehungen zwischen 1871 und 1914 (mit-) gestaltete. Diese Arbeit gliedert sich insgesamt in sechs Kapitel. Nach dem der Fragestellung und dem Forschungsstand dienenden Kapitel 1 behandelt der Autor im Kapitel 2 in groben Zügen den historischen Hintergrund der deutsch-türkischen Beziehungen, wobei er sie in ihren Frühphasen und in der Bismarck'schen Ära behandelt. Nach einem kurzen Überblick über den deutsch-türkischen Handel beschäftigt sich der Autor in diesem Kapitel hauptsächlich mit den Triebkräften der deutsch-türkischen Beziehungen, die auf beiden Seiten unterschiedlich bestimmt waren. So spielten der aufsteigende Nationalismus in Wilhelminischen Deutschland, der Einfluss der deutschen Orientpublikation , vor allem aber die deutsche Siedlungsfrage in Anatolien, die mit den Interessen der Alldeutschen verbunden war, beim Eintritt der Türkei in die Interessensphäre der deutschen Öffentlichkeit eine entscheidende Rolle. Im Allgemeinen waren der wirtschaftliche Aufschwung Deutschlands und die deutsche Weltpolitik die wichtigen Komponenten der damaligen deutschen Türkeipolitik. Dem Autor ist es gelungen, diese Rahmenbedingungen, die für das Verstehen der Bemühungen der deutschen Rüstungsindustrie um den türkischen Absatzmarkt wichtig waren, zusammenhängend und verständlich darzustellen. Um die Hintergründe der türkischen Abhängigkeit verständlich zu machen, behandelt der Autor im Rahmen der politischen Lage der Türkei insbesondere das Finanzwesen des Staates und die industrielle Entwicklung der Türkei im 19. Jahrhundert. Auf diesem Hintergrund zeigt er die Brisanz der damaligen finanzpolitischen Situation der Türkei.

Im Kapitel 3 seiner Arbeit behandelt der Autor die Determinanten des deutsch-türkischen Waffenhandels ausführlich, um die deutsche Militärhilfe besser verständlich zu machen. Nach der Behandlung der Reformen der türkischen Armee unter deutschen Offizieren thematisiert er die türkischen Waffenfabriken. Dabei tritt insbesondere die Bedeutung der deutschen Militärmissionen für die Waffenbestellungen aus Deutschland in den Vordergrund. Dem Beitrag von Freiherrn Colmar von der Goltz zur Vermittlung der türkischen Waffenaufträge an die deutschen Waffenfabriken widmet der Autor ein extra Kapitel. Im Kapitel 3 werden nicht nur die Rolle der türkischen Staatsführung sondern auch die der deutschen Institutionen bezüglich der Waffengeschäfte behandelt. Allerdings zeigt der Verfasser dieser Arbeit, dass dem Mahmud Şevket Pascha unter den türkischen Staatsmännern wegen seiner Rolle bei der Einführung der Mauser-Gewehre eine besondere Bedeutung zukommt. Dabei ist dem Autor gelungen zu zeigen, auf welche Weise die deutschen Militärberater einen großen Einfluss auf das türkische Offizierkorps im Hinblick auf die Waffenbestellungen aus Deutschland, vor allem aber solche der Firmen Krupp und Mauser ausgeübt haben. Im Hinblick auf die guten Beziehungen zwischen dem Hause Krupp und dem Kaiser Wilhelm II. führt der Autor dieser Arbeit vor Augen, inwieweit die deutschen Reichsinstitutionen Hand in Hand mit den großen Waffenproduzenten arbeiteten, um die türkischen Waffenaufträge für die deutsche Industrie zu sichern.

Nachdem der Autor im Kapitel 4 zunächst einen Überblick über die deutschen Waffenfirmen gegeben hatte, führt er die Beziehung zwischen der deutschen Rüstungsindustrie und der Politik detailliert aus. Anschließend identifiziert er die deutschen Waffenfabriken, mit denen die Türkei Geschäfte gemacht hatte. In diesem Zusammenhang untersucht der Autor die Deutschen Waffen- und Munitionsfabriken, wobei die Lieferungen an die Türkei, die Konkurrenz, der Anlagenbau in der Türkei und die Finanzierung der Waffengeschäfte behandelt werden. Nach der Behandlung der deutschen Metallpatronenfabrik Lorenz hat der Autor die Ehrhardt-Werke analysiert, um die innerdeutsche Konkurrenz zwischen der Firma Krupp und den Erhardt-Werken besser verständlich machen zu können. So wird verdeutlicht, inwieweit die Reichsinstitutionen die Firma Krupp gegenüber den Erhardt-Werken im Türkeigeschäft unterstützten. Anschließend werden die Lieferungen an die Türkei und die internationale Konkurrenz behandelt.

Nach einem Überblick über den technischen Fortschritt des Militärgewehres im Allgemeinen konzentriert sich der Autor auf die Firma Mauser und ihre Beziehungen zur Türkei. In einem ersten Schritt werden die türkischen Aufträge an die Firma Mauser behandelt. Anschließend vergleicht der Autor die Mauser-Gewehr-Modelle mit anderen ausländischen Modellen der türkischen Armee, um zu zeigen, wie die Firma Mauser allmählich in diesem Feld die Oberhand gewann. In einem weiteren Schritt analysiert er die türkischen Abnahmekommissionen in Oberndorf, die Beziehungen der Firma zum türkischen Herrscherhaus und die Probleme in der jungtürkischen Ära. In einem nächsten Schritt behandelt er die Bedeutung der türkischen Aufträge für die Entwicklung der Mauser-Werke und damit auch die der Stadt Oberndorf. In diesem Rahmen macht der Autor auf die Rolle aufmerksam, die die türkischen Aufträge für die Existenz des Unternehmens und damit auch für die Beschäftigung der Arbeiter in der Stadt spielten. In einem weiteren Schritt vergleicht der Autor die ausländischen Aufträge an die Firma Mauser anhand von statistischen Daten. Ihm ist es gelungen, anhand einer empirischen Analyse zu zeigen, wie die Mauser Gewehr-Modelle im türkischen Heer allmählich die Oberhand gewannen.

Im Kapitel 5 beschäftigt sich der Autor mit der Firma Krupp und ihren Beziehungen zur Türkei. Zuerst nimmt er Krupps Beziehungen zur politischen Führung des Kaiserreiches unter die Lupe, um vor Augen zu führen, inwieweit Politik und Wirtschaft im Zeitalter des Imperialismus interagieren konnten. In diesem Zusammenhang weist er darauf hin, dass die deutsche Vertretung in İstanbul bei der Beschaffung der Rüstungsaufträge im Einvernehmen mit der Kruppvertretung eine unersetzliche Hilfe geleistet hatte. In einem weiteren Schritt werden die Beziehungen der Firma Krupp zur Türkei und die Türkeivertretung der Firma Krupp behandelt. In einem nächsten Schritt stellt der Autor Kanonenkäufe im internationalen Vergleich dar. Danach erläutert er die türkischen Besuche bei der Firma Krupp, die Ansichten von Alfred Krupp über die Türkei, seine Beziehung zum türkischen Sultan, die Finanzierung der Waffengeschäfte und die Korruptionsfälle in Waffengeschäften, um das Wesen des Türkeigeschäftes der Firma Krupp verständlich zu machen. Dem Autor ist es gelungen, anhand des statistischen Materials aus dem Firmenarchiv zu zeigen, in welchem Ausmaß die internationale Konkurrenz um die türkischen Aufträge zustande kam. Anschließend wird die Bedeutung der deutschen Militärmissionen behandelt. Wegen der Bedeutung der türkischen Marineaufträge an die Firma Krupp stellte der Autor dieses Thema im Hinblick auf den internationalen Konkurrenzkampf ausführlich dar, nachdem er einen kurzen Überblick über die türkische Marine gegeben hat. Im Rahmen der Beziehungen der Firma Krupp zum jungtürkischen Regime wird der Krupp-Creuzot-Gegensatz im türkisch-bulgarischen Krieg behandelt.

Im Kapitel 6 fasst der Autor die Ergebnisse der Fragestellung abschließend noch einmal zusammen und überprüft, inwieweit diese Ergebnisse für die Fragestellung aussagekräftig sind. In diesem Kapitel ordnet der Autor die aus dieser Analyse gewonnenen Erkenntnisse wieder in ein Gesamtbild ein. Dabei kommt er zum Schluss, dass rüstungswirtschaftlicher Transfer zwischen der Türkei und Deutschland in der republikanischen Ära diesmal in Form von „Transfer von Produktionsanlagen und Personal“ zustande gekommen ist.

Für die Bearbeitung dieses Themas zieht der Autor im Wesentlichen das politische Archiv des Auswärtigen Amtes in Berlin und das Historische Archiv Krupp in Essen heran. Es muss besonders hervorgehoben werden, dass die erstmalige Verwendung des Materials von dem Krupp'schen Firmenarchiv einen wichtigen Beitrag zum Stand der Türkeiforschung geleistet hat. Da die Rolle des Waffenhandels und insbesondere der Beitrag der deutschen privaten Waffenfirmen zur Entwicklung der Beziehungen zwischen der Türkei und Deutschland in der Forschung bisher stark vernachlässigt wurden, gelang es dem Autor, einen eigenständigen Beitrag zu diesem Thema zu leisten. Somit schließt diese Arbeit eine wichtige Forschungslücke in diesem Bereich.

Mit der Auswahl des rüstungswirtschaftlichen Erklärungsansatzes von U. Albrecht richtet der Autor bei dieser Untersuchung die Aufmerksamkeit auf den Waffenhandel, der in dieser Arbeit zunächst als integraler Bestandteil der Militärhilfe (Lieferung von Waffen und Munition) betrachtet wird. Ferner hat der Autor in seiner Arbeit gezeigt, dass der Waffen- und Munitionshandel zwischen der Türkei und den deutschen Waffenfabrikanten ein wichtiger Teil des deutsch-türkischen Handels im Zeitraum von 1880 bis 1898 gewesen war. Der Autor ist zum Schluss gekommen, dass die Umsetzung des rüstungswirtschaftlichen Transfers in Form von „Transfer von Produktionsanlagen und Personal“ weder durch die Waffenfabrik Mauser noch durch die Firma Krupp bestätigt werden kann, während der rüstungswirtschaftliche Transfer im Hinblick auf die Türkei von diesen beiden Waffenfabriken durch die Bereitstellung von Rüstungsgütern (Gewehren und Kanonen) verwirklicht wird.

Der Waffenhandel trat bei den Abrüstungsbemühungen der internationalen Staatengemeinschaft offen zutage. Nach 1947 ergänzten die Vereinigten Staaten von Amerika die Waffenbedürfnisse der Türkei. In beiden Fällen ging für die Türkei der Hauptimpuls für diese Waffeneinkäufe von der vermeintlichen Gefahr aus Russland und später aus der Sowjetunion aus. Bekannterweise war die Firma Mauser eine jüdische Firma. Tatsächlich in der Nachkriegszeit wurden die türkischen Beziehungen zu Israel stärker für einen islamischen Staat auf diesem Gebiet, als man im Allgemeinen vermuten würde. Dieses Dissertationsthema legt die Bedeutung des Waffenhandels in den zwischenstaatlichen Beziehungen und damit auch die der Abrüstung auf der internationalen Ebene offen zutage.

Prof. Dr. em. Abraham Ashkenasi Berlin-Zehlendorf, im Juni 2006

Inhaltsverzeichnis

1 Einleitung 1

1.1 Fragestellung und Aufbau der Arbeit 1

1.2 Forschungsstand 5

1.3 Theoretischer Rahmen der Arbeit 8

1.4 Anmerkungen 13

2 Historischer Hintergrund der deutsch-türkischen Beziehungen 17

2.1 Ein kurzer Überblick über den deutsch-türkischen Handel 19

2.2 Die politisch-wirtschaftlichen Rahmenbedingungen der deutsch-türkischen Annäherung 24

2.2.1 Der wirtschaftliche Aufschwung Deutschlands 24

2.2.2 Deutschland und die Weltpolitik 25

2.2.3 Der deutsche Nationalismus im Kaiserreich 29

2.2.4 Der Alldeutsche Verband und sein Interesse in der Türkei 30

2.2.5 Die Deutschen in Palästina und Ansiedlungspläne in Kleinasien 32

2.2.6 Deutsches Interesse an der Türkei und die deutsche Orientpublikation 39

2.3 Die Lage des Osmanischen Reiches im 19. Jahrhundert 42

2.3.1 Das Finanzwesen des Osmanischen Reiches 45

2.3.2 Die industrielle Entwicklung der Türkei 47

2.4 Zusammenfassung 48

2.5 Anmerkungen 49

3 Determinanten des deutsch-türkischen Waffenhandels 57

3.1 Deutsche Militärmissionen 57

3.2 Freiherr Colmar von der Goltz 61

3.3 Die türkischen Waffenfabriken 67

3.4 Die Bedeutung der türkischen Staatsführung für den Waffenhandel 69

3.4.1 Sultan Abdülhamid II 69

3.4.2 Türkische Staatsmänner 72

3.4.2.1 Enver Pascha 76

3.4.2.2 Mahmud Şevket Pascha 78

3.4.3 Türkische Militärs 82

3.5 Die Bedeutung der deutschen Reichsinstitutionen für den Waffenhandel 85

3.5.1 Kaiser Wilhelm II 85

3.5.2 Das Auswärtige Amt 87

3.5.3 Die Deutsche Botschaft in İstanbul 89

3.6 Zusammenfassung 92

3.7 Anmerkungen 95

4 Die deutsche Rüstungsindustrie 101

4.1 Die deutsche Rüstungsindustrie und die Politik 102

4.2 Die Firma Ludwig Löwe & Co. 106

4.3 Die Deutschen Waffen- und Munitionsfabriken (DW & MF) 107

4.3.1 Liferungen an die Türkei 109

4.3.2 Konkurrenz 110

4.3.3 Probleme und Streitpunkte 111

4.3.4 Anlagenbau 113

4.3.5 Finanzierung der Waffengeschäfte 115

4.4 Die Deutsche Metallpatronenfabrik Lorenz 117

4.5 Rheinische Metallwaren- und Maschinenfabriken 119

4.5.1 Lieferungen an die Türkei 120

4.5.2 Ehrhard-Krupp-Konkurrenz 121

4.5.3 Internationaler Kampf um die Aufträge 125

4.6 Ein kurzer Überblick über den Fortschritt des Militärgewehres 129

4.7 Die Gewehrfabrik Mauser ... 131

4.7.1 Türkische Aufträge an die Gewehrfabrik Mauser ... 131

4.7.2 Ein Vergleich der Gewehrmodelle in der türkischen Armee vor und nach der Einführung des Mauser-Gewehres ... 134

4.7.2.1 Das türkische Mauser-Gewehrmodell 1887 ... 136

4.7.2.2 Das türkische Mauser-Gewehrmodell 1890 ... 137

4.7.3 Türkische Abnahmekommissionen in Oberndorf ... 138

4.7.4 Beziehungen zum türkischen Sultanhof ... 139

4.7.5 Die jungtürkische Ära ... 140

4.7.6 Die Bedeutung der türkischen Aufträge für die Entwicklung der Waffenfabrik Mauser und damit auch für die der Stadt Oberndorf ... 141

4.7.7 Ausländische Aufträge bei der Waffenfabrik Mauser im internationalen Vergleich ... 143

4.8 Zusammenfassung ... 147

4.9 Anmerkungen ... 151

5 Die Firma Krupp ... 159

5.1 Die Firma Krupp und die Staatsführung des Kaiserreiches ... 160

5.1.1 Die Hohenzollern und die Familie Krupp ... 160

5.1.2 Die Regierungsbehörden und die Firma Krupp ... 162

5.2 Die Firma Krupp und die Türkei ... 164

5.2.1 Die Türkeivertretung der Firma Krupp ... 169

5.2.2 Kanonenkäufe bei der Firma Krupp im internationalen Vergleich ... 169

5.2.3 Türkische Staatsmänner zu Besuch bei den Krupp-Werken in Essen ... 174

5.2.4 Alfred Krupps Ansichten über die Türkei ... 175

5.2.5 Sultan Abdülhamid II. und die Familie Krupp ... 177

5.2.6 Die Finanzierung der Waffengeschäfte im Hinblick auf die Firma Krupp ... 178

5.2.7 Korruption 180

5.3 Internationale Konkurrenz um die türkischen Aufträge 182

5.4 Deutsche Militärattachés und die Firma Krupp 183

5.5 Die türkische Marine und die Firma Krupp 184

5.5.1 Die türkische Marine 184

5.5.2 Die Firma Krupp in der internationalen Konkurrenz um die türkischen Marineaufträge 187

5.6 Die Firma Krupp in der jungtürkischen Ära 190

5.7 Die Firma Krupp gegen die Firma Schneider-Creuzot auf dem Balkan 193

5.8 Zusammenfassung 194

5.9 Anmerkungen 198

6 Einordnung der Ergebnisse und Ausblick 205

7 Abkürzungsverzeichnis 211

8 Tabellenverzeichnis 213

9 Abbildungsverzeichnis 215

10 Glossar 217

11 Quellen- und Literaturverzeichnis 219

11.1 Quellenverzeichnis 219

11.1.1 Archivmaterialen 219

11.1.2 Andere Quellenpublikationen 220

11.2 Literaturverzeichnis 221

11.3 Hilfsmittel 230

1 Einleitung

Die preußisch[1]-türkischen Beziehungen haben eine 287-jährige Tradition, die sich offiziell in der Ära des preußischen Königs Friedrich Wilhelm I. im Jahre 1718 zu formieren begann. Die Entwicklung dieser Beziehungen wurde vor allem zwischen 1890 und 1914 von der Mächtekonstellation in Europa und den Erwartungen der beiden Staaten sehr stark beeinflusst. Jeder Partner konzentrierte sich auf seinen eigenen Vorteil. Zum einen wollte Deutschland sein ökonomisch-politisches Interesse sichern, um seine weltpolitischen Ziele durchsetzen zu können. Zum anderen wollte die Türkei[2] einen Partner finden, der die Sicherheit und Integrität des türkischen Staates gegenüber den rivalisierenden europäischen Mächten garantieren konnte. Diese Arbeit beschäftigt sich hauptsächlich mit den deutsch-türkischen Beziehungen zwischen 1871 und 1914 unter besonderer Berücksichtigung der deutschen Waffenindustrie. In diesen Jahren war der Waffen- und Munitionshandel die eigentliche Triebkraft des deutsch-türkischen Gesamthandels, damit auch die der deutsch-türkischen Beziehungen. Eine wesentliche Voraussetzung für den Erfolg Deutschlands im Hinblick auf die Intensivierung der Beziehungen zwischen beiden Ländern bildete die vom türkischen Sultan, Abdülhamid II. betriebene Politik, mit der er die europäischen Großmächte gegeneinander ausspielen wollte. Er ließ das Heer reorganisieren und formte es zu einer schlagkräftigen, mit modernen Waffen ausgerüsteten Armee um. Zu diesem Zweck importierte der Sultan seit 1876 in das Osmanische Reich eine erhebliche Menge an Kriegsmaterial aus Deutschland, vorwiegend Mauser-Gewehre und Krupp-Geschütze. Vor allem das Mauser-Gewehr erlangte eine ruhmreiche Tradition in der Türkei, die ihren Widerhall sogar in türkischen Volksliedern fand. Während die traditionellen Waffenexporteure wie Frankreich und England nach und nach an Bedeutung verloren, gewann in der Türkei der Waffenimport aus Deutschland zunehmend an Wichtigkeit. Namentlich die Firma Krupp und die Waffenfabrik Mauser erlangten eine bedeutende Stellung im türkischen Waffenhandel im Allgemeinen. Das Interesse des Verfassers dieser Arbeit an diesem Thema trat nach seiner Diplomarbeit[3] zutage, in der er sich hauptsächlich mit der Bagdadbahn beschäftigt hat.

1.1 Fragestellung und Aufbau der Arbeit

Im Zentrum des Erkenntnisinteresses steht die Frage, wie die deutsche Rüstungsindustrie, die sich in dieser Arbeit als unabhängige Variable darstellt, die abhängige Variable der deutsch-türkischen zwischenstaatlichen Beziehungen zwischen 1871 und 1914 gestaltete. Um der Gefahr zu entgehen, letztlich keine qualifizierte Aussage über die Relevanz des untersuchten Gegenstandes treffen zu können, konzentriert sich diese Arbeit auf die Auswahl einer einzigen unabhängigen Variablen. Die Frage, die in dieser Arbeit beantwortet werden soll, ist, welchen Einfluss die deutsche Rüstungsindustrie, namentlich die Firma Krupp und Mauser bzw. die Deutschen Waffen- und Munitionsfabriken (DW & MF), auf die Entstehung der Abhängigkeit[4] der Türkei bezüglich der Waffenkäufe aus Deutschland ausgeübt hat. Meine These ist, dass der hauptsächliche

Impuls für das deutsch-türkische Verhältnis dieser Zeit einer der Militärhilfe[5] war, der vor allem von der deutschen Rüstungsindustrie selbst ausging, indem sie mit den relevanten Reichsinstitutionen wie dem Auswärtigen Amt in Deutschland, mit der Deutschen Botschaft in İstanbul und mit den türkischen Staatsmännern und Militärs interagierte. Die deutschen Waffenexporteure versuchten im Zeitalter des Imperialismus, die Politik und Technik einzusetzen, um im Wettbewerb mit anderen europäischen Lieferanten als Sieger hervorzugehen. So entstand im Laufe der Zeit im Osmanischen Reich eine starke Abhängigkeit von der deutschen Waffenindustrie. Teilweise versuchte die türkische Führung, ihrer Abhängigkeit von den deutschen Waffenlieferungen durch die Diversifizierung der Waffenkäufe aus Frankreich und Österreich entgegenzuwirken. Allerdings wurde es mit der Zeit wegen der technischen Zwänge für die Türkei sehr schwer, zu anderen Lieferanten als Handelspartner zu wechseln. Eine Reihe von Akteuren, Waffenfirmen wie Krupp und Mauser, versuchten ihre eigenen Interessen[6] in die Tat umzusetzen. In diesem Fall ist davon auszugehen, dass das deutsch-türkische Verhältnis als Ergebnis eines politischen Druckes zu betrachten war, der durch die Interessenvertretung der Waffenproduzenten bedingt war. In diesem Zusammenhang versuchte die deutsche Waffenindustrie nicht nur die oben erwähnten Reichsinstitutionen zu ihren Gunsten zu beeinflussen, sondern unterstützte aktiv auch die aggressiven nationalistischen Strömungen wie den Alldeutschen Verband in der deutschen Innenpolitik. Die Türkei wurde zum Absatzgebiet der deutschen Waffenindustrie und zum peripheren Versuchsfeld des Deutschen Reiches, auf dem es seinen außenpolitischen Handlungsspielraum in den Auseinandersetzungen mit den anderen europäischen Großmächten erproben konnte, wobei in diesem Zusammenhang der Konkurrenz um die türkischen Rüstungsaufträge eine besondere Bedeutung zukam. Die türkischen Waffenaufträge an die deutschen Firmen waren sehr wichtig für die weitere Entwicklung von Waffenfirmen wie der Firma Krupp und Mauser. Aber auch die Türkei forcierte das Vordringen der deutschen Waffenindustrie, um den Einfluss der anderen europäischen Waffenfabriken zurückzudrängen und damit eine mögliche Einigung der Großmächte über die Aufteilung des Osmanischen Reiches zu verhindern. Die türkische Führung, insbesondere Abdülhamid II., versuchte die eigene Position durch geschicktes Taktieren zwischen den Interessenpolen der Waffenfirmen zu stärken, indem sie sie gegeneinander ausspielte. Der Sultan erreichte dieses Ziel konkret mit der Vergabe der Rüstungsaufträge an die deutschen Firmen.

Die politikwissenschaftliche Relevanz dieser Fragestellung ergibt sich daraus, dass rüstungswirtschaftlicher Transfer - d. h. Transfer von Produkten, Produktionsanlagen und Personal - für die Analyse der zwischenstaatlichen Beziehungen einen wichtigen Erklärungsansatz bietet. Dieser Erklärungsansatz wurde weder innerhalb der zwischenstaatlichen Beziehungen im Hinblick auf das Osmanische Reich und Deutschland systematisch erforscht, noch wurde es bisher in der Türkeiforschung zwischen 1871 und 1914 analytisch und empirisch ausreichend betrachtet und bearbeitet. Bisher war die Analyse der Beziehungen zwischen dem Osmanischen Reich und Deutschland Gegenstand der Geschichtsforschung.

Der Versuch, die These dieser Arbeit zu belegen, soll nach folgendem Aufbau geschehen:

Nach dem der Fragestellung und dem Forschungsstand dienenden Schritt Kapitel 1 wird im Kapitel 2 zunächst versucht, in groben Zügen den historischen Hintergrund der deutsch-türkischen Beziehungen (2) zu beleuchten, wobei sie in ihren Frühphasen und in der Bismarck'schen Ära behandelt werden, ohne ins Detail zu gehen. Nach einem kurzen Überblick über den deutsch-türkischen Handel (2.1) beschäftigt sich dieses Kapitel hauptsächlich mit den Triebkräften der deutsch-türkischen Beziehungen (2.2), die auf beiden Seiten unterschiedlich bestimmt waren. So spielten der aufsteigende Nationalismus (2.2.3), der Einfluss der deutschen Orientpublikation (2.2.6), vor allem aber die deutsche Siedlungsfrage in Anatolien (2.2.5), die mit den Interessen der Alldeutschen (2.2.4) verbunden war, beim Eintritt der Türkei in die Interessensphäre der deutschen Öffentlichkeit eine entscheidende Rolle. Im Allgemeinen waren der wirtschaftliche Aufschwung Deutschlands (2.2.1) und die deutsche Weltpolitik (2.2.2) die wichtigen Komponenten der damaligen deutschen Türkeipolitik. Diese Rahmenbedingungen sind wichtig, wenn man die Bemühungen der deutschen Rüstungsindustrie um den türkischen Absatzmarkt verstehen will. In diesem historisch orientierten zweiten Kapitel wird versucht zu zeigen, inwieweit die deutsche Waffenindustrie mit den Alldeutschen kooperiert hat. Um die Hintergründe der türkischen Abhängigkeit verständlich zu machen, müssen im Rahmen der politischen Lage der Türkei (2.3) insbesondere das Finanzwesen des Staates (2.3.1) und die industrielle Entwicklung der Türkei (2.3.2) im 19. Jahrhundert behandelt werden. Auf diesem Hintergrund wird deutlich, dass die damalige Situation der Türkei die Expansionsbestrebungen der deutschen Rüstungsindustrie unmittelbar förderte. Abschließend (2.4) werden die Ergebnisse dann zusammengefasst.

Im Kapitel 3 werden die Determinanten des deutsch-türkischen Waffenhandels ausführlich behandelt, um die deutsche Militärhilfe besser verstehen zu können. Nach der Behandlung der Reformen der türkischen Armee unter deutschen Offizieren (3.1) werden die türkischen Waffenfabriken (3.3) thematisiert. Dabei tritt insbesondere die Bedeutung der deutschen Militärmissionen für die Waffenbestellungen aus Deutschland in den Vordergrund. Aufgrund seines Beitrages zur Vermittlung der türkischen Waffenaufträge an die deutschen Waffenfabriken wird dem Freiherrn Colmar von der Goltz Abschnitt (3.2) gewidmet. In diesem dritten Kapitel werden nicht nur die Rolle der türkischen Staatsführung (3.4), des Sultans (3.4.1), der türkischen Staatsmänner (3.4.2), des Enver Paschas (3.4.2.1) und Militärs (3.4.3), sondern auch die der deutschen Institutionen (3.5), des Kaisers (3.5.1), des Auswärtigen Amtes (3.5.2) und der deutschen Vertretung in İstanbul (3.5.3) bezüglich der Waffengeschäfte behandelt. Allerdings muss der Verfasser dieser Arbeit betonen, dass dem Mahmud Şevket Pascha (2.4.2.2) unter den türkischen Staatsmännern wegen seiner Rolle bei der

Einführung der Mauser-Gewehre eine besondere Bedeutung zukommt. Es wird dabei versucht zu zeigen, auf welche Weise die deutschen Militärberater einen großen Einfluss auf das türkische Offizierkorps im Hinblick auf die Waffenbestellungen aus Deutschland, vor allem aber auf solche der Firmen Krupp und Mauser ausgeübt haben. Aufgrund der guten Beziehungen zum Hause Krupp intervenierte Kaiser Wilhelm II. beim türkischen Sultan für die Vergabe der Aufträge an Deutschland, wann immer es nötig war. In diesem Zusammenhang wird vor Augen geführt, inwieweit die deutschen Reichsinstitutionen Hand in Hand mit den großen Waffenproduzenten arbeiteten, um die türkischen Waffenaufträge für die deutsche Industrie zu sichern. Im Abschnitt (3.6) werden die Ergebnisse zusammengefasst.

Nachdem im Kapitel 4 zunächst ein Überblick über die deutschen Waffenfirmen gegeben wird, wird die Beziehung zwischen der deutschen Rüstungsindustrie und der Politik (4.1) detailliert ausgeführt. Anschließend werden die deutschen Waffenfabriken, die mit der Türkei Geschäfte gemacht hatten, identifiziert. In diesem Zusammenhang werden die DW & MF (4.3) untersucht, wobei die Lieferungen an die Türkei (4.3.1), die Konkurrenz (4.3.2), der Anlagenbau in der Türkei (4.3.4) und die Finanzierung der Waffengeschäfte (4.3.5) zur Sprache gebracht werden sollen. Bei den Problemen und Streitpunkten zwischen der DW & MF und der Türkei (4.3.3) kommt den Rissen an der Hülse der Patronen, die geliefert wurden, eine besondere Bedeutung zu. Nach der Behandlung der deutschen Metallpatronenfabrik Lorenz (4.4) werden die Ehrhardt-Werke (4.5) analysiert, um die innerdeutsche Konkurrenz zwischen der Firma Krupp und den Erhardt-Werken (4.5.2) besser verstehen zu können. So wird verdeutlicht, inwieweit die Reichsinstitutionen die Firma Krupp gegenüber den Erhardt-Werken im Türkeigeschäft unterstützten. Anschließend werden die Lieferungen an die Türkei (4.5.1) und die internationale Konkurrenz (4.5.3) behandelt.

Nach einem Überblick über den technischen Fortschritt des Militärgewehres (4.6) im Allgemeinen wird im Abschnitt (4.7) auf die Firma Mauser und ihre Beziehungen zur Türkei konzentriert. In einem ersten Schritt werden die türkischen Aufträge an die Firma Mauser (4.7.1) behandelt. Anschließend werden die Mauser-Gewehr-Modelle (4.7.2) mit anderen ausländischen Modellen der türkischen Armee verglichen, um zu zeigen, wie die Firma Mauser allmählich im Osmanischen Reich auf diesem Feld die Oberhand gewann. In einem weiteren Schritt werden die türkischen Abnahmekommissionen in Oberndorf (4.7.3), die Beziehungen der Firma zum türkischen Herrscherhaus (4.7.4) und die Probleme in der jungtürkischen Ära (4.7.5) analysiert. Bei den türkischen Abnahmekommissionen in Oberndorf wird dem M. Şevket besondere Achtung geschenkt. In einem nächsten Schritt wird die Bedeutung der türkischen Aufträge für die Entwicklung der Mauser-Werke (4.7.6) und damit auch die der Stadt Oberndorf analysiert. In diesem Rahmen wird die Rolle offensichtlich, die die türkischen Aufträge für die Existenz des Unternehmens und damit auch für die Beschäftigung der Arbeiter in der Stadt spielten. In einem weiteren Schritt werden die ausländischen Aufträge an die Firma Mauser (4.7.7) anhand von statistischen

Daten verglichen. Abschließend (4.8) werden die Ergebnisse dieses Kapitels dann zusammengefasst.

Kapitel 5 beschäftigt sich mit der Firma Krupp und ihren Beziehungen zur Türkei. Zuerst werden Krupps Beziehungen zur politischen Führung des Kaiserreiches (5.1) unter die Lupe genommen, um zu verstehen, inwieweit Politik (5.1.1-5.1.2) und Wirtschaft im Zeitalter des Imperialismus interagieren konnten. Worauf in diesem Zusammenhang hingewiesen werden muss, ist, dass die deutsche Vertretung in İstanbul bei der Beschaffung der Rüstungsaufträge im Einvernehmen mit der Kruppvertretung eine unersetzliche Hilfe geleistet hatte. In einem weiteren Schritt werden die Beziehungen der Firma Krupp zur Türkei (5.2) und die Türkeivertretung der Firma Krupp (5.2.1) behandelt. In einem nächsten Schritt werden Kanonenkäufe im internationalen Vergleich (5.2.2) dargestellt. Danach werden die türkischen Besucher bei der Firma Krupp (5.2.3), die Ansichten von Alfred Krupp (5.2.4) über die Türkei, seine Beziehung zum türkischen Sultan (5.2.5), die Finanzierung der Waffengeschäfte (5.2.6) und die Korruptionsfälle in Waffengeschäften (5.2.7) erläutert, um das Wesen des Türkeigeschäftes der Firma Krupp zu verstehen. Es wird anhand des statistischen Materials versucht zu zeigen, in welchem Ausmaß die internationale Konkurrenz um die türkischen Aufträge (5.3) zustande kam. Anschließend wird die Bedeutung der deutschen Militärmissionen (5.4) behandelt. Wegen der Bedeutung der türkischen Marineaufträge an die Firma Krupp (5.5) wird dieses Thema im Hinblick auf den internationalen Konkurrenzkampf (5.5.2) ausführlich dargestellt, nachdem ein kurzer Überblick über die türkische Marine (5.5.1) gegeben wurde. Im Rahmen der Beziehungen der Firma Krupp zum jungtürkischen Regime (5.6) wird der Krupp-Creuzot-Gegensatz im türkisch-bulgarischen Krieg (5.6.1) behandelt.

Im Kapitel 6 werden die Ergebnisse der Fragestellung abschließend noch einmal zusammengefasst und überprüft, inwieweit diese Ergebnisse für die Fragestellung aussagekräftig sind.

1.2 Forschungsstand

Es gibt eine große Menge deutschsprachiger Sekundärliteratur über die deutsch-türkischen Beziehungen. In der deutschen Literatur gibt es viele Werke über die deutsch-türkischen Beziehungen unter verschiedenen Aspekten, von denen einige hier besonders zu erwähnen sind. Wilhelm von Kampen[7] bezeichnet das Verhältnis Deutschlands zur Türkei in der Wilhelminischen Ära als eine besondere Beziehung eines hoch entwickelten Staates zu einem Entwicklungsland und als eine Spielart von Imperialismus. Er weist darauf hin, dass die deutsch-türkischen Beziehungen einerseits als Imperialismus (Deutschland) und andererseits als Nationalismus (Türkei) bezeichnet werden können. Seiner Meinung nach muss eine dritte Kategorie „Partnerschaft" hinzugefügt werden, um dieses historische Phänomen zu klären. Er bearbeitet in seiner Dissertation die deutsch-türkischen Beziehungen im Hinblick auf die deutsche Orientpublizistik in der Wilhelminischen Ära. Für Friedrich Dahlhaus[8]sind die deutsch-türkischen Beziehungen ihrem Wesen nach als „Zweckfreundschaft" zu bezeichnen. Er behandelt in seiner Dissertation die deutsche auswärtige Kultur- und Pressepolitik bezüglich der Türkei als ein Instrument der deutschen Außenpolitik. Wallach Jehuda[9] schreibt in seinem Werk über die deutsch-türkischen Beziehungen im militärischen Bereich. Sein Buch stützt sich auf deutsche Archivalien und gilt in diesem Bereich als Handbuch. Allerdings muss man darauf hinweisen, dass Jehuda in seiner Arbeit nicht auf den Waffenhandel zwischen Deutschland und der Türkei eingeht. James Madison McGarity[10] behandelt in seiner nicht umfangreichen Dissertation den ausländischen Einfluss auf die türkische Armee, wobei er sein Augenmerk auf die Entwicklung der türkischen Armee zwischen 1908 und 1914 und auf den deutschen Einfluss der Mission von Liman von Sanders richtet. Ein Extrakapitel wird den türkischen militärischen Operationen während des Ersten Weltkrieges gewidmet. In dieser Arbeit werden die Namen der Mitglieder der deutschen Militärmission unter Leitung von Liman von Sanders aufgelistet. Erwähnenswert ist auch das Buch von Armin Kössler[11] wegen seines sehr begrenzten Beitrages zu deutschen Waffenfirmen. Ich muss jedoch erwähnen, dass er in seiner Dissertation die Expansion der deutschen Rüstungs-, Finanz- und Handelsinteressen im Allgemeinen behandelt, wobei er sich auf ein sehr begrenztes Sekundärmaterial konzentriert. Seine Arbeit beruht auf gar keinen Archivalien. Ulrich Trumpener[12] prüft in seiner interessanten Arbeit, ob Deutschland wirklich einen so großen Einfluss auf die Türkei ausgeübt hat, wie es in der Forschung oft behauptet wird. In seiner Argumentation stützt er sich im Wesentlichen auf die deutschen Archivalien. Farah Irmgard[13] behandelt im Rahmen der deutsch-türkischen Beziehungen die deutschen und ausländischen Presseorgane im Osmanischen Reich, wobei sie auf die Archivalien des deutschen Auswärtigen Amtes und des deutschen Konsulats in İstanbul zurückgreift. Mustafa Gencers[14] Beitrag gilt dem Transformationsprozess im Bildungsbereich und der Modernisierung der Türkei zwischen 1908 und 1918, d. h. in der jungtürkischen Ära, wobei er den deutschen Einfluss in diesem Kontext zu klären versucht. Ein in der deutschen Fachliteratur dagegen viel recherchiertes Thema ist das Bagdadbahn-Unternehmen.[15]

In der türkischen Literatur gibt es dagegen fast kein umfangreiches Werk, das auf den Materialien osmanischer Archive beruht, jedoch ist das Buch von Rıfat Önsoy[16] über die Handelsbeziehungen zwischen Deutschland und der Türkei zu erwähnen, das sich hauptsächlich auf die Materialien aus osmanischen Archiven stützt. Hayati Aktaş[17] behandelt die deutsch-türkischen Beziehungen im militärischen Bereich, wobei er eine begrenzte Anzahl Literatur verwendet. İlber Ortaylı[18] untersucht in seiner viel zitierten Habilitationsschrift die deutsch-türkischen Beziehungen aus einer sehr breiten Perspektive heraus und über einen großen Zeitraum. Die Entwicklung des Waffenhandels zwischen beiden Ländern zum Beispiel erwähnt er allerdings nur am Rande.

Da die osmanischen Archive lediglich begrenzt zur Verfügung stehen, muss die vorliegende Untersuchung hauptsächlich auf den deutschen Archivalien beruhen, was sich auch aus der Relevanz der Fragestellung ergab. Für diese

Dissertation wurde im Wesentlichen das politische Archiv des Auswärtigen Amtes in Berlin und das Historische Archiv Krupp in Essen herangezogen. Es muss allerdings hier betont werden, dass das Bundesarchiv in Berlin-Lichterfelde über die Handelsbeziehungen im nichtmilitärischen Bereich sehr aufschlussreich ist. Das Geheime Staatsarchiv Preußischer Kulturbesitz in Berlin war für die Fragestellung dieser Arbeit irrelevant. Die Informationen von Herrn Walter Schmid aus Oberndorf leisteten einen großen Beitrag zur Behandlung der Mauser-Gewehre. Der Verfasser dieser Arbeit muss darüber hinaus darauf hinweisen, dass die Bestände der beiden Staatsbibliotheken in Berlin, die der Bibliothek im Bundesarchiv in Berlin und die der Staatsbibliothek von Beyazıt in İstanbul bei der Heranziehung der Sekundärliteratur und Biografien eine unersetzliche Rolle spielten. Man muss betonen, dass die deutsch-türkischen Beziehungen im militärischen und diplomatisch-politischen Bereich in der Forschung aus unterschiedlichen Aspekten thematisiert wurden. Die deutsch-türkischen Wirtschaftsbeziehungen werden oft in der Literatur sehr oberflächlich behandelt. So wurde vor allem die Rolle des Waffenhandels zwischen den beiden Staaten sehr stark vernachlässigt. Insbesondere wurde der Beitrag der deutschen Waffenfirmen zur Entwicklung der Beziehungen zwischen der Türkei und Deutschland in der Forschung überhaupt nicht berücksichtigt. Diese Arbeit setzt sich deswegen zum Ziel, die Forschungslücke in diesem Bereich zu schließen.

In Bezug auf das Osmanische Reich wird der Begriff „Kolonie“ als Siedlungsgebiete einer bestimmten Nation in den unterschiedlichen Gebieten des Reiches verstanden. Die Orts- und Personennamen werden in ihrer modernen türkischen Form wiedergegeben (z. B. İstanbul statt Istanbul, Tarabya statt Tarapia, Abdülhamid II. statt Abdul Hamid II., Şevket statt Schewket, Mutluçağ statt Mutlutschag , İzmir statt Symrna, Trabzon statt Trapezunt, Bursa statt Burussa usw.). Die eingedeutschten Namen und Begriffe werden in ihrer gebräuchlichen Form verwendet (Pascha, Kalif, Großwesir, Scharia usw.). Statt der alten Bezeichnung „Konstantinopel“ für die damalige türkische Hauptstadt wird in dieser Arbeit „İstanbul“ verwendet. In diesem Zusammenhang muss man darauf hinweisen, dass alle Datenangaben dieser Arbeit der gregorianischen Zeitrechnung entsprechen.

Da bis 1907 neben der Währungseinheit die Mark zu 100 Pfennigen auch die (Vereins-) Taler (3 Mark = 1 Taler) als Zahlungsmittel in Deutschland im Umlauf waren[19], wird in dieser Arbeit die Mark als Währungseinheit verwendet. Man verwendete die Türkische Lira (Lira Turque) und das Türkische Goldpfund (Osmanlı Lirası) als äquivalente Währungseinheiten in der Türkei. Ein türkisches Goldpfund entsprach 100 Goldpiastern. Da der Goldpiaster nicht real existierte, wird in dieser Arbeit als Währungseinheit das Türkische Pfund verwendet.[20] Dem in dieser Arbeit verwendeten Umrechnungskurs liegt die Tab. 2 zugrunde.

1.3 Theoretischer Rahmen der Arbeit

Um die zwischenstaatlichen Beziehungen ab der zweiten Hälfte des 19. Jahrhunderts bis zum Ersten Weltkrieg erklären zu können, verwendete man in der Forschung die „Imperialismustheorien". Die klassische politische Interpretation des Imperialismus wurde zum ersten Mal von Heinrich Friedjung[21] verwendet.[22] Ursprünglich meinte man mit dem Begriff „Imperialismus" nicht die direkte bzw. indirekte Kontrolle von Kolonien oder abhängigen Staaten durch einen modernen Industriestaat, sondern die persönliche imperiale Herrschaft eines großen mächtigen Herrschers über eine Mehrzahl von Territorien. So wurde damit die Ausdehnung eines Nationalstaates über seine Grenzen hinaus mit der Zielsetzung, abhängige Territorien in Übersee zu erwerben, verstanden. Friedjung verstand den Imperialismus nicht nur als eine nationalistische Ideologie, welche auf die Ausweitung der Herrschaft des jeweiligen Nationalstaates zielt, sondern auch als eine durch die permanente Rivalität der Großmächte im Staatensystem determinierte Politik. Dabei geht es in erster Linie um die Erlangung des Weltmachtstatus für den eigenen Staat in diesem Mächtesystem. So bildet der Kampf um eine solche Großmachtstellung den eigentlichen Kern der imperialistischen Bewegung.[23]

Ein wichtiger erwähnenswerter Punkt ist, dass die etatistische Theorie des Imperialismus[24] eng mit der nationalistischen Idee verbunden ist. So ist der Imperialismus als eine notwendige Konsequenz der Gründung von Nationalstaaten zu betrachten. Es wurde die imperialistische Expansion mit nationalistischen Argumenten begründet. Diese Auffassung wurde schon bei den frühen Imperialisten in Deutschland vertreten. Diese nationalistische Betrachtung des politischen Imperialismusbegriffs diente nicht nur in Deutschland, sondern in allen europäischen Großstaaten der Legitimierung imperialistischer Politik. Außerdem versuchte man am Ende des 19. Jahrhunderts in Deutschland und England den Imperialismus auf rassisch-biologischer Grundlage zu bestimmen. Unter den deutschen Vertretern dieses Imperialismusbegriffs sind Männer wie Friedrich Naumann, Claß Friedrich v. Bernhardi, Huston S. Chamberlain usw. zu nennen. Nach dieser Theorie seien die weißen Völker den Völkern anderer Rassen und Hautfarbe von Natur aus überlegen und deswegen seien sie zur Herrschaft über diese berufen. Dieses Lager wurde von der Seite der sozialdarwinistischen Theorie unterstützt.[25]

Im Rahmen der klassischen ökonomischen Imperialismustheorien[26] vertrat man vor 1914 die Meinung, dass eines der Hauptziele des modernen Imperialismus darin bestehe, der eigenen nationalen Wirtschaft neue Rohstoffquellen, Absatzgebiete und einträgliche Investitionsmöglichkeiten in Übersee zu verschaffen. Man war überzeugt, dass die nationale Wirtschaft einer kolonialen Abhängigkeit bedürfe. Dies konnte nicht nur als Ergebnis interessenpolitischer Agitation der jeweils betroffenen Unternehmergruppen gesehen werden. Der Zusammenhang zwischen wirtschaftlichen Interessen und imperialistischer Expansion wurde vor allem von den Kritikern wie John Atkinson Hobson offen gelegt. Für Hobson determinieren private Interessen, die sich außerhalb ihres

Landes wirtschaftliche Vorteile verschaffen, die Handlungen der Regierungen. Diese sind besondere Interessengruppen, welche aus dem Imperialismus und seinen Begleiterscheinungen, besonders dem Wettrüsten, ihren speziellen Profit ziehen. Waffenfabrikanten und Zulieferer der Rüstungsindustrie sind für die kolonialen Märkte und auch umgekehrt besonders attraktiv.[27] Nach Hobson geht der Imperialismus nicht von den Interessen der ganzen Nation, sondern von den Interessen bestimmter Gruppen bzw. Klassen aus, die diese Politik dem Volk zu ihrem eigenen Vorteil aufdrängen.[28] Da nach Hobson das Volk durch den falschen Glanz des Imperiums geblendet und getäuscht wird, dient der Imperialismus nur den wirtschaftlichen Interessen der herrschenden Klassen und der Erhaltung ihrer politischen Macht.[29] Nach dem marxistischen Ansatz wird der Imperialismus als Nebenprodukt des Kapitalismus betrachtet. So meinte August Bebel, dass die Warenproduktion weit über den Bedarf der eigenen Nation hinausreiche. Er war auch der Meinung, dass die Welt schon aufgeteilt sei. Demnach müsste der Zusammenbruch des kapitalistischen Systems unvermeidlich kommen.[30]

Mommsen argumentiert mit den Thesen eines „informellen Imperialismus", dass einfache Filialgründungen europäischer Firmen für sich gesehen normaler Bestandteil kapitalistischer Systeme seien und kaum imperialistischen Charakter trügen.

> „Von informellem Imperialismus wirtschaftlicher Art sollte man vielmehr nur sprechen, wenn erstens ein erhebliches Ungleichgewicht des ökonomischen Potentials zwischen Metropole und Peripherie bestand und zweitens politische Rahmenbedingungen vorhanden waren, die die Nutzung ökonomischer Chancen in dem betroffenen Land zu ungleich günstigeren Konditionen ermöglichten, als sie auf dem freien Weltmarkt bei formal gleichen Chancen vorhanden gewesen wären."[31]

Geschäftliche Transaktionen gewännen meistens erst dann imperialistischen Charakter, wenn Banken bzw. Firmen über extrem starke Verhandlungspositionen verfügten und den jeweiligen Regierungen besonders ungünstige Vertragskonditionen aufzwingen könnten, wobei sie gleichzeitig das Risiko nicht selbst tragen müssten.

Max Weber entwickelte wesentliche Elemente für eine moderne soziologische Theorie des Imperialismus.[32] Für ihn treibt das Element des Machtprestiges die modernen Staaten dazu, ihre Macht über die eigenen Grenzen hinaus zu erweitern. Darüber hinaus hatten die „Herrenschichten" in einem bestimmten Herrschaftsverband immer ein Interesse an imperialistischer Expansion, solange dies ihre Prestigegefühle steigerte.[33] Joseph Schumpeter setzt für seine Analyse Lenins Abhandlung über den „Imperialismus als höchstes Stadium des Kapitalismus" voraus. Für Schumpeter ist Imperialismus die objektlose Disposition eines Staates zu gewaltsamer Expansion ohne angebbare Grenze, wonach der Imperialismus nicht als das Ergebnis konkreter wirtschaftlicher Interessen zu sehen ist. Vielmehr ist er Ergebnis der psychischen Disposition von aristokratischen „Herrenschichten". Mit anderen Worten: Der Imperialismus ist Resultat der im Laufe der Geschichte entwickelten kriegerischen Neigungen und Interessen der „Herrenschichten". Es handelt sich nicht um rationale Interessen, sondern um irrationale, affektgetriebene Neigungen, die als die eigentliche Triebkraft imperialistischer Tendenzen ausgemacht werden können.[34] Die neueren westlichen Imperialismusinterpretationen reichen von der Sicht des Imperialismus als extremer Nationalismus und als machtpolitisches Phänomen bis zu peripherieorientierten Imperialismustheorien.[35] Außerdem gibt es Theorien des Neokolonialismus und der Unterentwicklung, die versuchen, den Imperialismus entweder als staatsmonopolistischen Kapitalismus oder als Herrschaft der großen Monopole zu interpretieren. So argumentiert Hallgarten dahingehend, dass vor allem die Großindustrie und die Hochfinanz treibende Kräfte des Imperialismus vor 1914 gewesen seien.[36] Neben der Interpretation der Unterentwicklung als Produkt des Imperialismus wird der Imperialismus von Johan Galtung als Abhängigkeit aufgrund von „struktureller Gewalt"[37]verstanden.[38]

Ein weiterer Erklärungsansatz zu zwischenstaatlichen Beziehungen bezieht sich auf den rüstungswirtschaftlichen Aspekt. Nach Ulrich Albrecht bestimmen Rüstung und Militarismus nicht nur in einem hohen Maß die Entwicklung der zwischenstaatlichen Beziehungen, sondern sind auch konstitutives Element in der ökonomischen, sozialen und politischen Entwicklung der Entwicklungsländer selbst.[39] Für das Verständnis der Entwicklungsprobleme der peripheren Länder ist eine Analyse von Rüstung und Militarismus und der Wechselbeziehungen zwischen militärischer, ökonomischer und sozialer Entwicklung in den Entwicklungsländern sowie eine Analyse der rüstungswirtschaftlichen und militärpolitischen Beziehungen zwischen Industrie- und Entwicklungsländern unverzichtbar. Diese Probleme sind als Vertiefung, Fortbestehen oder Überwindung von Unterentwicklung, Abhängigkeit, Armut und Elend zu kennzeichnen.

Nach Ansicht von U. Albrecht macht der Transfer von Rüstungswaren in die Peripherie einen bedeutenden Teil des sich permanent erweiternden Systems der weltwirtschaftlichen Verflechtung aus, der mit Sicherheit Mangelversorgung und Hunger der Bevölkerungsmehrheit in den unterentwickelten Ländern verschärft. Waffen und Munition sind nur die auffälligsten Bestandteile der Rüstungswaren, die in die Peripherie transferiert werden. Zu berücksichtigen sind Zusatzgeräte und Ersatzteile, vor allem aber Produktionsanlagen zur Herstellung von Rüstungsgütern. Darüber hinaus wird auch militärstrategisches und militärtechnisches Wissen durch Ausbildungshilfe bzw. Entsendung von Spezialisten transferiert. Es werden drei Typen von rüstungswirtschaftlichen Transfers unterschieden: Transfer von Produkten, Produktionsanlagen und Personal. Alle diese drei Typen sind für den deutsch-türkischen Waffenhandel von Bedeutung. Von Deutschland (Zentrum) wurde die Militärhilfe[40] so vergeben, dass sie als Mittel zur Marktöffnung für künftige Rüstungskäufe der Peripherie (Türkei) wirkte. Deutsche Militärmissionen leisteten einen großen Beitrag zur Intensivierung der rüstungswirtschaftlichen Beziehungen zwischen den Firmen wie Krupp und Mauser und der Türkei.[41] Für die Peripherie ist der Import von Waffen über den

Anschaffungspreis und die Ausbildungshilfe hinaus mit zusätzlichen Kosten verbunden. So benötigte man beispielsweise menschliche und materielle Ressourcen, um die eingeführten Rüstungswaren zu bedienen, zu warten und zu reparieren. Diese Leute wurden wiederum in Deutschland oder durch die deutschen Instrukteure in der Türkei ausgebildet. Da die importierten Waffen keine Änderungen an der Infrastruktur (Türkei) herbeiführten, waren sie auch für die wirtschaftliche Entwicklung des Landes unbedeutend.[42]

Die Entwicklung eines globalen Wirtschaftsystems, in dem die kapitalistische Produktionsweise vorherrscht, führte zur Herausbildung wirtschaftlicher Hilfs- und Randzonen (Peripherien), die in eine verstärkte ökonomische und politische Abhängigkeit zu den Zentren industrieller Produktion (Metropolen) gerieten.[43] Die Türkei war bis zum 18. Jahrhundert in der Kriegstechnik und der Rüstungstechnologie den westeuropäischen Mächten ebenbürtig gewesen. Die Vernichtung der Rüstungsmanufakturen, Geschützgießereien und Kriegswerften, die auf einer anderen als der kapitalistischen Produktionsweise basierten, war eines der Hauptziele der Metropolen bei der Unterwerfung der Türkei.[44] Diese Rüstungsaktivitäten werden allerdings im Zeitalter des Imperialismus mit der Herausbildung des Zentrum-Peripherie-Verhältnisses vernichtet. Als man Kriegsschiffe vorwiegend aus Holz baute, waren türkische Werften vollkommen konkurrenzfähig. Mit dem Übergang zu Metallkonstruktionen im Schiffbau und der Entwicklung der Schiffsartillerie haben sich die Rüstungsproduzenten in den Zentren endgültig gegenüber konkurrierenden Produktionsaktivitäten in der Peripherie durchgesetzt.[45]

U. Albrecht weist darauf hin, dass Rüstungsimporte die Käufer in Abhängigkeit versetzen. Um diese zu vermeiden, versuchen die Rüstungsimporteure bei der Konkurrenz zu kaufen. Dabei zeigt sich jedoch, dass die Einführung der konkurrierenden anderen Typen von Waffen durch die technische Anpassungsunfähigkeit erschwert ist. Mit anderen Worten: Wegen technischer Zwänge wird es dem Importeur enorm schwer gemacht, auf andere Lieferanten als Handelspartner zu wechseln. Außerdem versuchen die Großmächte, Abhängigkeiten für ihre eigenen Zwecke einzusetzen. Die Hauptausfuhrländer (hier: Deutschland) bemühen sich darum, in die Absatzregionen (hier: die Türkei) ihrer Konkurrenten einzudringen, und versuchen gleichzeitig ihre Klienten am Bemühen zu hindern, die Hegemonialisierung der Rüstungsmärkte zu unterlaufen, indem sie etwa rüstungswirtschaftliche Beziehungen mit einer anderen als der angestammten Hegemonialmacht eingehen. Wenn der Käufer ein modernes Rüstungsgut erwirbt, tritt er in vielfältige Beziehungen zu dem Hersteller, welche ihn in mancherlei Abhängigkeiten bringen. Das Käuferland ist nicht nur notwendig darauf angewiesen, das eigene Personal an den komplizierten Waffen ausbilden zu lassen, sondern begibt sich darüber hinaus in eine lang anhaltende Abhängigkeit durch die Erfordernisse der Ersatzteilversorgung.[46] Auswahlkriterium für die Rüstungsfabriken, die in dieser Arbeit untersucht werden, ist der rüstungswirtschaftliche Transfer. Grundlage für die Typen des rüstungswirtschaftlichen Transfers bildet U. Albrechts Typologie des rüstungswirtschaftlichen Transfers

(Transfer von Produkten, Produktionsanlagen und Personal). Aus diesem Grund liegt dem theoretischen Rahmen dieser Arbeit der Erklärungsansatz von U. Albrecht zugrunde.

1.4 Anmerkungen

[1]Preußen und preußisch werden in dieser Arbeit als Synonym für die Bezeichnungen Deutschland und deutsch verwendet.

[2]Die Bezeichnungen „Türkei“ und „türkisch“ werden in dieser Arbeit als Synonyme für das „Osmanische Reich“ und „osmanisch“ gebraucht, wie es im europäischen Sprachgebrauch im 19. Jahrhundert der Fall war.

[3]Türk, Fahri, Die deutsch-türkischen Beziehungen von Bismarcks Sturz und Beginn der deutschen Weltpolitik bis zur Machtübernahme der Jungtürken in der Türkei (1890-1908), DiplArb., Freie Universität, Otto-Suhr-Institut, Berlin, Sommer-Semester 1997. Den Kapiteln (2), (2.1), (2.2.1), (2.2.2), (2.2.3), (2.2.4), (2.2.6), (2.3), (3.1) und (3.5.1) dieser Arbeit liegt diese Diplomarbeit zugrunde. Sie wurden wesentlich überarbeitet und erweitert.

[4]Der Begriff „Abhängigkeit“ wird in dieser Arbeit im Sinne von Oscar Braun verstanden, als „Schranke, die erweiterte Reproduktion oder gar die einfache Reproduktion des Kapitals zu bewerkstelligen, da mindestens ein Teil der Maschinen und Halbfertigwaren, die bei der Produktion verwendet werden, von einem anderen Land monopolisiert werden, monopolisiert nicht in dem Sinne, dass sie notwendigerweise von Monopolen hergestellt werden, sondern insofern , als das abhängige Land wegen seiner Produktionsstruktur, die sich aus einer konkreten, bereits im Zeichen einer (allgemeiner verstandenen) Abhängigkeit stehenden Geschichte ergibt, wegen der Art der Technologie und wegen des Handlungsspielraums seiner herrschenden Klassen gegenüber den beherrschten Klassen außerstande ist, diese Produktionsmittel an Ort und Stelle herzustellen, und sie deshalb zwangsläufig aus dem imperialistischen Land importieren muss.“ (vgl. Braun, Oscar, Wirtschaftliche Abhängigkeit und imperialistische Ausbeutung, in: Senghaas, Dieter (hrsg.), Peripherer Kapitalismus Analysen über Abhängigkeit und Unterentwicklung, 2. Aufl., Frankfurt a. M. 1977, S. 138.)

[5]Militärhilfe wird in dieser Arbeit verstanden als Bereitstellung von Rüstungsmaterial und militärischen Dienstleistungen, d. h., die Lieferung von Waffen, Munition und militärischem Großgerät sowie die Ausbildung von Militärpersonal im Zentrum (Deutschland) oder durch die Entsendung von Ausbildern in die Peripherie (Türkei). (vgl. Albrecht, Ulrich/ Sommer A. Birgit, Deutsche Waffen für die Dritte Welt. Militärhilfe und Entwicklungspolitik, Hamburg 1972, S. 42.)

[6]Das Interesse wird in dieser Arbeit nicht als das fiskalische oder gesamtimperialistische Interesse eines Staates, sondern das Interesse einer starken Firma bzw. Unternehmergruppe (Firma Krupp und Mauser) verstanden. Diese privaten Interessen, die sich außerhalb ihres Landes (in der Türkei) wirtschaftliche Vorteile verschaffen, bestimmen die Handlungen der Regierungen.

[7]Kampen, Wilhelm van, Studien zur deutschen Türkeipolitik in der Zeit Wilhelms II., Kiel 1968.

[8]Dahlhaus, Friedrich, Möglichkeiten und Grenzen auswärtiger Kultur- und Pressepolitik; dargestellt am Beispiel der deutsch-türkischen Beziehungen 1914-18, Frankfurt a. M. 1990.

[9]Wallach, Jehuda L., Anatomie einer Militärhilfe. Die preußisch-deutschen Militärmissionen in der Türkei 1835-1919, Düsseldorf 1976.

[10]McGarity, Madison J., Foreign Influence on the Ottoman Turkish Army 1880-1918, Washington 1968.

[11]Kössler, Armin, Aktionsfeld Osmanisches Reich. Die Wirtschaftsinteressen des Deutschen Kaiserreiches in der Türkei 1871-1908, New York 1981.

[12]Trumpener, Ulrich, Germany and the Ottoman Empire 1914-1918, Princeton 1968.

[13]Farah Irmgard, Die deutsche Pressepolitik und Propagandatätigkeit im Osmanischen Reich von 1908-18, unter besonderer Berücksichtigung des „Osmanischen Lloyd“, Stuttgart 1993.

[14]Gencer, Mustafa, Bildungspolitik. Modernisierung und kulturelle Interaktion. Deutsch-türkische Beziehungen 1908-18, Münster 2002.

[15]Huber, Reinhard, Die Bagdadbahn, Berlin 1943, Rathmann, Lothar, Berlin-Bagdad. Die imperialistische Nahostpolitik des kaiserlichen Deutschlands, Berlin 1962, Rohrbach, Paul, Die Bagdadbahn, Berlin 1911, Schmidt, Hermann, Das Eisenbahnwesen in der Asiatischen Türkei, Berlin 1914, Mohr, Anton, Der Kampf um Türkisch-Asien. Die Bagdadbahn, Meißen 1919, Bode, Friedrich H., Der Kampf um die Bagdadbahn 1903-14. Ein Beitrag zur Geschichte der deutsch-englischen Beziehungen, Breslau 1941, Butterfield, Paul K., The Diplomacy of the Bagdad Railway 1898-1914, Göttingen 1932, Chapman, M.K., Great Britain and the Bagdad Railway 1888-1914, Northampton 1948, Harting, Paul, Die Bagdadbahn. Idee und Verwirklichung, in: Zeitschrift für Geopolitik, Jg. 17, Heft 11, 1940, S. 543-47, Mejcher, Helmut, Die Bagdadbahn als Instrument deutschen wirtschaftlichen Einflusses im Osmanischen Reich, in: Geschichte und Gesellschaft, Mommsen, Wolfgang J. (hrsg.), Jg. 1, Heft 4, 1975, S. 447-81, Pick, Walter, Der deutsche Pionier Heinrich August Meissner Pascha und seine Eisenbahnbauten im Nahen Osten 1901-1917, in Jahrbuch des Instituts für Deutsche Geschichte, Grab, Walter (hrsg.), Bd. 4, Tel Aviv 1975, S. 257-99, und Hennig, Richard, Die deutschen Bahnbauten in der Türkei. Ihr politischer, militärischer und wirtschaftlicher Wert, Leipzig 1915.

[16]Önsoy, Rıfat, Türk-Alman İktisadi Münasebetleri 1871-1914 [Die deutsch-türkischen Wirtschaftsbeziehungen 1871-1914], İstanbul 1982.

[17]Aktaş, Hayati, Türk-Alman Askeri İlişkileri 1913-1918 [Die deutsch-türkischen Militärbeziehungen 1913-1918], Konya 1994.

[18]Ortaylı, İlber, Osmanlı İmparatorluğu'nda Alman Nüfuzu [Deutscher Einfluss im Osmanischen Reich], İstanbul 1998.

[19]Vgl. Sautter, Udo, Deutsche Geschichte seit 1815. Daten, Fakten, Dokumente, Bd.1, Tübingen, Basel 2004, S. 162.

[20]Naumann, Edmund, Vom Goldenen Horn zu den Quellen des Euphrat, München und Leipzig 1893, S. 461. Vgl. Auch Scherzer, Call von, Das türkische Münzwesen. Die Maße und Gewichte in der Türkei, Wien 1882, S. 36.

[21]Friedjung, Heinrich, Das Zeitalter des Imperialismus 1884-1914, 3 Bände, Berlin 1922.

[22]Vgl. Mommsen, Wolfgang J., Imperialismustheorien. Ein Überblick über die neueren Imperialismusinterpretationen, Göttingen 1977, S. 7.

[23]Ebd., S. 8.

[24]Unter der etatistischen Theorie des Imperialismus versteht man nach Mommsen „[...] die gewaltsame Ausdehnung staatlicher Herrschaft über die in der Regel unterentwickelten Territorien, unter Missachtung des Willens der Beherrschten, mit dem Ziel der Errichtung eines, meist mit einer Rangerhöhung im Kreise der anderen Mächte verbundenen Kolonialreichs. Ideales Ziel ist dabei in der Regel die Erringung des Weltmachtstatus für den eigenen Staatsverband" (vgl. Ebd., S. 8.)

[25]Ebd., S. 10.

[26]Zur Bedeutung des ökonomischen Imperialismus siehe. O'Connor, James, Die Bedeutung des ökonomischen Imperialismus, in: Senghaas, Dieter, Imperialismus und strukturelle Gewalt. Analysen über abhängige Reproduktion, Frankfurt a. M. 1972, 1. Aufl., S. 123-86

[27]Hobson John A, Der Imperialismus, Köln, Berlin 1968, S. 13 f.

[28]Ebd., S. 298.

[29]Ebd., S. 20.

[30]Zu einem knappen Überblick über die marxistischen Imperialismustheorien siehe Mommsen, Wolfgang J., Imperialismustheorien, a. a. O., S. 27-53, zur Lenin'schen Imperialismustheorie siehe Kettenbach, Hans Werner, Lenins Theorie des Imperialismus. Teil I. Grundlagen und Voraussetzungen, Köln 1965.

[31]Mommsen, Wolfgang J, Europäischer Finanzimperialismus vor 1914. Ein Beitrag zu einer pluralistischen Theorie des Imperialismus, in: Historische Zeitschrift Nr. 224, 1977, S. 17-81.

[32]Zitat nach Mommsen, Mommsen, Wolfgang J., The Age of Bureaucracy. Perspectives on the Political Sociology of Max Weber, Oxford 1974, S. 43 f.
[33]Mommsen, Imperialismustheorien, a. a. O., S. 19.
[34]Ebd., S. 21.
[35]Siehe zu peripherieorientierten Imperialismustheorien. Mommsen, Imperialismustheorien, a. a. O., S. 80-90.
[36]Vgl. Hallgarten, Georg W.F., Imperialismus vor 1914. Theoretisches. Soziologische Skizzen der außenpolitischen Entwicklung in England und Frankreich, Bd.1, München 1951.
[37]Galtung, Johan, Strukturelle Gewalt. Beiträge zur Friedens- und Konfliktforschung, Hamburg 1975.
[38]Galtung, Johan, Eine strukturelle Theorie des Imperialismus, in: Senghaas, Dieter (hrsg.), Imperialismus und strukturelle Gewalt. Analysen über abhängige Reproduktion, 1. Aufl., Frankfurt a. M. 1972, S. 29-104.
[39]Albrecht, Ulrich, Ernst Dieter, Lock Peter, u. a., Rüstung und Unterentwicklung. Iran, Indien, Griechenland/Türkei. Die verschärfte Militarisierung, Hamburg 1976, S. 7. Zur gegenwärtigen Militarismusproblematik, zur Analyse von Drohpolitik in den internationalen Beziehungen und zur Konfiguration des amerikanischen Rüstungskomplexes siehe Senghaas, Dieter, Rüstung und Militarismus, Frankfurt a. M. 1972.
[40]Vgl. Anm. 5.
[41]Albrecht, Ulrich, Ernst Dieter, Rüstung und Unterentwicklung, a. a. O., S. 10 f.
[42]Ebd., S. 16.
[43]Ebd., S. 18.
[44]Ebd., S. 23.
[45]Ebd., S. 37.
[46]Albrecht, Ulrich, Der Handel mit Waffen, München 1971, S. 123 f.

2 Historischer Hintergrund der deutsch-türkischen Beziehungen

Die ersten Kontakte zwischen dem Osmanischen Reich und dem preußischen Königreich reichen bis zum Jahr 1718 zurück. In diesem Jahr wurde ein Brief vom damaligen osmanischen Sultan an den preußischen König, Friedrich Wilhelm I., geschrieben, mit dem die ersten diplomatischen Beziehungen aufgenommen wurden.[1] Jedoch war die Annäherung zwischen dem Osmanischen Reich und Preußen ein langwieriger und komplizierter Prozess und durch die damalige politisch-militärische Situation der beiden Staaten bestimmt. Als Preußen sich langsam zur Großmacht in Europa entwickelte, verschlechterte sich sein Verhältnis zur Habsburger Monarchie. Aufgrund der geopolitischen Lage des Osmanischen Reiches war Habsburg der Hauptfeind der Türken in Europa. Da sich Preußen und Österreich-Ungarn gegenseitig verfeindet fühlten, kam die Frage nach einem Zusammengehen (Preußen und das Osmanische Reich) gegen die Habsburger Monarchie auf die Tagesordnung, d. h. beide Seiten verhielten sich nach dem Motto „Der Feind meines Feindes ist mein Freund“[2]

Die Beziehungen zwischen beiden Ländern entwickelten sich aber in der Ära von Friedrich II. (1740-86) sehr gut, so dass sich Preußen den Osmanen annäherte, um seine Grenzen gegen Österreich zu sichern. Mit dem Ausbruch des Siebenjährigen Krieges (1756-63) wurde Karl Adolf von Rexin im Jahre 1756 nach İstanbul entsandt, um die Voraussetzungen für ein Militärbündnis zwischen beiden Staaten zu schaffen. Dieser Vorschlag wurde aber von der osmanischen Führung abgelehnt. Danach wurde ein Handelsabkommen[3] zwischen Preußen und dem Osmanischen Reich am 20. Oktober 1761 unterzeichnet, und Rexin wurde erster preußischer, bzw. deutscher Botschafter in İstanbul.[4] Später wurden die türkischen Vorschläge für einen Militärpakt gegen Russland aber von Preußen abgelehnt, denn Preußen war zu jener Zeit an einem Verteidigungspakt gegen Österreich interessiert. Nach dem Thronaufstieg der Zarin Katharina II. in Russland beauftragte der Sultan Mustafa III. Ahmet Rasim mit den Verhandlungen über einen Militärpakt mit Preußen gegen Russland. Preußen lehnte auch diesmal diesen Vorschlag ab. Da das Osmanische Reich in erster Linie an einem Militärpakt mit Preußen gegen Russland interessiert war, wurde in den folgenden Jahren zweimal versucht, ein Militärbündnis mit Preußen gegen Russland einzugehen, aber Preußen war daran nicht interessiert.[5] Als Russland (1787) und Österreich (1788) in den Kriegen[6] gegen das Osmanische Reich Erfolge erzielten, ging der türkische Wunsch nach einem Militärbündnis mit Preußen gegen Russland in Erfüllung, d. h. wegen der russisch-österreichischen Erfolge in diesem Krieg fühlte sich Preußen gezwungen, einen Verteidigungspakt mit dem Osmanischen Reich im Januar 1790 zu unterzeichnen. Denn Preußen sah einen großen Vorteil in der Beibehaltung der territorialen Integrität des Osmanischen Reiches. Dieses Abkommen war das erste Bündnisabkommen mit einem christlichen Staat[7] in der osmanischen Geschichte. Nach diesem Abkommen schloss Österreich mit dem Osmanischen Reich Frieden. In dieser Situation konnte Russland nichts unternehmen, so garantierte Preußen zum ersten Mal die territoriale Einheit des Osmanischen Staates in der Geschichte. Anfang des 19. Jahrhunderts nahmen England und Preußen das Osmanische Reich gegen Russland in Schutz. Zu dieser Zeit bat die osmanische Führung Preußen um die Entsendung einiger Offiziere in die Türkei, um die türkische Armee reformieren zu lassen. Mit dieser Aufgabe betraut, wurde Helmut von Moltke nach İstanbul entsandt, worauf der Verfasser dieser Arbeit im Rahmen der militärischen Beziehungen zwischen beiden Ländern zurückkommen wird. Da sich Preußen von 1840 bis 1871 in erster Linie mit innenpolitischen Fragen beschäftigte, gerieten die preußisch-türkischen Beziehungen in eine Stagnationsphase.[8]

Nach der Reichsgründung 1871 belebten sich die Beziehungen zwischen Deutschland und der Türkei wieder. Für Bismarck ging es in erster Linie um die Sicherheit des jungen deutschen Staates und um die Wahrung des Friedens in Europa, denn seiner Meinung nach konnte sich Deutschland nur in Frieden entwickeln. Das Interesse an der orientalischen Frage[9] bedeutete damals eine Konfrontation mit den anderen etablierten Großmächten. Aus diesem Grund war die Hauptkomponente der Bismarck'schen Türkeipolitik die Wahrnehmung der realen Interessen der europäischen Mächte in den orientalischen Angelegenheiten. Um Konflikte mit Nachbarstaaten zu vermeiden, distanzierte sich Bismarck von einer direkten Einflussnahme auf die orientalische Frage, d. h. Deutschland musste sich in orientalischen Fragen zurückhalten. Nur so konnte Deutschland gute Beziehungen zu den europäischen Mächten pflegen. Das Dreikaiserabkommen[10] am 22. Oktober 1873 zwischen Deutschland, Österreich und Russland war für die Sicherheit Deutschlands gedacht. Da Österreich und Russland Rivalen in orientalischen Fragen waren, konnte sich Deutschland nicht auf dieses problematische Gebiet konzentrieren. In diesem Zusammenhang kann man sagen, dass sich die gesamte Türkeipolitik des Kaiserreiches in der Bismarck'schen Zeit im Schatten der Europapolitik entwickelte.[11] Bismarck hatte sogar ein direktes Interesse Deutschlands an der orientalischen Frage in einer Reichstagsrede zurückgewiesen:

> „Ich werde zu irgendwelcher activen Betheiligung Deutschlands in diesen Dingen nicht rathen, so lange ich in dem Ganzen für Deutschland kein Interesse sehe, welches auch nur [...] die gesunden Knochen eines einzigen pommerschen Musketiers werth wäre."[12]

Diese Aussage bedeutete aber nicht die völlige Gleichgültigkeit der Bismarck'schen Türkeipolitik. Deutschland konnte die sich bietenden Vorteile im Osmanischen Reich nicht einfach ignorieren. Die Türkei konnte sich sogar für Deutschland gegen ein deutschfeindliches Russland als ein wertvolles Mittel erweisen. Solange aber ein gutes Verhältnis zu Russland aufrechterhalten werden konnte, wollte Bismarck dieses Verhältnis nicht durch eine aktive antirussische Politik in der Türkei stören. Der Leitfaden der Bismarck'schen Türkeipolitik war die Unterordnung der türkischen Interessen Deutschlands unter ein gutes Verhältnis zu Russland.[13]

Nach dem russisch-türkischen Krieg 1878-79 bat die türkische Regierung Deutschland um die Entsendung von deutschen Offizieren in die Türkei. Dieser

Wunsch wurde aber vorerst aus Rücksicht Russland gegenüber nicht erfüllt, man gab ihm aber nach der Abkühlung der russisch-deutschen Beziehungen nach dem Berliner Kongress statt.[14] Parallel zu dieser Entwicklung kam Bismarck auf die Idee, die Türkei für einen möglichen Kriegsfall mit Russland als Bundesgenossen zu gewinnen. Um diese Aussage bekräftigen zu können, muss man hier ein Zitat anführen:

> „Es könne uns nützlich sein, so heißt es hier, auch die Türken zu Freunden zu haben, soweit es unser Vorteil gestattet [...] Wenn in Rußland der Chauvinismus, Panslavismus und die antideutschen Elemente uns angreifen sollen, so wäre die Haltung und die Wehrhaftigkeit der Türkei uns nicht gleichgültig [...]"[15] Im Mai des Jahres 1882 wurden vier deutsche Offiziere in die Türkei entsandt.[16]

Nach Ansicht Holborns versuchte Bismarck anhand der Entsendung der Offiziere zu zeigen, dass Deutschland der Türkei nicht feindlich gesinnt war. Obwohl der erste Schritt zu Verhandlungen über die Bagdadbahnkonzession im Sommer 1888 von Georg Siemens getan wurde, wurde diese Unternehmung vorerst auf der diplomatischen Ebene nicht so sehr unterstützt. Trotz der vorsichtigen Türkeipolitik Bismarcks wurde für die deutsch-türkischen Beziehungen der Boden bereitet, auf dem sie sich später gut entfalten konnten.[17]

2.1 Ein kurzer Überblick über den deutsch-türkischen Handel

Obwohl ein Handelsabkommen schon im Jahre 1761 zwischen Preußen und dem Osmanischen Reich unterzeichnet wurde, waren die Beziehungen zwischen beiden Staaten sowohl wegen des anhaltenden Industrialisierungsprozesses in Deutschland wie auch wegen der Transportschwierigkeiten und der Konkurrenzunfähigkeit der deutschen Wirtschaft mit den anderen Großmächten in diesem Bereich unterentwickelt. Die zweite Kaiserreise war wiederum eine Wende für die Entwicklung der deutsch-türkischen Handelsbeziehungen.[18]

Ab 1880 war in Deutschland die Gründung zahlreicher Handelsvereine zu beobachten. Es wurde im Jahre 1880 der Deutsche Handelsverein auf Anregung rheinischer und westfälischer Industrieller in Berlin gegründet, dessen Tätigkeitsbereich sich auf Anatolien und Griechenland bezog. Einerseits versuchte dieser Verein, den Wert dieser Regionen für die deutsche Industrie und Wirtschaft festzustellen. Andererseits wurde versucht, die Landwirtschaft dieser Regionen zu entwickeln, wofür auch konkrete Schritte unternommen wurden. So kamen z. B. deutsche Landwirtschaftsexperten nach İzmir, um neue Methoden für die Erhöhung der Weinqualität in der Region zu entwickeln. Dennoch war der deutsche Handelsverein nicht fähig, die Wünsche der deutschen Interessenten zu befriedigen. Infolgedessen musste man die Tätigkeit dieses Vereins im Jahre 1889 einstellen.[19] Nach der Vergabe der Bagdadbahnkonzession an die Deutsche Bank gründete man die Deutsche Schiffslinie in die Türkei. Darüber hinaus entstanden der Exportverband deutscher Maschinenfabriken und Hüttenwerke (1890), die Exportgesellschaft Deutscher Industrieller (1898) und die deutsch-orientalische Exportgesellschaft (1899), die ihre Tätigkeiten aufgrund von Kapitalknappheit nach kurzer Zeit einstellen mussten. Der Mangel an Information der deutschen Händler über die orientalischen Märkte und die teuren Exportgüter waren die Hauptgründe der Erfolglosigkeit dieser Gesellschaften. Die anatolische Bevölkerung konnte sich die exportierten deutschen Maschinen nicht leisten.[20]

Bis 1880 gab es keine Levante[21]-Schifflinie zwischen beiden Ländern.[22] Deswegen waren die deutschen Handelswaren, die in die Türkei exportiert wurden, sehr teuer. Dieser Umstand beeinträchtigte beträchtlich die Konkurrenzfähigkeit der deutschen Handelswaren im Wettkampf der Großmächte um einen Absatzmarkt im Orient. Mit anderen Worten, die deutschen Waren fanden keinen reißenden Absatz am orientalischen Markt. Der orientalische Markt war sozusagen eine Peripherie für den deutschen Handel vor 1888.[23] Mittels der erwähnten Gesellschaften belebten sich die deutsch-türkischen Handelsbeziehungen im Vergleich zu früheren Zeiten, jedoch ergaben sich Schwierigkeiten in der deutschen Seeverbindung mit der Türkei. Obwohl sich die deutsch-türkischen Handelsbeziehungen zwischen 1889 und 1898 praktisch mit dem Übergang zur Weltpolitik gut entwickelten, war das Handelsvolumen zwischen beiden Staaten ein Indiz dafür, dass die Beziehungen in diesem Bereich nicht das gewünschte Niveau erreichten.[24] Die Revidierung des preußisch-türkischen Handelsvertrages von 1761 im Jahre 1890 und neue Zollregelungen zwischen beiden Ländern leisteten zusätzlich einen großen Beitrag zur Entwicklung der Handelsbeziehungen.[25]

Der deutsche Exporthandel in die Türkei entwickelte sich in den 80er Jahren des 19. Jahrhunderts folgendermaßen: Die deutsche Ausfuhr stieg von 6.710.000 Mark im Jahre 1880 auf 7.900.000 im Jahre 1885. Zwei Jahre später, d. h. 1887, betrug sie dann 12.000.000 Mark. 1893 erreichte die Ausfuhr den Betrag von 40.900.000 Mark. Im Jahre 1900 trat jedoch ein Rückgang auf 34.300.000 Mark (vgl. Tab.1) ein. Die deutsche Einfuhr aus der Türkei betrug dagegen 27.900.000 Mark 1892, ging aber ein Jahr später auf 16.600.000 Mark zurück. 1894 stieg sie wieder auf 18.800.000 Mark (vgl. Tab.1). Die genauen Zahlen über den deutsch-türkischen Handel zu ermitteln, ist sehr schwer, weil die Türken die ausländischen Waren nach der Zugehörigkeit ihrer Flagge registriert hatten. An dieser Stelle muss man auf die abweichenden deutsch-türkischen Handelsstatistiken[26] aufmerksam machen.

Deutscher Handel mit der Türkei zwischen 1880 und 1913 (Währung in Mark)		
Jahr	Import	Export
1880	1.910.000	6.710.000
1881	1.620.000	8.060.000
1882	1.290.000	6.020.000
1883	2.250.000	7.020.000
1884	2.710.000	8.260.000
1885	3.610.000	7.900.000
1886	2.190.000	9.150.000
1887	3.210.000	12.000.000
1888	2.360.000	11.700.000
1889	7.090.000	29.900.000
1890	9.610.000	34.100.000
1891	13.900.000	37.000.000
1892	27.900.000	39.700.000
1893	16.600.000	40.900.000
1894	18.800.000	34.400.000
1895	22.000.000	39.000.000
1896	25.900.000	28.000.000
1897	30.500.000	30.900.000
1898	29.500.000	37.100.000
1899	28.900.000	32.600.000
1900	30.200.000	34.300.000
1901	30.100.000	37.500.000
1902	36.600.000	43.300.000
1903	37.600.000	50.200.000
1904	43.500.000	75.300.000
1905	51.600.000	71.000.000
1906	55.100.000	68.500.000
1907	55.100.000	81.700.000
1908	47.600.000	64.000.000
1909	57.300.000	78.900.000
1910	67.400.000	104.900.000
1911	70.100.000	112.800.000
1912	77.600.000	112.800.000
1913	73.900.000	98.400.000
Summe	985.550.000	1.494.020.000

Tab. 1: Deutscher Handel mit der Türkei zwischen 1880 und 1913 (Datenquelle: Birken, Andreas, Die Wirtschaftsbeziehungen zwischen Europa und dem Vorderen Orient im ausgehenden 19. Jahrhundert, Wiesbaden 1980, S. 176.)

Mit der Intensivierung des deutsch-türkischen Waffenhandels erhöhte sich der Anteil der Kriegswaffen am türkischen Gesamtimport aus dem deutschen Zollgebiet enorm. Aus der Abb. 1 wird ersichtlich, dass die Waffenimporte aus Deutschland vor allem in den 90er Jahren des 19. Jahrhunderts im türkischen Gesamtimport eine sehr große Rolle gespielt haben. Aus den Daten der Abb. 1 kann abgelesen werden, dass Waffen und Munition einen großen Anteil des Gesamthandels zwischen beiden Ländern ausmachen. Zwischen 1887 und 1898 war der Waffen- und Munitionsanteil an der Gesamteinfuhr der Türkei aus dem deutschen Zollgebiet am geringsten. Danach stieg dieser Anteil von Jahr zu Jahr an und erreichte im Jahre 1893 seinen Höhepunkt in dieser Periode.

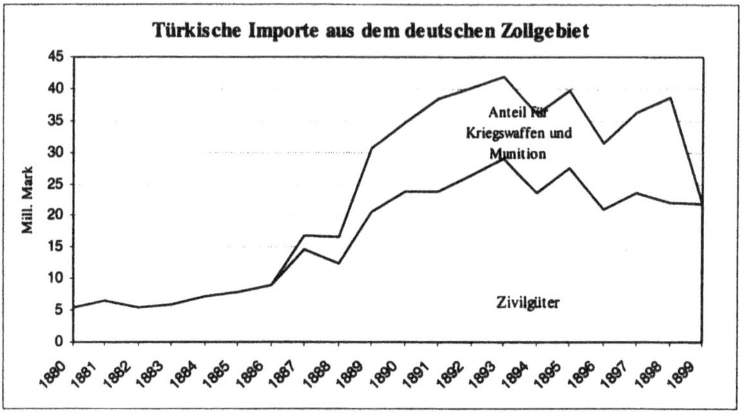

Abb. 1: Türkische Importe aus dem deutschen Zollgebiet (Datenquelle: Krauss, Deutsch-türkische Handelsbeziehungen, Jena 1901, zitiert nach Seel, Wolfgang, Türken-Mauser, in: DWJ, Nr. 9, Jg. 1981, S. 1266.)

Der deutsche Banksektor spielte auch eine entscheidende Rolle bei der Entwicklung des deutschen Außenhandels mit der Türkei. Die erste deutsche Bank, die sich im Osmanischen Reich niedergelassen hatte, war die Deutsche Palästina Bank, die im Jahre 1899 gegründet wurde. Diese Bank engagierte sich in erster Linie für die Erhöhung der Orangenproduktion in Palästina. Deswegen unterstützte sie die Tätigkeit der Deutschen Orangen- und Vertriebsgesellschaft in Jaffa und unterhielt eine Seeweg-Linie zwischen syrischen Häfen und Hamburg. Außerdem gewährte diese Bank Kredite für den Lederhandel, wodurch das Handelsvolumen der deutschen Händler in der Region erweitert wurde. Die Deutsche Orientbank, die von der Nationalbank für Deutschland, der Dresdner Bank und vom A. Schaafhausener Bankverein mit einem Anfangskapital von 1.000.000 Türkischen Pfund 1906 gegründet wurde, ließ sich landesweit im Osmanischen Reich nieder. Sie förderte den Außenhandel Deutschlands mit der Türkei und unterstützte die Tätigkeiten einiger Gesellschaften, von denen die wichtigste „La Societé pour Entreprises Electriques en Orient" war. Dieses Unternehmen war für die elektrische Versorgung und für den Betrieb der Straßenbahnen in İstanbul zuständig.[27] Die Bank besaß lange Zeit ein Kapital von weniger als einer Mill. und gehörte dem Bankhaus von der Heyt & Co an. Sie baute auf Aktivitäten von Mitgliedern der protestantischen Missionen auf und betrieb Filialen in Jerusalem, Jaffa und ab 1907 auch in Beirut. Um eine deutsch-deutsche Konkurrenz zu verhindern, kam es ab 1904 zu einer losen Interessengemeinschaft mit der Banque d'Orient. Der Aufsichtsrat der Bank setzte sich vorwiegend aus Alldeutschen zusammen. Als die Kolonialbewegung versuchte, die Bank zu instrumentalisieren, gab es wegen ihrer geringen finanziellen Ausstattung keine Resultate. Die deutsche Palästina Bank wurde 1908 an die so genannten Fürstenkonzerne verkauft, die von wichtigen Persönlichkeiten des wilhelminischen Hochadels geleitet wurden. Diese Konzerne benutzten sie als Rückhalt für seine planlose Expansion. Das Palästinageschäft wurde nur noch als bedeutungsloses Anhängsel betrieben.[28]

Die Deutsche Bank, die einen großen Beitrag zur Entwicklung der deutsch-türkischen Wirtschaftsbeziehungen leistete, wurde unter Leitung von Ludwig Bamberg mit der Teilnahme der großen deutschen Banken im Jahre 1870 ins Leben gerufen. Ihre Hauptaufgabe war, die Entwicklung des Außenhandels voranzutreiben. Die Deutsche Bank gründete die „Anatolische Eisenbahngesellschaft" für die Bautätigkeiten der Bagdadbahn im Jahre 1889. Außerdem war die Deutsche Bank der Konzessionär der Bewässerungsprojekte in Anatolien.[29] Im Jahre 1905 gründete man die deutsche levantinische Baumwollgesellschaft für die Förderung der Baumwollproduktion im Süden Anatoliens bei Adana. Diese Gesellschaft unterstützte die anatolischen Bauern bei der Baumwollbewirtschaftung. Zur Ausbildung der Bauern wurden auch Kurse veranstaltet, und man versuchte, bestimmte Arten von Baumwolle zu züchten. Die Deutsche Levantinische Baumwollgesellschaft ließ ein Gebiet mit einem Umfang von 100 ha in der Gegend von Osmaniye bei Adana mit Baumwolle bebauen. Diese Gesellschaft rief die Anatolische Baumwoll-Dampfpresse-Gesellschaft mit einem Anfangskapital von 15.000 Türkischen Pfund ins Leben, um die gesammelte Baumwolle so schnell wie möglich nach Deutschland zu exportieren.[30] Darüber hinaus wurde die Anatolische Industrie- und Handelsgesellschaft im Jahre 1911 gegründet, die sich in İstanbul, Konya und in Adana niederließ. Die Aktivitäten dieser Gesellschaft waren die Gewährung von Krediten an Bauern, die Förderung der modernen Agrarwirtschaft durch die Einführung neuer Maschinen und die Abhaltung von Kursen für die Handhabung der neuen Maschinen. Das Ziel war, Deutschland mit Getreide zu versorgen. Diese Investitionen führten in erster Linie zur Entwicklung der türkischen Landwirtschaft und damit auch zur Erhöhung des Lebensstandards.[31] Außerdem investierte Deutschland in den Berg- und Hafenbau in der Türkei. In diesem Rahmen wurde der Hafen von Derince von der Phlipp-Holzmann-Gesellschaft gebaut. Die Anatolische Eisenbahngesellschaft baute den Hafen von İskenderun. Wegen der Überlegenheit des französisch-englischen Kapitals waren die deutschen Investitionen bei der Förderung der Bodenschätze sehr gering. Deutschlands größte Investition war der Eisenbahnbau in der Türkei. Um 1912 beliefen sich die deutschen Gesamtinvestitionen auf ca. 50.000.000 Türkische Pfund.[32]

Durch diese Investitionen und die intensivierte Zusammenarbeit entwickelten sich die deutsch-türkischen Handelsbeziehungen sehr rasch im Vergleich zur Vergangenheit. Parallel zu diesen Entwicklungen gründete man viele Handelsgesellschaften in der Türkei, die für den Verkauf deutscher Waren zuständig waren.[33] Obwohl Deutschland in diesem Zeitraum große Fortschritte in seinem

Handel mit der Türkei machte, war sein Anteil am türkischen Gesamtaußenhandelsvolumen sehr niedrig. Die von Deutschland exportierten Güter machten ungefähr 10 % des türkischen Imports aus. Wenn wir die Entwicklung der Beziehungen zwischen beiden Staaten in anderen Bereichen in dieser Ära in Betracht ziehen, wird offensichtlich, dass die Beziehungen in diesem Bereich ziemlich unterentwickelt waren. So hatten England und Frankreich den Vorrang vor Deutschland im türkischen Außenhandel bis zum Ersten Weltkrieg.[34] Aus folgenden Gründen waren die Handelsbeziehungen zwischen beiden Ländern unterentwickelt: Erstens gab es unter den deutschen Exportwaren keine Massenkonsumgüter. Zweitens verkehrten Schiffe sehr unregelmäßig zwischen Häfen beider Staaten trotz der Gründung der Seewegtransportgesellschaften. Drittens waren die deutschen Exportgüter sehr teuer. Deswegen konnte man sie in der Türkei nicht so leicht verkaufen. Viertens gründete Deutschland keine Handelskammer wie die anderen europäischen Mächte in der Türkei. Fünftens fehlte es Deutschland an einer wirkungsvollen Propaganda in der Türkei. Vor dem Ersten Weltkrieg gab es z. B. zehn französische Zeitungen in der Türkei, dagegen nur zwei deutschsprachige.[35]

Um die Stellung Deutscher im türkischen Wirtschafts- und Verwaltungswesen um die Jahrhundertwende veranschaulichen zu können, muss man hier ein Zitat anführen:

> „Fast in allen Berufszweigen des türkischen Staatslebens findet man Deutsche, so unter anderen mehrere deutsche Militär-Paschas [...] Deutsche haben das Justiz- und Bauwesen neu eingerichtet und an der Spitze des Zollwesens steht ein Deutscher, wie auch der Vertreter des General-Postdirektors und der zweite Direktor der Ottomanischen Bank Deutsche sind. Von dem Beamtenpersonal der Anatolischen Eisenbahn ist der größte Prozentsatz deutsch, ferner befindet sich die Leitung der Orientalischen Eisenbahn in deutschen Händen, auch der Direktor der stark benutzten Untergrundbahn in Konstantinopel zählt zu unseren Leuten. Die Gasanstalt in Konstantinopel und die Wasserwerke sind mit deutschem Geld erbaut worden und werden von Deutschen verwaltet, im Armee-Arsenal von Tophane sind deutsche Instrukteure und Mechaniker thätig, die Gewehre sind deutsches Fabrikat und die türkischen Torpedoboote auf deutschen Werften erbaut, desgleichen tragen die Kanonen den Kruppschen Stempel. In allen wichtigen Unternehmungen der neueren Zeit stecken deutsche Kapitalien, wie man auch in den größeren Geschäften deutsches Personal findet."[36]

2.2 Die politisch-wirtschaftlichen Rahmenbedingungen der deutsch-türkischen Annäherung

2.2.1 Der wirtschaftliche Aufschwung Deutschlands

Der Zollverein, die Agrarreformen der napoleonischen Zeit und der Zustrom des englischen Kapitals und englischen Unternehmungsgeistes trugen zum Aufblühen der deutschen Wirtschaft vor der Reichsgründung erheblich bei. Deutschland war nach heutigen Maßstäben zu jener Zeit ein Agrarland. 1871 lebten 65 % der Gesamtbevölkerung (ca. 41.000.000) auf dem Land. Trotzdem hatte die deutsche Industrie bemerkenswerte Fortschritte vor der Reichsgründung gemacht, so förderte man 29.400.000 t Braunkohle und 4.400.000 t Eisenerz im Jahre 1871.[37] Die Textilindustrie war in manchen Landesteilen verhältnismäßig hoch entwickelt, und es entstanden einige namhafte Werke wie Krupp in Essen und Borsig in Berlin in der Maschinenindustrie. Die Länge des Eisenbahnnetzes umfasste 18.650 km Nach der Reichsgründung wurden dem Wirtschaftsleben neue Impulse gegeben, d. h. man schaffte die rechtlichen Grundlagen der Weiterentwicklung der deutschen Wirtschaft. Die Einführung eines einheitlichen Wirtschaftsrechtes für das ganze Reichsgebiet, die Abschaffung der Beschränkungen der Gewerbefreiheit, die Vereinheitlichung des Maß- und Gewichtsystems und die Vereinheitlichung des Währungswesens waren wichtige Schritte in die Richtung zum raschen Aufschwung der deutschen Wirtschaft.[38]

Trotz der technischen Fortschritte im landwirtschaftlichen Bereich war die deutsche Landwirtschaft nicht in der Lage, den Bedarf der deutschen Bevölkerung an Nahrungsmitteln zu decken, d. h. aufgrund des Bevölkerungszuwachses und der Verbesserung der Lebenserwartung wurde das Land von der Getreideeinfuhr abhängig. Die Reichspopulation war von 42.500.000 im Jahre 1875 auf 60.300.000 im Jahre 1905 gestiegen.[39] Der Geburtenüberschuss, die Abnahme der Todesfälle, der Rückgang der Kindersterblichkeit und die Abnahme der Auswandererquote in die USA und nach Übersee führten zum Zuwachs der Bevölkerungszahl.[40] Die deutsche Wirtschaft hatte große Fortschritte in der Schwerindustrie, Maschinenbauindustrie, elektronischen und chemischen Industrie gemacht.[41] Dank seiner Industrialisierung zeigte sich Deutschland als Exportland in den 90er Jahren des vorangegangenen Jahrhunderts an vierter Stelle hinter England, Frankreich und den Vereinigten Staaten und hielt diesen Platz bis zum Ersten Weltkrieg. Der deutsche Export verdoppelte sich zwischen 1872 und 1900. Das Verhältnis der industriellen Fertigwaren zur Gesamtausfuhr stieg von 38 % im Jahre 1873 auf 63 % im Jahre 1913.[42] Die Zunahme der Ausfuhr bedeutete gleichzeitig eine zunehmende Abhängigkeit von der Einfuhr von Rohstoffen und Nahrungsmitteln. Da sich Deutschland von einem Importland für Kapital in ein Exportland in den 80er Jahren verwandelte, nahmen deutsche Kapitalinvestitionen im Ausland ständig zu. Der deutsche Waren- und Kapitalexport bewegte sich von Richtung Osten nach Südeuropa und Kleinasien und konzentrierte sich hauptsächlich auf den Bau der Eisenbahnen, wodurch die Interessensphäre des Britischen Reichs berührt wurde.[43]

2.2.2 Deutschland und die Weltpolitik

Im 17. und 18. Jahrhundert gab es zahlreiche Fürstentümer im damaligen Reichsgebiet, deren Zahl sich nach der napoleonischen Herrschaft in den folgenden Dekaden stark reduzierte. Die napoleonische Unterdrückung trug zur Erweckung des deutschen Nationalgefühls erheblich bei, was auch später den Weg zu einem einheitlichen deutschen Nationalstaat ebnete.[44] Die Reichsgründung von 1871 als Nationalstaat war ein wichtiger Wendepunkt in der deutschen Geschichte. Schieder bezeichnet das Deutsche Reich von 1871 in seinem Wesen als begrenzten bzw. amputierten Nationalstaat.[45] Unter Bismarck ging die preußische Staatsmacht eine Interessengemeinschaft mit der bürgerlichen Nationalbewegung ein. Die aggressiven Nationalbewegungen problematisierten in den 90er Jahren des 19. Jahrhunderts diesen unvollendeten Nationalstaat im Zeichen des nationalen Prestigegedankens, so wurde die Vollendung des Nationalstaates nicht mehr im kontinentalen deutschen Volksraum gesucht, sondern in einer nationalen Prestigepolitik auf der ganzen Erde. Die Reichsgründung war im Bewusstsein des deutschen Volkes die Frucht dreier siegreicher Kriege.[46] Darüber hinaus wurden kleinbürgerliche Schichten unter der alten Parole von „Thron und Altar" motiviert. Aufgrund der inhaltlichen Umwandlung des Nationalismus wurden völkisch-rassistische Vorstellungen zu Wunsch- und Leitbildern unter der Bevölkerung. Die Leute, die unter diesen Umständen aufgewachsen waren, waren überzeugte Anhänger jener Weltpolitik, die Kaiser Wilhelm II. als politisches Programm in seiner Ansprache 1896 offiziell angekündigt hatte. So erhob Deutschland dank seiner wirtschaftlichen Stärke einen Anspruch auf die Veränderung des Status quo, wobei die Stellung Deutschlands seinen Ansprüchen gerecht und seiner wirtschaftlichen- militärischen und kulturellen Potenz adäquat sein sollte.[47] Neben dem deutschen Nationalismus war die Entstehung der expansionistisch-nationalistischen Verbände im Hinblick auf die Betreibung der Weltpolitik von großer Bedeutung. Aufgrund der Umwälzungen in den Gesellschaftsstrukturen expandierte die Zahl der Verbände im 19. Jahrhundert. Da sich Deutschland von einer korporativen Gesellschaft zu einer Klassengesellschaft veränderte, stieg die Zahl der Verbände zwischen 1850 und 1900 von ca. 150 auf ca. 3000 an, die im Grunde auf der lokalen Ebene tätig waren. Es entstanden neue Arten von Vereinen in den letzten zwei Dekaden des vorigen Jahrhunderts, nämlich patriotisch-nationalistische Verbände[48], welche sich für den Erwerb der Kolonien und für die Stärkung Deutschlands in allen Bereichen einsetzten.

Die deutsche Einheit und die rasche Industrialisierung des Landes trugen dazu bei, dass sich Deutschland gezwungen fühlte, dem Zeitgeist entsprechend Kolonialpolitik zu betreiben. Aber nennenswerte Gebiete der Erde waren bereits von England und Frankreich als Kolonien erworben. Um den Bedürfnissen der Industrie nachgehen zu können, musste Deutschland Rohstoffe und Absatzmärkte finden, was in der damaligen Zeit durch den Erwerb der Kolonien in die Tat umgesetzt werden sollte. In dieser Situation war eine Konfrontation mit den anderen Kolonialmächten nicht zu vermeiden. Deutschland erwarb Kolonien in Ostafrika, die im Vergleich zu den Kolonien der anderen Kolonialmächte nutzlos waren.[49] Die deutschen Kolonien waren nicht geeignet, dem Wunsch der deutschen Industrie zu entsprechen und einen Siedlungsraum für deutsche Auswanderer zu bieten. Man erwarb die afrikanischen Kolonien in den Jahren 1884 und 1885. Im Jahre 1897 wurde durch den Pachtvertrag mit China Kiautschou gewonnen. Danach wurden im Pazifischen Ozean die Karolinen-Inseln und die Hälfte der Samoa-Insel 1899 und 1900 erworben. Die deutschen Kolonien umfassten ein Gebiet von rund 3.000.000 km^2 mit einer Population von mehr als 13.000.000. Das in den Kolonien investierte Kapital umfasste wenig mehr als 500.000.000 Mark, also nur ca. 2 % der deutschen Auslandsanlagen, d. h. die

Kolonien waren nicht in der Lage, die deutsche Industrie mit Rohstoffen zu versorgen und einen nennenswerten Absatzmarkt anzubieten.[50]

Durch die Gründung des Nationalstaates stellte Deutschland seine militärische und wirtschaftliche Stärke unter Beweis und erhielt den Großmachtstatus, jedoch wurde der deutsche Staat wegen seiner territorialen Größe und geostrategischen Lage von Anfang an als potenzielle Bedrohung wahrgenommen. Deutschland etablierte sich durch die internationalen Kongresse und Konferenzen (Berliner Kongress 1878 und Kongo Konferenz 1884-85) als Großmacht. Das war der erste Schritt, der den zweiten, den Aufstieg zur Weltmacht,[51] geradezu unvermeidlich machte.[52] Bismarck verfolgte eine Politik, die auf die Interessen der anderen Großmächte vor allem in Dingen der außereuropäischen Angelegenheiten Rücksicht nahm. Er versuchte mit Allianzen, das europäische Gleichgewicht im Staatensystem zu balancieren. Für ihn ging es in erster Linie um die Sicherheit des deutschen Staates. Der neue Kurs und die Politik der freien Hand (1890-97) dagegen charakterisierten sich durch die Zerstörung des europäischen Gleichgewichtssystems.[53] Die ausbleibende Verlängerung des Rückversicherungsvertrages[54] im Juni 1890 gehörte zu den ersten Entscheidungen des „Neuen Kurses“. Zu jener Zeit war Europa in das Zeitalter des Imperialismus eingetreten. Da die europäischen Großmächte ihre Machtgebiete erweitern bzw. sichern wollten, wurden außereuropäische Angelegenheiten zum Hauptthema der europäischen Politik. Deutschlands Anspruch auf den Weltmachtstatus störte das Gleichgewicht in Europa, was für England eine Einschränkung seines Machtbereiches bedeutete. Dies war inakzeptabel für England. Aufgrund der imperialistischen Gegensätze, der Sicherheitslage des Landes, der Unmöglichkeit der Beschränkung des Reiches auf den Status einer Kontinentalmacht und aufgrund der Kolonialpolitik in der Bismarck'schen Ära fühlte sich Deutschland sozusagen bereit, in die Weltpolitik einzutreten. Es war in der damaligen Zeit von einem Staat nicht zu erwarten, auf den Status einer souveränen Großmacht zu verzichten.[55] Außerdem prägte die Neigung zum Auftrumpfen und zum Prestigegewinn den Charakter der deutschen Weltpolitik.[56]

Die Außenpolitik des „Neuen Kurses“ versuchte, französisch-russische Aktivitäten im Mittelmeergebiet zu bremsen und England näher an den Dreibund heranzuziehen, d. h. „Sicherheitspolitik“ triumphierte noch über „Machtpolitik“. 1890 gab es einen Interessenunterschied zwischen Deutschland und England. Zum einen wollte die deutsche Reichsregierung mit der Annäherung an Großbritannien das Ziel eines Bündnisses, das Sicherheit bei dem drohenden Zweifrontenkrieg garantieren sollte. Zum anderen wollte England nicht die Last einer Allianz auf sich nehmen, um nur Russland und Frankreich eindämmen zu können. Bereits im September 1892 war eine Entfremdung bzw. Abkühlung des deutsch-britischen Verhältnisses zu beobachten. Die Versuche Deutschlands, Großbritannien enger an den Dreibund heranzuziehen, waren endgültig gescheitert. Der Handelsvertrag mit Russland von 1894 erzielte nicht die gewünschte Wirkung und war kein Ausgleich zum Rückversicherungsvertrag, so scheiterte die Optionspolitik des „Neuen Kurses“, und es war nicht mehr möglich, zu den Prinzipien der Gleichgewichtspolitik zurückzukehren.[57]

Anlässlich der Erörterung der deutschen China-Politik in einer Reichstagsrede vom 6. Dezember 1897 erhob Bernhard von Bülow Deutschlands Anspruch auf das Mitspracherecht in weltpolitischen Fragen.

> „Wir müssen verlangen, daß der deutsche Missionar und der deutsche Unternehmer, die deutschen Waren, die deutsche Flagge und das deutsche Schiff in China genauso geachtet werden, wie diejenigen anderer Mächte. Wir sind endlich gern bereit, in Ostasien den Interessen anderer Großmächte Rechnung zu tragen, in der sicheren Voraussicht, daß unsere eigenen Interessen gleichfalls die ihnen gebührende Würdigung finden. Mit einem Worte: Wir wollen niemand in den Schatten stellen, aber wir verlangen auch unseren Platz an der Sonne.“[58]

Mit dieser Aussage drückte Bülow das Recht auf Gleichberechtigung mit anderen großen Nationen aus, welche sich als Zäsur in der klassischen deutschen Außenpolitik darstellte. Damals konnte ein Staat nur dann eine Großmachtpolitik betreiben, wenn er sich für die außereuropäischen Angelegenheiten engagierte[59] Obwohl die führenden Persönlichkeiten des Reiches ständig von der Weltpolitik gesprochen hatten, gab es keine inhaltlich präzise Definition von diesem Begriff. Beispielsweise äußerte sich der Soziologe Max Weber zur „Weltpolitik“ folgendermaßen:

> „Lediglich als gleichberechtigter Partner in Europa aufzutreten, ließ inmitten der expandierenden Nachbarn keine Zufriedenheit mehr aufkommen, geformt hatte sich der Wille zur „Weltpolitik“, der nach allgemeiner Einschätzung die logische Konsequenz der Reichgründung war.“[60]

Ein integraler Bestandteil der deutschen Weltpolitik war die Flottenpolitik. Parallel zur Förderung nach einem „Platz an der Sonne“ fiel der Entschluss zum Aufbau einer Flotte, die in erster Linie als Druckmittel gegen England fungieren und die Bündnisfähigkeit des Reiches unter Beweis stellen sollte. Der Übergang zu „Schlachtflotten“ und zum Großschiffbau 1897-98 verschlechterte das deutsch-englische Verhältnis unheilbar. Die Motive Deutschlands waren die Verteidigung der Küsten im möglichen Kriegsfall, der Schutz von Auslandsinteressen und die Durchsetzung eines Großmachtstatus. In der Tat hatte die Flotte als Mittel und Symbol des Weltmachtanspruchs eine antienglische Stoßrichtung. Die Flottenpolitik und Weltpolitik waren untrennbar miteinander verbunden.[61] Alfred Tirpitz bezeichnete sogar die Rüstung zur See als einzige methodische Weltpolitik. Seiner Meinung nach konnte die Großmachtstellung des Deutschen Reiches ohne Flotte auch in Zukunft nicht behauptet werden, deswegen versuchte Tirpitz, die Öffentlichkeit für den Flottenbau zu gewinnen.[62] Wie der Verfasser dieser Arbeit im Abschnitt (4.1) behandelt, spielte die deutsche Rüstungsindustrie bei der Betreibung der Weltpolitik eine nicht zu unterschätzende Rolle im Wilhelminischen Deutschland.

2.2.3 Der deutsche Nationalismus im Kaiserreich

Im 19. Jahrhundert war der Nationalismus eine europäische Normalität. Die deutsche Nationalbewegung war Trägerin und Verkörperung des deutschen Nationalismus. Das Ziel der deutschen Nationalbewegung war die Erreichung der deutschen Einheit und des deutschen Nationalstaates. Vor der Reichsgründung war der deutsche Nationalismus aufgrund der Mehrstaatlichkeit und Nichteinheit kein Staatsnationalismus, sondern ein Kultur- und Sprachnationalismus. Deswegen waren die Reichdeutschen von 1871 nicht alldeutsch und irredentistisch.[63] Der Nationalismus war in Europa seit 1789 und im von der Romantik geprägten Deutschland eine linke und progressive Bewegung gewesen; oppositionell, revolutionär, auf die Veränderung des Bestehenden aus, auf den Sturz der Legitimitäten und Autoritäten der Tradition. Mit der Reichsgründung wurde der Nationalismus jedoch eine Macht des Bestehenden. Er war nationalmonarchisch und demokratisch zugleich. Der deutsche Nationalismus konzentrierte sich auf die Gründung eines Nationalstaates und auf die Deutschlandpolitik nach der Reichsgründung. In dieser Ära war die deutsche Führung an der Erhaltung und Sicherung der deutschen Machtposition in Europa interessiert, nicht aber an der Expansion in der außereuropäischen Welt. Allmählich verschob sich der Akzent aber von der inneren Einigung der Deutschen zur Machterhaltung Deutschlands in Europa und in der Welt, sogar könnte man ab 1880 vom neuen Macht-Nationalismus sprechen, wobei Deutschlands Stellung in der Welt zum nationalen Thema wurde.[64] Obwohl sich alle Schichten der deutschen Reichsbevölkerung für die kleindeutsche Staatsgründung einsetzten, bestand zugleich eine großdeutsche Verbundenheit. Diese großdeutsche Orientierung spielte für die weitere Entwicklung des nationalen Denkens im Kaiserreich eine entscheidende Rolle.[65]

Nach Nipperdey unterscheidet man drei Typen des deutschen Nationalismus nach 1890: Beim durchschnittlichen Nationalpatriotismus geht man davon aus, dass dieser ältere Loyalitätsformen und Dissense der Gründungsphase überbaute, auf diese Weise gingen die regionalen und partikularstaatlichen Bindungen in die nationaldeutsche Bindung ein. Zum Normalnationalismus gehört der staatliche und offiziöse Nationalismus. Innerhalb dieses allgemeinen Normalnationalismus wurden besondere Organisationen gegründet, die bei der Durchsetzung bzw. Unterstützung bestimmter nationaler Ziele halfen. Der Radikalnationalismus war ein Sammelbecken für die ultra-nationalistischen Vereine wie dem Alldeutschen Verband. [66] Ende der 80er Jahre des 19. Jahrhunderts entstanden zahlreiche neue vaterländische und imperialistische Agitationsvereine, wo der Radikalnationalismus ein Zuhause gefunden hatte. Unter diesen Vereinen gab es die deutsche Kolonialgesellschaft (1887), den Deutschen Flottenverein (1898), den Ostmarkenverein (1894) und den Alldeutschen Verein (1890) usw.[67] Der Nationalismus führte in diesen Jahrzehnten bei den europäischen Mächten zum Imperialismus. Die Selbstverwirklichung und Selbstbehauptung einer Nation waren Triebkräfte des Anspruchs auf eine angemessene Stellung in der Welt, auf die Gestaltung der Welt und auf die Weltmacht. In diesem Zusammenhang zwang der Nationalismus Deutschland dazu, Weltpolitik zu betreiben.[68]

2.2.4 Der Alldeutsche Verband und sein Interesse in der Türkei

Aus Protest gegen das Helgolandabkommen wurde der „Allgemeine Deutsche Verband" im April 1891 gegründet, der im Juli 1894 in „Alldeutscher Verband" umbenannt wurde. Nach seinem Programm war der Verband nationalistisch und kolonialistisch. Der Verband stellte sich als Aufgabe, das Deutschtum überall in der Welt zu pflegen und das nationale Bewusstsein der Deutschen zu stärken. Der Verband hielt sich für überparteilich.[69] Nach der Auffassung des Alldeutschen Verbandes war ein enger wirtschaftlicher und staatsrechtlicher Zusammenschluss mit Österreich, den Niederlanden und mit der Schweiz erforderlich, um einen neuen Lebensraum zu schaffen, wobei als nächster Schritt Mitteleuropa in den Machtbereich Deutschlands einbezogen werden musste. Die Alldeutschen beschäftigten sich auch mit kolonialen Fragen.[70] Nach der Satzung des Verbandes wurde die Außenpolitik der Alldeutschen folgendermaßen formuliert:

> „Eine tatkräftige deutsche Interessenpolitik in der ganzen Welt, insbesondere Fortführung der deutschen Kolonialbewegung zu praktischen Ergebnissen"[71]

Die Alldeutschen waren auch für die Stärkung der deutschen Streitkräfte, womit man den deutschen Machtanspruch geltend machen wollte, d. h. Deutschland musste eine starke Flotte und Landarmee haben. Aus diesem Grund engagierte sich der Verband für den Flottenbau vor der Gründung der Flottenvereine. Aufgrund der monarchischen Einstellung des Verbandes unterhielt die Führung gute Beziehungen zum Kaiser. Da sich Kaiser Wilhelm II. zu deutscher Weltpolitik, deutscher Seegeltung und nationaler Ehre bekannte, verteidigten die Alldeutschen den Kaiser. Alfred Kruck hebt hervor, dass es in keinem Fall zu einer unmittelbaren Zusammenarbeit zwischen den Alldeutschen und den führenden Staatsmännern des Reiches gekommen sei. Für den Verband sei es um die Wahrung der nationalen Ehre und um die Verteidigung der Lebensinteressen durch die Regierung gegangen, und der Verband sei in der Lage gewesen, einen gewissen Einfluss auf die Entscheidungen der Regierung auszuüben.[72]

Besonders wichtig war die alldeutsche Haltung zur Türkei im Hinblick auf das Verhältnis zwischen beiden Ländern. Nach der alldeutschen Auffassung war die asiatische Türkei[73] als Kolonisationsfeld zu betrachten. Als 1895 die Aufteilung des Osmanischen Reiches auf die Tagesordnung kam, plädierten die Alldeutschen dafür, dass man Kleinasien als neuen Lebensraum für das deutsche Volk gewinnen sollte. Nach Ernst Hasse, dem Vorsitzenden des Verbandes, hatte Deutschland die Aufgabe, bei einem möglichen Zerfall des Osmanischen Reiches in ganz Kleinasien zu intervenieren und Mesopotamien mit Syrien als Kolonie und Arabien als Interessensphäre zu sichern.[74] Der Alldeutsche Verband war sogar für die koloniale Unterwerfung der Türkei durch deutsche „Herrensiedler" und für die Einrichtung deutscher Kolonialzonen in verschiedenen Regionen der Türkei. Dies wurde von Hasse in einer Flugschrift von 1896 folgendermaßen geschildert:

> „[...] Klima und Bodenbeschaffenheit des Landes (der Türkei) aber würden einer deutschen Einwanderung ein reiches und ergiebiges Arbeitsfeld ermöglichen und deutscher Fleiß, deutsches Wissen unter einer starken deutschen Regierung jene Länder, [...] zu einem Besitze des Reiches werden lassen, von ähnlicher Bedeutung für dieses, wie die Indiens für Großbritannien".[75]

Es wurde ein Orientausschuss vom Alldeutschen Verband gebildet, der die Aufgabe hatte, das Nahostprogramm in zahlreichen Versammlungen zu verbreiten. Obwohl die Türkei unter den weltpolitischen Ambitionen des Kaiserreiches den Vorrang hatte, blieb die Entwicklung der deutsch-türkischen Beziehungen weit hinter den alldeutschen Erwartungen zurück. Diese Kolonialpropaganda vom Verband löste Misstrauen in den europäischen Zentren und vor allem in İstanbul gegenüber Deutschland aus. Da diese Propaganda den realen Interessen Deutschlands zuwiderlief, äußerte sich Georg Siemens gegen die alldeutschen Kolonialpläne, zugleich distanzierte sich auch das Auswärtige Amt vom Alldeutschen Verband.[76]

Da die Alldeutschen sich auf eine eventuelle Liquidation der Türkei vorbereiteten, beschäftigten sie sich mit Fragen wie

> „Was soll geschehen, wenn die Katastrophe in der Türkei doch eintritt? Was muss dann Deutschland tun, um seinen Interessen gerecht zu werden?"[77]

Für Bismarck war eine russische Vorherrschaft am Bosporus besser als eine englische, was für die Alldeutschen inakzeptabel war. Da die Alldeutschen der Ansicht waren, die deutschen Interessen durch die Erhaltung des Status quo im Orient wahren zu können, wünschten sie sich, dass die deutsche Regierung eine kriegerische Politik zu einer Aufteilung der Türkei befolgen solle.

Nach der Meinung der Alldeutschen lag es im gesamtmitteleuropäischen Interesse, die asiatische Türkei fortbestehen zu lassen, wenn die Türkei liquidiere. Dagegen läge das deutsche Interesse darin, die asiatische Türkei unter deutsche Schutzherrschaft zu bringen. So wäre es für Deutschland vorteilhafter, einerseits Mesopotamien und Syrien in Besitz zu nehmen und andererseits die Schutzherrschaft über das kleinasiatische Sultanat zu erringen und die Einbeziehung Arabiens in die deutsche Interessensphäre zu sichern. Der Alldeutsche Verband hielt Arabien für absehbare Zeit gar nicht für brauchbar, wogegen Syrien und Mesopotamien wegen der dünnen Besiedlung vorzuziehen wären. Würde man nach dieser Ansicht hier eine Vielzahl Kolonisten ansiedeln, würde diese Region einer tatsächlichen Herrschaft kaum ernsthafte Schwierigkeiten bereiten. Eine deutsche Schutzherrschaft über die ganze asiatische Türkei könnte nur in einer Nominalherrschaft des türkischen Sultans mit deutschen Ministern, Garnisonen und Verwaltungen wie in Indien bestehen. Dem Reich müsste das

Monopol für die Eisenbahn, Post, Telegraphie usw. zustehen. Was die Türkei produzieren konnte, hätte sie alles an Deutschland zu liefern. Nur eine solche deutsche Herrschaft könnte für den Wegfall des eigenen Besitzes als Entschädigung gelten.[78]

2.2.5 Die Deutschen in Palästina und Ansiedlungspläne in Kleinasien

Nach der Tageszeitung „Osmanischer Lloyd“[79] waren die numerische Stärke des Deutschtums und die angeblichen Kolonisationsbestrebungen Berlins in der Türkei weit übertrieben.[80] Dies wäre auf eine Verleumdungskampagne gegen Deutschland zurückzuführen. Dadurch wollte man die Türkei gegenüber der wirtschaftlichen Tätigkeit Deutschlands misstrauisch machen. Für diesen Zweck hätten die deutschen Nationalisten den Begriff „Drang nach dem Osten“ entwickelt und hätten sie darunter die phantastischen Kolonisationsbestrebungen Anatoliens und Palästinas verstanden. Die letzten Verhandlungen über die Bagdadbahn und die jüdische Auswanderung nach Palästina entwickelten sich zum Schreckgespenst einer umfassenden deutschen Kolonisation in der Türkei. Nach diesem Zeitungsartikel betrug im Jahre 1882 die Zahl der Deutschen in der Türkei einschließlich der heutigen Gebiete von Bulgarien und Ägypten 3.400. In der Zahl enthalten ist auch die Anzahl Schweizer Bürger in der Türkei, die zu der damaligen Zeit deutschen Schutz genossen. Im Jahre 1902 hatte sich diese Zahl auf rund 4.500 erhöht, wovon unter anderem in İstanbul etwa 1600 und im Wilajet Beirut und Damaskus zusammen etwa 720 Personen lebten. Dagegen schätzte man die Zahl der Deutschen 1911 auf 5.500 in der Türkei ein. Von diesen lebten ca. 1.700 in Palästina und ca. 900 in Beirut und Damaskus zusammen.

Einen Beweis für die Grundlosigkeit aller Befürchtungen wegen einer deutschen Kolonisationstätigkeit lieferte das Beispiel Haifa, wo man seit der Gründung der deutschen Kolonien durch Hardegg und Hoffmann[81] keinen beträchtlichen Bevölkerungszuwachs durch Einwanderung aus Deutschland registrieren könnte. Es lebten dort 1.368 Reichsangehörige, drei Schweizer und 201 deutsche Schutzgenossen sowie etwa 30 nicht eingeschriebene Deutsche im Jahre 1911. Diesem Zeitungsartikel zufolge gab es unter den Reichsangehörigen wiederum zehn Israeliten. Diese demographische Situation deutet darauf hin, dass seit mehr als 20 Jahren keine Zuwanderung aus Deutschland in dieses Land erfolgt war. Man stellte die Frage:

> „Können diese 5500 Deutschen, die sich über das ganze Reich verbreiten und von denen nur ein sehr geringer Prozentsatz Grundeigentum in der Türkei erworben hat, wirklich die Ruhe der Osmanen stören und gab es einen verständigen Menschen, der aus der winzigen Zahl von 200 reichdeutschen Juden ernstlich den Schluss auf eine systematische staatliche Förderung der jüdischen Abwanderung nach Palästina wagen wollte?“[82]

Da die Juden aus Osteuropa und Russland die deutsche Sprache als Umgangssprache verwendeten, entstand eine falsche Vorstellung vom deutschen Charakter dieser Bewegung.

Nach den Worten des deutschen Botschafters war es wünschenswert, deutsch-katholische Kongregationen für die Missionstätigkeit in Kleinasien, besonders im Interessengebiet der Bagdadbahn, zu gewinnen. Dank des Berichtes vom 11. September 1902 traten die Ziele der deutschen Imperialisten deutlich zutage. „Soll unsere Kulturarbeit in der asiatischen Türkei nicht verloren gehen, so müssen wir von jetzt an mehr auf kulturelle Propaganda in unserer Interessensphäre bedacht sein. Es ist in dieser Beziehung von entscheidender Bedeutung, daß wir möglichst schnell einen Stamm von Männern heranziehen, die Land und Leute gründlich kennen, und daß sich neben und im Anschluß an die großen kapitalistischen Unternehmungen der Anatolischen und Bagdadbahn kleine Zentren deutschen Lebens bilden.“[83] Frankreich errang seine vorherrschende Stellung im Nahen Osten aufgrund der unermüdlichen Tätigkeit seiner Kongregationen und der Tatsache, dass an diesem mehr nationalen als religiöses Werk das Geld vieler Katholiken mitgearbeitet hatte. Nach dem französischen Beispiel empfahl der deutsche Botschafter, die deutschen katholischen Kreise für Missionsgründungen in Anatolien zu interessieren.

Die deutschen Einwanderer kamen nicht aus materiellen, sondern aus religiösen Motiven in das Heilige Land. Nach Angaben des deutschen Konsuls lebten circa 1.042 Personen um das Jahr 1885 in den deutschen Siedlungen in Palästina, wovon allerdings nur 618 Menschen die deutsche Reichsangehörigkeit besaßen. Mehr als die Hälfte der Einwanderer, 577 Menschen, lebten in Jerusalem. Dagegen gab es nur 213 Menschen bei Jaffa und 230 Menschen bei Sarona in den deutschen Siedlungen. Diese Einwanderer teilten sich in drei konfessionelle Hauptgruppen auf. Die evangelische Gemeinde, die seit 1846 existierte und 145 Menschen umfasste, war die älteste, aber schwächste Gruppe in Palästina. Diese Gemeinde konzentrierte sich fast ausschließlich auf Jerusalem, und ihr Hauptziel war, diese Region zu missionieren. Die zweitstärkste Gruppe, die deutschen Juden, bestand aus 218 Menschen. Das Wohngebiet dieser Gruppe war ebenfalls Jerusalem, und die Angehörigen dieser Gruppe kamen in den 50er Jahren des 19. Jahrhunderts nach Palästina. Die freikirchliche Religionsgemeinschaft der Templer war die jüngste und zahlenmäßig die stärkste Gruppe. Diese Menschen kamen zwischen 1869 und 1878 aus Württemberg nach Palästina, um ihr Leben nach dem Vorbild der Urchristen auf dem heiligen Land zu verbringen. 617 Menschen aus dem Templerorden lebten in den Städten Jerusalem, Jaffa und Sarona. In einer Siedlung nicht weit von Haifa gab es dagegen 300 Menschen aus dem Templerorden.[84]

Trotz dieser Siedlungen in Palästina kann man nicht von einer deutschen Einwanderungswelle in die Türkei in den 80er Jahren des 19. Jahrhunderts sprechen. Das Auswärtige Amt lehnte die Anträge der deutschen Auswanderungswilligen in die Türkei ab.[85] Die deutschen Vertretungen bekamen offiziell sogar den Befehl, diesen Leuten keine Auskunft zu erteilen. Trotzdem baten Privatleute das Auswärtige Amt darum, sie über eine eventuelle Einwanderung in die Türkei zu informieren und womöglich zu unterstützen. Das Auswärtige Amt versuchte vorsichtig, ihnen in dieser Hinsicht behilflich zu sein. Auf der anderen

Seite muss man darauf hinweisen, dass sich die Leiter der deutschen Vertretungen gelegentlich zu möglichen Ansiedlungsorten für die Deutschen äußerten. So verwies beispielsweise der deutsche Generalkonsul in Beirut in einem Bericht an Bismarck auf ein fruchtbares Land im südlichen Teil der Provinz Aleppo und im nördlichen Teil der Provinz Syrien, das für eine deutsche Ansiedlung günstig zu erwerben schien. Als die Templer das Auswärtige Amt um Hilfe für eine mögliche Niederlassung am Audjeh-Fluss in der Nähe von Jaffa baten, sprach sich Radowitz aus diesem Anlass gegen das Siedlungsprojekt der Templer aus, denn solche Pläne waren aus Rücksicht auf die türkische Regierung und den Sultan nicht amtlich zu fördern.[86] Radowitz betonte ferner, dass die türkische Regierung gegen solche Ideen eine starke Abneigung zeige. Anlässlich der Templeranfrage sprach sich Radowitz ebenfalls gegen die Pläne der Alldeutschen aus, die mit der offiziellen deutschen Türkeipolitik schwer vereinbar waren. In diesem Zusammenhang muss betont werden, dass die Einstellung des Auswärtigen Amtes zu einer deutschen Auswanderung in die Türkei durchweg ablehnend war. Bismarck äußerte sich allerdings nicht über dieses Thema.

Der Alldeutsche Verband engagierte sich stark für das Anliegen der deutschen Kolonisten in Jaffa. Als die türkische Regierung versuchte, den Privatbesitz (Mülk) in Regierungsland (Miri) umzuwandeln, beschwerte sich der Alldeutsche Verband über dieses Vorgehen der türkischen Regierung beim deutschen Konsulat. Für die Kolonisten war es damals sehr schwer, eine Bauerlaubnis für ein Gebäude zu bekommen, das auf dem Miribesitz zu errichten war. Darüber hinaus wollten die deutschen Kolonisten der Willkürherrschaft des Grundbuchamtes in İstanbul ein Ende setzen. Aus diesen Gründen konzentrierten sich die deutschen Kolonisten darauf, diese Regelung mit Hilfe der deutschen Botschaft rückgängig zu machen. Die deutschen Kolonisten in Palästina baten den Alldeutschen Verband um die Unterstützung bei dieser Angelegenheit, was man anhand eines Zitates demonstrieren kann:

> „Wir verlangen keine materielle Unterstützung von unseren Brüdern in der Heimat, wir begehen nur der Hilfe, daß Mitglieder des Alldeutschen Verbandes dahin wirken mögen, daß uns Recht geschaffen werde."[87]

Daraufhin plädierten die Alldeutschen dafür, dass sich die deutschen Vertretungen für die deutschen Interessen und das Deutschtum einsetzen sollten. Die Alldeutschen meinten, dass die amtliche Pflege des deutschen nationalen Gedankens in der Ära von Caprivi vollständig aufgehört hatte. Deswegen forderten sie die deutsche Botschaft in Istanbul dazu auf, sich für die deutsche Sache zu engagieren. Nach der alldeutschen Auffassung sollten für den Vertreter des Deutschen Reiches in erster Linie die Interessen des Reiches und seiner Angehörigen maßgebend sein.[88]

Nach einem Bericht in der Zeitung „Hamburgische Korrespondenz" lebten um 1895 circa 600 korporativ organisierte protestantische Deutsche in Jerusalem, von denen 400 der württembergischen Templergemeinde angehörten.[89]

Die Angehörigen der Templergemeinde lebten getrennt von den übrigen evangelischen Mitgliedern. Obwohl sich die Rechtsverhältnisse allmählich für die Fremden in Jerusalem verbesserten, hörten die Klagen der Fremden über das Immobilienrecht der Türkei nicht auf. Ein neues Immobiliengesetz trat im Jahre 1867 in Kraft, wonach die Staatsangehörigen der anderen Länder den türkischen Gesetzen über Immobilien unterworfen waren und allen steuerrechtlichen Pflichten nachkommen mussten. Nach diesem Gesetz mussten sich die fremden Staatsangehörigen in den Steuerrechtsangelegenheiten vor den türkischen Richtern verantworten. In der Tat waren die Beschwerden der Ansiedler darauf zurückzuführen, dass es im türkischen Immobilienrecht ganz unterschiedliche Typen von Grundstücken gab. Als die türkische Regierung die Verhältnisse ihrer Ländereien in Palästina regulieren wollte, stellte sich heraus, dass sich einige Regierungsländereien doch in Privatbesitz befanden, weil die Kolonisten in Palästina früher die Staatsländereien als Privateigentum gekauft hatten, was selbstverständlich gesetzwidrig war. Deswegen war es nicht gerecht zu behaupten, dass die türkische Regierung den Templern ihr Eigentum entzog. Da der Sultan für die Feststellung dieser Ländereien eine Kommission einberief, hielten es weder das Auswärtige Amt noch die deutsche Botschaft in İstanbul für nötig, in dieser Angelegenheit auf Veranlassung der Haifaer Schwabenkolonie beim Sultan zu intervenieren.

Nach Hugo Grothe müsste die öffentliche Aufmerksamkeit auf den Gedanken deutscher Niederlassungen in Kleinasien gelenkt werden.[90] So wollte man erreichen, dass diese Frage von den findigen und umsichtigen Männern in Erwägung gezogen wurde. Die kolonialen Propagandisten legten in erster Linie großen Wert darauf, dass sich die Auslandsdeutschen nicht entfremdeten und das so genannte deutsche Blut nicht verloren ging. Dies könnte man nur in Kleinasien realisieren, wo die Anatolische Eisenbahn den deutschen Einfluss zur Geltung bringen sollte. Da der Boden mit neuen Geräten bestellt werden müsste, wären die befähigten Ackerbauern für die Kolonisation vorgesehen. H. Grothe wies darauf hin, dass auf der Strecke der Anatolischen Bahnen bedeutende Landstrecken vorhanden wären, auf denen Verkehrstauglichkeit, Bodenertrag und Klima für ein großes Besiedlungsunternehmen sprächen. Grothe warnte allerdings davor, dass einzelne Familien ihr Glück nicht in Kleinasien suchen sollten, denn die Einwanderung sollte nur in beträchtlichen Zahlen auf den bestimmten nebeneinander gelegenen Landkomplexen geschehen. Außerdem müssten die Einwanderer über Land, Leute und Lebensverhältnisse des Landes gut informiert werden. Tatsächlich gab es in der damaligen Zeit jedoch einzelne deutsche Einwanderer am Sabancasee im Sakaryatal und bei Eskişehir, die neben dem Obst- und Getreideanbau einen geeigneten Kulturzweig mit Erfolg pflegten. Um das Jahr 1890 ließen sich ein Dutzend deutsche Familien aus Südrussland in der Nähe von Bursa nieder, was allerdings zum Scheitern verurteilt war.

Nach H. Grote konnte eine deutsche Ansiedlung in Kleinasien nur unter folgenden Bedingungen zum Erfolg führen: Zuerst sollte man die deutschen Siedler in gut abgegrenzten Gebieten ansiedeln. Danach musste man eine autonome Gemeinde schaffen, die auf eine bestimmte Zeit unentgeltliche Landüberweisungen und Steuerbegünstigungen wie die Juden und Armenier erzielen sollte. Außerdem sollte man versuchen, die Unterstützung der türkischen Regierung zu gewinnen. Ferner plädierte er dafür, dass die Anatolische Eisenbahngesellschaft als Bahnbrecherin einer planmäßigen Besiedlung in Anatolien fungieren sollte. Zu diesem Zweck sollte man das Personal der Eisenbahngesellschaft schulen, um es nötigenfalls zur Unterweisung der neuen Einwanderer heranziehen zu können. Um den Gedanken einer zielsicheren Besiedlung Kleinasiens in Gang zu bringen und so schnell wie möglich in die Tat umsetzen zu können, schlug H. Grothe vor, ein Komitee für die Kolonisationsfragen ins Leben zu rufen.[91] Nach den Worten von H. Grothe soll sich Abdülhamid II. dahingehend zu diesem Thema geäußert haben, dass er die Hoffnung hegte, dass sich zahlreiche deutsche Kolonisten auf der Strecke der anatolischen Bahnen niederließen. So sollten die deutschen Kolonisten durch ihren Fleiß und ihre Intelligenz den kleinasiatischen Bauern und Handwerkern als Beispiel dienen.[92] Als die deutsche Regierung eine halboffizielle Kommission zur Erforschung Anatoliens, Mesopotamiens und Armeniens zur Expedition schickte, betrachtete man diese Expedition als politisches Projekt, das von der Anatolischen Eisenbahngesellschaft organisiert wurde, denn diese Expedition wurde vom deutschen Konsulat in İstanbul unterstützt. In diesem Zusammenhang wies man darauf hin, dass Helmuth von Moltke auch den Wunsch hegte, Anatolien und das Euphratgebiet zu erschließen, was ebenfalls eifrig und unaufhörlich vom deutschen Kaiser Wilhelm II. unterstützt wurde.[93]

Nach M. Fesca war die wirtschaftliche Erschließung des Orients wichtiger als der Verlust des amerikanischen Marktes als Absatzgebiet für den europäischen Markt, weil Amerika von Tag zu Tag selbstständiger wurde und hohe Zölle für die europäische Ware errichtete.[94] Nach der Auffassung von Fesca sollte man Anatolien folgendermaßen erschließen: Man sollte sich vor allen Dingen darum bemühen, die Arbeit kapitalkräftiger Gesellschaften zu fördern und große Kulturarbeiten wie Bewässerung, Entwässerung und Bewaldung zu leisten. Außerdem müsste man das Niveau der landwirtschaftlichen Technik erhöhen. Um das dünn bevölkerte Land besiedeln zu können, wäre es notwendig, grundlegende Untersuchungen durchzuführen. Ferner wirft M. Fesca die Frage auf, ob die Besiedlung Anatoliens mit deutschen Einwanderern empfehlenswert sei. Seiner Meinung nach gab es auf diesem Weg ernsthafte Hindernisse und schwerwiegende Bedenken. Deshalb müsste man diese Frage gründlicher und eingehender prüfen. Die Deutschen, die in Anatolien lebten, hatten selbstverständlich ein starkes Interesse an der Gründung deutscher Kolonien. Der Erwerb weitgehender Landkonzessionen durch die kapitalkräftigen deutschen Gesellschaften war dringend zu empfehlen.

Die Fremdheit der Landverhältnisse, die beschränkte Ertragsfähigkeit des Bodens, die Unsicherheit der Erträge auf unbewässertem Boden, hohe Landpreise und Rechtsunsicherheit in Bezug auf den Grundbesitz waren die realen Hindernisse bei einer möglichen deutschen Kolonisation Kleinasiens. Nach Fesca musste man folgende Maßnahmen ergreifen um eine deutsche Ansiedlung in Kleinasien in die Wege leiten zu können: Die Deutschen dürften dieses Gebiet weder den Engländern noch den Russen überlassen. Bevor man etwas größere Betriebe einrichtete, müsste man kleinere und mittlere Betriebe ins Leben rufen. Die deutschen Ansiedler sollten in der großen Anzahl in geschlossenen Gemeinden auf entwässertem oder bewässertem Boden mit eigener Gemeindeverwaltung und insbesondere eigener Polizei angesiedelt werden, wo man mit einiger Sicherheit hohe Erträge erzielen könnte. Die billige Einfuhr der erforderlichen Produktionsmittel, besonders von Maschinen und Geräten in das Land müsste aus Deutschland erfolgen. Darüber hinaus wäre die Errichtung kleiner meteorologischer Stationen für die Messung von Temperatur und Regen vorgesehen.[95] Dem Komitee erschien die Erschließung Anatoliens durch Eisenbahnen und die Notwendigkeit der Bestimmung des wirtschaftlichen Interesses Deutschlands durch die Anlage von Kulturstationen, namentlich die Be- und Entwässerung der weiten Gebiete Anatoliens und der Euphrat- und Tigrisländer, unausweichlich zu sein.[96] Das Komitee trat zunächst nicht für die Siedlung deutscher Landwirte ein, sondern es interessierte sich lediglich für die Verbesserung des Landes entlang der anatolischen Bahnlinien durch kapitalkräftige deutsche Gesellschaften. Eine Kolonisation in irgendeiner Form hätte keine Erfolgsaussichten in Kleinasien, solange die türkische Regierung den Kolonisten keine Zugeständnisse in Bezug auf den Landerwerb und auf die Rechts- und Schutzverhältnisse machte. Das Komitee machte auch der deutschen Regierung Vorschläge, die an den Bosporus zu adressieren wären. Demnach müsste eine Rechtsfähigkeit der deutschen Kolonisationsgesellschaften analog derjenigen der Anatolischen Eisenbahngesellschaft zuerkannt werden. Zusammenhängende Staatsländereien müssten billig und möglichst unentgeltlich an deutsche Kolonisten und Kolonialgesellschaften ohne die Einschränkungen des türkischen Ansiedlungsgesetzes von 1856 übertragen werden. Die deutschen Gesellschaften bzw. deren Pächter müssten eine Steuerfreiheit für die Dauer von zehn Jahren genießen. Außerdem müsste den deutschen Kolonisten das Recht auf Verpachtung der den deutschen Gesellschaften zugewiesenen Gebiete, insbesondere das Recht auf Erhebung von Ent- und Bewässerungsabgaben, zugesprochen werden. Es müsste ihnen das Recht auf Bildung geschlossener Gemeinden mit eigener Gemeindeverwaltung, insbesondere mit eigener Polizei, eingeräumt werden. Was aus Sicht der türkischen Regierung natürlich inakzeptabel war, ist, dass man den deutschen Kolonisten das Recht auf Beibehaltung der deutschen Reichszugehörigkeit zusprechen wollte. Das Erbrecht der Kolonisten müsste darüber hinaus genau festgestellt werden.

Die deutsche Industrie distanzierte sich immer mehr von den Ideen der Alldeutschen oder von denen der Kolonialgesellschaften, die oben geschildert wurden. Deshalb erschien Werner von Siemens persönlich in einer Sitzung der Berliner Kolonialgesellschaft, in der man gerade die Kolonisationsfrage der asiatischen Türkei diskutierte. Werner von Siemens riet den Kolonialisten vom

Gedanken der Kolonisierung der Türkei ab, denn er hielt eine Agitation in diesem Sinne für die deutschen Interessen im Orient für schädlich.[97] Gleichzeitig wurde die Nachricht verbreitet, dass man ein Konsortium für den Kauf der Landgüter des Exsultans Abdülhamid II. bei Torbalı in Wilajet İzmir in Deutschland bildete. Dabei ging es um die ausgedehnten und sehr fruchtbaren Ländereien des Sultans, wo eine deutsche Kolonie gegründet werden sollte. Auf diesem Territorium wollte die türkische Regierung vorher eine Ackerbauschule gründen. Nach der Verbreitung dieser Gerüchte stieß das Kolonisationsprojekt bei den türkischen Behörden auf große Schwierigkeiten. Nach dem deutschen Botschafter handelte es sich bei dieser Nachricht um eine Verleumdungskampagne gegen Deutschland.[98] Parallel zu diesen Entwicklungen begegnen wir dem Versuch der Engländer, diese Region mit englischen Bauern zu besiedeln. Um dies zu veranschaulichen, möchte der Verfasser an dieser Stelle ein Zitat anführen:

> „My scheme is that an emigration agency at home might try to arrange with the Aydin Railway Company fort the settlement of some farming colonists along the line on selected tracts of land. There is every reason for hoping that such settlers may progress, both creating a future for themselves and benefitting the Railway Company."[99]

In einem Botschaftsbericht in İzmir wurde offensichtlich, dass die französische und englische Presse argwöhnisch im Hinblick auf die angeblichen deutschen Kolonisationspläne in Kleinasien waren. Im Januar 1910 erschien ein Artikel in der Zeitschrift „Quarterly Journal of British Chamber of Smyrna", in dem man die Meinung vertrat, das Menderestal mit englischen Bauern zu besiedeln. Obwohl es in diesem Artikel darum ging, dass englische Firmen größere Ländereien in der Gegend von Manisa angekauft hätten, erwies er sich nach der Auskunft des deutschen Konsuls als falsch.[100]

Der deutsche Botschafter betonte, dass solche Anfeindungen gegen Deutschland anlässlich der Frage der deutschen Ansiedlungen periodisch zutage traten. Abgesehen von den alldeutschen Ansichten, waren diese Anfeindungen teils auf Propaganda der fremden Mächte und teils auf die nationalistische Gesinnung der Jungtürken zurückzuführen. Die Bagdadbahnverhandlungen und der Zionistenkongress unter der Führung der deutschen Zionisten gaben neue Impulse für die Diskussion über eine angebliche deutsche Ansiedlung in Kleinasien. Nach M. Şevket hatten die Schwierigkeiten für Ausländer im Grundstückerwerb mit der Furcht vor der Entstehung fremden Kolonien, namentlich mit den Deutschen, zu tun gehabt.[101] M. Şevket führte weiter aus, dass die deutschen Kolonisten in Haifa stets deutsche Untertanen blieben und ihren Militärdienst in Deutschland leisteten und sie ferner an der eigenen Gemeindeverwaltung festhielten. Eine solche Ansiedlung läge gar nicht im türkischen Interesse und führte vielmehr zu Konflikten mit der einheimischen Bevölkerung. Nach der Meinung von M. Şevket könnte der Bevölkerungsüberschuss Deutschlands dazu führen, dass die deutsche Regierung einen Teil dieser Bevölkerung in die asiatische

Türkei übersiedeln wollte. Es wäre seiner Meinung nach dagegen viel weniger gegen eine deutsche Einwanderung einzuwenden, wenn die deutschen Einwanderer die osmanische Staatsangehörigkeit akzeptierten. Der deutsche Botschafter versicherte dem M. Şevket, dass es eine Einwanderung großen Stils nicht geben werde, weil die Auswanderung aus Deutschland schon nachgelassen habe. M. Şevket wollte sich nur schwer von seiner Auffassung abbringen lassen und sagte, viele Türken hätten geradezu eine große Angst vor der Möglichkeit einer umfangreichen Einwanderung aus Deutschland.

2.2.6 Deutsches Interesse an der Türkei und die deutsche Orientpublikation

Obwohl Deutschland schon vorher mit dem Orient beschäftigt war, fing es in den letzten Dekaden des 19. Jahrhunderts an, sich für die asiatische Türkei intensiver zu interessieren. Die deutsche Weltpolitik und ihre Rahmenbedingungen waren die eigentliche Triebkraft dieses Interesses. Rathmann weist darauf hin, dass deutscher Kolonialbesitz den starken Expansionsdrang der deutschen Industrie nicht befriedigen konnte, weil die deutschen Kolonien in Afrika im Hinblick auf die Absatzmärkte nicht groß genug waren. Deswegen konzentrierte sich Deutschlands Interesse auf das Osmanische Reich. Vor allem waren deutsche Finanzkreise an der friedlichen Durchdringung der Türkei interessiert.[102] Obwohl die Motive Deutschlands ursprünglich wirtschaftlicher Natur waren, konnte man nach Ansicht von Dahlhaus bei der zweiten Kaiserreise in die Türkei von machtpolitisch orientierten Motiven der deutschen Außenpolitik sprechen, jedoch ständen realpolitische Interessen Deutschlands hinter den freundschaftlichen Beziehungen. Die Türkei wurde als Rohstofflieferantin für die deutsche Industrie und als Absatzmarkt für die deutschen Exportprodukte betrachtet. Die Veröffentlichungen der deutschen Orientpublizisten weckten neue wirtschaftlich-politische Hoffnungen auf die asiatische Türkei.[103] Die Kolonisation der Türkei und der Expanzionismus im Orient waren der Kern der Orientpublizistik. Karl Kärger befasste sich z. B. mit der Frage der Kolonisation der Türkei Anfang der letzten Dekade des 19. Jahrhunderts.[104] Hans Delbrück, Friedrich Naumann und Paul Rohrbach versuchten, den Gedanken über die Grundlagen einer aktiven Türkeipolitik der deutschen Regierung zu fundieren.[105] Aufgrund der guten deutsch-türkischen Beziehungen schenkte die deutsche Regierung der Kolonisationsfrage in Form der „Deutschen Siedlung“ keine Aufmerksamkeit, wie der Verfasser dieser Arbeit im Abschnitt (2.2.5) geschildert hat.[106] Viele Kleinasienforscher befassten sich wissenschaftlich mit der asiatischen Türkei, dies geschah fast in allen Bereichen, wobei die Archäologie sehr beliebt war. Zu diesem Zweck wurden zahlreiche wissenschaftliche Gesellschaften gegründet. Das deutsche Orientkomitee und die Vorderasiatische Gesellschaft konzentrierten sich z. B. auf Ausgrabungen in verschiedenen Regionen der asiatischen Türkei. Die Münchener Orientalische Gesellschaft, die von Hugo Grothe 1901 gegründet wurde, hatte die Aufgabe, das Verständnis für die Geschichte und für die Entwicklung des Orients zu verbreiten. Waldemar Belck und Ernst Lohman gründeten die „Deutsche Gesellschaft für die Wissenschaftliche Forschung Anatoliens" im Jahre 1904, deren Tätigkeitsbereiche die Aufdeckung und Erforschung vorderasiatischer Altertümer und die Erweckung des Interesses an der Aufhellung altasiatischer Kultur waren. Darüber hinaus wurden zu ähnlichen Zwecken „Deutscher Verein für Erforschung Palästina" (1877) und die „Deutsche Orientgesellschaft" (1898) gegründet.[107]

Das Interesse Deutschlands an der asiatischen Türkei war nicht neu, worauf bereits oben hingewiesen wurde. Im Jahre 1842 entsandte man einen Visa-Konsul nach Jerusalem. Nach der zweiten Orientreise des Kaisers Wilhelm II. im Jahre 1898 wurde der Status dieser Vertretung zum Generalkonsulat erhoben. Die Aktivitäten des Hilfsvereins der deutschen Juden wurden von deutschen Diplomaten in Palästina unterstützt. Außerdem bemühte sich Deutschland um die Gründung sozialer Einrichtungen wie Schulen, Waisenhäuser usw. in der Region, um den französischen Kultureinfluss einzudämmen und die Verbreitung der deutschen Kultur voranzutreiben.[108] Nach Earle hatten die politischen Absichten Deutschlands nichts mit der Kolonisation und mit der Eroberung der Türkei zu tun.[109] Deutschland wollte nur einen Beitrag zum türkischen Aufstieg in allen Bereichen leisten, denn eine ökonomisch starke Türkei konnte mehr Rohstoffe liefern und einen guten Absatzmarkt für deutsche Fertigprodukte bieten. Eine starke Armee konnte die Bündnisfähigkeit der Türkei erhöhen, deshalb setzte sich Deutschland für eine starke Türkei ein. Aus diesem Grund sprach sich die offizielle deutsche Politik stets für die „territoriale Integrität der Türkei" aus.

Nach Grothe hatte das deutsche Volk eine gewisse Sympathie oder doch eine Wertschätzung für die Türken, vor allem aber für das Bauerntum von Anatolien. Die Türken bezeichneten andererseits die Deutschen als Freunde. Aus diesem Grund legte Grothe großen Wert auf die Einstellung der Türken zum deutschen Volk. Dies war wichtiger als eine vertragliche Abmachung.[110] Nach Rathmann war die asiatische Türkei als Hauptexpansionssphäre des deutschen Imperialismus in seinem Kampf um den „Platz an der Sonne" zu verstehen, wobei die folgenden Faktoren ausschlaggebend waren: Die asiatische Türkei war ein guter Absatzmarkt für Produkte der deutschen Exportindustrie. Dieses Gebiet wäre reich an Rohstoffen. Der Boden in Mittelanatolien wäre geeignet für den Anbau von Baumwolle und von Getreide. Die Baumwolle war wichtigster Rohstoff für die deutsche Textilindustrie. Deutschland könnte diese Region im Gegensatz zu seinen afrikanischen Kolonien auf dem Landweg erreichen. Die britische Flotte könnte diesen Weg nicht blockieren. Es gäbe militärstrategische Möglichkeiten in der Region, in der Deutschland seine Weltherrschaftspläne verwirklichen könnte, d. h. diese Region sollte dem deutschen Imperialismus als Ausgangsbasis für den Kampf um die Neuaufteilung der Welt dienen. Der deutsche Imperialismus setzte seine Hoffnung darauf, den zerfallenden türkischen Staat unter seine Gewalt zu bringen. Nach Rathmann könnte Deutschland mittels der deutschen Offiziere in der türkischen Armee und mittels der Bagdadbahn eine konzentrierte Expansionspolitik betreiben.[111]

Mitte des 19. Jahrhunderts erlebte man eine Hochkonjunktur der Publikationen über Kleinasien und die asiatische Türkei in Deutschland.[112] Nach Wilhelm Roscher gehörte Kleinasien zu den Ländern, die in Zukunft das Erbe Deutschlands bilden sollten. Außerdem hielt er die Türkei für ein Zielland der deutschen Auswanderung. Friedrich List, Lasalle Rodbertus und Leron Beaulieu vertraten ähnliche Ansichten über das Schicksal der Türkei. L. Rodbertus sagte sogar voraus, dass er die Zeit erleben würde, in der die türkische Erbschaft Deutschland zuteil werden sollte und die deutschen Soldaten am Bosporus stünden. Ulrich Sprenger veröffentlichte beispielsweise eine Broschüre mit dem Titel „Babylonien, das reichste Land in der Vorzeit und das lohnende Kolonisationsfeld für die Gegenwart", in der er Syrien und Assyrien als Länder bezeichnete, die man zur Kolonisation einlädt. Um die Ideen von U. Sprenger über die deutsche Ansiedlung in diesem Gebiet zu verdeutlichen, möchte der Verfasser an dieser Stelle ein Zitat anführen:

> „Der Orient ist das einzige Territorium der Erde, das noch nicht von einer der emporstrebenden Nationen in Beschlag genommen worden ist, er ist aber das schönste Kolonisationsfeld und wenn Deutschland die Gelegenheit nicht verpasst und danach greift [...] Denn bei der Kolonisation des Orients würde das ganze deutsche Volk in allen seinen Schichten und Ständen gewinnen [...] Der Kaufmann und der Gewerbetreibende findet ein ergiebiges Feld für eine Tätigkeit, dem Kapitalisten eröffnen sich Gelegenheiten für sichere vorteilhafte Geldanlagen [...]"[113]

Ein anderer deutscher Wissenschaftler war Karl Kärger, der ebenfalls eine Broschüre über „Kleinasien ein deutsches Kolonisationsfeld" im Jahre 1892 veröffentlichte. Er vertrat in dieser Broschüre die Meinung, dass die Kolonisation Kleinasiens von der anatolischen Eisenbahngesellschaft übernommen werden sollte. Demnach sollte die türkische Regierung dieser Gesellschaft eine große zusammenhängende Landstrecke überlassen. Darüber hinaus müsste ein Vertrag über die Integrität des türkischen Staates gegen fremde Angriffe zwischen Deutschland und der Türkei unterzeichnet werden. Nach K. Kärger existierte für Deutschland ein doppeltes Interesse, nämlich ein staatspolitisches und ein wirtschaftliches, ein derartiges Bündnis mit der Türkei einzugehen. Wenn es Deutschland gelang, den Strom der Auswanderung in die fruchtbare Gebiete der Türkei zu lenken und mit diesem Land eine enge politische Zusammenarbeit zustande zu bringen, würde man in dieser Weise für die wirtschaftliche und politische Zukunft Deutschlands eine feste Grundlage schaffen.[114] F. List äußerte sich über die Kolonisationsfrage der asiatischen Türkei folgendermaßen:

> „Die mittelbare und unmittelbare Beschlagnahme der asiatischen Türkei durch das deutsche Reich würde Berlin in Besitz der wichtigen internationalen Landverbindungen zwischen Mitteleuropa und dem Orient bringen. Die Eisenbahn, die über Anatolien und die Euphratländer in deutsche Hände führt, würde das volkswirtschaftliche Gleichgewicht Mitteleuropas als Gegengewicht zur sibirischen Eisenbahn und zum Suezkanal wiederherstellen."[115]

Diese Ideen von F. List wurden von Wilhelm Pressel und Alois Edler von Südenhorst aufgenommen und weiterentwickelt, der ebenfalls eine Broschüre über „die Eisenbahnverbindungen Zentraleuropas mit dem Orient und deren Bedeutung für den Welthandelsverkehr im Jahre 1878 veröffentlichte. Man versuchte dem Plan einer deutschen Kolonisation und Kultivierung der asiatischen Türkei nicht nur wirtschaftspolitische, sondern auch eine nationale, ganz besonders eine alldeutsche Bedeutung zu verleihen.

Rudolf Fitzner setzte sich auch für die Kolonisation Kleinasiens durch das so genannte deutsche Herrenvolk ein. Um seine Ansichten besser veranschaulichen zu können, möchte der Verfasser dieser Arbeit an dieser Stelle ein Zitat anführen:

> „Für Deutschland erwächst die Aufgabe, den bisher gewonnenen Vorsprung zu benutzen und Kleinasien in friedlichem Wettbewerb, der wechselseitig die deutschen wie die türkischen Interessen fördert, immer enger und enger an sich zu gliedern, denn die Entwicklung unserer heimischen Verhältnisse weist uns mit zwingender Notwendigkeit darauf hin, uns nicht nur aufnahmefähige Absatzgebiete für unsere Industrieerzeugnisse, sondern auch solche Gebiete in greifbarer Nähe zu sichern, [...]“[116]

Man könnte die Idee der deutschen Siedlung in Kleinasien wegen der Einwände der einflussreichen Kreise der Großgrundbesitzer nicht in die Tat umsetzen. Die Großgrundbesitzer hätten nämlich Angst davor, dass sie durch eine mögliche Kolonisation Kleinasiens die knappe Arbeiterschaft in Deutschland verlieren könnten. Da die türkische Regierung vor allem aber Abdülhamid II. gegen die Besiedlung der asiatischen Provinzen mit Deutschen war, wurden die in den europäischen Gebieten des Reiches lebenden Muslime in diesen Gebieten angesiedelt. In dieser Situation war der Gedanke an eine ausländische Kolonisation in Kleinasien als Utopie zu bezeichnen.[117] Ludwig Ross[118] trat auch für die deutsche Kolonisation Kleinasiens ein.

2.3 Die Lage des Osmanischen Reiches im 19. Jahrhundert

Die türkische Geschichte im 19. Jahrhundert wurde durch zwei Vorgänge, zum einen durch den Machtverfall des Staates und zum anderen durch das Streben nach Reformen und Verjüngung des Staatswesens, gekennzeichnet. Der Machtverfall des Staates begann nach den Kriegsniederlagen, die sich in den Abkommen von Karlowitz (1699), Passarowitz (1718) und Küçük-Kaynarca (1774) manifestierten, welche größere Landverluste auf dem Balkan mit sich brachten. So war es der Staatsführung klar, dass die Türkei auf allen wichtigen Gebieten den Anschluss an das Weltniveau verloren hatte. Die Türkei musste den Staatsapparat reformieren, um eine weitere Machtverschiebung in der internationalen Politik herbeizuführen.[119] Wir begegnen den ersten Reformen in einem begrenzten Umfang im Militärwesen. Der französische General Claude-Alexandre Comte de Bonneval (1675-1747) trat in türkische Dienste ein, konvertierte 1729 zum Islam und nahm den Namen Ahmed an. Seine Aufgabe bestand darin, die Artillerieabteilung der Armee zu reformieren. In diesem Rahmen gründete er nicht nur eine besoldete Artilleriedivision, sondern ließ auch eine militärische naturwissenschaftliche Schule errichten. Allerdings waren diese Reformen von kurzer Dauer.[120]

In der Ära von Selim III. begann die Modernisierung und Europäisierung der Armee und des Staatsapparats, jedoch gelang es ihm nicht, diese Reformen durchzuführen, weil das Janitscharenkorps gegen die Reformen war. Diese Ära bezeichnete man mit dem Begriff „Nizam-ı Cedid“ (Neue Ordnung). Obwohl eine neue Armee 1794 gegründet wurde, war sie wegen heftiger Opposition der Staatsführung und des Janitscharenkorps zum Scheitern verurteilt.[121] Es gelang dem Sultan Mahmud II., die Janitscharenkorps abzuschaffen, wonach er eine neue Armee nach europäischem Vorbild schuf. Aufgrund des Fehlens eines kompetenten Offizierkorps und einer effektiven Rekrutierungsbasis für die Offizierkorps[122] war die Modernisierung der türkischen Armee allerdings als ein mühsamer Prozess zu bezeichnen.[123] Unter dem Druck der europäischen Mächte versuchte der türkische Staat durch beide Reformen von 1839 und 1856 dem Zerfall des Staates im zivilen Bereich entgegenzuwirken, was zur Einmischung der Großmächte in die inneren Angelegenheiten des Landes führte.[124]

Nach der Verbannung von Midhat Pascha ins Exil 1876 versuchte Abdülhamid II. Osman Pascha, Fuat Pascha und Muhtar Pascha aus dem öffentlichen Leben zu drängen. Von den Restriktionen des neuen Sultans war vor allem die türkische Flotte betroffen, die der russischen Flotte im Schwarzen Meer im Jahre 1878 weit überlegen war. Da der Sultan Abdülhamid II. die Flotte für die Entmachtung seines Bruders Murat V. verantwortlich machte, ließ er sie im Goldenen Horn verrosten. Sämtliche Bemühungen des deutschen Kapitäns Kalau von Hofe um die Modernisierung der türkischen Flotte scheiterten an dem passiven Widerstand des Marineministeriums. Obwohl die türkische Regierung neue Eisenbahnenlinien bauen ließ und ein Heereswesen nach dem preußischen Vorbild schuf, machte der Sultan diese Reformen durch die zerstörerischen Gegenmaßnahmen zunichte.[125] In dieser Ära von Abdülhamid II. verschlechterte sich die politische Lage weiter. Einerseits revoltierten verschiedene ethnische Gruppen (Armenier, Araber usw.) gegen den türkischen Staat, d. h. es war schwer, Frieden und Ordnung im eigenen Land zu schaffen, andererseits stellte die Intervention der Großmächte in die inneren Angelegenheiten des Landes ein großes Problem dar. Unter dem Motto „Souveränität und Integrität des türkischen Staates“ versuchte jede Großmacht, ihren eigenen Willen durchzusetzen. Sie besaßen Privilegien im Osmanischen Reich, die sie durch Verträge mit dem Sultan erreicht hatten.[126]

Die Niederlage der Türkei im türkisch-russischen Krieg 1878-79 brachte das Reich fast zu einem Zerfall. Nach dem Berliner Kongress musste die Türkei einen wichtigen Teil seines Territoriums auf dem Balkan abtreten. Danach vereinigte sich Ostrumelien mit Bulgarien im Jahre 1885. Die Annexion von Zypern (1878) und die Besetzung von Ägypten (1882) durch England waren Indizien dafür, dass sich England nicht mehr für die Integrität des türkischen Staates einsetzen wollte. Bis dahin garantierten England und Frankreich die Integrität des Osmanischen Reiches gegen Russland nach dem Pariser Friedensabkommen (1856). Zu jener Zeit annektierte Frankreich Tunis und zeigte weiterhin ein Interesse für Syrien und Libanon. Russland war nach wie vor eine ernst zu nehmende Bedrohung im Kaukasus und hatte alte Ambitionen auf die Meerengen und İstanbul. Italien war an Tripolis interessiert. In diesem Zusammenhang kann man sagen, dass der Einsatz der Großmächte für die Souveränität und Integrität des türkischen Staates ein reines Lippenbekenntnis war.[127]

Das Finanzwesen des Staates war so miserabel, dass man den Staatsbankrott im Jahre 1881 erklären musste, d. h. der Staat war nicht mehr in der Lage, seine Schulden zurückzuzahlen. So wurde die Staatsschuldenverwaltung (Düyun-ı Umumiye) gegründet, deren Mitglieder Engländer, Franzosen, Deutsche, Italiener, Österreicher und Vertreter der Osmanischen Bank[128] waren, die insgesamt aus sieben Mitgliedern bestand. Man erteilte dieser Verwaltung eine Vollmacht, Steuergelder des Staates einzukassieren. Die Schulden des Staates[129] beliefen sich auf 2.000.000.000 Francs. In dieser Situation konnte das Osmanische Reich keine unabhängige Finanz- und Wirtschaftspolitik[130] betreiben. Die Industrialisierungsbemühungen waren sehr oberflächlich und unzureichend, um Fortschritte in diesem Bereich zu erzielen. Es fehlte dem Staat einfach an allem, also an Transportmitteln, Fabriken usw. Der Staat war darauf angewiesen, fast alle Fertigprodukte zu importieren.[131] Die asiatische Türkei war reich an Rohstoffen wie Kupfer, Kohle, Erdöl, Chrom, Zink usw. Überdies war das Land sehr günstig für die Landwirtschaft, vor allem in Mesopotamien und im Süden Anatoliens. Dieser Reichtum des Landes steigerte die Expansionsgelüste der imperialen Mächte ständig.[132] In dieser Situation schien Deutschland ein unverzichtbarer Partner und Freund zu sein, denn Deutschland erhob keinen Anspruch auf einen Teil des türkischen Territoriums im Vergleich zu den anderen Mächten. England, Frankreich und Russland wurden von der Staatsführung und von den türkischen Eliten als Imperialisten betrachtet, welche das Osmanische Reich untereinander aufteilen wollten. Der englische Ministerpräsident Lord Salisbury teilte seine Ansichten über den Verfall der Türkei dem deutschen Kaiser Wilhelm II. mit, als er während der Regatten von Coves längere Zeit im August 1895 in England weilte. Salisbury sprach auch vom „verfaulten" inneren Zustand der Türkei, wogegen der Kaiser Wilhelm II. der Ansicht war, dass die Entwicklung allmähliche Fortschritte zum Besseren machte. Nach diesen Ausführungen schlug Lord Salisbury dem deutschen Kaiser vor, die Türkei aufzuteilen, was allerdings vom Kaiser strikt abgelehnt wurde. Diese Haltung der deutschen Politik war ein wichtiger Grund für die Anlehnung der Türkei an Deutschland.[133]

Aus diesem Grund genoss Deutschland von Anfang an eine gewisse Sympathie in der Türkei, jedoch konnte Deutschland nicht mit alten Kolonialmethoden in die Türkei eindringen, weil der Osmanische Staat ein souveräner Staat war, der einer Ideologie der Weltherrschaft seit Jahrhunderten folgte.[134] Da nach dem Berliner Kongress das Osmanische Reich überwiegend von Muslimen bewohnt war, setzte sich Abdülhamid II. für eine panislamische Politik ein, die in erster Linie zur Erhaltung der Integrität des Staates beitragen und das zerfallende Reich zusammenhalten sollte. Während diese Politik Misstrauen bei den anderen Großmächten der Türkei gegenüber auslöste, unterstützte Deutschland diese Politik, was in der Damaskusrede von Wilhelm II. offen deklariert wurde.[135] Nach der Bismarck'schen Ära stimmten die Ziele der deutschen „Weltpolitik" mit der panislamischen Politik des türkischen Staates überein. Durch diese Politik wollte Abdülhamid II. die Autorität des Kalifats effektiv verwenden.[136] Aufgrund der monarchischen Staatsform Deutschlands neigte Abdülhamid II. innerlich zu Deutschland. Außerdem mischte sich Deutschland nicht in die inneren Angelegenheiten des Landes ein wie die anderen Großmächte. Aus diesen Gründen war Deutschland das einzige Land, mit dem Sultan Abdülhamid II. kooperieren konnte.[137]

2.3.1 Das Finanzwesen des Osmanischen Reiches

Nach dem türkisch-russischen Krieg etablierte Abdülhamid II. ein unkontrolliertes und willkürliches Finanzsystem, bei dessen Gründung der Druck der europäischen Staaten und die unersättlichen Wünsche der türkischen Staatsmänner eine nicht unwesentliche Rolle spielten. Da die türkischen Sultane vor Abdülhamid II. sehr verschwenderisch mit dem Geld umgegangen waren, war das Finanzwesen des Staates miserabel. Man ist sich einig darüber, dass er mit den Staatsfinanzen vorsichtiger umgegangen ist als seine Amtsvorgänger. Die Interventionen der europäischen Staaten in die finanziellen Angelegenheiten der Türkei und die hohen Kriegsreparationen an Russland nach dem Krieg 1877/78[138] trugen auch erheblich zur Verschlechterung des türkischen Finanzwesens bei. Die Zurückzahlung der Auslandsschulden belastete das Finanzwesen des Staates zusätzlich. Die türkische Regierung machte ihre ersten Auslandsschulden während des Krimkrieges im Jahre 1853. Die türkische Regierung lieh sich einen Betrag von 84.006.316 Türkischen Pfund (1.549.076.467 Mark)[139] von England und Frankreich zwischen 1853 und 1874 aus. In der Ära von Abdülaziz waren die Auslandsschulden des Staates so hoch, dass man den Staatsbankrott erklären musste.[140] Die Abb. 3 bietet einen Überblick über die türkischen Auslandschulden zwischen 1850 und 1914. Hand in Hand mit den Auslandsverschuldungen ging die Zunahme des politischen Einflusses der europäischen Staaten in der damaligen Türkei.[141] Wie der Verfasser dieser Arbeit im dritten Kapitel im Abschnitt (3.4) zeigt, übte dieser Zustand selbstverständlich einen großen Einfluss auf die Bildung der politischen Gruppierungen in der türkischen Innenpolitik um eine europäische Großmacht aus.

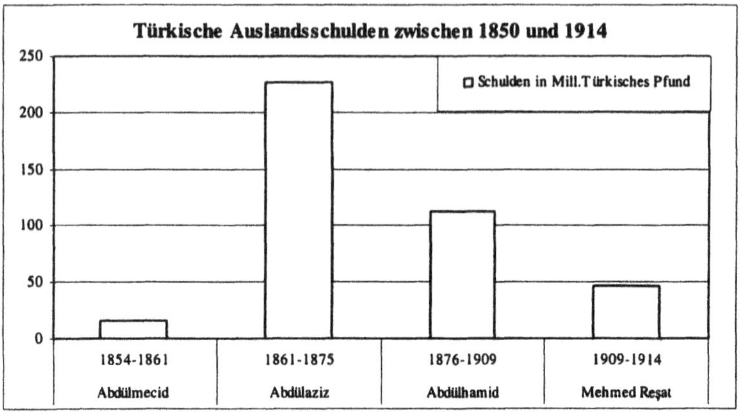

Abb. 2: Türkische Auslandsschulden zwischen 1850 und 1914 (Datenquelle: Cem, İsmail, Türkiye'de Geri Kalmışlığın Tarihi [Die Geschichte der Rückständigkeit in der Türkei], İstanbul 1974, S. 242.)

Als Abdülhamid II. an die Macht kam, war die Staatskasse leer. Darüber hinaus war der Staat mit der Eindämmung der Erhebungen in den Balkanländern beschäftigt. Nach der türkischen Niederlage im türkisch-russischen Krieg 1877/78 waren die europäischen Gläubigerstaaten äußerst beunruhigt über die Zurückzahlung der türkischen Kredite. In dieser schweren Situation entschloss sich die türkische Regierung unter dem Druck der europäischen Staaten am 20. November 1881 eine vom Finanzministerium unabhängige Staatsschuldenverwaltung zu gründen, deren Mitglieder aus einem Engländer, Franzosen, Deutschen, Österreicher, Italiener, Osmanen und aus einem Vertreter von Galata-Bankiers bestanden. Es gab insgesamt sieben Vertreter in dieser Schuldenverwaltung, die auf fünf Jahre von den Gläubigern gewählt werden mussten. Die Staatsschuldenverwaltung war bevollmächtigt, die wichtigsten Steuereinnahmen des Staates einzutreiben, um die Zinsen der Auslandsschulden zu zahlen. In der Gründungszeit der Staatsschuldenverwaltung beliefen sich die türkischen Auslandsschulden auf 210.047.778 Türkische Pfund. Mit den fälligen Zinsen lagen die reellen Schulden bei 278.082.073 Türkischen Pfund. In der Tat wurde die Gründung dieser Verwaltung auf dem Berliner Kongress beschlossen, weil die Gläubiger sich an die großen Mächte wandten und sie darum baten, die Rückzahlung ihres Geldes zu gewährleisten. Die Gründung dieser Verwaltung demonstrierte, dass die Türkei nicht mehr in der Lage war, ihre Existenz allein aus ihrer eigenen Kraft zu sichern. Die Existenz dieser Verwaltung belastete die finanzielle und politische Unabhängigkeit der Türkei sehr stark.[142]

Da die Gründung der Staatsschuldenverwaltung in erster Linie zur Gewährleistung der Zurückzahlung des Geldes der europäischen Gläubiger einen Beitrag leisten sollte, konnte sie die weitere Verschuldung des türkischen Staates nicht stoppen. Nach der Gründung dieser Verwaltung erhielt die Türkei insgesamt 37.000.000 Türkische Pfund von den unterschiedlichen Gläubigern als Kredite. Die Türkei erhielt beispielsweise von der Deutschen Bank eine Anleihe in Höhe von 1.650.000 Türkischen Pfund mit 5 % Zinsen im Jahre 1888, welche die türkische Regierung in jährlichen Raten zu 115.500 Türkischen Pfund bis zum Jahre 1914 zurückzahlen musste. Im Jahre 1893 wurde zwischen Alfred Kaulla, als Vertreter der deutschen Banken, und der türkischen Regierung ein Anleihevertrag über eine Summe von 1.760.000 Türkischen Pfund mit einem jährlichen vierprozentigen Zinssatz unterzeichnet. Die Höhe der jährlichen Rate waren 76.560 Türkische Pfund, die bis zum Jahre 1957 zu zahlen waren. Ein weiterer Vertrag wurde über eine Anleihe in Höhe von 264.000 Türkischen Pfund zwischen der Türkei und deutschen Firmen 1905 unterzeichnet. Schließlich wurde ein Vertrag über 4.752.000 Türkische Pfund zwischen der Bagdadbahngesellschaft und der Türkei 1908 abgeschlossen.[143] Da dem türkischen Finanzsystem ein effektiver Kontrollmechanismus fehlte, funktionierte es nicht reibungslos. Man konnte beispielsweise den Staatshaushalt nur nach groben Schätzungen aufstellen. Jedes Ministerium sammelte die Steuergelder in seinem Zuständigkeitsbereich selbst und gab sie auch willkürlich aus, ohne kontrolliert zu werden. Dieser Umstand öffnete der Korruption Tür und Tor. Die Selbstständigkeit einiger Balkanländer wie Rumänien, Serbien und Montenegro, die Besetzung Ägyptens durch England, der Verfall der Bedeutung des Osmanischen Reiches als Transitland und der aggressive Charakter des ausländischen Kapitals trugen zur Verschlechterung der allgemeinen Situation der türkischen Wirtschaft erheblich bei.[144]

2.3.2 Die industrielle Entwicklung der Türkei

Die türkische Industrie war einigen Restriktionen unterworfen, unter denen in erster Linie Kapitulationen zu erwähnen sind. Demnach waren Ausländer berechtigt, ungehindert Handel und Schifffahrt zu treiben, ohne Zoll und Steuern zu zahlen. Da die ausländischen Waren zollfrei in die Türkei eingeführt werden konnten, ruinierte man die traditionelle Manufaktur- und Hausindustrie durch maschinell gefertigte und damit billigere Importe aus Europa. Es muss in diesem Zusammenhang betont werden, dass die türkische Zollpolitik zum Niedergang der einheimischen Wirtschaft einen erheblichen Beitrag leistete. Zölle und Steuern waren eher von fiskalischem, als von wirtschaftspolitischem Interesse für den Staat. Das türkische Zollsystem kannte lediglich pauschale Wertzölle, die alle Waren gleich belasteten. Da man keinen ausreichenden Zollschutz schaffen konnte, waren sämtliche Industrialisierungsbemühungen zum Scheitern verurteilt. Es musste ein Eisen- und Stahlwerk in İstanbul Insolvenz anmelden, weil der Preis des von ihm produzierten Gusseisens um knapp 20 % über dem Preis des importierten und verzollten Gusseisens lag.[145]

Der Türkei fehlte ein nationales Bürgertum, das die Entwicklung der heimischen gewerblichen Produktion fördern konnte. Es gab außerdem keine erbliche Aristokratie und keinen abgeschlossenen Bürokratenstand. Obwohl die Türken die Hauptstütze der Kriegsbeamten[146] und der Gutsbesitzer waren und politisch im Land herrschten, bildeten die Christen die echte Aristokratie des Kapitals und der Intelligenz. Der ganze Export- und Importhandel des Landes lag in den Händen dieser christlichen Aristokratie.[147] Da die nichtmuslimische Bevölkerung des Reiches vom Militärdienst ausgeschlossen war, konnte sie sich auf den Handel und auf die Häufung ihres Kapitals konzentrieren. Mit anderen Worten: Die christlichen Untertanen des Staates waren hauptsächlich im Handel und im industriellen Bereich beschäftigt. In Amasya z. B., wo die Türken 75 % der Bevölkerung ausmachten, gehörten 95 von insgesamt 115 Handwerksbetrieben zu Armeniern. Dagegen waren die Besitzer von 20 Werkstätten Griechen. In dieser Stadt gab es so gut wie gar keine türkische Werkstatt.[148] Außerdem war der türkische Staat nicht in der Lage, das bürgerliche Eigentum zu garantieren und den Warenumlauf zu erleichtern, was für den ökonomischen Niedergang unmittelbar verantwortlich war.

2.4 Zusammenfassung

Nach der Aufnahme der ersten Kontakte zwischen der Türkei und Preußen intensivierten sich die Beziehungen allmählich in allen Bereichen, wobei der Handel zwischen den beiden Staaten in den 80er Jahren des 19. Jahrhunderts im Vergleich zu den anderen europäischen Staaten boomte, wie der Verfasser dieser Arbeit anhand der Tab. 1 gezeigt hat. Ein weiterer wichtiger Punkt hierfür ist, dass Kriegswaffen und Munition beim deutsch-türkischen Handel zwischen 1880 und 1898 eine wichtige Rolle spielten. Der Bau der Bagdadbahn belebte auch die Aktivitäten der deutschen Banken, vor allem aber die der Deutschen Bank in der Türkei.

Eine Reihe von Faktoren beschleunigte die Annäherung Deutschlands an die Türkei. Parallel zum wirtschaftlichen Aufschwung erlebte man den Aufstieg des Nationalismus und Übergang zur Weltpolitik in Deutschland, was in der Gründung der ultranationalistischen Verbände und Organisationen gipfelte. Die Türkei besaß einen hohen Stellenwert in der alldeutschen Politik. Zum einen plädierten die Alldeutschen für die Besiedlung der asiatischen Türkei durch das so genannte deutsche Herrenvolk. Zum anderen engagierte sich der alldeutsche Verband so stark für die Belange des Deutschtums im Ausland, dass die deutschen Kolonisten in Palästina bei ihren Streitigkeiten über den Landbesitz mit den İstanbuler Behörden diese zur Hilfe riefen. In der zweiten Hälfte des 19. Jahrhunderts beschäftigten sich viele deutsche Wissenschaftler mit der Türkei. Dabei entwickelten sie Pläne über eine mögliche Ansiedlung der Deutschen in Kleinasien und über die Wirtschaftlichkeit unterschiedlicher Regionen der asiatischen Türkei. Dies beeinflusste natürlich auch das Denken der deutschen Konsule, die sich gelegentlich über die Tauglichkeit der Gebiete der Türkei für die deutsche Ansiedlung äußerten.

2.5 Anmerkungen

[1]Özgüldür,Yavuz, Türk-Alman İlişkileri 1923-45 [Die deutsch-türkischen Beziehungen 1923-45], Ankara 1993, S. 1.

[2]Emre Gültekin, 300 Jahre an der Spree. Ein vergessenes Kapitel Berliner Kulturgeschichte, Berlin 1983, S. 12 ff.

[3]Siehe zu diesem Abkommen Turfan, Ruhi, Yazman, M., Tarihte Türk-Alman İlişkileri [Die deutsch-türkischen Beziehungen in der Geschichte], İstanbul 1969, S. 12 ff.

[4]Kocabaş, Süleyman, Pancermenizmin „Şarka Doğru" Politikası. Tarihte Türkler ve Almanlar, [Die Politik des Pangermanismus „Drang nach dem Osten". Die Türken und Deutschen in der Geschichte], İstanbul 1988, S. 11 f.

[5]Ebd., S. 15 ff.

[6]Vgl. Anderson, M. S., The Eastern Question 1774-1923, New York 1966, S. 12.

[7]Obwohl sich der Sultan Mustafa III. für ein militärisches Bündnis mit Preußen einsetzte, konnte dieser Wunsch zwischen 1755 und 1760 nicht in Erfüllung gehen, denn nach dem islamischen Gesetz (scharia) war es unmöglich, ein Bündnis mit einem christlichen Staat einzugehen. Man musste vor einer politischen Entscheidung prüfen lassen, ob die getroffene Entscheidung gegen das islamische Gesetz verstößt. (vgl. Özgüldür, a. a. O., S. 3.)

[8]Kocabaş, a. a. O., S. 18 ff.

[9]Man prägte diesen Ausdruck auf dem Kongress der Heiligen Allianz in Verona im Jahre 1822, wofür es im Englischen das Äquivalent „Eastern Question" gab. Danach wurde diese Bezeichnung für alle Konflikte im 18. und 19. Jahrhundert, die im Zusammenhang mit dem Zerfall des Osmanischen Reiches und den wachsenden nationalen Befreiungsbewegungen der Völker Südeuropas zwischen den europäischen Mächten entstanden, beispielsweise für den griechischen Unabhängigkeitskrieg (1826), den Krim-Krieg (1853-56), die Balkankrise (1875-78) usw., verwendet. (vgl. Meyers Neues Lexikon, Bd. 10, 2. Aufl., Leipzig 1974, S. 327. Vgl. auch The New Encyclopaedia Britannica, Bd. 4, 15. Aufl., S. 336.)

[10]Vgl. den Vertragstext Sautter, Udo, Deutsche Geschichte seit 1815. Daten, Fakten, Dokumente, Bd. 3, Tübingen und Basel 2004, S. 60 f. Vgl. auch Bühler Johannes, Vom Bismarck-Reich zum geteilten Deutschland, Berlin 1960, S. 70 ff.

[11]Holborn, Hajo, Deutschland und die Türkei 1878-1890, Berlin 1926, S. 3 ff.

[12]Zitat nach Pröhl, Karl, Die Bedeutung preußischer Politik in den Phasen der orientalischen Frage. Ein Beitrag zur Entwicklung deutsch-türkischer Beziehungen von 1606 bis 1871, Frankfurt a. M. 1986, S. 359.

[13]Helfferich, Karl, Die deutsche Türkenpolitik, Berlin 1921, S. 5.

[14]Holborn, a. a. O., S. 10 ff.

[15]Hohenlohe an den Kronprinzen 15. Juli 1880 in seinen Denkwürdigkeiten, Bd. 2, S. 301.

[16]Diese Mission ist als Kähler-Mission in die Geschichte eingegangen. Dieses Thema wird im Abschnitt 3.1 behandelt.

[17]Holborn, a. a. O., S. 44 f.

[18]Önsoy, a. a. O., S. 5 ff.

[19]Ebd., S. 20 f.

[20]Ebd., S. 21 ff.

[21]Dieser Begriff wurde damals für die Bezeichnung der Ost-Mittelmeer-Region verwendet, die die heutigen Länder Türkei, Griechenland, Syrien, Lebanon, Israel and Ägypten und die Inseln auf dem Mittelmeer ausmachen. (vgl. Collier's Encyclopedia, Bd. 14, 24. Aufl., 1968, S. 525.) Im Italienischen bedeutet dieser Begriff „Osten", „Sonnenaufgang" und „Morgenland". (vgl. Meyers Neues Lexikon, Bd. 8, 2. Aufl., Leipzig 1974, S. 514.)

[22]Für die Entwicklung der Handelswege zwischen der Türkei und Deutschland siehe ausführlich, Krauss J. Deutsch-türkische Handelsbeziehungen. Seit dem Berliner Vertrag unter besonderer Berücksichtigung der Handelswege, Jena 1901.

[23]Kössler, a. a. O., S. 149 ff.

[24]Siehe zum Vergleich des deutsch-türkischen Handelsverhältnisses im Ex-und Import, Önsoy, a. a. O., S. 25 ff.
[25]Ebd., S. 32 ff.
[26]Vgl. Deutsche volkswirtschaftliche Korrespondenz 25. Oktober 1895, GStA I. HA Rep. 120 C XIII 15, Nr. 1, Bd. 11. Die Daten weichen in dieser Quelle leicht ab. Einige Ausfuhrzahlen sind folgende: 6.700.000 Mark (1880), 7.900.000 Mark (1885), 11.990.000 Mark (1887) und 40.960.000 Mark (1889) usw.
[27]Önsoy, a. a. O., S. 52 ff.
[28]Barth Boris, Die deutsche Hochfinanz und die Imperialismen. Banken und Außenpolitik vor 1914, Stuttgart 1995, S. 100.
[29]Önsoy, a. a. O., S. 54.
[30]Önsoy, a. a. O., S. 55 f., vgl. auch Özyüksel, Murat, Türk-Alman İlişkilerinin Gelişim Sürecinde Anadolu ve Bağdad Demiryolları [Anatolische Eisenbahnen und die Bagdadbahn im Entwicklungsprozess der türkisch-deutschen Beziehungen], İstanbul 1988, S. 210 ff.
[31]Önsoy, a. a. O., S. 57.
[32]Zu deutschen Investitionen in der Türkei siehe, Önsoy, ebd., S. 59 ff.
[33]Ebd., S. 78 f.
[34]Ebd., S. 80 ff.
[35]Ebd., S. 93 ff.
[36]Lindenberg, Paul, Auf deutschen Pfaden im Orient. Reisebilder, Berlin 1902, S. 169 f.
[37]Stolper, Gustav, Deutsche Wirtschaft seit 1970, Tübingen 1964, S. 17 f.
[38]Ebd., S. 19 ff.
[39]Ebd., S. 26. Vgl. auch Sautter, Deutsche Geschichte seit 1815, Bd. 1, S. 20 f.
[40]Vgl. hierzu die Tabellen über den Geburtenüberschuss im Vergleich zu anderen europäischen Staaten und über die Geburten- und Todesfälle, Helfferich, Karl, Deutschlands Volkswohlstand 1888-1913, Berlin 1913, S. 26 ff.
[41]Stolper, a. a. O., S. 26 ff.
[42]Ebd., S. 34.
[43]Ebd., S. 35 ff.
[44]Schnee, Heinrich, Nationalismus und Imperialismus, Berlin 1928, S. 24 ff.
[45]Schieder, Theodor, Nationalismus und Nationalstaat, in: Dann, Otto, Wehler, Ulrich (hrsg.), Studien zum nationalen Problem im Modernen Europa, Frankfurt a. M. 1990, S. 197 ff.
[46]Diese Kriege sind der deutsch-dänische Krieg (1864), der deutsch-österreichische Krieg (1866) und der deutsch-französische Krieg (1870).
[47]Fischer, Fritz, Griff nach der Weltmacht. Die Kriegszielpolitik des kaiserlichen Deutschlands 1914-18, Düsseldorf 1961, S. 16 f.
[48]Die koloniale Gesellschaft (1882), Der Alldeutsche Verband (1891), der Flottenverein (1898), der imperiale Verein gegen Sozialdemokratie (1904), der deutsche Ostmarkenverein (1894) und der Wehrverein (1912). (vgl. Coetzee, Marilyn S., The German Army League. Popular Nationalism in Wilhelmine Germany, New York, Oxford 1990, S. 4.)
[49]Bonhard, Otto, Geschichte des Alldeutschen Verbandes, Leipzig, Berlin 1920, S. 112 ff.
[50]Stolper, a. a. O., S. 43 ff.
[51]Um einen Weltmachtstatus zu erhalten, musste ein Land damals folgende Kriterien erfüllen: das Ausgreifen nach Übersee, d. h., Kolonien zu besitzen , als Großmacht in Europa etabliert sein, „bewusstes" Heraustreten aus dem Status einer europäischen Großmacht und die Teilnahme am Wettlauf um die Aufteilung der Welt.
[52]Schöllgen, Gregor, Stationen deutscher Außenpolitik. Vom Friedrich dem Großen bis zur Gegenwart, München 1992, S. 51 ff.
[53]Nipperdey, Thomas, Deutsche Geschichte 1866-1918. Machtstaat vor der Demokratie, Bd. 2, München 1993, S. 621 f.

[54]Mit diesem Vertrag (18 Juni 1887) verfolgte Bismarck das Ziel, die Aufmerksamkeit der russischen Diplomaten vom europäischen Zentrum abzulenken und eine mögliche russisch-französische Allianz zu verhindern. Aus diesem Grund sollte die russische Diplomatie dazu gebracht werden, sich mit der orientalischen Frage zu beschäftigen. (Vgl. den Vertragstext Sautter, Udo, Deutsche Geschichte, Bd. 3, a. a. O., S. 85 f.)
[55]Nipperdey, a. a. O., S. 629 ff.
[56]Ebd., S. 632.
[57]Fröhlich, Michael, Imperialismus. Deutsche Kolonial- und Weltpolitik 1880-1914. Deutsche Geschichte der neuesten Zeit vom 19. Jahrhundert bis zur Gegenwart, München 1994, S. 53 ff.
[58]Zitat nach Ritter, Gerhard A., Das Deutsche Reich 1871-1914, Göttingen 1977, S. 301.
[59]Fröhlich, a. a. O., S. 73 f.
[60]Zitat nach Fröhlich, a. a. O., S. 74.
[61]Nipperdey, a. a. O., S. 633 ff.
[62]Fröhlich, a. a. O., S. 75 ff.
[63]Nipperdey, a. a. O., S. 251 ff.
[64]Ebd., S. 255 ff.
[65]Dann, Otto, Nation und Nationalismus in Deutschland 1770-1990, München 1993, S. 189 f.
[66]Nipperdey, a. a. O., S. 595 ff. Über die politischen Konzepte des Alldeutschen siehe Hering, Rainer, Konstruierte Nation. Der Alldeutsche Verband 1890 bis 1939, Hamburg 2003.
[67]Ullrich, Volker, Die nervöse Großmacht. Aufstieg und Untergang des deutschen Kaiserreiches 1871-1918, Frankfurt a. M. 1997, S. 376 ff.
[68]Ebd., S. 598 f.
[69]Kruck, Alfred, Geschichte des Alldeutschen Verbandes 1890-1939, Wiesbaden 1954, S. 7 ff.
[70]Ebd., S. 32 ff.
[71]Bonhard, Otto, Geschichte des Alldeutschen Verbandes, Berlin 1920, S. 100.
[72]Kruck, a. a. O., S. 44 ff.
[73]Die asiatische Türkei umfasste damals Kleinasien, Irak, Syrien, Palästina und die Arabische Halbinsel.
[74]Kruck, a. a. O., S. 38 f.
[75]Deutschlands Ansprüche an das türkische Erbe, Flugschrift, Alldeutscher Verband (hrsg.), München 1896, S. 11.
[76]Rathmann, Lothar, Berlin-Bagdad. Die imperialistische Nahostpolitik des kaiserlichen Deutschlands, Berlin 1962, S. 39 f.
[77]Kleinasien, ein deutsches Kolonisationsfeld, Alldeutsche Blätter, 8. Dezember 1895, Nr. 49, Jg. 5, S. 221.
[78]Ebd., S. 222.
[79]Diese Zeitung wurde auf Kosten der deutschen Handelsleute im Osmanischen Reich als Propagandamittel des Deutschen Reiches im September 1908 in İstanbul gegründet. Sie erschien zweimal wöchentlich in deutscher und französischer Sprache. Die Deutsche Bank übernahm den Großteil des Gründungskapitals des „Osmanischen Lloyd" in Höhe von 200.000 Mark. Unter den Gründungsmitgliedern waren die Deutsche Bank, die Deutsche Orientbank, die Anatolische und Bagdadbahn -Eisenbahngesellschaft, die Firma Krupp, die Handelsvereinigung Berlin und die DW & MF. In diesem Zusammenhang weist F. Dahlhaus darauf hin, dass der „Osmanische Lloyd" den Interessen der deutschen Industrie- und Finanzkreise sehr dienlich war. (vgl. Dahlhaus, a. a. O., S. 105 ff.)
[80]Osmanischer Lloyd, 26. August 1911, in: PA Türkei Nr. 189, Bd. 2.
[81]Einen guten Überblick über die Siedlungen der württembergischen Templer bietet das Buch von Carmel, Alex, Die Siedlungen der württembergischen Templer in Palästina 1868-1918. Ihre lokalpolitischen und internationalen Probleme, Stuttgart 1973. Siehe auch Carmel, Alex,

Die deutsche Palästinapolitik 1871-1914, in: Jahrbuch des Instituts für Deutsche Geschichte, Grab, Walter (hrsg.), Bd. 4, Tel Aviv 1975, S. 205-55.
[82]Ebd., Osmanischer Lloyd, , 26. August 1911, in PA Türkei Nr. 189, Bd. 2.
[83]An den Reichskanzler B. von Hollweg, 19. Juni 1913, PA Türkei Nr. 189, Bd. 2.
[84]Siehe ausführlich, Alex Carmel, Die Siedlungen der württembergischen Templer in Palästina 1868-1918, a. a. O., S. 25-64 und Alex Carmel, Eine Zusammenfassung bei ders., The Political Significance of German Settlement in Palestine 1868-1918, in: Jehuda L. Wallach (hrsg.), Germany and the Middle East 1835-1939, Tel Aviv 1975, S. 45-71.
[85]Scherer Friedrich, Adler und Halbmond, Bismarck und der Orient 1878-90, Paderborn 2001, S. 377.
[86]Ebd., S. 378.
[87]Berliner Neueste Nachrichten, 6. Januar 1895, in: PA Türkei Nr. 189, Bd. 1.
[88]Berliner Neueste Nachrichten, 5. Januar 1895, in: PA Türkei Nr. 189, Bd. 1.
[89]Hamburgischer Korrespondenz, 12. April 1895, in: PA Türkei Nr. 189, Bd. 1.
[90]Berliner Lokal Anzeiger, 12. März 1899, in: PA Türkei Nr.189, Bd. 1.
[91]Ebd., Berliner Lokal Anzeiger.
[92]Münchner Neueste Nachrichten, 9. April 1899, in: PA Türkei Nr. 189, Bd. 1.
[93]The Spectator, 20. Mai 1899, in: PA Türkei Nr. 189, Bd. 1.
[94]Fesca, M., Anatolien über die Landwirtschaftlichen Verhältnisse in: Broschüre des Kolonial-Wirtschaftlichen Komitees, S. 2 f., PA Türkei Nr. 189, Bd. 1.
[95]Ebd., S. 35 ff.
[96]Ebd., S. 5 f.
[97]Werner Siemens an den Reichskanzler von Bülow, 25. September 1905, PA Türkei Nr. 189, Bd. 2.
[98]An den Reichskanzler von Hollweg, 27. Dezember 1909, PA Türkei Nr. 189, Bd. 2.
[99]Quarterly Journal of British Chamber of Commerce of Smyrna, vol.1, S. 114, in: PA Türkei Nr. 189, Bd. 2.
[100]Deutsches Konsulat in İzmir an den Reichskanzler von Hollweg, 29. März 1910, PA Türkei Nr. 189, Bd. 2.
[101]An das Auswärtige Amt, 1. September 1911, PA Türkei Nr. 189, Bd. 2.
[102]Rathmann, a. a. O., S. 5 ff.
[103]Dahlhaus, a. a. O., S. 81 ff.
[104]Kärger, Karl, Kleinasien, ein deutsches Kolonisationsfeld, Berlin 1892, in: PA Türkei Nr. 189, Bd. 1.
[105]Vgl. Kampen van, a. a. O., S. 149-64.
[106]Ebd., S. 99 ff.
[107]Grothe, Hugo, Die asiatische Türkei und die deutschen Interessen. Gedanken zur inneren Umgestaltung des Osmanischen Reiches zu den Zielen der deutschen Kulturpolitik, in: Der Neue Orient, 2. Aufl., Halle 1913, S. 43 f.
[108]Ortaylı, a. a. O., S. 123.
[109]Earle, Edward M., Turkey, the Great Powers and The Bagdad Railway. A Study in Imperialism, New York 1923, S. 126.
[110]Grothe, Hugo, Deutschland, die Türkei und der Islam, Leipzig 1914, S. 17 f.
[111]Rathmann, a. a. O., S. 44 f.
[112]Regel, Fritz, Die deutsche Forschung in türkisch Vorderasien, Leipzig 1915, S. 4-48. Dieser Aufsatz bietet einen guten Überblick über die deutsche Orientliteratur, wobei der Autor dieses Aufsatzes zunächst versucht, etwas Allgemeines über die Geschichte der deutschen Forschung in diesem Gebiet zu sagen. Danach behandelt er die wichtige Forschungsliteratur über die Einzelländer wie die Sinaihalbinsel und Arabien, Syrien und Palästina, Mesopotamien, Armenien und Kleinasien im Detail.
[113]Alldeutsche Blätter, 8. Dezember 1895, Nr. 49, Jg. 5, S. 223.

[114]Ebd., S. 223 und vgl. auch Kärger, Karl, Kleinasien. Ein deutsches Kolonisationsfeld, Berlin 1892, S. 77-93.
[115]Alldeutsche Blätter, a. a. O., Nr. 49, S. 224.
[116]Fitzner, Rudolf, Wirtschaftsgeographie, Berlin 1902, S. 63.
[117]Ebd., S. 64.
[118]Ross, Ludwig, Kleinasien und Deutschland. Briefe und Aufsätze mit Bezugnahme auf die Möglichkeit Deutscher Niederlassungen in Kleinasien, Halle 1850, S. 180.
[119]Steinhaus, Kurt, Soziologie der türkischen Revolution. Zum Problem der Entfaltung der bürgerlichen Gesellschaft in sozioökonomisch schwach entwickelten Ländern, Frankfurt a. M. 1969, S. 45 f.
[120]Siehe zu Aktivitäten und Ideen von Bonneval, Berkes, Niyazi, Türkiye'de Çağdaşlaşma [Die Modernisierung in der Türkei], 5. Aufl., İstanbul 2003, S. 63 ff.
[121]Siehe dazu ausführlicher, ebd., S. 91-126.
[122]Da die Beamten- und Militärposten im Osmanischen Reich zu verkaufen waren, wurden die wichtigen militärischen Posten durch inkompetente bzw. einflussreiche Leuten besetzt. Diese Situation förderte eigentlich die Korruption und Ungerechtigkeit. Gleichzeitig bildete Ämterverkauf den wichtigsten Teil der Staatseinnahmen. Ein Staatsbeamter, der seinen Posten gekauft hatte, musste später diese Summe durch die Bevölkerung kompensieren, indem er Bestechungsgelder nahm. In der damaligen Zeit gab es keine gesellschaftliche Klasse, die als Rekrutierungsbasis der Armee diente. Die Staatsführung vertraute dem türkischen Volk nicht, denn sie bestand aus den nichttürkischen Leuten wie Serben, Albaner, Griechen usw., die als Sklaven in der Palastschule für den höheren Staatsdienst rekrutiert wurden. So versuchte Abchase Mehmet Hüsrev Pascha, der ebenfalls als Sklave in den türkischen Dienst eintrat, Offiziere von den nichttürkischen Sklaven zu rekrutieren. Er war sehr geschickt bei der Beförderung von Sklaven zu Staatsmännern. Nach den Worten von Helmut von Moltke hatte Hüsrev seine 32 Sklaven zum Pascha befördert. (vgl. Moltke, Helmuth von, Moltke'nin Türkiye Mektupları [Die Türkeibriefe von Moltke], übersetzt von Örs, Hayrullah, İstanbul 1995, S. 98.) Nach der osmanischen Auffassung konnte man sich nicht auf die ethnischen Türken verlassen, weil die Sklaven loyaler als die Türken waren. In der Tat waren diese Leute, die vom Palast bzw. von den Sklaven als Offiziere rekrutiert worden waren, nicht willig, als Offiziere im Dienst des Staates zu stehen. Offizier zu sein, war für sie ein Mittel zum Zweck, d. h., sie wollten in dieser Weise Karriere machen und reich werden. Eine Armee unter dem Kommando solcher Männer war definitiv zur Niederlage verdammt, was auch während des Unabhängigkeitskrieges der Griechen gegen die Türken und im Krieg gegen Mehmed Ali Pascha zu Tage trat. Mit der Gründung der Kriegsakademie in der Ära von Mahmud II. setzte man dieser Offizierrekrutierungsmethode von Hüsrev theoretisch ein Ende.
[123]Berkes, a. a. O., S. 191 f.
[124]Kampen van, a. a. O., S. 1 ff.
[125]Küntzer, Karl, Abdülhamit II. und die Reformen in der Türkei, Dresden, Leipzig 1897, S. 16 ff.
[126]Earle, a. a. O., S. 9 f.
[127]Palmer, Alan, Verfall und Untergang des Osmanischen Reiches, München 1992, S. 239 ff.
[128]Die Banque Imperiale Ottomane war die Emissionsbank der türkischen Regierung, und sie wurde mit französisch-englischem Kapital im Jahre 1863 gegründet. Sie hatte die ausschließlichen Notenprivilegien für die Türkei, indem sie verpflichtet war, ihre Noten jederzeit gegen Gold einzulösen. Die Bank erfüllte die Funktionen eines Generalschatzmeisters für das ganze türkische Reich, und sie hatte alle Zahlungen des Staates zu bewerkstelligen. Die Bank musste vor allem für die Zahlungen Sorge tragen, die die Schuldenverwaltung zu leisten hatte. Die Bank unterhielt 19 Zweigfilialen in der Türkei. Außerdem gab es Filialen in Adrianopel, Philippopel, Saloniki, Sofia, London, Paris, Alexandrien, Port-Said und Kairo. Das Aktienkapital betrug ursprünglich 4.050.000 Pfd. Sterling und wurde im Jahre 1874 auf 10.000.000 Pfd.

Sterling festgesetzt. Der Vorstand der Bank bestand aus vier Direktoren und drei Administratoren. Ein 26-köpfiges Komitee regelte die ausländischen Geschäfte der Bank, zu der sechs Franzosen, zehn Engländer und sechs Österreicher gehörten. Außer diesem Komitee existierte als engerer Ausschuss ein Subkomitee von acht Personen, dem je vier Mitglieder der Franzosen und Engländer angehörten. Dieses Komitee war dafür zuständig, die Bank gegenüber dritten Personen zu vertreten. Die Existenz dieser Bank stellte die Unabhängigkeit des Osmanischen Staates tatsächlich in Frage. Unter diesen Umständen war die Osmanische Bank sozusagen Staat im Staate. (vgl. Berliner Tageblatt, 6. November 1895, in: GStA, I. HA Rep. 120 C XIII 15, Nr. 1, Bd. 11.)

[129]Oraylı, a. a. O., S. 33 f.

[130]Vgl. Schölch, Alexander, Wirtschaftliche Durchdringung und politische Kontrolle durch die europäischen Mächte im Osmanischen Reich Konstantinopel, Kairo und Tunis, in: Geschichte und Gesellschaft, Mommsen, Wolfgang J. (hrsg.), Jg. 1, Heft 4, 1975, S. 427 ff.

[131]Earle, a. a. O., S. 12 f.

[132]Ebd., S. 13 ff.

[133]Hammann Otto, Der missverstandne Bismarck, Zwanzig Jahre Deutscher Weltpolitik, Berlin 1921, S. 44.

[134]Ortaylı, a. a. O., S. 39 ff.

[135]Ebd., S. 52 f.

[136]Sultan, Abdülhamid, Siyasi Hatıratım [Meine politischen Erinnerungen], 6. Aufl., İstanbul 1999, S. 131 ff.

[137]Özyüksel, a. a. O., S. 43 ff.

[138]Nach dem Frieden von Ayestafanos verpflichtete sich die türkische Regierung Russland gegenüber, Kriegsreparationen in Höhe von 1.410.000.000 Rubel zu zahlen. Nach diesem Abkommen musste die Türkei gegen 1.100.000.000 Rubel einige Territorien in Anatolien und Rumelien an Russland abtreten. 10.000.000 Rubel musste man als Entschädigung der russischen Untertanen akzeptieren. Den Rest von 300.000.000 Rubel musste die Türkei unbedingt zahlen. Nach den langen Verhandlungen wurde im Jahre 1881 über die russischen Kriegsreparationen ein endgültiger Vertrag abgeschlossen. Demnach musste die Türkei ihre gesamten Reparationszahlungen in Höhe von 34.000.000 Türkischen Pfund ohne Zinsen in jährlichen Raten von 350.000 Türkischen Pfund in 100 Jahren zahlen. (vgl. Karal, Enver Ziya, Osmanlı Tarihi [Die osmanische Geschichte], Bd. 8, Ankara 1962, S. 422 ff.)

139

Wechselkurs	
Währung	1 Türkisches Pfund
Sterling	0,903
Francs	22,8
Mark	18,44
Österreichische Krone	21,69
Florin	10,94
Rubel	8,54
Dollar	4,39

Tab. 2: Der Kurs des Türkischen Pfunds im Vergleich zu den europäischen Währungen im Jahre 1844 (Datenquelle: Eldem,Vedat, Osmanlı İmparatorluğu'nun İktisadi Şartları Hakkında bir Tedkik [Eine Studie über die Wirtschaftsbedingungen des Osmanischen Reiches], o. O., 1970, S. 226.)

[140]Siehe zu Auslandsschulden in der Ära von Abdülaziz, Karal Enver Ziya, a. a. O., S. 424 f.

[141]Cem, İsmail, Türkiye'de Geri Kalmışlığın Tarihi [Die Geschichte der Rückständigkeit in der Türkei], İstanbul 1974, S. 242.

[142]Karal, Enver Ziya, a. a. O., S. 425 ff.

[143]Ebd., S. 429 f.

[144]Ebd., S. 432 ff.

[145]Steinhaus, Kurt, a. a. O., S. 45 f.
[146]Eigentlich waren diese Bürokraten keine ethnischen Türken, sondern Untertanen des Reiches, die aus den christlichen Familien der Balkanländer nach İstanbul gebracht worden waren. Sie wurden für den Staatsdienst im Palast geschult und islamisiert. Orhan Türkdoğan weist darauf hin, dass die Türken im Grunde genommen vom bürokratischen Staatsapparat ausgeschaltet wären. Aus diesem Grund wären die Türken überwiegend Bauern und Landarbeiter und hätten keinen Zugang zur Bildung und zum Handel. Die Staatsbeamten wären tatsächlich sozusagen die schein-türkisierten und -islamisierten Nichttürken. Da der türkische Staatsapparat in den Händen der nichttürkischen Bürokraten des Reiches läge, hätten die Türken faktisch keinen Zugang zur Macht. Aus dieser historischen Konstellation her entstünde eine duale Gesellschaftsstruktur in der Türkei, die bis zum heutigen Tag einen negativen und hemmenden Einfluss auf die Entwicklung der türkischen Wirtschaft und Gesellschaft ausübe. (vgl. Türkdoğan, Orhan, Osmanlı'dan Günümüze Türk Toplum Yapısı [Die Struktur der türkischen Gesellschaft von der osmanischen Zeit bis zum heutigen Tag], İstanbul 2002, S. 93-144.)
[147]Totomjanz V., Toptschjan, E., Die sozial-ökonomische Türkei, Berlin, 1901, S. 108.
[148]Ebd., S. 66 f.

3 Determinanten des deutsch-türkischen Waffenhandels

3.1 Deutsche Militärmissionen

Die deutschen Militärmissionen[1] spielten bei der Entwicklung der deutsch-türkischen Beziehungen eine wichtige Rolle vor allem im Hinblick auf die Waffengeschäfte. Wie bereits im vorausgegangenen Kapitel erwähnt wurde, waren die Reformen unverzichtbar im militärisch-administrativen Bereich des türkischen Staates, weswegen man neben den Offizieren auch zivil-administrative Berater[2] nach İstanbul kommen ließ. Da Sultan Mahmud II. eine neue Armee nach der Abschaffung des Janitscharen-Korps gründen wollte, wandte er sich an den deutschen Kaiser Wilhelm III. mit der Bitte um die Entsendung deutscher Offiziere in seine Hauptstadt. Aufgrund der Rücksichtnahme auf Russland verhielt sich der deutsche Kaiser ziemlich zurückhaltend und machte den Gegenvorschlag, türkische Militärschüler nach Europa zu entsenden. Als der Hauptmann Helmut von Moltke jedoch aus privaten Gründen nach İstanbul kam, gab der Kaiser seine Zustimmung zur Aufnahme Moltkes in den türkischen Dienst im Jahre 1835. Danach wurden drei weitere Offiziere nach İstanbul entsandt.[3] Moltke nahm mit einem weiteren deutschen Offizier am Nizip-Krieg gegen Mehmed Ali Pascha im Jahre 1838 teil. Hauptsächlich war er als Lehrer in der Militärakademie in İstanbul tätig. Außerdem hatte er kartographische Tätigkeiten wie die Aufnahme der Landkarte von Bosporus und İstanbul durchgeführt.[4] In dieser Frühphase fingen die deutschen Offiziere damit an, einen bescheidenen Beitrag zu Waffenbestellungen aus Deutschland zu leisten. Im Jahre 1873 hatte die türkische Regierung 500 Kanonen mit Munition im Werte von 1.000.000 Türkischen Pfund bei der Firma Krupp bestellt. Es wurden ungefähr 100 Geschütze der verschiedenen Kaliber von der Firma Krupp 1887 geliefert, um die türkische Artillerie aufzurüsten. Jedoch konnte die Firma Krupp vorerst keinen Dauerauftrag bekommen, denn zur damaligen Zeit hatten die beiden Großmächte (England und Frankreich) ihren Vorrang vor Deutschland im türkischen Waffenhandel. Aufgrund des Misserfolgs seiner Mission kehrte Moltke im Jahre 1839 nach Deutschland zurück.[5]

Nach der Niederlage im türkisch-russischen Krieg 1877/78 wandte sich diesmal Abdülhamid II. an Deutschland mit der Bitte um die Entsendung einer neuen Militärmission in die Türkei, um das türkische Heer reformieren zu lassen. Nach zweijährigen Verhandlungen entschloss sich die deutsche Regierung, vier Offiziere[6] in die Türkei zu entsenden. Diesmal wurde der Status dieser Offiziere zwischen den Regierungen der beiden Staaten sehr ausführlich bestimmt, und die deutsche Regierung forderte die Offiziere ausdrücklich auf, sich nicht in die politischen Angelegenheiten des Landes einzumischen.[7] Den Zustand der türkischen Armee beschrieb man zu jener Zeit folgendermaßen: Offiziere und Unteroffiziere wurden unregelmäßig - nur drei bis viermal im Jahr - bezahlt.[8] Die Armee war ständig in materieller Not, z. B. herrschte Uniformenknappheit usw. Die Reformen wurden nicht nur durch die korrupten Würdenträger, sondern auch durch die Reformgegner in der Armee erheblich beeinträchtigt. Man übernahm fremdes Gedankengut, indem man beispielsweise das französische

Militärstrafbuch übersetzen ließ, verinnerlichte es jedoch nicht. Es liegt auf der Hand, dass diese Umstände die Tätigkeit der deutschen Offiziere erschwerten. Die deutschen Offiziere übten eine berechtigte Kritik an der Ungebildetheit der türkischen Offiziere, und sie glaubten, dass sich Abdülhamid II. nicht wirklich für die Reformen in der Armee einsetzte.[9] Kähler wollte nach dem Vorbild des preußischen Heeres die türkische Armee reformieren, wobei er sich auf Ausbildung und Kriegsvorbereitung - auf allgemeiner Wehrpflicht beruhend - konzentrierte, jedoch konnte er seinen Plan nicht in die Tat umsetzen. Im Jahre 1883 kam der Major Frh. Colmar von der Goltz als Lehrer für die Militärschulen nach İstanbul.[10]

In der Ära der Kähler-Mission wurden auf Wunsch des Sultans türkische Offiziere nach Deutschland entsandt, um sie in der deutschen Armee ausbilden zu lassen, was von Kähler als eine hervorragende Leistung der deutschen Militärmission in der Türkei betrachtet wurde. Nach Wallach Jehuda war diese Tatsache einer der erfolgreichsten Bestandteile der deutschen Militärhilfe an die Türkei, denn diese Offiziere, die in Deutschland ausgebildet worden waren, spielten während und nach der jungtürkischen Revolution beim Schicksal der Türkei eine große Rolle. Der Dienstvertrag der Kähler-Mission wurde auf drei Jahre bis 1885 verlängert. In demselben Jahr starb Kähler im deutschen Krankenhaus in İstanbul.[11]

Nach Kähler wurde von der Goltz zum Chef der deutschen Militärmission ernannt. Er bekam den Posten eines stellvertretenden Chefs im türkischen Generalstab, jedoch war er hauptsächlich für die Militärschulen zuständig. Außerdem betraf sein Aufgabenbereich die Mobilmachung, den Aufmarsch, Operationspläne, Landaufnahme und die Ausbildung der jungen Generalstabsoffiziere. Er bekam den Rang eines türkischen Paschas. Von der Goltz versuchte, das türkische Militärbildungswesen zu reorganisieren. In diesem Rahmen schaffte er viele nicht militärische Fächer in den Militärschulen ab. Er verfasste mehr als 4.000 Druckseiten umfassende Lehrbücher für die Militärschulen in der türkischen Sprache. Darüber hinaus führte er neue Lehrpläne für die Militärschule nach dem Vorbild der deutschen Kriegsschule und für die Generalstabsschule nach dem Vorbild der Berliner Kriegsakademie ein. Außer bei seinen Lehrtätigkeiten spielte von der Goltz bei der Abschaffung der Prügelstrafe in den Militärschulen eine große Rolle. Er hatte gute Beziehungen zu den jungen Offizieren gepflegt, weswegen er nach der jungtürkischen Machtübernahme darum gebeten wurde, wieder in die Türkei zu kommen.[12]

Die deutschen Offiziere bekamen im Vergleich zu ihren türkischen Kollegen ordentliche Gehälter, was teilweise zur Unzufriedenheit der türkischen Offiziere führte.[13] Kamphövener, der deutsche Reformoffizier, betonte, dass seine elfjährige Dienstzeit in der türkischen Armee nichts gebracht hatte. Obwohl Kamphövener ein Konzept für die Reformen in der türkischen Armee ausgearbeitet hatte, konnte er es nicht in die Tat umsetzen. Es implizierte folgende Punkte: Demnach sollte ein Infanterie-Exerzier-Reglement eingeführt werden, was als Musterbeispiel für die Ausbildung der Militärschule in Pangaltı/İstanbul dienen sollte. Es musste eine bestimmte Ausbildungsperiode für die ganze Armee eingeführt werden. Die regelmäßige Überprüfung des erreichten Ausbildungsgrades durch die Vorgesetzten und die Ausbildung der Offiziere für die Handhabung der von Deutschland gekauften Gewehre waren die wichtigsten Bestandteile dieses Konzeptes. Man musste eine Infanterie-Schießschule errichten. Die Einführung eines regelmäßigen Schießdienstes in der ganzen Armee und die Einführung des Felddienstes im wechselnden Terrain und Manöver mit gemischten Waffen erwiesen sich als integraler Bestandteil des Konzeptes von Kamphövener. Dieses Konzept wurde vom Reichskanzler, Graf von Caprivi, scharf kritisiert, denn seiner Meinung nach war die türkische Armee nicht reformierbar, d. h. es fehlte ihr an optimalen Bedingungen für die Reformen. Hin und wieder überlegte die deutsche Führung die Militärmission aus der Türkei zurückzuziehen. Deutschland wollte allerdings nicht das Risiko eingehen, dass die türkische Armee von England oder Frankreich reformiert wurde. Nach Meinung deutscher Offiziere war Abdülhamid II. nicht wirklich für die Reformen in der Armee, weil er Furcht vor einer starken Armee hatte. Der deutsche Botschafter, Radolin, meinte, dass die Präzision der deutschen Ausbildung in der türkischen Armee nicht zu erreichen war, denn in der Türkei galten ganz andere Maßstäbe als in Deutschland.[14]

Obwohl von der Goltz seine Tätigkeit in der türkischen Armee im Jahre 1893 beenden wollte, blieb er auf Wunsch der deutschen Regierung bis November 1895 in den türkischen Diensten. Alle Offiziere der deutschen Militärmission wurden aufgefordert, von der Goltz mitzuteilen, womit sie sich täglich beschäftigten. Das Ziel dieser Praktiken war, von der Goltz in die Lage zu versetzen, sich über die türkischen Armeeverhältnisse zu informieren. Nach dem Ausscheiden von der Goltz aus den türkischen Diensten kamen seine Aufgaben dem deutschen Militärattaché zu. Die deutschen Militärattachés mussten einerseits Informationen über die türkischen Armeeverhältnisse beschaffen, und sie mussten sich andererseits um die Rüstungsaufträge jeglicher Art für die deutsche Waffenindustrie kümmern. Im Laufe der Zeit pflegten diese Militärattachés persönlich gute Beziehungen zu den führenden Figuren der türkischen Regierung, insbesondere in der jungtürkischen Ära. In diesem Zusammenhang muss man am Rande erwähnen, dass sie bei der Vergabe der Bagdadbahnkonzession an die Deutsche Bank eine nicht zu unterschätzende Rolle spielten.[15]

Um 1898 gab es nur noch drei offizielle deutsche Reformatoren in der türkischen Armee. Zu jener Zeit versuchte der deutsche Militärattaché, Hauptmann von Morgen, die türkische Armee fester an den deutschen Militarismus zu binden. Zu diesem Zweck organisierte er eine Reise für türkische Offiziere nach Deutschland. Von Morgen überzeugte Abdülhamid II. davon, dass er weitere deutsche Offiziere als Instrukteure in der Armee und Beamten als Ratgeber in der Verwaltung einsetzen sollte.[16] Nach von Morgen sollte Deutschland durchschnittlich bessere Offiziere in die Türkei entsenden, und die türkische Armee durfte nicht zur Versorgungsanstalt für invalide und unfähige Offiziere werden. Die deutschen Offiziere sollten die erforderlichen Fähigkeiten besitzen, um eine effektive Arbeit zu leisten. Dazu zählten artilleristische Fähigkeiten, ruhiges Temperament, Informationen über die Sitten und Gebräuche des Landes sowie gewisse Kenntnisse des Französischen und Türkischen.[17] Die deutschen Offiziere waren jedoch nicht ausgewählte Reformatoren, es fehlte ihnen vor allem an Landeskenntnis. Sie waren außerdem uninformiert über die Lebensweise der Landesbevölkerung, Sitten usw. Oft waren sie gar nicht fähig, die Landessprache zu sprechen. Diese Situation führte zur Herausbildung einer gewissen Arroganz der deutschen Offiziere, die sich selbst überschätzten. Im Grunde versuchten die deutschen Offiziere, die ihnen von ihrer eigenen Armee bekannten Methoden in der türkischen Armee in die Tat umzusetzen. Sie berücksichtigten dabei nicht, dass man die Besonderheiten des Landes (Wirtschaft, Bildungsstand, Mentalität, Klima etc.) in Betracht ziehen musste.[18] Da die deutschen Offiziere privilegiert waren, wohnten sie in der Hauptstadt und erhielten Pferde und Wagen. Darüber hinaus wurden sie regelmäßig bezahlt, wie ich bereits oben erwähnt habe. Aufgrund der schlechten Finanzlage des Staates war die türkische Regierung nicht in der Lage, die Gehälter der türkischen Offiziere regelmäßig zu zahlen. Sie bekamen manchmal monatelang keine Gehälter. Während ein deutscher Offiziere ein Jahresgehalt von 17.400 Türkischen Pfund bekam, bezog ein türkischer Offizier desselben Ranges nur 4.300 Türkische Pfund. Diese Diskriminierung führte zur Unzufriedenheit unter den türkischen Offizieren. Die deutschen Offiziere, die zwischen 1899 und 1901 in die Türkei kamen, hatten nach kurzer Zeit ihre Hoffnung auf Reformen in der Armee aufgegeben, d. h. sie konnten die Organisation, Ausbildung und Kriegsvorbereitung der Armee gar nicht beeinflussen.[19] Warum sie dabei nicht erfolgreich sein konnten, wird durch die Stellungnahme von İzzet Pascha unten deutlich.

İzzet äußerte sich über die türkische Armee und deutsche Missionen folgendermaßen:

> „Immer wieder erwies sich die Angst des Herrschers als Hindernis für unsern Vorteil. So waren in der Armee Schießübungen und Gefechtsschießen sowie überhaupt größere Felddienstübungen verboten; desgleichen Manöver jeglicher Art. Auf diese Weise wurde es natürlich unmöglich, des Nutzens der deutschen Militärmissionen auf dem praktischen Gebiete voll teilhaftig zu werden [...] die deutschen Militärmissionen haben alles Recht, sich an den strategischen Leistungen, die unsere Militärs in den letzten Zeitläufen bewiesen haben, einen Verdienst zuzuschreiben [...] Die alte osmanische Disziplin und Pflichtauffassung war innerhalb der Bataillone und Kompanien freilich noch nicht gestorben, aber die praktische Ausbildung entsprechend der modernen Waffenwirkung und den Fortschritten der Kriegstechnik und überhaupt eine neuzeitliche Felddienstausbildung, daran fehlte es vollkommen.“ [20]

Die Reorganisationsbemühungen in der türkischen Armee scheiterten teils am chaotischen Zustand des Staatsapparates, teils an der Unfähigkeit der deutschen Inspekteure. An der Unfähigkeit der deutschen Offiziere übte M. Şevket folgendermaßen Kritik:

> „Ich glaube, daß alle Vorkehrungen, die wir bisher im Hinblick auf die Reorganisation unserer Armee getroffen haben, nur halbe Maßregeln sind, um nicht zu sagen schlechte Maßregeln. Alle Organisatoren, die wir bisher kommen ließen, sei es unter der Regierung des Sultans Abdülhamid II., sei es seit der Einführung der Verfassung, waren vom Zufall ausgewählt, ohne daß ihre Berufung irgend einem Prinzip entsprochen hätte."[21]

Seiner Meinung nach dachte die türkische Regierung nicht daran, eine bedeutende Mission mit einem ausreichenden und wohl überlegten Programm entwickeln zu lassen. Trotz aller Hindernisse im Hinblick auf die wirkungsvollen Reformen machten die deutschen Militärmissionen jedoch die türkische Armee von den Methoden der deutschen Armee abhängig, was auch von M. Şevket folgendermaßen ausgedrückt wurde:

> „ [...] daß wir uns den Methoden der Deutschen nicht mehr verschließen können. Seit mehr als dreißig Jahren haben wir in unserer Armee deutsche Instrukteure, unser Offizierkorps ist durchaus nach den deutschen militärischen Methoden erzogen worden, unsere Armee ist mit dem Geiste deutscher Erziehung und deutscher Instruktion auf das engste vertraut. Dies jetzt zu ändern, ist ein Ding der Unmöglichkeit. Ich habe daher die Absicht, eine deutsche Militärmission großen Stils kommen zu lassen und selbst, falls dies notwendig sein sollte, das Kommando eines türkischen Armeekorps einem deutschen General anzuvertrauen [...]"[22]

3.2 Freiherr Colmar von der Goltz

Von der Goltz kam am 15. Juni 1883 in İstanbul an, wo er bereits am 17. Juni im Beisein vom deutschen Botschafter Radowitz vom Sultan empfangen wurde. In der Audienz brachte Abdülhamid II. seinen Wunsch zum Ausdruck, dass er in den türkischen Militärschulen dieselbe Strenge und Ordnung haben wollte, wie es in den deutschen Militärschulen der Fall war. Beim Empfang empfahl der Kriegsminister, Osman Pascha, ihm, den Unterricht so weit wie möglich praktisch zu gestalten.[23] Von der Goltz äußerte sich über die Reformwilligkeit des Sultans jedoch folgendermaßen:

> „Man konnte überhaupt zweifelhaft sein, ob die ganze Armeereform vom Sultan ernst gemeint war [...] Als die größte aller Gefahren erschien dem Sultan ein volkstümlicher Pascha an der Spitze einer ihm treu ergebenen Truppe. Eine solche Erscheinung aber konnte eines Tages auftreten, wenn eine ernsthafte Umgestaltung des Heerwesens unter deutschen Offizieren zur Tatsache wurde. Deshalb war es unwahrscheinlich, daß der Sultan im Grunde seines Herzens eine wirkliche Reform des Heeres wünschte. Zum mindesten wollte er den Grad, bis zu dem diese Reform durchgeführt werden sollte, selbst bestimmen [...]."[24]

Als von der Goltz nach İstanbul kam, lernten 450 Schüler in der „Mekteb-i Harbiye" (Zentralmilitärschule), in der es insgesamt rund 1.700 Schüler bei seinem Ausscheiden von den türkischen Diensten im Jahre 1895 gab. Um diese Zeit war die Gesamtzahl der Militärschüler nicht weniger als 14.000

Mann im gesamten Osmanischen Reich.[25] Von der Goltz hatte ein neues Rekrutierungsgesetz ausgearbeitet, das sich in erster Linie auf die Erfassung der gesamten muslimischen Volkskraft für die Verteidigung des Landes konzentrierte. Die neue Aufteilung der türkischen Armee nach dem Plan von von der Goltz sah 24 Divisions-, 48 Brigade-, 96 Regiments- und 384 Bataillonsbezirke vor, wogegen früher nur Regimentsbezirke existierten. Von der Goltz hatte das Rekrutierungsgesetz mit der neuen Bezirkseinteilung im März 1886 fertig gestellt. Nach der Annahme dieses Gesetzes wurde eine besondere Armeereorganisationskommission gebildet, deren Chef von der Goltz selbst war. Diese Kommission tagte von 1886 bis 1892 regelmäßig und konnte eine ganze Reihe von Gesetzen und Reglements ausarbeiten. Von der Goltz war dem Kriegsminister untergeordnet, wogegen Kähler dem Kriegsminister gleichgestellt war.[26]

Im Rahmen der Goltz'schen Reformen blieb die alte Einteilung in Sieben Armeebezirke (Ordu) und zwei unabhängige Divisionen in Hedschas und Tripolis erhalten. Diese Divisionen bestanden aus Linientruppen. Die Hauptquartiere der Armeebezirke waren İstanbul, Edirne, Erzincan, Selanik, Manastır bis 1895, Damaskus, Bagdad und Sana in Arabien. Jeder Armeebezirk sollte eine Linientruppe, zwei Infanteriedivisionen von je 16 Infanterie- und ein Schützenbataillon, eine Kavalleriedivision von sechs Regimentern zu fünf Eskadrons, eine Artilleriedivision von sechs Regimentern zu sechs Batterien, ferner ein Genie-, ein Transportbataillon und eine Telegraphenkompanie beinhalten. Dazu sollten in den Armeebezirken ein bis sechs Landwehren und Landsturm in regelmäßiger Zusammensetzung treten. Man sah in jedem Bezirk vier Landwehrdivisionen zu 16 Bataillonen vor. Dazu kamen noch je zwei Landsturm-Divisionen mit insgesamt 32 Bataillonen. Die Gesamtstärke des Heeres war auf rund 1.000.000 geschätzt, die sich aus Linie und Landwehr zusammensetzte. Zusätzlich gab es noch den Landsturm mit nicht weniger als 666 Bataillonen von insgesamt 300-400.000 Mann Stärke.[27]

Von der Goltz arbeitete auch einen Plan aus, der vorsah, wo und wie bei der Heeresorganisation eingespart werden sollte. Um den Goltz'schen Einfluss auf die türkische Armee zu verdeutlichen, möchte der Verfasser dieser Arbeit an dieser Stelle ein Zitat anführen:

> „An den Militärschulen bewährten sich seine Lehrbücher und die von ihm ausgebildeten Lehrer. An theoretischem Wissen konnte es damals der türkische Offizier mit dem jeder anderen Armee aufnehmen. Dem Mangel, daß er keine Gelegenheit hatte, seinen Blick durch größere Truppenübungen zu schärfen, suchte Goltz dadurch einigermaßen abzuhelfen, daß er die Kommandierung besonders befähigter türkischer Offiziere zur Dienstleistung beim deutschen Heere durchsetzte."[28]

In seinem Tagebuch sprach von der Goltz davon, dass es ohne ihn niemals zur Einführung des Rekrutierungs- und Landwehrgesetzes mit der neuen Bezirkseinteilung sowie zur Schaffung eines modernen Generalstabes und zur Neubewaffnung der türkischen Armee mit deutschen Modellen gekommen wäre.[29] Von der Goltz war Mitglied in verschiedenen Kommissionen der Armee. Er war beispielsweise Mitglied in der Kommission, die über die Befestigung der Çatalca-Linie beriet. Diese Linie sollte dazu dienen, İstanbul gegen einen möglichen Angriff aus der europäischen Richtung zu schützen. Außerdem war er Mitglied in den Kommissionen über eine neuzeitliche Befestigung des Bosporus und der Dardanellen und über eine Neubewaffnung und Umgestaltung der Armee und der Wehrordnung des Landes. Die Mitgliedschaft in dieser letzteren Kommission war für die Festigung der Beziehungen zwischen der deutschen Waffenindustrie und der Türkei von enormer Bedeutung.[30] Von der Goltz gelang es im Jahre 1885, die Bestellung einer ausreichenden Anzahl schwerer Geschütze für die Dardanellen bei der Firma Krupp durchzusetzen. Die Befestigung des Bosporus wurde ebenfalls durch die Aufstellung moderner Krupp-Geschütze ziemlich verstärkt. Darüber hinaus regte er die Schaffung einer Torpedobootsflottille für die Verteidigung der Meerengen an, welche auf seine Empfehlung ebenfalls in Deutschland, und zwar bei der Schichau-Werft in Elbing in Auftrag gegeben wurde.[31]

In seinen Denkwürdigkeiten äußert sich von der Goltz dahingehend, dass die Entscheidungen bei der Bewaffnungsfrage leichter fielen als alle anderen organisatorischen Fragen der Armee, weil man die Mitglieder der Kommission für die Bewaffnungsfragen mit fetten Bestechungsgeldern schmierte. Abdülhamid II. beauftragte von der Goltz gemeinsam mit dem Großwesir und dem Finanzminister, die Kommission zu bilden, die sich mit der Beschaffung der erforderlichen Geldmittel für die Waffenbestellungen befassen sollte. Aus diesem Grund liegt die Vermutung nahe, dass der Goltz'sche Einfluss auf den Abschluss der jeweiligen Lieferverträge enorm groß war. In seinen Denkwürdigkeiten wird der Beitrag von von der Goltz zur Beschaffung der Lieferaufträge für die deutsche Waffenindustrie folgendermaßen geschildert:

> „[...] daß er die Neubewaffnung des türkischen Heeres durchweg der deutschen Industrie zuzuführen verstand, während bis dahin, abgesehen von einigem Artilleriematerial, das man von Krupp bezogen hatte, England und Frankreich die Lieferanten der Türkei gewesen waren. So erhielten Ende der achtziger Jahre neben Krupp, der 1000 Feldgeschütze und eine größere Anzahl schwerer Kaliber in Auftrag bekam, auch die bekannten Gewehrfabriken von Mauser und Löwe Bestellungen auf einige hunderttausend Gewehre. Auch der Schichau-Werft verschaffte von der Goltz die Lieferung einer weiteren Anzahl von Torpedobooten für die Verteidigung der Dardanellen und des Bosporus. In späteren Jahren konnte er die Angelegenheiten der Flotte der Fürsorge des neuen deutschen Marinereformers, Fregattenkapitäns Kalau von Hofe, überlassen."[32]

Die Stellung von der Goltz war im deutsch-türkischen Verhältnis so unersetzlich, dass man von einer dritten politisch-militärischen Stütze Deutschlands in der Türkei sprechen kann. Dies wird durch die Äußerungen von Admiral Hopman folgendermaßen belegt:

> „Neben den beiden Staatlichen Vertretungen Deutschlands (Botschaft und Generalkonsulat) beruhte unsere Geltung in der Türkei zunächst auf einer größeren

> Zahl von Herren, die als militärische und staatliche Reformatoren in türkischen Diensten waren. Unter ihnen besaß einen überragenden Einfluss der damalige türkische Generalleutnant Freiherr Colmar von der Goltz Pascha, der spätere bekannte Feldmarschall."[33]

In diesem Kontext kommt den deutschen Militärmissionen in der Türkei eine interessante, nicht zu unterschätzende Rolle zu, die mit Abstand als die eigentliche Triebkraft des Waffenhandels mit der deutschen Industrie zu betrachten war. Von der Goltz übte natürlich einen großen Einfluss auf die Beschaffung von Lieferaufträgen sowohl durch seine persönlichen Kontakte nach Deutschland als auch als Berater in verschiedenen Kommissionen für Waffenbestellungen in İstanbul aus, wie bereits erwähnt wurde. Da die Zahl der Armeeeinheiten von von der Goltz verdoppelt wurde, entstand selbstverständlich ein doppelter Bedarf an Kriegsmaterial, was der deutschen Waffenindustrie indirekt zugute kam. In der Ära von von der Goltz (1885-1895) bestellte man Kriegsmaterialien - Torpedoboote, Feldartillerie, Küstengeschütze, Gewehre, Artillerie- und Infanteriemunition - im Wert von ungefähr 100.000.000 Francs aus Deutschland, wobei die Firma Krupp die Geschütze verschiedener Kaliber und deren Munition, die Firmen Löwe und Mauser die Gewehre und Munition und die Schichau-Werft die Torpedoboote geliefert hatten. Wegen der deutschen Nichtbeteiligung an der internationalen Flottendemonstration vor Kreta gegen die Türkei wurde die deutsche Waffenindustrie 1905 mit einem Auftrag in Höhe von 60.000.000 Francs belohnt.[34]

Als der Generalleutnant der Artillerie Ristow 1891 in der Türkei starb, kümmerte sich von der Goltz darum, dass man so schnell wie möglich einen Ersatzmann für die freigewordene Position in die Türkei entsandte, weil die Franzosen versuchten, diese Stelle mit einem französischen Artillerieoffizier zu besetzen. Tatsache ist, dass Frankreich sich darum bemühte, Lieferaufträge für seine Waffenindustrie von der türkischen Artillerie zu bekommen. Deshalb hielt von der Goltz die Entsendung eines preußischen Artillerieoffiziers für ganz wichtig, der sowohl etwas von der Festungs- und Küstenartillerie wie auch von der Geschützkonstruktion und der Feldartillerie verstand. Unter dieser Bedingung wäre ein solcher Offizier in der Lage gewesen, in der türkischen Artillerieschule zu unterrichten. Was man in dieser Konstellation unbedingt erwähnen muss, ist, dass der in die Türkei kommende Offizier sich persönlich bei den großen deutschen Waffenfirmen wie Krupp und Gruson vorstellen sollte, so von der Goltz.[35]

George Hallgarten macht auch auf die guten Verdienste von von der Goltz um die Erlangung der Monopolstellung der deutschen Waffenindustrie in der Türkei aufmerksam.[36] G. Hallgarten hebt hervor, dass das türkische Heer ihm ein Rekrutierungsgesetz und einige ausgezeichnete kartographische Arbeiten zu verdanken hatte. Der türkische Generalstab wurde erst unter der Mitwirkung von von der Goltz eine brauchbare militärische Institution. Es wird auch von Lothar Rathmann bestätigt, dass man ein Monopol für die türkischen Lieferungen zugunsten der deutschen Waffenindustrie in der Amtszeit von von der Goltz erlangte, wie der Verfasser später im Abschnitt (5.2.1) anhand von empirischem Material darstellen wird. Von der Goltz veranlasste Abdülhamid II. zur Bestellung von 500 schweren Geschützen für die Befestigung der Dardanellen bei der Firma Krupp in 1885. Ein Jahr danach lieferte die Firma Krupp tatsächlich 426 Feldkanonen und 60 Mörser zu einem hohen Preis an die Türkei. Wenig später wurde Abdülhamid II. von der Notwendigkeit einer türkischen Torpedoflottille überzeugt, die man wiederum bei der deutschen Schichau-Werft bauen ließ. Hier muss man am Rande erwähnen, dass die Türkei im Rahmen der Neubewaffnung ihres Heeres 500.000 Gewehre und 50.000 moderne Karabiner bei den Waffenfabriken Mauser und Löwe 1887 bestellte. Den Preis dieser Bestellung bezifferte man auf rund 2.200.000 Mark. Darauf wird im Abschnitt (4.7) näher eingegangen. Wie im Abschnitt (5.1.1) zu erwähnen sein wird, gab es ein enges Verhältnis zwischen dem Hause Krupp und den Hohenzollern. So trug die erste Türkeireise von Wilhelm II. zur Bestellung von ungefähr 1.000 Feldgeschützen bei Krupp und einigen Tausend Gewehren bei Mauser und Löwe sowie weiteren Torpedobooten bei der Schichau-Werft bei. Das Volumen dieser Aufträge belief sich auf 15.300.000 Mark, wobei man diese Summe von der Deutschen Bank als Kredit aufnahm.[37] In diesem Kontext kann man zusammenfassend sagen, dass Deutschland den ersten Platz im türkischen Waffenhandel, verglichen mit den englischen und französischen Waffenfabriken Vickers & Armstrong und Schneider-Creuzot, durch die Vermittlung der deutschen Offiziere zwischen 1885 und 1895 einnahm. Nach den Worten von Lothar Rathmann ging der amerikanische Waffenhandel mit der Türkei zwischen 1877 und 1883 von 97 % auf 3 % zurück.[38]

Als im September 1885 die bulgarische Krise ausbrach, rückten die militärischen Vorbereitungen in das Zentrum der türkischen Politik auf. Während dieser Krise erhielt von der Goltz den allerhöchsten Auftrag, ein neues Rekrutierungsgesetz zu entwerfen, das eine allgemeine Wehrpflicht einführen sollte. Die deutschen Offiziere Ristow und Starcke wurden beordert, die Meerengen zu besichtigen, um einen Vorschlag für ihre Verteidigung zu unterbreiten. Als sich diese Offiziere für die Bestellung neuer Geschütze zur Befestigung der Meerengen aussprachen, folgte Abdülhamid II. ihren Ratschlägen, die natürlich darauf abzielten, Kriegsmaterial aus Deutschland zu bestellen. Inmitten dieser Krise entschloss sich der Sultan, die Meerengen und seine Armee aufzurüsten. Abdülhamid II. ließ eine so große Bestellung bei der Firma Krupp anordnen, dass dies sogar in solchem Umfang von den deutschen Offizieren nicht zu wünschen war. Nach Worten von Scherer äußerte sich von der Goltz darüber, dass damals sozusagen eine Art von Geschützankaufmanie in İstanbul ausgebrochen sei. Nach der Ansicht von von der Goltz spielte dieses Rüstungsfieber bei der Bestellung des Kriegsmaterials eine nicht gering zu schätzende Rolle.[39]

Nach der Überzeugung von Abdülhamid II. von den Vorzügen eines modernen Repetiergewehres für die türkische Infanterie veranlasste von der Goltz, die beiden deutschen Waffenfabrikanten Paul Mauser und Isidor Loewe im November 1886 nach İstanbul kommen zu lassen. Darüber hinaus beeinflusste von der Goltz den Einkauf einiger Torpedoboote in Deutschland, die die türkische Flotte befähigen sollten, der Übermacht der griechischen Flotte entgegenzuwirken. Dann wurden die englischen Militärberater durch deutsche ersetzt, und man wechselte die englischen Henri-Martini-Gewehre, die bis dahin in der türkischen Armee verwendet wurden, durch deutsche Mauser-Gewehre aus, wie im Abschnitt (4.7.2) anhand von quantitativen Daten belegt wird.[40]

Neben seinem Beitrag zu Waffenbestellungen muss auf die Lehrtätigkeit von von der Goltz in den türkischen Militärschulen hingewiesen werden, was ihn unmittelbar mit den jungen Offizieren in Berührung brachte. Dieser Umstand diente letztlich der deutschen Türkeipolitik.[41] Major von Strempel betrachtete die zweite Mission von von der Goltz zwischen dem Oktober und dem Januar 1910 als sehr erfolgreich in der Türkei. Diese Mission bezweckte nicht nur die Reorganisation, sondern auch die Konsolidierung der türkischen Armee. Es muss an dieser Stelle gesagt werden, dass er ein großes Vertrauen der türkischen Militärs genoss und dass er unter den damaligen Verhältnissen ein wertvoller Faktor im deutsch-türkischen Verhältnis war.[42]

Als die türkische Regierung an dem Panzerkreuzer „Blücher" interessiert war, teilte von der Goltz Gustav Krupp von Bohlen und Halbach mit, dass man den Preis des Kreuzers herabsetzen und die deutsche Regierung auf das Verbot eines fertig gestellten Schiffes verzichten sollte. Ansonsten konnte die deutsche Rüstungsindustrie vom türkischen Kuchen kein Stück abbekommen.[43] Zu dieser Angelegenheit äußerte sich auch der Reichskanzler, wonach man nicht zulassen dürfte, dass die Türkei ihre Flottenaufträge gänzlich in England ausführen ließ. Der Reichskanzler schlug vor, dass man zuerst die innenpolitische Opposition gegen den Verkauf eines fertig gestellten Schiffes an die Türkei überwinden sollte. Außerdem sollte man dafür keinen hohen Preis verlangen. Das heißt, dass man in dieser Angelegenheit keine belastenden Bedingungen an die Türkei stellen sollte. Ferner war der Reichskanzler dagegen, dass die Türkei Schiffsbestellungen in England vornahm.[44]

Karl Küntzer weist darauf hin, dass von der Goltz durch seine Beratung die Türkei dazu brachte, 800.000 Mauser-Gewehre mit Munition in Deutschland zu kaufen, welche als Ersatz für das veraltete Henry Martini-Modell gedacht waren. Dieses Modell wurde neben dem Snider- und Winchester-Gewehr bis dahin in der türkischen Infanterie verwendet. Nach Küntzer verdienten die deutschen Waffenfabrikanten, insbesondere Mauser, Ludwig Löwe und Krupp, etwa 80.000.000 Mark mit ihren Türkeigeschäften. Während die Türkei bis zur Mitte des 19. Jahrhunderts ausschließlich französisches Kriegsmaterial für ihre Armee beschaffte, gelang es von der Goltz, diese Situation zu verändern, indem er die türkischen Entscheidungsträger zugunsten der deutschen Waffenindustrie beeinflusste.[45] Nach dem Abgang von von der Goltz aus den türkischen Diensten endete auch die Ära der deutschen Militärmissionen in der Türkei. Danach entsendete Deutschland einen besonderen Militärattaché nach İstanbul, mit dem man die Tätigkeit von von der Goltz kompensieren wollte. Neben der Berichterstattung über die türkische Armee und Flotte beschäftigten sich diese Militärattachés[46] hauptsächlich mit der Beschaffung von Rüstungsaufträgen für die deutsche Industrie. Nach der jungtürkischen Revolution übten die deutschen Militärattachés durch ihre persönlichen Kontakte einen starken Einfluss auf die führenden Personen der Regierung aus. Von Strempel und Humann pflegten z. B. eine sehr gute Beziehung zum Enver Pascha.[47]

3.3 Die türkischen Waffenfabriken

Tatsache ist, dass die Waffenherstellung eine lange und ausgeprägte Tradition in der Türkei besaß.[48] Die Produktion von Rüstungswaren diente als Grundlage der gesellschaftlichen Reproduktion, die eine konstitutive Größe für das Entwicklungspotenzial des Systems bildete. Die militärischen Erfordernisse bestimmten unmittelbar die technischen Neuerungen, die Interaktionen zwischen den Klassen und den ethnischen Gruppen und die Umwandlung gesellschaftlicher Institutionen. Wegen dieser militaristischen Ausrichtung des Produktionsprozesses stießen die sozioökonomischen Fortschrittsmöglichkeiten des Systems rasch auf ihre Grenzen. Diese Sonderstellung der Armee und die damit verbundene Rüstungsproduktion führten zur relativen Stärke der Türkei bis zum 18. Jahrhundert. Diese hervorgehobene Stellung der Armee ist ebenfalls als verantwortlich für den schnellen Niedergang des Reiches im 19. Jahrhundert zu betrachten. Die technologische Entwicklung der Türkei war dadurch gekennzeichnet, dass sich Wissenschaft, Handel und Gewerbe fast ausschließlich auf die Erfordernisse eines expandierenden Militärwesens beschränkten. In den überwiegend staatlichen Betrieben stellte man Schiffe, Waffen, Munition, Uniformen und Sattelzeug her. In der Regel wurden diese Betriebe von Offizieren geleitet, deren Arbeiterschaft aus Zwangsarbeitern bestand. Als man eine Gießerei für Kanonenkugeln Ende des 17. Jahrhunderts gründete, stellte man beispielsweise die Einwohner von zehn Dörfern als Zwangsarbeiter ein. Im Bereich des Schiffsbaus und der Geschützgießerei erbrachte man technologische Spitzenleistungen bis zum Ende des 18. Jahrhunderts. Die allgemeine Innovationsfähigkeit der türkischen Industrie war im Hinblick auf die Begrenzung der Entwicklung der Naturwissenschaften und Technologie auf den militärischen Bereich sehr stark beeinträchtigt. Aufgrund der Unfähigkeit der Türkei zur Industrialisierung zeichnete sich allmählich der Rückgang der Waffenproduktion, verglichen mit den anderen europäischen Staaten, ab. Darüber hinaus litt der türkische Staat unter der massiven Auslandsverschuldung, wie bereits im Abschnitt (2.3.1) behandelt wurde. Diese Faktoren wirkten sich erheblich auf den Niedergang der Rüstungsproduktion im Osmanischen Reich seit dem 18. Jahrhundert aus.[49]

Da eine weiträumige Kriegsführung einen gewissen Stand der gewerblichen Produktion und der Technologie voraussetzte, war die Türkei in diesem Feld den europäischen Staaten ebenbürtig. Allerdings wurde die Produktion des Landes nur gefördert, solange sie für die Kriegsführung unentbehrlich war. Ein bedeutender Teil der Bergbau- und Manufakturbetriebe gehörte zum Staat, in denen er Rüstungsgüter herstellte. Es muss allerdings darauf hingewiesen werden, dass die technische Ausstattung und das angewandte Produktionsverfahren vor allem im Hinblick auf die Geschützgießerei ein hohes Niveau in der damaligen Zeit hatte.[50] Der türkische Schiffbau war so gut, dass man sogar Kriegsschiffe für Venedig zwischen 1590 und 1616 konstruieren konnte.[51] Von den technischen Innovationen, die man von Europa übernahm, profitierte fast ausschließlich der militärische Sektor. Zu jener Zeit versuchte man, westliche Waffentypen nachzubauen. Die türkische Armee konnte sich die neuen Erfindungen im Gebiet der Geschützherstellung sehr schnell aneignen.[52] Obwohl die Nachahmung des einfachen technischen Verfahrens und die Unterhaltung einiger Staatsmanufakturen früher gewährleisten konnten, die türkischen Streitkräfte mit moderner Technologie auszurüsten, konnte die Türkei ab dem 17. Jahrhundert wegen der fehlenden technologischen Innovationsfähigkeit mit Europa nicht Schritt halten. Je komplizierter das Produktionsverfahren wurde, desto geringer wurden die Chancen der Türkei, die neuen Methoden nachzuahmen.[53]

Die Waffen- und Munitionsfabriken der Türkei waren nicht in der Lage, den Bedarf der Armee an Kriegsmaterial zu decken. Da diese Werke in erster Linie dem militärischen Zweck dienen sollten, spielten die Profitinteressen bei der Betriebsführung keine Rolle. Die erste staatliche Waffenfabrik war die um 1453 von Sultan Mehmed II. gegründete Waffenfabrik von Tophane in İstanbul[54], die in der Ära von Süleyman dem Prächtigen restauriert wurde. Den Staatshaushaltsrechnungen von Murat IV. (1609-40) zufolge waren damals etwa 5200 Menschen in den staatlichen Waffen- und Zeltstofffabriken sowie in den Kanonengießereien beschäftigt. Darüber hinaus gab es einige Werften, eine Holzfabrik und etwa 70 kleinere Werkstätten für Glasbläserei, Färberei und Textilien. Aus der Seil- und Segeltuchfabrik der Flotte ging die erste große Textilfabrik des Landes mit je einem Werk in İstanbul und Karamürsel hervor. [55] Anfang des 19. Jahrhunderts wurden die vorhandenen Waffenfabriken erneuert und erweitert, die sich hauptsächlich auf die Gegend von İstanbul konzentrierten. In İstanbul gab es neben der Waffenfabrik von Tophane eine weitere Waffenfabrik in Zeytinburnu und eine Munitionsfabrik in Bakırköy. In der berühmten Kanonengießerei von Tophane verwendete man damals eine hohe Technik im Vergleich zu Westeuropa. Diese Fabrik war dem ausgedehnten Einfluss der Firma Krupp zum Opfer gefallen. Die Firma Krupp erlangte eine Monopolstellung für die Kanonenlieferungen der Türkei.[56] Darüber hinaus gab es Fabriken in Konya und Kayseri, in denen man Stallsalpeter für die Pulverfabrikation produzierte. Man erweiterte ständig die Kapazitäten dieser Fabriken. Dennoch konnte man den steigenden Bedarf der türkischen Armee nicht decken. In dieser Situation war das türkische Kriegsministerium auf den Waffenimport angewiesen. Zu erwähnen sind auch die Fabriken, in denen man militärisches Tuch und Schuhe herstellte. Die Lederfabrik von Beykoz in İstanbul wurde als Gerberwerkstatt in der Ära von Mahmud II. 1812 ins Leben gerufen. Diese Werkstätten waren natürlich nicht mit denen in Europa zu vergleichen.[57]

Die Stadt Erzurum war das Zentrum der Waffenindustrie in der Peripherie, in der man seit langem Gewehre, Karabiner und Pistolen nach dem Kundenwunsch gefertigt hatte. Die Handwerker von Erzurum konnten auch Gewehre von dem Typ von Martini und Vinchester herstellen. Die türkische Regierung stellte jedoch die Produktion dieser Waffen wegen Sicherheitsbedenken im Jahre 1885 ein.[58] Im Rahmen der Militärreformen von Selim III. (1789-1807), unter dessen Herrschaft man die Geschützfabriken und Werften reformierte und die artilleristische Ausbildung einführte, beschloss man auch, die technischen Truppen auszubilden. In der Regierungszeit von Mahmud II. machte man das Instrukteurwesen zur Voraussetzung der technischen Ausbildung für die Spezialeinheiten, das später als Grundlage für die türkische Ingenieurausbildung diente. Hauptmann von Mühlbach, der zwischen 1837 und 1839 in den türkischen Diensten stand, war einer der ersten derartigen Fachinstrukteure in der damaligen Türkei.[59]

3.4 Die Bedeutung der türkischen Staatsführung für den Waffenhandel

3.4.1 Der Sultan Abdülhamid II.

Abdülhamid II. war eine der wichtigsten Säulen der deutsch-türkischen Beziehungen. Seine Außenpolitik richtete sich nach dem Mächteverhältnis in Europa in der damaligen Zeit, wobei aber Deutschland eine besondere, wichtige Rolle zukam, wie der Verfasser bereits im Abschnitt (2.3) ausführlich geschildert hat. Von Anfang an versuchte Abdülhamid II., sein Verhältnis zu Deutschland auf einem persönlichen Fundament zu gestalten, indem er eine solidarische Freundschaft mit dem deutschen Kaiserhaus beteuerte. Er schenkte dem deutschen Kaiser Wilhelm I. ein wertvolles Grundstück in Tarabya am Bosporus im Frühjahr 1880, auf dem eine ständige Sommerresidenz für die deutsche Botschaft errichtet werden sollte.[60] Mit der Thronbesteigung von Wilhelm II. traten die Beziehungen zwischen den beiden Kaiserhäusern in eine neue Phase, in der der deutsche Kaiser seinen türkischen Amtskollegen Abdülhamid II. zweimal in İstanbul besuchte.[61]

Sein Vertrauen in Deutschland demonstrierte Abdülhamid II. dadurch, dass er seine persönlichen Ersparnisse in Deutschland anlegen wollte. Nach einem Bericht des deutschen Botschafters Radowitz wollte der Sultan die Ersparnisse, die er als Privatvermögen für seine Kinder zurückgelegt hatte, bei der Deutschen Reichsbank in Berlin deponieren. Dabei handelte es sich um den Transfer der Summe von mehr als 400.000 Türkischen Pfund - umgerechnet 7.376.000 Mark - von Paris nach Berlin. Da Abdülhamid II. den anderen europäischen Mächten nicht vertraute, bat er den deutschen Botschafter darum, seine Wertpapiere mit einem Beamten der Botschaft nach Berlin zu schicken.[62] Nach den Angaben der Reichsbank legte Abdülhamid II. 89 französische Anteilscheine im Gesamtwert von 160.000 Francs am 12. Juni 1886 bei dieser Bank an, die für den Sultan jährlich 3 % Zinsen erbrachten. Auf Anweisung von Agop Pascha wurden die fälligen Anteilscheine in Paris eingelöst. Danach wurden deutsche Anteilscheine angeschafft, die dem Sultan jährlich 4 % Zinsen bringen sollten.[63] Am 31. Dezember 1908 besaß Abdülhamid II. 8.000 Aktien im Wert von 489.600 Mark, die für ihn jährlich 15 % Zinsen brachten, und ein Bankdepot in Höhe von 156.412 Mark bei der Deutschen Reichsbank. Außerdem hatte Abdülhamid II. ein Auslandskonto bei der Deutschen Bank, auf dem die Aktien der Anatolischen Eisenbahnen im Wert von 4.037.486 Mark, die Obligationen des Hafens von Saloniki im Wert von 1.500.000 Francs und ein Bar-Guthaben in Höhe von 150.000 Mark im Jahre 1909 lagen. Nach der Entmachtung des Sultans gab M. Şevket kund, dass das Privatvermögen von Abdülhamid II. in Höhe von 13.000.000 Mark für militärische Zwecke gebraucht werde.[64]

Ohne Abdülhamid II. konnte man keine Entscheidungen über die Regierungsgeschäfte treffen. In seiner Regierungszeit wurde die Zentralisierung des Staates so weit vorangetrieben, dass İstanbul praktisch auf jede Besetzung eines höheren Postens in den Provinzen Einfluss nehmen konnte. Jedes Amt wurde mit den Vertrauensleuten von Abdülhamid II. besetzt. In diesem Fall ist es überflüssig zu erwähnen, dass die Minister willensschwache Diener ihres Herrschers waren. Da der Einfluss der Fachministerien auf ein Minimum reduziert worden war, waren die Minister praktisch von jeglichem Entscheidungsprozess ausgeschlossen. Die gesamte Regierungsgewalt lag in den Händen von Abdülhamid II. Nach Marschall von Bieberstein, dem deutschen Botschafter, beherrschten Misstrauen und Furcht die Leitlinien der Außenpolitik von Abdülhamid II. in starkem Maße. Er spielte die europäischen Botschafter gegeneinander aus. Er kannte nicht nur die Personen um ihn herum, die ihn bedrängten und ihn beschwatzen wollten, sondern auch die Drahtzieher dieser Figuren in den ausländischen Botschaften, gegebenenfalls in den Vertretungen der Industriekonzerne, die sich ständig um die Konzessionen der türkischen Regierung bemühten.[65] Da Abdülhamid II. bei seinen Entscheidungen ständig die Interessen des Staates berücksichtigte, war er in den Regierungsgeschäften nicht leicht zu beeinflussen. Um dies zu verdeutlichen, möchte ich hier ein Zitat anführen:

> „Als Staatsmann ist Abdülhamid II. zu klug, zu geschickt und zu erfahren, um sich von irgendeiner Partei gängeln zu lassen; wenn er sich oft wohl den Anschein gibt, als geschähe es, so nur, um desto sicherer die Schwächen des Gegners und den eigenen Vorteil auszuspähen und selbst die anderen zu leiten."[66]

Sowohl Marschall als auch der österreichische Botschafter Pallavicini wiesen auf die Klugheit und die Sachkenntnis von Abdülhamid II. in politischen Fragen hin. Beide verehrten ihn sehr. Der russische Außenminister äußerte sich z. B. über Abdülhamid II. folgendermaßen:

> „Der Sultan sei, soweit seine persönliche Sicherheit in Frage komme, ein Narr, aber in der Leitung der internationalen Beziehungen der Türkei habe er sich als einer der größten lebenden Diplomaten erwiesen."[67]

Die Minister konnten nur mit Schwierigkeiten einen Termin für den persönlichen Empfang beim Sultan bekommen. Dagegen hatten die persönlichen Sekretäre von Abdülhamid II. - Tahsin Pascha, İzzet Pascha und Fehim Pascha - ständigen Zugang zum Sultan. Die Staatsmänner um den Sultan herum spalteten sich in zwei Lager. Die erste Gruppe, die aus den Exponenten der Günstlinge des Sultans bestand, war korrupt und hinterlistig. Die Angehörigen dieser Gruppe fühlten sich einerseits dem Herrscher verpflichtet, und andererseits bezogen sie sich auf ihren eigenen Vorteil. Die zweite Gruppe war zusammengesetzt aus Menschen, deren Taten vom Begriff „Vaterland" stark mitgeprägt waren.[68]

Die Kammerherren (Ragıp Ağa, Arap İzzet Ağa, Lütfü Ağa usw.), die für die persönliche Sicherheit des Sultans verantwortlich waren, spielten bei den Bestechungsgeldaffären eine sehr entscheidende Rolle. Um einen Sultanerlass zu erreichen, musste man sich an diese Kammerherren wenden, wobei sie die Höhe der Summe bestimmten. Ihre Auswirkungen auf die Waffengeschäfte werden von Wladimir Giesl folgendermaßen geschildert:

> „Bei Heeres- und sonstigen Lieferungen floß die Bestechungssumme in die Tasche jenes Kammerherrn, der die Irade erwirkt hatte; dieser hielt aber Ehre, wem Ehre gebührt, fast immer seine Versprechungen und ließ den Klienten nach Erlag des Bachschich selten im Stiche."[69]

Aus einem Bericht des deutschen Botschafters Marschall ging hervor, dass Abdülhamid II. beabsichtigte, die Patronen und Gewehre direkt aus Deutschland zu bestellen, indem er die Militärkommission für die Beschaffung des Kriegsmaterials umging. Da der Sultan die Patronen bei der Karlsruher Metallpatronenfabrik bestellen wollte, bat er die kaiserliche Regierung darum, diese Fabrik zu einem weiteren Preisnachlass zu bewegen. Dabei betonte Abdülhamid II., dass die anderen Fabriken weitaus günstigere Angebote gemacht hatten. Ferner sprach er in diesem Zusammenhang davon, dass er sich in einer unangenehmen Lage seinen Militärs gegenüber befinde. Anhand dieser Angelegenheit wollte er den hohen Offizieren zeigen, dass man unter Umgehung der Bestellkommission einen günstigen Preis erzielen konnte. Daraufhin empfahl Marschall dem Auswärtigen Amt, dass man diesem Wunsch des Sultans nur nachgehen könne, indem man sich diesbezüglich direkt mit dem Vertreter der Karlsruher Fabrik in Verbindung setzte.[70] Marschalls Worten zufolge brachte Abdülhamid II. zur Sprache, dass die Kommission für die Kriegswaffenbestellung einen Entwurf angefertigt hatte, wonach man beabsichtigte, die Lieferung des Schrapnells einer ihm bisher unbekannten deutschen Fabrik zu übertragen. Abdülhamid II. setzte allerdings die Kommission davon in Kenntnis, dass man diese Lieferung der renommierten Firma Krupp übertragen sollte, die bisher die türkische Armee belieferte. Der Sultan betonte aber ausdrücklich, dass er diesen Auftrag der Firma Krupp geben wolle, falls man den Preis auf das Niveau der anderen Konkurrenten herabsetzte.[71] Als man das Kaliber der Henri-Martini-Gewehre auf das Maß des Mauser-Gewehrs herabsetzen wollte, verlangten die deutschen Anbieter für diese Arbeit ein Türkisches Pfund pro Gewehr. Für die gleiche Arbeit wollten die Franzosen dagegen nur 0,5 Türkisches Pfund haben.

Zu diesem Anlass äußerte sich Abdülhamid II. darüber, dass man sich bei der Vergabe der Aufträge auf den Vorteil des Staates, nicht aber auf den der Politik konzentrieren solle. Der Sultan war für den Kauf der großkalibrigen Gewehrmarken wie Birmingam, Vinchester und Steyr, an deren Stelle man kleinkalibrige Martini-Gewehre kaufen müsste. Abdülhamid II. spielte auch mit dem Gedanken, eine Patronenfabrik für Martini- und Mausergewehre in der Türkei gründen zu lassen.[72]

Um auf der internationalen Ebene die deutsche Unterstützung zu bekommen, machte Abdülhamid II. immer wieder wirtschaftliche Zugeständnisse an Deutschland, z. B. die Vergabe der Konzession des Bewässerungsprojektes von Konya an Deutschland, die Zahlung der fälligen Beträge an die Firma Krupp usw. Als der Sultan auf die deutsche Unterstützung in der Frage der Reformen in Mazedonien[73] hoffte, teilte er der deutschen Führung mit, dass er bereit war, sich für die Interessen der deutschen Industrie in seinem Land einzusetzen.[74]

Nachdem Halil Pascha die Gewehrfabrik von Tophane modernisiert hatte, fing er an, Şişhane-Gewehre für die türkische Armee herzustellen. Als Paul Mauser für die Unterzeichnung eines Liefervertrages in İstanbul weilte, äußerte er sich über diese Waffenfabrik folgendermaßen: Wenn ein Staat eine solche Fabrik besitze, könne dieser Staat nicht nur seinen eigenen Bedarf an Gewehren decken, sondern auch den Überschuss des eigenen Bedarfes exportieren. Von diesen Äußerungen inspiriert, schlug Abdülhamid II. vor, mit Hilfe von europäischen Ingenieuren die Waffenfabrik von Tophane weiter aufzubauen, um sie wieder produktionsfähig zu machen. Überdies wollte er in dieser Fabrik Gewehre produzieren, die man bis dahin bei der Firma Mauser herstellen ließ.[75] Abdülhamid II. beobachtete von der Goltz wegen seiner Reformbemühungen im militärischen Bereich sehr argwöhnisch. Aus diesem Grund versuchte er ständig, ihm Hindernisse in den Weg zu legen. Nach von der Goltzs Rückkehr machte man sogar einige von dessen Reformen wieder rückgängig. So führte man beispielsweise die Prügelstrafe in den militärischen Schulen erneut ein.[76]

3.4.2 Türkische Staatsmänner

Die türkische Innenpolitik war in der damaligen Zeit dadurch gekennzeichnet, dass sich jeder hohe Beamte des Staates an diese oder jene europäische Macht anlehnen musste, um in seiner Laufbahn weiterzukommen. Um die Relevanz dieses Zustands gerecht schildern zu können, möchte der Verfasser dieser Arbeit an dieser Stelle ein Zitat von İzzet Pascha anführen:

> „Jene frischgebackenen Würdenträger haben sich sogar nicht gescheut, zur Verwirklichung ihrer Ziele die Unterstützung des Auslandes zu erreichen. Das hat zu merkwürdigen Verhältnissen geführt. Während beispielsweise Reşid Pascha seine Politik auf England einstellte, war Ali Pascha Anhänger der französischen Richtung. Derartige Gegensätze wirkten sich im Zusammenhang mit den laufenden europäischen Interventionen sehr nachteilig aus.“[77]

Da der Großwesir Mahmud Nedim Pascha eine russophile Politik betrieb, wurde er allmählich ein Spielzeug in den Händen des russischen Botschafters Ignatiew. In seiner Amtszeit gewann Russland einen starken Einfluss in İstanbul. Durch die Freundschaft mit dem M. Nedim hatte Ignatiew einen leichten Zugang zum Palast des Sultans. In diesem Kontext muss man auch betonen, dass Mithat Pascha und die Jungtürken gegen die pro-russische Politik von M. Nedim waren. Nach den Worten von Abdülhamid II. verfolgte Mithat eine englandnahe Politik. Es war offensichtlich, dass er ein großes Vertrauen zu England besaß.

Die Auslandsschulden der Türkei beschleunigten selbstverständlich den Einfluss der europäischen Staaten in İstanbul. Die türkischen Politiker mussten die Zustimmung der Botschaften der europäischen Staaten einholen, um an die Macht zu kommen. Jeder europäische Staat entwarf einen Plan nach seinem eigenen Interesse und versuchte, einem Politiker an die Macht zu verhelfen, um den jeweiligen Plan zu verwirklichen. Sobald diese Paschas an die Macht gekommen waren, arbeiteten sie darauf hin, den Einfluss des jeweiligen Staates in İstanbul zu erhöhen. Wegen der weit verbreiteten Korruption in der Türkei gelang es den europäischen Staaten, ganz leicht die hohen Staatsbeamten zu bestechen. Dass auch Deutschland einige türkische Paschas bestochen hatte, schilderte von der Goltz in einem geheimen Brief an Bismarck folgendermaßen:

> „Ich zweifele nicht daran, dass die Paschas R., M. und H. uns behilflich sein werden, die uns bei der Angelegenheit von Mauser-Gewehre dienten und Sie auch kennen. Wie Sie wissen, ich habe bisher diesen Staatsmännern zweimal das beschlossene Geld gegeben. Wenn wir diese Zahlungen wiederholen, bin ich mir sicher, dass die oben erwähnten Männer uns helfen, was für die deutschen Interessen sehr wichtig und unersetzlich sein wird. Außerdem sind viele Generäle unsere Freunde, die regelmäßig ihr von Deutschland zugeteiltes Geld beziehen.“[78]

Sogar Abdülhamid II. selbst klagte über die inkompetenten Beamten und Bürokraten in seinem Staatsapparat, die korrupt waren. Da nach den Worten von Abdülhamid II. die größte Mehrheit der türkischen Beamten die Hoffnung auf das Bestehen des Osmanischen Reiches aufgab, wollten sie anstelle der Interessen des Staates ihre eigenen verteidigen. Diese unwürdigen Staatsmänner fügten dem türkischen Staat bewusst Schaden zu.[79] Ferner führt Abdülhamid II. vor Augen, dass sein Generalstabchef, Hüseyin Avni Pascha, sich für die Henry-Martini-Gewehre entschied, obwohl er der Schatzkammer des Staates bewusst Schaden zufügte, weil der Generalstabchef Bestechungsgeld von England bekam. Aus den Ausführungen vom Sultan geht hervor, dass die türkischen Würdenträger für den Vorteil eines von ihnen favorisierten Staates nicht davor zurückscheuten, den Interessen ihres eigenen Staates großen Schaden zuzufügen.[80]

Unter den türkischen hohen Beamten war die Deutschlandfreundlichkeit sehr weit verbreitet, die auf die Annahme zurückzuführen war, dass Deutschland bis dahin niemals einen Anspruch auf das türkische Territorium erhoben hatte. Der germanophile Großwesir Ferid Pascha, der England gegenüber feindlich gesinnt war, hielt den deutschen Botschafter von Marschall für einen Freund des

Sultans, aber auch der Türkei, denn Marschall wagte im Gegensatz zu den anderen Botschaftern, dem Sultan immer die Wahrheit zu sagen, weswegen er ein Dorn im Auge des Sultans war. Anlässlich seiner Ernennung zum neuen Kommandeur des Gardekorps hielt Mahmud Muhtar Pascha eine begeisterte Rede auf Deutschland und den deutschen Kaiser. Ferner sprach er davon, dass die deutsche Armee die beste der Welt sei und die Reorganisation der türkischen Armee nach ihrem Muster geschehen solle.[81] M. Muhtar war ein vorzüglicher Offizier, der nach seinem dreijährigen Studium in der Kriegsakademie von Metz fünf Jahre lang in deutschen Diensten stand, wo er auch ein preußisches Leutnantspatent erwarb. Überdies arbeitete er im deutschen Generalstab. Angesichts seiner beruflichen Laufbahn sah er die deutsche Armee als Vorbild. Die Meutereien vom 13. April 1909 in İstanbul brachen in dem von ihm kommandierten Armeekorps aus. Als die Dritte Armee aus Mazedonien in İstanbul eintraf, fand er sein Zuhause während seiner Flucht vor den Soldaten in der deutschen Botschaft.[82] Da M. Muhtar ein enger Freund von Deutschland war, fühlte sich der deutsche Botschafter verpflichtet, ihm zu helfen, als er sich in Lebensgefahr befand.[83] Nachdem man ihn zum Obersten degradiert hatte, ging er nach Deutschland, um sein Leben dort fortzusetzen. Der deutsche Botschafter Marschall versuchte, gute Beziehungen zu den türkischen Staatsmännern zu unterhalten. Er kam nach einer langjährigen Freundschaft mit dem Großwesir Hakkı Pascha zu dem Schluss, dass dieser aufrichtige Sympathien für Deutschland hege. Außerdem bezeichnete der deutsche Botschafter ihn als jemanden, dem die Festigkeit fehlt, die für einen leitenden Staatsmann von großer Bedeutung ist.[84]

Nach dem deutschen Botschafter Wangenheim war der Kammerpräsident des Osmanischen Parlamentes, Halil Bey, eine der Hauptstützen der deutschen Politik in İstanbul, der durchaus loyal gegenüber Deutschland und außergewöhnlich zuverlässig war. Außerdem wurde er während seines Aufenthaltes in Deutschland vom deutschen Kaiser Wilhelm II. empfangen.[85] Als der Reichskanzler von Bethmann Hollweg Halil Bey anlässlich seiner Ernennung zum Außenminister gratulierte, äußerte er sich über die deutsch-türkische Zusammenarbeit folgendermaßen:

> „Ich habe die feste Überzeugung, daß der Allmächtige dem die beiden Reiche einigenden Bündnis seinen ewigen Segen verliehen hat. Ich schätze mich sehr glücklich, daß ich Eurer Exzellenz bei unseren Unterredungen die Gefühle, von denen ich beseelt bin, habe zum Ausdruck bringen können. Ich werde meine Anstrengungen darauf richten, unserer Sache zu dienen und die herzlichen Beziehungen zu festigen, die zwischen den beiden Reichen bestehen. Ich bin überzeugt, daß Eure Exzellenz mir Ihre hohe Mitarbeit bei der Erfüllung meiner Aufgabe gewähren werden.“ [86]

Die Deutsche Botschaft bemühte sich ständig darum, Informationen über alle Persönlichkeiten einzusammeln, die eines Tages eine große Rolle in der türkischen Politik spielen könnten. Ali Fethi Bey war mit einem Abgeordnetensitz nicht zufrieden zu stellen. Der deutsche Botschafter ging davon aus, dass er Enver in der türkischen Politik ersetzen könnte, falls Enver aufgrund der militärischen Lage in Palästina gestürzt werden sollte. A. Fethi, der nach der Revolution als Militärattaché nach Paris ging, war ein gnadenloser Gegner von Enver. Die außenpolitische Gesinnung von A. Fethi war nicht ganz überschaubar, wobei man allerdings sagen muss, dass er sich nur durch die Interessen der Türkei leiten ließ. Vor dem Ersten Weltkrieg sympathisierte er jedoch mit Frankreich, was aber mit wenigen Ausnahmen für sämtliche Mitglieder des Zentralkomitees der Partei für Einheit und Fortschritt[87] galt.[88]

Der Vertrauensmann der deutschen Botschaft pflegte gute Beziehungen zum Minister der Bergwerke und Wälder, Selim Melhame, den man in Deutschland als wichtig betrachtete, denn S. Melhame gab Bodman vertrauliche Informationen über die Frage der bevorstehenden Geschützbestellung bei der Firma Krupp. Diese Übergabe von Informationen beschränkte sich allerdings nicht allein auf die Geschäfte der deutschen Industrie.[89] Als Deutschland eine Note über die internationale Finanzkontrolle in Mazedonien mit den anderen europäischen Mächten der Türkei übergab, herrschte eine sehr gereizte Stimmung gegen Deutschland in İstanbul, worüber S. Melhame unmittelbar Bodman in Kenntnis setzte. Deutschland schmierte die türkischen Politiker, um Konzessionen auf dem türkischen Markt zu bekommen. S. Melhame galt zu seiner Zeit als einer der korruptesten Politiker. Er nahm den Reichtum der Türkei, der unter seiner amtlichen Kontrolle stand, für sich selbst in Anspruch. Seine Beziehung zum deutschen Botschafter Marschall war so intim, dass er für seine Töchter zur Heirat zwei adelige Deutsche arrangierte.[90] G. Hallgarten bestreitet, dass sogar M. Şevket und Enver für ihre Tasche gearbeitet haben.[91] Das Geld in Höhe von 2.000.000.000 Mark, das die Türkei während des Krieges lieh, verschwand teilweise in den Taschen der türkischen hohen Politiker.

Deutschland verlieh auch Orden, und zwar den türkischen Staatsmännern wie Halil Bey und Cavid Bey. Darüber hinaus bekamen Talat Pascha und Enver je einen Kriegsorden von der deutschen Führung. Nach Worten von Wangenheim leistete Prinz Said Halim Pascha einen großen Beitrag zur Entwicklung der deutsch-türkischen Beziehungen, obwohl er sich diesbezüglich anfänglich etwas zurückhaltend verhielt. Das türkische Volk hielt ihn für den Schöpfer und Träger der Allianz zwischen beiden Ländern. Der Botschafter teilte Berlin mit, dass er es für sinnvoll hielt, Said Halim durch die Verleihung eines Ordens zu würdigen, wobei für ihn nur der hohe Orden „Schwarzer Adler“ in Betracht kommen sollte.[92] Als Talat sein Kabinett bildete, verlieh ihm Deutschland den Orden Schwarzen Adler. Wenn wir den Worten Kühlmanns Glauben schenken, machte diese Ordensverleihung bei der Bevölkerung in der ganzen Türkei einen guten Eindruck im Hinblick auf das Ansehen der neuen Regierung.[93] İsmail Canbolat, der unter den Jungtürken der Generaldirektor der Sicherheitsabteilung im türkischen Innenministerium war, wurde von Kaiser Wilhelm II. empfangen. Überdies wurde ihm der Rote Adler Orden zweiter Klasse mit Stern vom Kaiser verliehen, weil sich seine staatlichen Tätigkeiten positiv auf die deutschen Interessen auswirkten.[94]

Die Besetzung eines einflussreichen Postens in İstanbul verursachte ständig einen bitteren Kampf unter den europäischen Großmächten, weil jeder Staat seinen eigenen Anhängern zur Macht verhelfen wollte. Gegen die Ernennung Halil Paschas zum Marineminister protestierte z. B. der englische Admiral Gamble heftig protestiert, der sich zu jener Zeit um die Schaffung von neuen Marineaufträgen für die englische Industrie bemühte, weil Halil der Meinung war, dass man als Lieferanten andere Hersteller, vor allem aber Deutschland, in Erwägung ziehen sollte. In diesem Fall waren englische Interessen gefährdet, weil die deutsche Industrie den Auftrag bekommen konnte.[95] Gleichfalls wurde auch die Ernennung Envers zum Kriegsminister von Russland scharf kritisiert, denn Russland war gegen einen germanophilen Mann an der Spitze der türkischen Streitkräfte.[96]

3.4.2.1 Enver Pascha[97]

Der deutsche Reformoffizier, Ditfurth, schlug Enver vor, dass er sich in Deutschland weiterbildet. Enver konnte jedoch in den deutschen Diensten nicht antreten, weil zum damaligen Zeitpunkt kein türkischer Offizier in fremden Diensten stand. Ditfurth beurteilte seinen ehemaligen Schüler sehr positiv.[98] Aus den Berichten von Wangenheim geht deutlich hervor, dass Deutschland gezielt versuchte, Enver zu beeinflussen. Enver soll Wangenheim gesagt haben, dass er die Ungnade von Deutschland nicht verdient habe. Wangenheim war der Ansicht, wenn Enver am Leben bliebe, werde er ohne Zweifel eine entscheidende Rolle in der Politik seines Landes spielen, was der deutschen Politik nicht gleichgültig sein könnte. Als sich Enver in Deutschland operieren lassen wollte, schlug Wangenheim seiner Regierung vor, dass man versuchen sollte, ihn während seines Aufenthaltes zu beeinflussen und an Deutschland heranzuziehen.[99] Allerdings war Enver nicht leicht beeinflussbar. Deutschland versuchte zum Beispiel Enver für die Verschickung der in der Türkei bei Ausgrabungen entdeckten archäologischen Funde in die Museen nach Deutschland[100] zu interessieren, was zum Scheitern verurteilt war. Bentheim, der persönliche Adjutant von Enver, war der Ansicht, solange Enver in der Türkei etwas zu sagen habe, werde er sich derartigen Transaktionen widersetzen.[101]

Der deutsche Botschafter Wangenheim hebt in einem Telegramm an das Auswärtige Amt hervor, dass sich Enver als die zuverlässige Stütze Deutschlands in der Türkei erwies. Deshalb wollte Wangenheim Enver ein für seinen Status geeignetes Pferd schenken, das er in der Türkei beschaffen wollte. Etwas später versuchte man aber ein solches Pferd in Deutschland zu beschaffen. Da die Munitionslieferung an die Türkei wegen der Transportschwierigkeiten ausblieb, wollte Enver ein Pferd als Geschenk nicht annehmen.[102] Als Enver 2.400 russische Soldaten in der Kaukasusfront 1915 gefangen genommen hatte, schlug Wangenheim der deutschen Regierung vor, Enver und seine Mannschaft - sie bestand aus dem General Bronsart von Schellendorf, dem Oberstleutnant von Feldmann und dem Major Guse - mit einem eisernen Kreuz auszuzeichnen.[103]

Mutius hielt Enver für einen Mann von weltmännischer Eleganz. Seinen Mut bewies er im Kampf gegen Freischärler in Mazedonien, im Kampf gegen Italiener in Tripolis und in der Eroberung von Edirne. Außerdem konnte er 280 höhere Offiziere nach der Herstellung der Ordnung nach den Aufständen in İstanbul pensionieren. Nach Mutius betrachtet Enver seine Ernennung zum Kriegsminister als ein Mittel zur Macht, er war ein Mann, der nicht vor dem Komitee kapitulierte, und er war entschlossen, kalt und rücksichtslos nach der Macht zu greifen. Nach seiner Amtsübernahme ernannte er seinen Schwager İsmail Hakkı zum stellvertretenden Chef des Generalstabes.[104]

Von der Goltz gewann sehr schnell das Vertrauen vom Sultan und von Enver, mit dem er schon vorher befreundet war. Das Vertrauensverhältnis zwischen beiden Männern blieb bis zum Tode des Feldmarschalls ausgezeichnet, abgesehen von einer vorübergehenden Trübung während des Irakfeldzuges im Winter 1916.[105] Nach Goltz'scher Ansicht war Enver ein verantwortungsvoller Mensch. Um dies zu verdeutlichen, ist es angebracht, an dieser Stelle ein Zitat anzuführen:

> „[...] Außer Enver Pascha übernimmt niemand gern eine Verantwortung hier (in İstanbul), wie es ja auch in alter Zeit war, wo Sultan Abdülhamid aller Verantwortung trug." Weiter äußert sich von der Goltz über Enver folgendermaßen: „[...] Ich habe außerdem für Enver Pascha lebhafte Sympathie. Denn er ist ein wirklich außergewöhnlicher Mensch. Trotz seiner großen Erfolge, die ihn mit kaum vierunddreißig Lebensjahren zum Diktator eines großen Volkes und Reiches machten, ist er aufrichtig und wirklich bescheiden geblieben. Dabei hat er einen scharfen Verstand, ein gesundes natürliches Urteil und eine gute Menschenkenntnis. Er ist im besten Sinne des Wortes auch unbestechlich, weder der Schmeichelei noch der Einschüchterung zugänglich. Ein natürlicher Anstand und viel persönliche Würde unterstützen ihn bestens in der großen Rolle, die mit seinem Lebensalter so sehr kontrastiert. In Berlin hat man ihn schlecht behandelt und dennoch ist er jetzt der beste Deutschenfreund aus Überzeugung. Das spricht sehr für seinen Charakter."[106]

In einem Bericht an den Kaiser vom 13. Februar 1915 fasst von der Goltz sein Urteil über Enver dahingehend zusammen:

> „Enver ist nicht leicht zu beeinflussen, aber ein kluger Mann von großem Takt und bescheidenem, würdigem Auftreten. Fehler, wie Überschätzung der Leistungsfähigkeit und innere Fertigkeit seiner Truppen entspringen bei ihm aus dem Mangel an hinreichender praktischer Erfahrung und einem sehr weitgehenden Glauben an sein Glück. Die Empfindung wird sich vielleicht durch vorsichtige Einwirkung mildern lassen. Im Allgemeinen ist Enver unter den gegebenen, hier herrschenden Umständen der beste Kriegsminister, der sich finden läßt, zugleich ein zuverlässiger Freund Deutschlands."[107]

W. Giesl, der österreichische Militärattache im Osmanischen Reich und in den Balkanländern zwischen 1893 und 1917, hielt Enver ebenfalls für einen überzeugten Anhänger der Deutschen.[108]

An einer anderen Stelle weist von der Goltz darauf hin, dass man mit Enver sehr gut arbeiten kann. Mit den Worten von von der Goltz heißt es weiter:

> „Enver, unser junger Oberbefehlshaber, mit dem ich und General von Bronsart im engsten Einvernehmen arbeiten, ist von glänzender Ruhe und überhaupt an Charakter ein großartig angelegter Mann. Ich habe ihn in der kurzen Zeit sehr lieb gewonnen, besitze sein Vertrauen auch ebenso wie das des Sultans. Wenn im deutschen Großen Hauptquartier dieselbe Ruhe, Einigkeit und Zuversicht herrsche wie zwischen uns dreien im türkischen, so kann es ganz zufrieden sein."[109]

3.4.2.2 Mahmud Şevket Pascha[110]

Nach von der Goltz war M. Şevket sehr interessiert an der Waffentechnik und versuchte selbst ein Gewehr zu konstruieren. Um diese Aussage bekräftigen zu können, möchte ich an dieser Stelle ein Zitat anführen:

> „Als Lieblingsfach hatte er sich die Waffenkunde, und was damit zusammenhing, erwählt. Sie entsprach seinen Neigungen am meisten. Insbesondere beschäftigte er sich mit der Ergründung einer normalen, dem Standpunkte der Wissenschaft jener Zeit entsprechenden Konstruktion von Handfeuerwaffen. Er glaubte sie in des Schweizer Professors Hebler 5 mm-Infanteriegewehr gefunden zu haben, das sich jedoch später in der Praxis nicht bewährte."[111]

Da von der Goltz sehr zufrieden mit seinem Assistenten Şevket war, stellte er ihn beim Sultan vor. Er wies darauf hin, dass M. Şevket in Zukunft eine höhere Stellung in der Hierarchie der türkischen Armee bekleiden kann. Als Abdülhamid II. Mauser-Gewehre in die türkische Armee einführen wollte, bildete man eine Verkaufs- und Versuchskommission unter Leitung von Tevfik Pascha, zu der auf persönliche Empfehlung von von der Goltz auch M. Şevket gehörte. Obwohl die Waffenlieferanten die Kommissionsmitglieder sehr leicht beeinflussen konnten, gelang es ihnen allerdings nicht, M. Şevket zu bestechen. Da der Sultan Abdülhamid II. von der Goltz volles Vertrauen schenkte, stimmte er zu, dass M. Şevket auch zu dieser oben erwähnten Kommission gehörte. Er überprüfte 550.000 Mauser-Gewehre. Außerdem betreute er auf Wunsch des Sultans die Delegationen in Deutschland. Abdülhamid II. befahl M. Şevket beispielsweise, eine Kommission zu leiten, die sich gerade wegen der Versuche der Schnellfeuergeschütze bei der Firma Gruson in Magdeburg befand. Außerdem schrieb M. Şevket ein Buch über die kleinkalibrigen Mauser-Gewehre, das später der Bibliothek der Kriegsakademie in İstanbul geschenkt wurde. Nach seiner Rückkehr in die Türkei berief man ihn zur Waffenfabrik von Tophane. Dort war er als stellvertretender Vorsitzender der Versuchsabteilung tätig.[112]

Von der Goltz und M. Şevket wurden einer Kommission zugeteilt, die über die Neubewaffnung der türkischen Infanterie entscheiden sollte. Nach Aussagen von von der Goltz war Abdülhamid II. ebenfalls für die Einführung des Mauser-Gewehrs. Trotzdem versuchte er, die Parteien, die pro und kontra zu der Einführung dieses Gewehrs standen, gegeneinander auszuspielen. Ein Zitat führt insbesondere die Einstellung des Sultans zu dieser Angelegenheit vor Augen:

„[...] Wir (von der Goltz und M. Şevket) traten für die Annahme des Mausergewehrs ein, das auch in der Umgebung des Sultans Freunde und Anhänger zählte [...] Der Sultan war wohl von Hause aus entschlossen, das deutsche Gewehr zu wählen, ließ aber dem Spiel der Kräfte freien Lauf, ging auf jede Einwendung scheinbar ein, ordnete neue Versuche an, gab sich das Ansehen, als patronisiere er vorübergehend eine andere Lösung, und überließ es uns, diese zu vereiteln. Er spielte bei solchen Gelegenheiten gern den Unparteiischen und freute sich wohl im Stillen der Fehde unter seinen Günstlingen. Divide et impera war stets seine Lösung. Im Herzen wich er nicht um ein Haar breit von seinem eigenen Entschluß ab, und er hatte diesmal Recht; denn das deutsche Modell war unter allen vorgeschlagenen unzweifelhaft das beste. Nur Mannlicher trat mit ihm in ernsthafte Konkurrenz.“[113]

Während der Kraft raubenden Beratungen leistete M. Şevket eine hervorragende Arbeit. M. Şevket stellte nachts alles zusammen und ordnete, was der Tag gebracht hatte. Am nächsten Tag war eine klare Übersicht über das bisher erreichte Ergebnis vorhanden. Aufgrund seiner Objektivität gelang es ihm, sich aus dem nichtfachlichen Streitgespräch herauszuhalten, so von der Goltz. Nach von der Goltz sollte man endlich unter dem Vorsitz des Kriegsministers Ali Saib Pascha die endgültige Entscheidung unter der für Deutschland ungünstigen Atmosphäre treffen. Der Kriegsminister war persönlich gegen das deutsche Angebot, was im Großen und Ganzen von den Diffamierungskampagnen der französischen Blätter in İstanbul beeinflusst war. Die deutsche Haltung zum Ablauf der Beratungen in der Kommission schildert von der Goltz folgendermaßen:

„Wir Deutsche hatten aus guten Gründen beschlossen, sobald unsere Meinung verlangt wurde, mit aller Fertigkeit für das Mausergewehr einzutreten, uns sonst aber zurückzuhalten und in die Debatte so wenig wie möglich einzugreifen. Wir bildeten also die abwartenden Zuhörer und technischen Berater.“[114]

In dieser Situation ging Ali Saib für seine Argumentation gegen die Annahme von Mauser-Gewehren von den französischen Pressenachrichten aus. So erwähnte er nicht nur die Bestätigung dieser Nachrichten, sondern auch andere Einwendungen gegen die Konstruktion des Gewehrs, und riet von der eiligen Annahme ab und sprach sich am Ende ziemlich energisch dagegen aus. Da Ali Saib den allmächtigen Palaiseinflüssen gegenüber eine gewisse Selbstständigkeit für sich behaupten konnte, wagte zuerst niemand, ihm zu widersprechen. In diesem Zusammenhang weist von der Goltz darauf hin, dass M. Şevket einen unersetzlichen Beitrag zur Entscheidung für das deutsche Modell leistete, indem er dem Kriegsminister gegenüber folgendermaßen argumentierte:

„[...] Satz für Satz widerlegte er die von Ali Saib wiedergegebenen Nachrichten und wies die Oberflächlichkeit der Presseangriffe nach [...] Es war ein brillanter Vortrag von unwiderstehlicher Logik, an dessen Schluß sich der Sprecher mit großer Wärme der angegriffenen Waffenfabrik und ihres Leiters, des Kommerzienrats Mauser, annahm.“ [115]

Die Verhandlungen endeten danach mit der Wahl des deutschen Modells. Von der Goltz bringt seine Sympathien zu M. Şevket folgendermaßen zur Sprache:

> „Meine freundschaftliche Anhänglichkeit an Mahmud Schewket Pascha rührt von jener Stunde des Jahres 1886 her; und ich habe sie ihm treu bis zu seinem tragischen Ende bewahrt."[116]

Im Jahre 1886 ging M. Şevket bald als Mitglied der Gewehrabnahmekommission nach Oberndorf am Neckar[117], wo er kurz danach der Chef der Abnahmekommission wurde. Während seines Aufenthaltes hat er sich fundierte Kenntnisse in der Waffentechnik angeeignet. Nach seiner Rückkehr nach İstanbul im Jahre 1895 war er in den unterschiedlichen wissenschaftlichen und technischen Kommissionen tätig, die der Großmeisterei der Artillerie zugeteilt waren.[118] Die Einstellung M. Şevket zu Deutschland wurde von von der Goltz folgendermaßen geschildert:

> „Ihn (Şevket) erfüllte bis zuletzt der Traum, aus dem ottomanischen Reiche ein starkes Glied des europäischen Zentralbundes zu machen. Irrtümlich hat man ihm Hinneigung zu den Westmächten, namentlich zu England, vorgeworfen. Wenn er eine Vorliebe für eine fremde Macht hegte, so war es die für Deutschland, das in ihm einen treuen Anhänger verloren hat."[119]

Als Şevket nach der Revolution im Jahre 1909 als Kriegsminister an die Macht kam, behandelte er Deutschland immer wieder bevorzugt gegenüber England bzw. Frankreich. In wichtigen Fragen konsultierte er den deutschen Botschafter Baron Wangenheim. M. Şevket sagte zum Beispiel Wangenheim in einem Gespräch am 16. März 1913, dass er beabsichtige, M. Muhtar als Botschafter nach Berlin zu berufen. Zu jener Zeit war letzterer Marineminister und vertrat die Meinung, dass die Türkei sich politisch an Russland annähern sollte. Aus diesem Grund wollte er persönlich lieber nach St.-Petersburg gehen als nach Berlin. M. Şevket konnte M. Muhtar von den jungen Offizieren entfernen, die sich um ihn scharten, indem er ihn nach Berlin entsandte.[120]

Wegen der Vorwürfe der Deutschfreundlichkeit des Paschas musste er sich selbst rechtfertigen. Als die französische Zeitung „Temps" M. Şevket eine zu große Deutschfreundlichkeit unterstellte, verteidigte er sich dahingehend, dass man die Kanonenbestellungen nach einer gründlichen Prüfung bei den deutschen Firmen gemacht hatte und dass keine französischen Angebote dabei waren. M. Şevket sagte, dass er weder frankophil noch germanophil, sondern türkophil sei. Das französische Blatt „Eclair" bedauerte, dass Frankreich trotz der oft an den Tag gelegten Sympathien für das neue türkische Regime in den Hintergrund gedrängt wurde. Eine andere französische Zeitung „Siécle" wies darauf hin, dass sich die französische Rüstungsindustrie an den Submissionen für die Kanonenlieferungen nicht beteiligen konnte, weil an der Spitze der Prüfungskommission Imhoff stand, der seinen Einfluss zweifellos zugunsten der deutschen Industrie geltend gemacht hätte.[121] Anlässlich der Verleumdungskampagne des französischen Blattes „Echo“ äußerten sich die türkischen Generäle über Imhoff positiv, denn er genoss wegen seines außerordentlichen Fleißes und seiner taktvollen Zurückhaltung ein großes Ansehen in der Türkei. Nach Meinung der Türken fürchteten sich die Franzosen davor, dass Imhoff als Mitglied der Versuchskommission für Gebirgsgeschütze Partei für die deutsche Industrie ergreifen könnte, weil an den bevorstehenden Versuchen Krupp, Erhardt, Schneider und Skoda teilnahmen.[122]

Aufgrund der Ausschaltung jeglicher Konkurrenz in der Ära von M. Şevket wurden die ausstehenden Bestellungen ganz im Stillen an die deutschen Firmen, namentlich an Krupp und an die DW & MF, gegeben. Die Summe der Bestellungen betrug 17.000.000 Mark. Außerdem wird darauf hingewiesen, dass die Geschäfte mit den deutschen Firmen unter Führung von M. Şevket glatter abwickelt wurden als vorher.[123] Als sich M. Şevket mit dem englischen Botschafter über die Erteilung einer Konzession auf Erdölförderung im heutigen Irak einigte, stellte er fest, dass die Engländer sehr beunruhigt über ein mögliches deutsches Engagement in diesem Gebiet waren, denn Großwesir Hüseyin Hilmi Pascha soll zuvor mündlich an Deutschland für die Konzession der Erdölförderung Zugeständnisse gemacht haben. Es wird darüber hinaus hervorgehoben, dass eine deutsche Firma für die Sucharbeiten bereits 17.000 Türkische Pfund ausgegeben hatte.[124] Aus den deutschen Konsularberichten geht hervor, dass man heimlich in İstanbul gegen M. Şevket arbeitete und dass der deutsche Einfluss sowohl im Komitee als auch in der Armee maßgebend war. M. Muhtar wurde beispielsweise zum Marineminister ernannt, weil er seine Sympathien gegenüber Deutschland offensichtlich zum Ausdruck gebracht hatte.[125]

Wangenheim betrachtet den Tod von M. Şevket als einen unersetzlichen Verlust für Deutschland. Nach seinen Worten war er ein aufrichtiger Freund von Deutschland gewesen. Mit seiner Hilfe und Unterstützung war es Deutschland möglich, den Gang der türkischen Dinge nach seinem Belieben und seinen Interessen zu gestalten. Deutschland fürchtete sich davor, dass man seine Vertrauensstellung durch diesen Verlust unter den türkischen Staatsmännern in Frage stellen würde. Nach seinen eigenen Worten bemühte sich Wangenheim darum, den Charakter der deutsch-türkischen Beziehungen aufrechtzuerhalten und die Kontinuität des früheren Engagements zu gewährleisten, wie es in der Ära von M. Şevket der Fall gewesen war.[126] Wangenheim wies darauf hin, dass die Partei für Einheit und Fortschritt aus dieser politischen Krise - der Ermordung von M. Şevket - eher gestärkt als geschwächt hervorging, wobei die radikalen Elemente in der Partei in den Vordergrund traten. Möglicherweise diente der Prozess gegen die Attentäter der Ausschaltung der Entente-Anhänger. Darüber hinaus wurde die Politik von M. Şevket fortgesetzt, die sich vor allem auf die Reformfrage und die weitere Anlehnung an Deutschland und England konzentrierte, wobei die Armee unparteiisch blieb, so Wangenheim.[127]

3.4.3 Türkische Militärs

Nach Aussagen von Wangenheim ist es leicht zu erkennen, welche Rolle die türkische Armee in der Politik spielte, wodurch Deutschland eine besondere Stellung in der türkischen Hauptstadt, verglichen mit den anderen Mächten, behaupten konnte. Um dies zu veranschaulichen, möchte der Verfasser dieser Arbeit an dieser Stelle ein Zitat anführen:

> „Solange die Armee in der türkischen Politik die führende Rolle spielt, befindet sich Deutschland in einer bevorzugten Stellung gegenüber den mit ihm konkurrierenden Ländern. Denn nach türkischer Auffassung besteht zwischen der türkischen und der deutschen Armee eine Waffenbrüderschaft. Noch glaubt die Mehrzahl der türkischen Offiziere an die absolute Überlegenheit unseres militärischen Könnens. Aber schon fangen unsere Gegner, welche die erhöhte politische Bedeutung der Armee gleichfalls erkannt haben, an sich zu rühren."[128]

Wie aus einem Lagebericht des deutschen Kriegsministeriums hervorging, betrachtete man die türkischen Offiziere in den deutschen Diensten hinsichtlich der Verteidigung und Wahrnehmung der deutschen Interessen in der Türkei als außerordentlich wichtig. Da diese Offiziere in ihren Dienstzeiten das deutsche Wesen und die Tüchtigkeit lernten, wirkte sich dies nach ihrer Rückkehr in die Türkei im Interesse Deutschlands im wirtschaftlich-politischen Sinne aus. Vor diesem Hintergrund ist es klar, dass man immer mehr türkische Offiziere in die deutsche Armee zur Ausbildung heranziehen wollte. Außerdem machte die deutsche Botschaft in İstanbul Berlin darauf aufmerksam, dass man sich darum bemühen sollte, den Oberst Pertev Bey, der ein begeisterter Freund von Deutschland war, als Militärattache nach Berlin zu holen.[129] Auf Empfehlung von Kamphövener entschloss sich die türkische Regierung, türkische Unteroffiziere nach Deutschland zu entsenden, um sie dort mit der Handhabung der Schnellfeuergeschütze vertraut zu machen. Nach der Ablehnung dieses Wunsches wies die deutsche Botschaft darauf hin, dass die türkischen Offiziere unbedingt mit der Handhabung der neuen Geschütze vertraut gemacht werden mussten. Ansonsten mache diese kostspielige Anschaffung keinen Sinn.[130]

Um den deutschen Einfluss in den jeweiligen Ländern zu fördern und die neuen Rohstoffmärkte für die deutsche Schwerindustrie zu erschließen, lud die deutsche Regierung die einflussreichen Politiker und Militärs dieser Länder zu Truppenmanövern und Paraden bzw. Ordensverleihungen nach Deutschland ein. Es war ein wichtiger Bestandteil der deutschen Türkeipolitik, dass man die türkischen Offiziere in deutschen Truppen und Militärschulen ausbildete, was insbesondere von der handelspolitischen Abteilung des Auswärtigen Amtes unterstützt wurde. Um diesen Sachverhalt zu veranschaulichen, möchte der Verfasser dieser Arbeit an dieser Stelle ein Zitat anführen:

> „Bekanntlich bewahren die in der deutschen Armee ausgebildeten fremden Offiziere nach ihrer Rückkehr in die Heimat fast durchweg eine ausgesprochene Vorliebe für Deutschland und deutsche Einrichtungen; sie sind dadurch die gegebenen

> Mittelspersonen und Vertrauensleute für unsere offiziellen Vertreter im Auslande [...] Sehr oft aber haben sie auch die deutsche Industrie direkt gefördert durch Zuwendungen von Lieferungen und Heranziehung deutscher Werke bei Submissionen [...]"[131]

Der deutschen Regierung war klar, dass die Aufnahme fremder Offiziere zur Ausbildung nach Deutschland ein gut geeignetes Mittel zur Vertiefung der Handels- und Wirtschaftsbeziehungen zu deren Heimatländern war, wie ich unten am Beispiel der Türkei darstelle.[132]

Der deutsche Militärattaché Major von Strempel betrachtete die Ernennung von Ali Rıza Pascha zum Großmeister der türkischen Artillerie für die deutsche Interessen als sehr wichtig, denn A. Rıza gehörte der deutschen Armee zwischen 1882 und 1886 an, und er diente im Feldartillerieregiment Oranien in Wiesbaden. In diesem Zusammenhang muss, basierend auf den Ausführungen von von Strempel, darauf hingewiesen werden, dass A. Rıza sämtliche Kanonen bis einschließlich 12 cm Kaliber und Geschosse bis einschließlich 15 cm Kaliber in der Türkei herstellen wollte. Da die Verwirklichung eines solchen Planes große Maschinen und Rohmaterialbeschaffungen erforderlich machte, trat er mit dem Vertreter von der Firma Krupp in İstanbul in Verbindung. Der Plan konnte aber aus finanziellen Gründen nicht verwirklicht werden.[133] Ein weiterer türkischer Offizier, der als Fahnenjunker bei der ersten Garde in Potsdam im Jahre 1900 in den deutschen Diensten angetreten war, war Reşid Bey. Nach seinem Besuch der Kriegsschule in Neiße beförderte man ihn ein Jahr später zum Leutnant. Nachdem er in der ersten Garde des Ulanenregiments bis zum August 1905 gedient hatte, wurde er im gleichen Jahr nach İstanbul zurückberufen.[134] Zu erwähnen ist auch Salih Pascha, der sowohl im 87. Infanterieregiment und 13. Husarenregiment wie auch im deutschen Generalstab diente. Deutschland hielt ihn in organisatorischen und strategischen Angelegenheiten für sehr talentiert. In diesem Kontext muss ich betonen, dass Salih in einem der jungtürkischen Kabinette eine Zeit lang den Posten des Kriegsministers innehatte.[135]

Der Chef des türkischen Generalstabes İzzet Pascha war ebenfalls im 14. kurhessischen Husarenregiment in Kassel tätig, und er war germanophil eingestellt. Anschließend wurde er Liman von Sanders zur Einführung in den Generalstabsdienst zugewiesen, denn von Sanders war zum damaligen Zeitpunkt als Generalstabsoffizier tätig.[136] Als İzzet den Posten des Kriegsministers bekleidete, konsultierte er Wangenheim wegen der Besetzung des Militärattachépostens in Berlin mit Major Enver. Daraufhin betrachtete Wangenheim die Ernennung von Enver für diesen Posten aus politischen Gründen als günstig und sinnvoll, denn seiner Meinung nach sollte Enver die Verhältnisse in Deutschland besser kennen lernen. Diese Maßnahme zielte darauf ab, die Vorurteile Deutschland gegenüber unter den Jungtürken abzubauen.[137] Als İzzet seinen Nachfolger für den Posten des Kriegsministers bestimmen wollte, setzte er sich für einen Offizier ein, der ebenfalls in Deutschland diente. In seinen Denkwürdigkeiten äußert İzzet sich über diese Angelegenheit folgendermaßen:

„[...] Indessen wurde Hadi Pascha nur Nachfolger von Mahmud Pascha, als zweiter Chef, während ich selbst als Inhaber von Vollmacht und Titel im Amt erhalten blieb. Dabei war Hadi Pascha dienstälter als ich, sowohl nach Patent wie Dienstgrad. Er hatte seine militärische Ausbildung in Deutschland vervollkommnet und war danach Träger bedeutender Missionen gewesen [...]"[138]

Der Generalmajor Hasan Rıza Pascha, der mit der persönlichen Genehmigung des deutschen Kaisers zu den Übungen der ersten Garde des Feldartillerieregiments und der Feldartillerieschießschule zugelassen wurde, war einer der einflussreichsten türkischen Offiziere. Nachdem er Anfang der 90er Jahre des 19. Jahrhunderts in Deutschland diente, kehrte er in die Türkei zurück. Anschließend war er zuerst als Lehrer, danach als Instruktor für das neue Feldartilleriematerial zuständig, das von der Firma Krupp gekauft wurde. Von Strempels Ansicht nach trug H. Rıza zur Popularität der deutschen Schnellfeuerkanone in der Türkei erheblich bei.[139]

Als die türkische Regierung den Wunsch hegte, zwei Offiziere zur Artillerieschießschule nach Deutschland zu entsenden, intervenierte Marschall zugunsten der Türkei beim Auswärtigen Amt. Er schlug dem Auswärtigen Amt vor, dem türkischen Wunsch nachzukommen und den Vizemajor Hasan Efendi und den Hauptmann Mehmet Emin Efendi zur Artillerieschießschule zuzulassen, die ihre militärische Ausbildung in Deutschland erworben hatten. Daraufhin erteilte der deutsche Kaiser eine Genehmigung dafür, dass man die beiden Offiziere ein Jahr im 38. vorpommerschen Feldartillerieregiment in Stettin zulässt und dass sie an einem Kurs der Feldartillerieschule teilnehmen dürfen. Marschall wies ausdrücklich darauf hin, dass die deutsche Seite gezielt daran arbeitet, dass die Türkei die neuen Schnellfeuergeschütze bei der Firma Krupp bestellte, wofür man seiner Ansicht nach eine Gelegenheit schaffen musste, die türkischen Offiziere mit dieser neuen komplizierten Waffe vertraut zu machen. Die Genehmigung einiger türkischer Offiziere zur Artillerieschießschule in Deutschland war der einzig gangbare Weg, so Marschall. Nach Marschall musste man in dieser Angelegenheit sowohl die Interessen der deutschen Industrie als auch die Stärkung der türkischen Wehrkraft in Erwägung ziehen, ohne dass man der deutschen Stellung in İstanbul Schaden zufügte.[140]

In erster Linie bemühte sich die Türkei darum, dass nur die türkischen Artillerieoffiziere nach Deutschland abkommandiert werden, die dort die Handhabung der komplizierten Waffen im Bereich der Artillerie lernten. Dies leistete selbstverständlich einen nicht zu unterschätzenden Beitrag zur Entwicklung der Beziehungen zwischen der deutschen Industrie und der türkischen Armee.[141] Die Rüstungsindustrien der europäischen Staaten konkurrierten miteinander darum, dass die türkischen Offiziere in ihren eigenen Armeen ausgebildet werden. Die belgische Waffenindustrie bemühte sich zum Beispiel darum, dass die türkischen Offiziere in die belgische Armee aufgenommen werden sollten. Eine Ausbildung in Deutschland war für die meisten Offiziere sehr wünschenswert, weil sie anschließend eine gute Karriere machen konnten. Aus diesem Grund waren viele Offiziere bereit, auf eigene Kosten nach Deutschland zu gehen. Als

25 türkische Offiziere unter Leitung von Nazif Pascha - er war bis 1908 Militärattache in Berlin - den deutschen Dienst antreten wollten, wollten zum Beispiel sechs Offiziere auf ihre eigenen Kosten nach Deutschland gehen.[142] Allerdings muss man an dieser Stelle betonen, dass die Türkei von diesen Offizieren nicht richtig profitieren konnte, weil diese Offiziere nach ihrer Rückkehr in die Heimat oft in den passiven Stellen arbeiteten. Das heißt, sie waren nicht in der Lage, das in die Tat umzusetzen, was sie in Deutschland gelernt haben. In der Regel wurden sie irgendeiner Behörde zugeteilt und beauftragt, Instruktionen auszuarbeiten.[143]

Die germanophile Einstellung war unter den türkischen Staatsdienern so weit verbreitet, dass sie in den innenpolitischen und internationalen Fragen auf die deutsche Unterstützung hofften. Als die Türkei anlässlich der mazedonischen Finanzkontrollfrage Deutschland um Hilfe bat, ging das türkische Kabinett davon aus, dass Deutschland die Türkei international unterstützen würde. Man dachte sogar, dass Deutschland die Türkei unbedingt unterstützen müsste, um seinen Einfluss in der Türkei zu erhalten. Das falsche Deutschlandbild der türkischen Führung spiegelte sich darin, dass Deutschland in der Lage wäre, in Europa seine Gesetze zu diktieren, was natürlich von der Realität abgehoben war.[144] Obwohl Deutschland nach dem Ersten Balkankrieg keine Waffen an die Türkei liefern wollte, setzte M. Şevket trotzdem seine Hoffnung auf Deutschland. Er stellte sogar in Aussicht, mindestens 150.000 Mauser-Gewehre aus Deutschland zu bestellen.[145] Diese Beispiele zeigen, wie rückhaltlos sich die türkischen Staatsmänner auf Deutschland verlassen haben. Deutschland war sich dagegen seines Einflusses in der Türkei sehr sicher. Als nach der Revolution die politische Stimmung in İstanbul nicht pro-deutsch zu sein schien, verließ sich Deutschland ganz auf die jungen Offiziere, denn das Offizierkorps war deutschfreundlich, wenn es in politischen Kategorien dachte. Darüber hinaus gab es in den Schaltstellen der Macht des Militärs viele Offiziere, die ihre Ausbildung entweder in Deutschland gemacht hatten oder die Schüler des Generals von der Goltz waren.[146]

3.5 Die Bedeutung der deutschen Reichsinstitutionen für den Waffenhandel

3.5.1 Kaiser Wilhelm II.

Der deutsche Kaiser war eine der Hauptstützen der Türkeipolitik Deutschlands in der damaligen Zeit. Hier sind vor allem die beiden Orientreisen Kaisers Wilhelm II. zu erwähnen. Zum ersten Mal besuchte der Kaiser den türkischen Sultan Abdülhamid II. im Jahre 1889 in İstanbul. Obwohl Bismarck diese Reise als einen privaten Besuch bezeichnete, war sie ein Indiz dafür, dass Deutschland seine bisherige Orientpolitik gründlich verändern wollte. Durch diese Reise hatte Deutschland ein großes Ansehen sowohl in der Bevölkerung des Osmanischen Reiches als auch in der muslimischen Bevölkerung der Welt gewonnen, denn der türkische Sultan war gleichzeitig der Kalif[147] aller Muslime in der Welt. Nach dieser Reise entwickelten sich die Handelsbeziehungen zwischen beiden Staaten gut. Das deutsche Kapital drang in die Türkei ein. Diese Reise war zugleich der erste Besuch eines europäischen Staatsoberhaupts in die Türkei.[148]

Kaiser Wilhelm II. stattete seinen zweiten Besuch im Jahre 1898 in İstanbul und anschließend in Palästina ab. Dieses Mal wurde er noch herzlicher empfangen als vorher. Es wurde vermutet, dass Deutschland und die Türkei künftig gemeinsame Wege gehen würden. Deutschland wurde als Schutzmacht der Türkei gegen die feindseligen anderen Großmächte betrachtet. Während dieses Besuches ließ sogar Wilhelm II. einen Brunnen auf den Namen deutsch-türkischer Freundschaft am Sultan Ahmet Platz in İstanbul bauen. In der Brunnen-Inschrift heißt es:

> „[...] das klare Wasser, das dem Brunnen entfließt, ist das Bild von der Reinheit der Freundschaft der beiden Herrscher."[149]

Diese zweite Reise trug zur Entwicklung der deutsch-türkischen Beziehungen auf allen Ebenen erheblich bei. Abdülhamid II. gab dem Kaiser während seines Besuches das Recht auf die Unterstützung der Katholiken in Palästina, was eigentlich ein vertragliches Recht der Franzosen war. Deswegen kritisierte die französische Regierung diese Initiative des Sultans heftig.[150] Darüber hinaus gab Wilhelm II. in seiner Rede in Damaskus kund, dass die Schutzmachtstellung Frankreichs über Katholiken im Osmanischen Reich nicht zu akzeptieren sei. Er machte sich die Muslimen zum Freund, was in seiner Rede in Damaskus deutlich wurde.

> „[...] die 300 Millionen Mohammedaner, die, auf der Erde zerstreut lebend, in ihm ihren Kalifen verehren, dessen versichert sein, daß zu allen Zeiten der deutsche Kaiser ihr Freund sein wird. Ich trinke auf das Wohl Sr. Majestät des Sultan Abdülhamid."[151]

Außerdem weihte der Kaiser die Erlöserkirche in Palästina und übergab sie den Protestanten, die bis dahin keine würdige Kultstätte in Jerusalem besaßen. So wollte der Kaiser auch die gesamte evangelische Welt in Schutz nehmen. Dieses Engagement des Kaisers löste große Unzufriedenheit unter den anderen europäischen Mächten aus, denn der Kaiser trat sowohl als Freund der Muslime wie auch als Schutzmacht der Katholiken auf.[152] Die Erteilung einer Konzession zum Bau eines Hafens in Haydarpaşa/İstanbul, die Konzession eines deutschen Kabels zwischen Konstanza und İstanbul und die Befestigung der zwischen der türkischen Regierung und großen deutschen Firmen bestehenden geschäftlichen Beziehungen waren als wirtschaftliche Erfolge der zweiten Kaiserreise zu betrachten.[153]

Nach Rathmann kam die zweite Kaiserreise aus folgenden Gründen zustande: Erstens wurde der deutsche Einfluss im türkischen Reich auf Kosten seiner europäischen Rivalen gestärkt. Zweitens intensivierte man die deutsch-türkischen Beziehungen durch die Stärkung der politischen Autorität des Sultans gegenüber den anderen europäischen Mächten, gegenüber der antideutsch eingestellten jungtürkischen Opposition und gegenüber der nichttürkischen Bevölkerung des Reiches. Drittens wurden die Unterstützung der islamischen Propaganda des Sultans und der Schutz der Integrität des Osmanischen Reiches betont. Viertens stieg der kulturpolitische Einfluss Deutschlands mittels der zahlreichen christlichen Gesellschaften im Nahen Osten. Fünftens schuf man finanzielle Vorteile für Deutschland wie die Gewährleistung der profitablen Aufträge für die deutsche Rüstungsindustrie. Sechstens erhob Deutschland den Anspruch auf die Vormachtstellung im Vorderen Orient.[154] Durch die Aktivitäten in Palästina wurden die Wünsche der katholisch-evangelischen Untertanen teilweise befriedigt. Wie der Verfasser bereits im Abschnitt (2.2.5) beschrieben hat, lebten diese Menschen seit früheren Zeiten aus religiösen Gründen in Palästina. Der Kaiser förderte als christlicher Monarch die Werke des Christentums, und er machte sich die islamische Welt zum Freund. Die Deutschen gewannen ein großes Prestige im Orient und diese Reise eröffnete neue Horizonte für Deutschland auf dem Weg zum „Platz an der Sonne". Dies waren nach Kampen die Ergebnisse der zweiten Kaiserreise.[155]

Wilhelm II. intervenierte beim türkischen Sultan zugunsten der deutschen Rüstungsindustrie, wann immer es nötig war. Wie der Präsident der Handelskammer Max Meutner betont, unterstützte der deutsche Kaiser die deutsche Rüstungsindustrie mit Taten. Als der Bedarf an 100.000.000 Patronen für die Armee ausgeschrieben wurde, bewarben sich deutsche und österreichische Patronenfabriken um den Auftrag. Aufgrund des günstigen Angebotes der österreichischen Firma war die türkische Regierung gerade dabei, den Liefervertrag mit ihr abzuschließen. Trotz des hohen Preises bekam den Auftrag jedoch die Karlsruher Patronenfabrik, denn Wilhelm II. wandte sich diesbezüglich an den Sultan und bat ihn, das deutsche Angebot bevorzugt zu behandeln. Da die Bitte vom deutschen Kaiser durch den Sultan berücksichtigt wurde, bekam die Karlsruher Patronenfabrik den Auftrag.[156] Wie der Verfasser dieser Arbeit im Abschnitt (5.1.1) am Beispiel der Familie Krupp dargelegt, gab es eine gute Beziehung zwischen dem Herrscherhaus und den Industriellen.

3.5.2 Das Auswärtige Amt

Im diplomatischen Bereich unterstützte Deutschland die türkische Regierung in der Minderheitenfrage.[157] England, Frankreich und Russland übten ständig Druck auf die türkische Regierung aus, Reformen zugunsten der christlichen Minderheiten in Anatolien und Mazedonien in die Wege zu leiten. Obwohl Deutschland die Türkei in der Minderheitenfrage verbal unterstützte, verhielt es sich eher zurückhaltend.[158] Als der deutsche Botschafter der Meinung seiner Regierung bezüglich der armenischen Frage in einem Interview widersprach, wurde er sofort nach Deutschland zurückberufen, denn die deutsche Regierung wollte die guten deutsch-türkischen Beziehungen nicht in Frage stellen.[159] Deutschland unterstützte die separatistischen Bewegungen bzw. den Nationalismus unter der Bevölkerung des Osmanischen Reiches überhaupt nicht. Deutsche Wissenschaftler untersuchten zum Beispiel die arabische Geschichte und

Sprache unter dem Begriff des Islam. Die panislamische Politik des Sultans bot Deutschland eine gute Möglichkeit, seine weltpolitischen Ziele verwirklichen zu können. Darum unterstützte Deutschland diese Politik des Sultans.[160]

Deutschland war an der Mobilisierungskraft der panislamischen Ideologie interessiert. Anhand dieses Mittels sollten die Muslime gegen England und Frankreich im richtigen Moment eingesetzt werden können, weil es dem Sultan gelungen war, dem Titel des Kalifen, den er trug, einen neuen Glanz zu geben. Überall propagierten die Agenten des Sultans seine Anerkennung als Oberhaupt aller Muslime, infolgedessen wurde der Name des Sultans zum ersten Mal im Freitagsgebet in den indischen Moscheen genannt. In dieser Situation schien Deutschland der Islam und der Gedanke der Bundesgenossenschaft mit der Türkei im Falle eines Krieges mit England unentbehrlich zu sein.[161] Als Abdülhamid II. in der ersten Hälfte der 90er Jahre des 19. Jahrhunderts versuchte, einen Einzugstermin für England aus Ägypten zu vereinbaren, hat er Deutschland um Hilfe gebeten. Die deutsche Regierung wollte aber nur eine Vermittlerrolle spielen.[162]

Die Aktivitäten der handelspolitischen Abteilung des Auswärtigen Amtes trugen zur Unterstützung des deutschen Waren- und Kapitalexports im Kampf gegen die anderen imperialistischen Staaten mit diplomatischen Mitteln erheblich bei. In diesem Zeitraum (1890-1914) dienten die deutschen Auslandsvertretungen nicht nur in der Türkei, sondern auch in den anderen Ländern wie Serbien, Portugal, Japan usw. den Expansionsinteressen des deutschen Monopolkapitals.[163] Das Auswärtige Amt versuchte jedoch, eine offene einseitige Bindung an diese oder jene Firma zu vermeiden, da es vielmehr einen allgemeinen Beitrag zur Förderung der Profitinteressen der deutschen Industrie leisten wollte. Mit anderen Worten wollte das Auswärtige Amt seine Unparteilichkeit im Bezug auf die international agierenden deutschen Firmen bewahren, was man natürlich nicht immer in die Tat umsetzen konnte. Die Erhardt-Werke wandten sich an die Reichskanzlei mit der Bitte, das Auswärtige Amt zu veranlassen, der Türkei zu empfehlen, ihr die bevorstehenden Waffenlieferungen zu übertragen. Da die Firma Krupp gemeinsam mit der Deutschen Bank, unterstützt von der deutschen Diplomatie, ebenfalls um diesen Auftrag kämpfte,[164] lehnte die Reichskanzlei diese Forderung der Ehrhardt-Werke mit der Begründung ab, dass man den Auftrag auf Empfehlung des Auswärtigen Amtes bereits Krupp übertragen habe. Aus diesem Grund konnte man keine neue Empfehlung machen.[165] In diesem Zusammenhang muss man betonen, dass eine enge Beziehung zwischen dem Auswärtigen Amt und der deutschen Industrie, namentlich mit der Firma Krupp, bestand.

Mit dem Übergang zur Weltpolitik entsandte die Wilhelmstraße[166] ihren besten Diplomaten in die Türkei. Es muss darauf hingewiesen werden, dass die Ernennung des ehemaligen Staatssekretärs des Auswärtigen Amtes, des Freiherren Adolf Hermann Marschall von Bieberstein[167], zum deutschen Botschafter in İstanbul erwähnenswert ist. Da er ein Vertreter der deutschen Weltpolitik und ein engagierter Türkenfreund war, entwickelte sich die deutsche Botschaft in

İstanbul in seiner Amtszeit zu einem wirkungsvollen Instrument, mit dem man die deutschen wirtschaftlichen Interessen am Bosporus entscheidend verteidigen konnte. Es gelang Marschall, Abdülhamid II. zu beeinflussen, worauf der Verfasser dieser Arbeit im Abschnitt (3.5.3) genauer eingeht.[168]

3.5.3 Die deutsche Botschaft in İstanbul

Der Bedeutungszuwachs der deutschen Vertretung in İstanbul ist als Maßstab für die Entwicklung der deutsch-türkischen Beziehungen zu betrachten, die die deutsche Industrie mit Taten unterstützte. Der Status der deutschen und türkischen Gesandtschaft wurde gegenseitig zu einem der Botschaft im Jahre 1874 erhoben. Sie war die sechste Botschaft Deutschlands. Nach der Errichtung eines neuen Botschaftsgebäudes im Dezember 1877 baute man 1887 eine Sommerresidenz[169] für die deutsche Botschaft in Tarabya, deren Grundstück Abdülhamid II. dem deutschen Kaiser Wilhelm I. schenkte. Nach dem Berliner Kongress kam Paul von Hatzfeld als deutscher Botschafter nach İstanbul, der dort als neutraler Mann keinen Einfluss auf die politischen Ereignisse haben konnte. Als die englische Regierung unter Gladstone das europäische Konzert gegen Abdülhamid II. im Frühjahr 1880 vereinte, unterstützte Hatzfeld Abdülhamid II. tatkräftig. Infolgedessen wurde der deutsche Botschafter schlagartig zu dessen Gesprächpartner. Als man Hatzfeld 1880 zum Staatssekretär im Auswärtigen Amt designierte, hoffte Abdülhamid II. auf einen einflussreichen Fürsprecher der Türkei in Berlin. In dieser Situation wollte der Sultan seine Geschäfte mit Berlin direkt über die deutsche Botschaft in İstanbul dadurch regeln, dass die türkische Botschaft in Berlin umgangen wurde.[170]

Nach Hatzfeld übernahm Ludwig von Hirschfeld das Amtsgeschäft in der deutschen Botschaft in İstanbul. Da ihm allerdings als Botschaftsrat und interimistischer Geschäftsträger der Rang fehlte, blieb seine Amtszeit ziemlich belanglos. Nach seinem Abgang wurde Joseph Maria von Radowitz (1882-1892) am 14. November 1882 von Abdülhamid II. als neuer deutscher Botschafter empfangen, der durch seinen Werdegang für diesen Posten geradezu prädestiniert war. Er war nämlich bereits als Attaché der preußischen Gesandtschaft im Jahre 1862 und als Geschäftsträger im Jahre 1871 in İstanbul tätig. Radowitz konnte mit Bismarck nicht klarkommen, weil ihm seine wankelmütige Politik in der bulgarischen Krise nicht gefiel, d. h., Radowitz wollte im Grunde die deutsche Stellung in İstanbul mit aller Kraft voranbringen und klare Partei ergreifen, was aber mit der Bismarck'schen Politik nicht zu vereinbaren war. Radowitz konnte beim Sultan kein Vertrauen erwecken, denn er konnte ihm in Berlin keine Unterstützung bieten. Abdülhamid II. behandelte ihn bevorzugt im Gegensatz zu anderen Botschaftern der Großmächte.[171]

Nach dem Ausscheiden von Radowitz kam Marschall von Bieberstein (1897-1912) als deutscher Botschafter nach İstanbul, wo er großen Einfluss auf die türkischen Staatsmänner ausüben konnte. Als der Marschall dem Großwesir Ferit Pascha sagte, dass die Türkei durch den Ankauf von französischen Maschinen-Gewehren (Hotschkiss) ein sehr schlechtes Geschäft mache, schrieb der

Großwesir einen Brief an den Kriegsminister in Anwesenheit von Marschall, in dem er die Argumente von Marschall gegen den Ankauf dieser Maschinengewehre wiederholte. Ferner brachte der Großwesir zur Sprache, dass er den Plan von Bertier zur Herstellung eines türkischen Gewehr-Modells für definitiv gescheitert hielt.[172] Dieses Beispiel legt offen, dass Marschall eine entscheidendere Rolle in der türkischen Politik spielte als seine Vorgänger im Amt. Als Deutschland die Annexion von Bosnien-Herzegowina durch die Donaumonarchie 1908 unterstützte, machte Marschall seine Regierung darauf aufmerksam, dass die mühsame Arbeit der deutschen Diplomatie in der Türkei wegen der Parteinahme zugunsten Österreich-Ungarns durchaus gefährdet sei. Der Reichskanzler von Bülow war allerdings dagegen, dass man Druck auf Österreich-Ungarn zugunsten der Türkei ausübte. Dieses Ereignis zeigte die Entschlossenheit der deutschen Politik, ihre vitalen Interessen in der Türkei vorbehaltlos dem Bündnis mit Österreich-Ungarn unterzuordnen.[173] Marschall stand nicht nur in der bosnischen Krise, sondern auch im Tripoliskrieg auf der Seite der Türkei, obwohl seine Regierung wiederum nicht für die Türkei Partei ergriff, wie es drei Jahre zuvor in der bosnischen Krise der Fall gewesen war. Demzufolge reichte Marschall aus Protest gegen das passive deutsche Verhalten in dieser Krise sein Abschiedsgesuch ein, das seiner Ansicht nach die Türkei in die Arme des gegnerischen Lagers treiben würde.[174]

Außerdem übte Marschall einen sehr großen Einfluss auf den Sultan aus, wie der Verfasser dieser Arbeit im Abschnitt (3.5.2) flüchtig erwähnt hat. Er machte dahingehend Druck auf Abdülhamid II., dass er seinen General Fehim Pascha, Chef der Geheimpolizei des Palastes, entlassen musste. Einem deutschen Kaufmann wurde seine Schiffsladung räuberisch weggenommen. Infolgedessen veranlasste der deutsche Botschafter den Sultan den Chef der Geheimpolizei zu entlassen.[175] Nach den Worten vom türkischen Generalkonsul in München, Kemmerich, verletzte die Verbannung von Fehim den Sultan sehr stark. Aus diesem Grund fühlte er sich gegen Deutschland aufgebracht, denn er hatte diesen Schritt nicht freiwillig unternommen. Die Verbannung seines besten Freundes wurde von einigen einflussreichen Beamten als eine besonders auf den deutschen Einfluss zurückgehende Forderung interpretiert. Nach Kemmerich fügte die Verbannung von Fehim den deutsch-türkischen Beziehungen einen großen Schaden zu und wirkte sich dahingehend aus, dass der Sultan von antideutschen Staatsdienern umgeben war.[176]

Die Erwiderung auf den Vorwurf - der deutsche Einfluss sei in der Türkei zurückgegangen - untermauert Marschall damit, dass die deutsche Botschaft unter seiner Führung einen großen Erfolg insbesondere im wirtschaftlichen Bereich vorzuweisen hatte. Tatsächlich bekamen die Gebrüder Speidel die Minenkonzession am Schwarzen Meer, Adana und auf der Insel „Thasos“ im Jahre 1904. Darüber hinaus gelang es der Firma Krupp, den Lieferauftrag für moderne Schnellfeuergeschütze im Wert von 45.000.000 Mark zu bekommen, indem sie sich der englischen Konkurrenz gegenüber im Jahre 1905 durchsetzte. Im Frühjahr 1907 unterzeichnete die Nürnberger Maschinenfabrik einen Vertrag über den Bau einer neuen Brücke von Galata nach İstanbul, um den man mit den Franzosen gerungen hatte. Marschall weist darauf hin, dass Deutschland diesbezüglich den anderen europäischen Staaten gegenüber überlegen war, wenn man den Einfluss eines Staates in der Türkei nach wirtschaftlichen Verdiensten bemisst.[177]

Die deutsche Botschaft förderte die deutsche Rüstungsindustrie so, dass sie die türkischen Aufträge für die Waffenbestellungen bekam. Dass diese Unterstützung seitens der deutschen Vertretung tatsächlich stattfand, ging aus dem Dankschreiben von Alfred Krupp an die Wilhelmstraße hervor. Nachdem die Firma Krupp einen großen Vertrag über Artillerielieferungen mit der Türkei erfolgreich abgeschlossen hatte, drückte A. Krupp seinen Dank für die wirksame Unterstützung seiner Geschäftsinteressen durch die deutsche Botschaft gegenüber den Tätigkeiten der französischen Konkurrenz aus. Er war der festen Überzeugung, dass diese Zusammenarbeit zwischen seiner Firma und den deutschen Institutionen die Monopolstellung der Firma für die Artillerielieferungen in der Türkei geschaffen hatte. Darüber hinaus hoffte er darauf, dass ein solcher Vorgang bei den weiteren Aufträgen zugunsten seiner Firma wiederholt würde. Ferner bringt A. Krupp seine Angst vor einer französischen Anleiheoperation für die Türkei zur Sprache. Er war allerdings der festen Überzeugung, dass er die türkischen Aufträge nicht an die französische Industrie verlöre, denn er könnte aufgrund der lange bestehenden Beziehungen zwischen seiner Firma und der Türkei einen Anspruch auf die türkischen Aufträge erheben, so A. Krupp.[178]

Im September 1910 versuchte Miquel, der deutsche Militärattache, im Einvernehmen mit dem Vertreter der Erhardt-Werke die Aufmerksamkeit des türkischen Kriegsministeriums erneut auf das Kriegsmaterial der Firma zu lenken. Da das Schneider'sche Gebirgsgeschütz allein mehrere Tausend Mark billiger als das Erhardt'sche war, ging der türkische Auftrag nach den erfolgten Schießversuchen an die französische Industrie. Wegen des niedrigen Preises der Konkurrenz waren die Erhardt-Werke nicht in der Lage, mit den Franzosen zu konkurrieren. Der Auftrag bestand aus 36 Gebirgskanonen zu einem Gesamtpreis von 390.000 Mark, wobei eine Kanone 11.000 Mark kostete.[179] Nachdem die Anleiheverhandlungen der türkischen Regierung mit den Franzosen gescheitert waren, unterzeichnete man ein Anleiheabkommen mit der Deutschen Bank. Nach dem Vertreter der Firma Walter Berghaus erwiesen sich die früheren Preisforderungen der französischen Firma für Gebirgsgeschütze als falsch. In dieser Situation baten die Erhardt-Werke die Wilhelmstraße darum, Zeit zu gewinnen, um ein neues Modell zu entwickeln, weil die Firma ein altes Modell des Gebirgsgeschützes zur Probe stellte. Die deutsche Industrie hatte Angst davor, dass die französische Firma durch diesen Auftrag Kontakte mit dem türkischen Auftraggeber knüpfte. Um die französische Konkurrenz aus dem türkischen Geschäft ausschließen zu können, war es für die Firma sehr wichtig, dass sie tatkräftig von der deutschen Botschaft in İstanbul unterstützt wurde.[180]

Als es um die türkische Kriegsmaterialbestellung von 104 Batterien und Artilleriegeräten verschiedener Modelle ging, brach ein diplomatischer Krieg zwischen dem französischen Botschafter Constans und dem deutschen Botschafter Marschall im Jahre 1905 in İstanbul aus, der damals monatelang die Tagesordnung der Politik am Bosporus bestimmte. Die für diese Kriegsmaterialbestellung erforderliche Summe wollte man durch eine Bankanleihe beschaffen. Da die Vertreter der Dresdner Bank und die Firma Krupp allein nicht im Stande waren, diesen Auftrag zu bekommen, schaltete sich der deutsche Botschafter in dieses Geschäft ein. Marschall versuchte ständig den türkischen Außenminister für diese Sache zu gewinnen. Als aber seine Argumente für die Rechtfertigung der deutschen Industrie erschöpft zu sein schienen, fing er an zu drohen. Constans strengte sich an, diesen Auftrag für die französische Waffenindustrie zu sichern. Da man in dieser Sache nicht weiterkommen konnte, erklärte sich der Sultan bereit, diesen Auftrag an Frankreich zu geben, vorausgesetzt, dass Constans ihm garantiere, dass die französischen Waffenfabriken den türkischen Auftrag vor der bulgarischen ausführten. Berliner Zeitungen zufolge akzeptierte Constans nicht nur die Erfüllung dieses Wunsches des Sultans, sondern auch die eventuelle Annullierung des Vertrages zwischen Bulgarien und der Firma Creuzot. In diesem Kontext muss man darauf hinweisen, dass Wilhelm II. den Fürsten von Bulgarien nach Deutschland einlud, um die türkische Regierung zur Vergabe des Auftrages an die deutsche Industrie zu bewegen. Da die Türkei sich über diesen Stand der Dinge beunruhigt fühlte, distanzierte man sich von Frankreich. Schließlich entschloss sich der Sultan, den Auftrag für die Lieferung von 104 Schnellfeuerbatterien, 20 Batterien für Haubitzen, einiger Batterien für die schweren Belagerungsgeschütze und Mitrailleusen an die Firma Krupp zu geben, für deren Ausführung notwendiges Geld in Höhe von 100.000.000 Mark. mit der Garantie der Dresdner Bank beschafft wurde.[181]

Die Intervention der deutschen Botschaft im Türkeigeschäft beschränkte sich nicht nur auf die Waffenfirmen, sondern auch auf die anderen deutschen Firmen wie die AEG und die Firma Siemens-Schuckert. Als diese beiden Firmen sich um die Konzession der Elektrizitätsversorgung İstanbuls bemühten, vertrat die deutsche Botschaft der AEG gegenüber den Standpunkt, dass es bei dieser Angelegenheit um eine Konkurrenz zwischen den gleichwertigen deutschen Firmen ging. Aus diesem Grund sei es angebracht, sich neutral zu verhalten, wobei allerdings die deutsche Botschaft bestätigte, dass die AEG ein durchaus erstklassiges und leistungsfähiges Unternehmen sei, falls die türkische Regierung eine Anfrage an die deutsche Botschaft richtete.[182]

3.6 Zusammenfassung

Wie gezeigt wurde, spielten die deutschen Militärmissionen zweierlei Rollen bei der Entwicklung des deutsch-türkischen Waffenhandels. Zum einen wirkten die deutschen Reformoffiziere auf die jungen türkischen Offiziere, indem sie sie mit dem deutschen militaristischen Gedankengut vertraut machten. Zum anderen leisteten die deutschen Offiziere in den türkischen Diensten einen unersetzlichen Beitrag für die Einführung der deutschen Waffen in der türkischen Armee, wie am Beispiel von von der Goltz im Abschnitt (3.2) ausführlich dargestellt wurde. Da von der Goltz als Lehrer in den türkischen Militärschulen tätig war, genoss er ein sehr hohes Ansehen unter den türkischen Offizieren, insbesondere in der jungtürkischen Zeit. Infolgedessen wurde er während des Ersten Weltkrieges nochmals in die Türkei eingeladen, wo er dann auch im Jahre 1916 verstarb. Der Zustand der türkischen Waffenfabriken deutet darauf hin, dass die Türkei damals technisch nicht in der Lage war, ihre Waffen selbst zu produzieren. Trotz der Reformbemühungen gelang es dem türkischen Staat nicht, seine Waffenfabriken wieder produktionsfähig zu machen. Aufgrund dieses Umstandes war die Türkei auf den Waffenimport aus dem europäischen Ausland angewiesen.

Die Bedeutung der türkischen Staatsführung für den Waffenhandel zwischen der Türkei und Deutschland war unersetzlich groß. Abdülhamid II. demonstrierte seine Anlehnung an Deutschland privat dadurch, dass er seine Ersparnisse, die er bei einer französischen Bank angelegt hatte, bei der deutschen Reichbank deponieren ließ. Was seine Einstellung zum Waffenhandel angeht, war er an der Beschaffung des Kriegsmaterials von den deutschen Waffenfirmen wie der Firma Krupp interessiert. Dieser Wunsch zeigt sich darin, dass er die notwendigen Waffen direkt in Deutschland bestellen wollte, ohne die Militärkommission davon in Kenntnis zu setzen. Er verhielt sich allerdings gelegentlich der deutschen Waffenindustrie gegenüber distanziert, wenn er von ihr Preisnachlässe erhalten wollte. Ein weiterer zu berücksichtigender Faktor des deutsch-türkischen Waffenhandels waren die türkischen Staatsmänner. Wie im Abschnitt (3.4.2) erwähnt wurde, hatte jede Großmacht ihre eigenen politischen Anhänger in der türkischen Innenpolitik. Diese Staatsmänner waren so korrupt und bestechlich, dass sie einen guten Nährboden für die Abwicklung der Waffengeschäfte boten, was der Sultan selbst am Beispiel von Hüseyin Avni Pascha zum Ausdruck brachte. Er bekam nämlich von England Bestechungsgeld für seine Entscheidung zugunsten der Henry-Martini-Gewehre. Eine Reihe von hochrangigen, germanophil eingestellten türkischen Beamten lieferten Deutschland gelegentlich wichtige Informationen, wie es am Beispiel von Selim Melhame geschildert wurde.

Unter den türkischen Staatsmännern spielte niemand eine so große Rolle bei der Entwicklung der deutsch-türkischen Beziehungen wie Enver und M. Şevket. Dabei muss jedoch betont werden, dass M. Şevket eine besondere Bedeutung bezüglich des Waffengeschäftes mit der deutschen Industrie zukommt. Wie aus den Ausführungen von von der Goltz hervorgeht, gehörte M. Şevket der Verkaufs- und Versuchskommission der türkischen Armee an. Während der Beratungen über die Neubewaffnung der türkischen Infanterie leistete er einen wichtigen Beitrag zur Entscheidung für das deutsche Modell, indem er dem Kriegsminister gegenüber sachlich für die Einführung der Mauser-Gewehre eintrat. Da M. Şevket Jahre lang in der Gewehrabnahmekommission in Oberndorf tätig war, wurden die Waffengeschäfte mit der deutschen Rüstungsindustrie unter seiner Führung nach der Revolution sehr gut abgewickelt.

Dank der Tätigkeit der deutschen Reformoffiziere in der türkischen Armee war der deutsche Einfluss unter den türkischen Offizieren sehr groß, unter denen vor allem die Ausbildung in den deutschen Militärschulen sehr populär war. Diese bot ihnen damals eine gute Chance für den späteren Berufsaufstieg. Deutschland legte großen Wert auf die Ausbildung der türkischen Offiziere in der deutschen Armee. In diesem Zusammenhang muss hervorgehoben werden, dass die türkische Regierung auf Empfehlung von Kamphövener Unteroffiziere nach Deutschland entsandte, um sie dort in der Handhabung der Schnellfeuergeschütze schulen zu lassen. Wie der Verfasser dieser Arbeit im Abschnitt (3.4.3) gezeigt hat, diente eine Reihe von Paschas jahrelang in der deutschen Armee. Anschließend waren sie mit höheren Ämtern in der türkischen Armee bekleidet wie der Chef des Generalstabes İzzet Pascha. Unter den nach Deutschland entsandten Offizieren waren überwiegend Artillerieoffiziere. Gemäß dem Wunsch der türkischen Regierung wollte man sie in der Handhabung der komplizierten Geschütze ausbilden. Diese Tatsache führte dazu, dass die türkischen Offiziere eine Vorliebe für deutsche Waffen entwickelten, was ihre Rückwirkung in der Bestellung des Kriegsmaterials aus Deutschland fand.

Kaiser Wilhelm II., das Auswärtige Amt und die deutsche Botschaft in İstanbul waren die wichtigen Triebkräfte für den Waffenhandel zwischen Deutschland und der Türkei auf der diplomatischen Ebene. Kaiser Wilhelm II. unterstützte die deutsche Waffenindustrie mit Worten und Taten dadurch, dass er seinen Amtskollegen Abdülhamid II. zweimal in İstanbul besuchte. Außerdem intervenierte Kaiser Wilhelm II. zugunsten der deutschen Waffenindustrie bei dem türkischen Sultan. Dank der Bitte des Kaisers bekam z. B. die Karlsruher Patronenfabrik den türkischen Auftrag, obwohl sie einen höheren Preis angeboten hatte als die Konkurrenz. Mit dem Übergang zur Weltpolitik spielten die Interessen der deutschen Industrie in der Welt eine große Rolle. Dabei waren das Auswärtige Amt und die Auslandsvertretungen Deutschlands ein wichtiges Mittel für die deutsche Industrie, mit deren Hilfe sie versuchten, ihre wirtschaftlichen Ziele zu verwirklichen. Wie der Verfasser dieser Arbeit anhand der Entwicklung der deutschen Vertretung in İstanbul (3.5.3) vor Augen geführt hat, war die deutsche Botschaft in Zusammenarbeit mit dem Auswärtigen Amt immer bereit, der deutschen Industrie, vor allem aber den privilegierten Fabrikanten wie Krupp und Mauser Hilfe zu leisten. In dieser Hinsicht wurde die deutsche Botschaft ein nützliches Instrument für die Interessen der deutschen Waffenindustrie, vor allem unter Leitung von Marschall Bieberstein.

3.7 Anmerkungen

[1]Die deutschen Militärmissionen werden in der Literatur in drei Phasen bis 1908 behandelt. Diese sind die Moltke-Mission (1835-39), die Kähler-Mission (1883-85) und die von der Goltz-Mission (1885-1895).

[2] Diese Berater waren von geringer Bedeutung, verglichen mit den militärischen Beratern. Im Rahmen der zivil-administrativen Beratung kamen die deutschen Medizinprofessoren ab dem Jahr 1890 in die Türkei, um das türkische Medizinwesen zu reformieren. Diese Berater gründeten ein Krankenhaus in Haydarpaşa/İstanbul. Trotz dieses Beitrages der deutschen Medizin zur Entwicklung der türkischen Medizin diente die französische Medizin als Vorbild bis zum Jahr 1930 in der Türkei. Außerdem ließ die türkische Regierung deutsche Polizisten in das Land kommen, um den Polizeiapparat zu reformieren. Bei der Entsendung der Zivilbeamten ergaben sich jedoch ernsthafte Probleme, denn die Zivilbeamten konnten nach ihrer Rückkehr nach Deutschland nicht an ihre Arbeitsplätze zurückkehren, wie dies bei den militärischen Beratern der Fall war. (vgl. Ortaylı, a. a. O., S. 61 ff.)

[3] Wallach, Anatomie einer Militärhilfe, a. a. O., S. 20 ff.

[4]Moltke von, a. a. O., S. 10 f.

[5]Wallach, Anatomie einer Militärhilfe, a. a. O., S. 15 ff.

[6]Diese vier Offiziere waren Oberst Kähler für die Stelle eines höheren Generalstaboffiziers, Hauptmann Kamphövener für die Infanterie, Rittmeister von Hobe für die Kavallerie und Hauptmann Ristow. Diese Mission wurde als Kähler-Mission benannt. Der Oberst Kähler bekam den Rang eines Generals, und später wurde er zum türkischen Marschall befördert.

[7]Wallach, Anatomie einer Militärhilfe, a. a. O., S. 34 ff.

[8]Diese Monatsgehälter wurden meist an den Festtagen gezahlt. Wegen des chronischen Geldmangels kam es zur zahllosen Meutereien im Heer und bei der Flotte. Dies war das einzige Mittel, um die Zahlung von Soldrückständen zu erzwingen. Der Rest des Jahresgehaltes wurde den Offizieren gutgeschrieben, wurde aber sehr selten beglichen. Aus diesem Grund wuchs das Guthaben türkischer Offiziere ständig. Aus dieser Not heraus verkauften sie ihre Forderungen an einen Wechsler und nahmen dabei einen hochprozentigen Abzug hin. (vgl. Giesl, Wladimir, Zwei Jahrzehnte im Nahen Orient, Steinitz, Ritter von (hrsg.), Berlin 1927, S. 38.) Diese Tatsache wurde ebenfalls von İzzet Pascha beleuchtet. Seiner Meinung nach war diese desolate Finanzlage die eigentliche Quelle der Korruption im Staatsapparat. (vgl. İzzet Pascha, Denkwürdigkeiten des Marschalls İzzet Pascha, Klinghardt Karl (hrsg.), Leipzig 1927, S. 89 f.)

[9]Wallach, Anatomie einer Militärhilfe, a. a. O., S. 45 f.

[10]Ebd., S. 54 f.

[11]Ebd., S. 62 ff.

[12]Ebd., S. 65 ff.

[13]Ebd., S. 67 ff.

[14]Ebd., S. 76 f .

[15]Ebd., S. 80 f.

[16]Rathmann, a. a. O., S. 51 f.

[17]Wallach, Anatomie einer Militärhilfe, a. a. O., S. 85 f.

[18]Ebd., S. 250 f.

[19]Ebd., S. 89 f.

[20]İzzet Pascha, Denkwürdigkeiten des Marschalls İzzet Pascha, a. a. O., S. 94.

[21]Ahmed, Cemal Pascha, Erinnerungen eines türkischen Staatsmannes. Frühen kaiserlich-ottomanischen Marineminister und Kommandanten der IV. Armee, München 1922, S. 68.

[22]Ebd., S. 69.

[23]Von der Goltz, Colmar, Denkwürdigkeiten, von der Goltz, Friedrich Frh. und Wolfgang Förster (hrsg.), Berlin 1929, S. 108 f.

[24]Ebd., S. 110.

[25]Ebd., S. 112.
[26]Ebd., S. 135 ff.
[27]Ebd., S. 143.
[28]Ebd., S. 152.
[29]Ebd., S. 153.
[30]Ebd., S. 121.
[31]Ebd., S. 124 f.
[32]Ebd., S. 140.
[33]Ebd., S. 160.
[34]Wallach, Anatomie einer Militärhilfe, a. a. O., S. 104 ff.
[35]Ebd., S. 75
[36] Hallgarten, Imperialismus vor 1914, Bd. 2, a. a. O., S. 76 f.
[37]Rathmann, a. a. O., S. 16 f.
[38]Vgl. Rathmann, ebd., S. 18 f. und Önsoy, a. a. O., S. 93 ff.
[39]Scherer, a. a. O., S. 475.
[40]Ebd., S. 476.
[41]Wallach, Anatomie einer Militärhilfe, a. a. O., S. 66.
[42]Von Strempel an das Kriegsministerium, 25. Januar 1910, PA Türkei Nr. 142, Bd. 29,30.
[43]An das Auswärtige Amt, 7. April 1910, PA Türkei Nr. 142, Bd. 29,30.
[44]Interne Schrift, 9. April 1910, PA Türkei Nr. 142, Bd. 29,30.
[45]Küntzer, Karl, a. a. O., S. 32.
[46]Diese Militärattaches waren von Morgen, von Strempel, von Leipzig, von Lossow und der Marineattache Humann.
[47]Wallach, Anatomie einer Militärhilfe, a. a. O., S. 84.
[48]Vgl. Agoston, Gabor, Guns for the Sultan. Military Power and the Weapons Industry in the Ottoman Empire, Cambridge 2005, S. 7. Dieses Buch, das auf osmanischen Archivalien beruht, bietet einen guten Überblick über die osmanische Waffenindustrie bezüglich der Munition-, Salpeter-, Gewehr-, und Kanonenindustrie zwischen dem 14. und 16. Jahrhundert.
[49]Albrecht Ulrich, Ernst Dieter, Lock Peter, Wulf Herbert, a. a. O., S. 164 f.
[50]Steinhaus, a. a. O., S. 21.
[51]Orhan, Tuna, Durchbruch der Türkei zur nationalen Staatswirtschaft, Philippsburg 1938, S. 24.
[52]Zinkeisen, Wilhelm J., Geschichte des Osmanischen Reiches in Europa, Bd. 3, S. 262.
[53]Steinhaus, a. a. O., S. 29.
[54]Vgl. Agoston, a. a. O., S. 178.
[55]Heyersberg, Fritz A., Maschinenverwendung im Wirtschaftsleben der Türkei, Berlin 1934, S. 21 f.
[56]Ebd., S. 22.
[57]Eldem,Vedat, a. a. O., S. 117 f.
[58]Ebd., S. 147.
[59]Heyersberg, a. a. O., S. 22 f.
[60]Zur Bemühungen des Sultans, die Beziehungen auf ein persönliches Basis zu stellen. Vgl. Scherer, a. a. O., S. 359 ff.
[61]Ebd., S. 362.
[62]Radowitz an das Auswärtige Amt, 5. Juni 1886, PA Türkei Nr. 170, Bd. 1,2.
[63]Reichsbankdirektorium an das Auswärtige Amt, 12. Juni 1886, PA Türkei Nr. 170, Bd. 1,2.
[64]An das Auswärtige Amt, 8. Mai 1909, PA Türkei Nr. 170, Bd. 1,2.
[65]Lindow, Erik, Freiherr Marschall von Bieberstein als Botschafter in Konstantinopel 1897-1912, Danzig 1934, S. 26 f.
[66]Ebd., S. 27.
[67]Ebd., S. 28.

[68]Ebd., S. 28 ff.
[69]Vgl. Giesl, a. a. O., S. 28.
[70]Marschall an das Auswärtige Amt, 14. Mai 1898, PA Türkei Nr. 142, Bd. 13,14.
[71]Marschall an das Auswärtige Amt, 17. Februar 1899, PA Türkei Nr. 142, Bd. 15,16.
[72]Çetin, Alaaddin,Yıldız Ramazan, Sultan II. Addülhamid Han, Devlet ve Memleket Görüşlerim [Der Sultan Abdülhamid II. Meine Ansichten über das Land und den Staat], İstanbul 1976, S. 248 f.
[73]Vgl. Hubka Gustav, Die Reformaktion in Mazedonien in den Jahren 1904-08, in: Streffleurs Militärische Zeitschrift, Bd. 1, Nr. 2/1909, Jg. 86, S. 913- 26. Vgl. auch Giesl, a. a. O., S. 137-49.
[74]Kinderlen an den Reichskanzler von Bülow, 28. August 1907, PA Türkei Nr. 158, Bd. 9,10.
[75]Çetin, Yıldız, a. a. O., S. 251.
[76]Küntzer, a. a. O., S. 21.
[77]İzzet Pascha, a. a. O., S. 72.
[78]Mutluçağ, Hayri, Dost bildiğimiz ve ordumuzu ıslah için içimizde bulundurduklarımızın marifetleri [Die Geschicklichkeiten der Reformoffiziere in der Türkei, die wir für unsere Freunde gehalten haben.], in: Belgelerle Türk Tarihi Dergisi, Nr. 12, İstanbul 1968, S. 39.
[79]Çetin, Alaaddin, a. a. O., S. 35 f.
[80]Bozdağ, İsmet, Sultan Abdülhamid'in Hatıra Defteri [Das Tagebuch von Sultan Abdülhamid], İstanbul 2002, S. 28.
[81]Marschall an den Reichskanzler von Bülow, 4. September 1908, PA Türkei Nr. 159, Bd. 10,11.
[82]Marschall an den Reichskanzler von Hollweg, 21. Januar 1910 PA Türkei Nr. 159, Bd. 11,12.
[83]Marschall an das Auswärtige Amt, 15. April 1909, PA Türkei Nr. 159, Bd. 3,4.
[84]Marschall an den Reichskanzler von Hollweg, 4. Januar 1910, PA Türkei Nr. 159, Bd. 11,12.
[85]Wangenheim an das Auswärtige Amt, 19. März 1915, PA Türkei Nr. 159, Bd. 13,14.
[86]Norddeutsche Allgemeine Zeitung, 31. Oktober 1915, in: PA Türkei Nr. 159, Bd. 13,14.
[87]Bernstorff an den Reichskanzler von Hertling, 16. November 1917, PA Türkei Nr. 159, Bd. 18,19.
[88]Für die Entwicklung dieser Partei siehe Ahmad, Feroz, The young Turks. The Committee of Union and Progress in Turkish Politics 1908-1914, Oxford 1969.
[89]Bodman an den Reichskanzler von Bülow, 15. August 1905, PA Türkei Nr. 158, Bd. 8,9.
[90]Bodman an das Auswärtige Amt, 10. August 1905, PA Türkei Nr. 158, Bd. 8,9.
[91]Hallgarten, Imperialismus vor 1914, a. a. O., Bd. 2, S. 97 f.
[92]Wangenheim an den Reichskanzler von Hollweg, 17. Oktober 1915, PA Türkei Nr. 159, Bd. 13,14.
[93]Kühlmann an das Auswärtige Amt, 22. März 1917, PA Türkei Nr. 159, Bd. 16,17.
[94]Seine Frau, die bei der türkischen Frauenbewegung eine große Rolle spielte und die Leiterin des „Damenkomitees zur Unterstützung der Soldatenfamilien" war, bekam für ihre Leistung in der Kriegshilfe die deutsche Rote Kreuz Medaille III. und II. Klasse. (vgl. Bericht von Zimmermann 2. Mai 1917, PA Türkei Nr. 159, Bd. 16,17.)
[95]Marschall an das Auswärtige Amt, 10. Januar 1910, PA Türkei Nr. 159, Bd. 11,12.
[96]Pourtales an den Reichskanzler von Hollweg, 12. Januar 1914, PA Türkei Nr. 159, Bd. 13,14.
[97]Enver Pascha wurde als Sohn des Beamten Mustafa Ahmed Pascha im Jahre 1882 geboren. Als Kind kam er nach Manastır, wo sein Vater angestellt war. Er absolvierte die Kriegsakademie „Harbiye" in İstanbul, wo er im Jahre 1897 mit dem Rang eines Stabshauptmannes abging. Bis 1902 war er in den europäischen Wilajets der Türkei garnisoniert. Enver besuchte die Generalstabsschule als Infanterieoffizier zwischen 1899 und 1902 in İstanbul, wo er sich

als Zweitbester seines Jahrganges qualifizierte und gleich in den Generalstab versetzt wurde. Danach wurde er dem damaligen Großwesir Hilmi Pascha zugeteilt. In Saloniki kam er als Stabsmajor zum ersten Mal mit dem Komitee „Einheit und Fortschritt" in Berührung. Nach Niyazi Bey organisierte Enver ebenfalls eine Freischar, mit der er in der Umgebung von Tikveş im Juni 1908 auftrat. Nach der Revolution ging er als Militärattaché am 23.05.1909 nach Berlin, wo er die deutsche Kultur näher kennen lernen konnte. Im Jahre 1910 hielt er sich einige Zeit lang in London auf. Ein Jahr später nahm er am italienischen Krieg in Tripolis teil und organisierte die Araber gegen die Italiener. Während des Zweiten Balkankrieges eroberte er die Stadt Edirne von den Bulgaren zurück. Er war mit der Tochter Naciye Sultan des Prinzen Süleyman Efendi verheiratet. (vgl. Anlage zum Bericht vom 9. November 1917, an das Auswärtige Amt, PA Türkei Nr. 159, Bd. 18,19.)

[98]Von Strempel an das Kriegsministerium 28. Februar 1909, PA Türkei Nr. 159, Bd. 3,4.

[99]Wangenheim an das Auswärtige Amt, 1. November 1913, PA Türkei Nr. 159, Bd. 13,14.

[100]Wangenheim an das Auswärtige Amt, 5. März 1914, PA Türkei Nr. 159, Bd. 13,14.

[101]Die Entsendung dieser archäologischen Befunde entwickelte sich mit der Zeit zur Prestigefrage für die türkische Regierung. Deutschland zeigte ein großes Interesse an der archäologischen Tätigkeit in der Türkei. Nach dem ersten türkischen Antikengesetz von 1899 konnte die deutsche Museumsverwaltung die Hälfte der von ihr bei Ausgrabungen entdeckten Funde nach Deutschland entsenden. Die türkische Regierung verschärfte jedoch die Situation mit dem zweiten Antikengesetz von 1906, wonach alle Ausgrabungsfunde dem türkischen Staat ausgeliefert werden mussten. Daraufhin versuchte Theodor Wiegand, der Leiter der Antikenabteilung der Königlichen Museen in Berlin, die archäologischen Funde nach Deutschland zu exportieren, indem er eine Verknüpfung zwischen Politik und Wirtschaft der beiden Länder erreichen wollte. Wiegand setzte sich für die Wiedereinführung der alten Antikengesetzgebung und schlug der deutschen Regierung vor, dass sie die der Türkei zugesicherten Kreditanleihen - Wiegand bezeichnete dies als Museumsanleihe - mit den archäologischen Interessen verbinden müsse. (vgl. Dahlhaus, a. a. O., S. 209 f.) Über die deutschen archäologischen Forschungen in der Türkei siehe Wiegand, Theodor, Halbmond im letzten Viertel. Archäologische Reiseberichte, Bd. 29, Mainz 1985.

[102]Wangenheim an das Auswärtige Amt, 25. Oktober 1914, PA Türkei Nr. 159, Bd. 13,14.

[103]Wangenheim an das Auswärtige Amt, 4. Januar 1915, PA Türkei Nr. 159, Bd. 13,14.

[104]Mutius an den Reichskanzler von Hollweg, 9. Januar 1914, PA Türkei Nr. 159, Bd. 13,14.

[105]Von der Goltz, Denkwürdigkeiten, a. a. O., S. 381.

[106]Ebd., S. 393.

[107]Ebd., S. 394.

[108]Vgl. Giesl, a. a. O., S. 282.

[109]Von der Goltz, Denkwürdigkeiten, a. a. O., S. 396 f.

[110]Mahmud Şevket Pascha wurde als Sohn des Gouverneurs von Basra Süleyman Bey im Jahre 1856 geboren. Sein Vater war ein Tschetschene und seine Mutter Türkin. Nach dem Abschluss der Kriegsschule absolvierte er die Kriegsakademie als Hauptmann im Jahre 1878. Als er in der Kriegsakademie tätig war, arbeitete er mit dem deutschen Offizier von der Goltz zusammen. Als man 1886 eine Kommission für die Kriegsmaterialbestellung ins Leben rief, wurde M. Şevket Mitglied dieser Kommission. Er hatte sich als Kommissionsmitglied mit Mauser-Gewehren beschäftigt. (vgl. Sarıgöl Adem, Mahmud Şevket Paşa'nın Günlüğü [Das Tagebuch von Mahmud Şevket Pascha], İstanbul 2001, S. 5.)

[111]Von der Goltz, Erinnerungen an Mahmud Şevket Pascha, in: Deutsche Rundschau, Julius, Rodenberg (hrsg.), Band 157, Jg. 1913, S. 32-46 und 184-209, S. 33.

[112]Şakir, Ziya, Mahmud Şevket Paşa [Mahmud Şevket Pascha], Muallim Fuat Gücüyenerin Tarihi Eserler Serisi, o. O. u. J., S. 16 ff.

[113]Von der Goltz, Erinnerungen an Mahmud Şevket Pascha, a. a. O., S. 34.

[114]Ebd., S. 34.

[115]Ebd., S. 35.
[116]Ebd., S. 36.
[117]Vgl. Swanson, Glen W., War, Technology and Society in the Ottoman Empire from the Reign of Abdülhamid II to 1913. Mahmud Şevket and German Militay Mission, in: Parry, V., Yapp, M., War, Technology and Society in the Middle East, New York, Toronto 1975, S. 372. Dieser Artikel bietet einen guten Überblick über die offizielle Tätigkeit Mahmud Şevkets.
[118]Von der Goltz, Erinnerungen an Mahmud Şevket Pascha, a. a. O., S. 36.
[119]Ebd., S. 208.
[120]Sarıgöl, a. a. O., S. 89.
[121]Radolin an den Reichskanzler von Hollweg, Paris 16. Januar 1910, PA Türkei Nr. 142, Bd. 29,30.
[122]Von Strempel an das Kriegsministerium, 16. Januar 1910, PA Türkei Nr. 142, Bd. 29,30.
[123]Von Strempel an das Kriegsministerium, 3. Januar 1913, PA Türkei Nr. 142, Bd. 35,36.
[124]Sarıgöl, a. a. O., S. 91.
[125]An den Reichskanzler von Hollweg, Athen 5. Januar 1911, PA Türkei Nr. 142, Bd. 32,33.
[126]Wangenheim an den Reichskanzler von Hollweg, 11. Juni 1913, PA Türkei Nr. 159, Bd. 12,13.
[127]Wangenheim an das Auswärtige Amt, 16. Juni 1913, PA Türkei Nr. 159, Bd. 12,13.
[128]Wangenheim an den Reichskanzler von Hollweg, 28. August 1912, PA Türkei Nr. 142, Bd. 35,36.
[129]Kriegsministerium an das Auswärtige Amt, 14. Februar 1905, PA Türkei Nr. 142, Bd. 5,6.
[130]Bodman an das Auswärtige Amt, 9. August 1905, PA Türkei Nr. 142, Bd. 6,7.
[131]Schäfer, Jürgen, Deutsche Militärhilfe an Südamerika. Militär und Rüstungsinteressen in Argentinien, Bolivien und Chile vor 1914. Düsseldorf 1974, S. 113.
[132]Ebd., S. 113.
[133]Von Strempel an das Königliche Kriegsministerium, 7. August 1908, PA, Türkei Nr. 159, Bd. 3,4.
[134]Reşid Bey an die Kaiserliche Deutsche Gesandtschaft in Tanger, 27. August 1908, PA Türkei Nr. 159, Bd. 3,4.
[135]Von Strempel an das Kriegsministerium, 1. Mai 1909, PA Türkei Nr. 159, Bd. 3,4.
[136]Sanders Liman von, Fünf Jahre Türkei, Berlin 1920, S. 12.
[137]Marschall an das Auswärtige Amt, 28. November 1909, PA Türkei Nr. 159, Bd. 3,4.
[138]İzzet Pascha, a. a. O., S. 182 f.
[139]An das Auswärtige Amt, 7. April 1909, PA Türkei Nr. 159, Bd. 3,4.
[140]Marschall an das Auswärtige Amt, 13. September 1905, PA Türkei Nr. 142, Bd. 6,7.
[141]Von Strempel an das Königliche Kriegsministerium, 7. August 1908, PA Türkei Nr. 159, Bd. 3,4.
[142]Von Strempel an das Kriegsministerium, 30. Juni 1909, PA Türkei Nr. 142, Bd. 28,29.
[143]Küntzer, Karl, a. a. O., S. 23.
[144]Bodman an das Auswärtige Amt, 10. August 1905, PA Türkei Nr. 158, Bd. 8, 9.
[145]Sarıgöl, a. a. O., S. 59.
[146]Kinderlen an den Reichskanzler von Bülow, 20. August 1908, PA Türkei Nr. 158, Bd. 9,10.
[147]Kalifen waren die Nachfolger des Propheten Mohammed als Oberhaupt der muslimischen Gemeinschaft. Durch die Eroberung von Ägypten wurde der Titel „Kalifat" von Türken im Jahre 1517 übernommen. Zu jener Zeit hatte das Kalifat nur symbolische Bedeutung. Zum ersten Mal versuchte Abdülhamid II., das Kalifat politisch zu instrumentalisieren, das jedoch im Jahre 1924 von Mustafa Kemal Atatürk abgeschafft wurde.
[148]Grothe, Deutschland, die Türkei und der Islam, a. a. O., S. 6 f.
[149]Ebd., S. 8 f.
[150] Sultan Abdülhamid, Siyasi Hatıratım [Meine politische Erinnerungen], a. a. O., S. 101.

[151]Kaiserrede in Damaskus, 8. November 1898, in: Deutscher Geschichtskalender 1898, Bd. 2, S. 29.
[152]Barckhausen, Joachim, Männer und Mächte am Bosporus. Abdülhamid und seine Zeit, Berlin 1938, S. 252 f.
[153]Schöllgen, a. a. O., S. 110.
[154]Rathmann, a. a. O., S. 48 f.
[155]Kampen van, a. a. O., S. 134 f.
[156]Neue Wiener Journal, 15. Januar 1899, in: PA Türkei, Nr. 142, Bd. 15,16.
[157]Während des ganzen 19. Jahrhunderts musste das Osmanische Reich sich mit der Minderheitenfrage beschäftigen, die eigentlich aus der Einstellung der europäischen Großmächte zur nicht-muslimischen Bevölkerung des Osmanischen Reiches entstand. Nach dem Krim-Krieg erlangten England, Frankreich und Russland je nach ihrer Konfessionszugehörigkeit eine Schutzmachtstellung für die christlichen Untertanen des Osmanischen Reiches. In der darauf folgenden Zeit unterstützten sie direkt bzw. indirekt die nationalistischen Strömungen unter der nicht türkischen Bevölkerung des Reiches. Deswegen war die Unterstützung der Türkei in dieser Frage von Deutschland sehr wichtig. (vgl. Ortaylı, a. a. O., S. 117.)
[158]Ebd., S. 117 ff.
[159]Künzer, Karl, a. a. O., S. 70.
[160]Ortaylı, a. a. O., S. 123.
[161]Kampen van, a. a. O., S. 61 ff.
[162]Vgl. Albrecht J., Mendelsohn, L., Thimme, F. (hrsg.), Die Große Politik der Europäischen Kabinette 1871-1914. Sammlung der diplomatischen Akten des Auswärtigen Amtes, Bd. 8, S. 143 ff.
[163]Gutsche, Willibald, Monopole, Staat und Expansion vor 1914. Zum Funktionsmechanismus zwischen Industriemonopolen, Großbanken und Staatsorganen in der Außenpolitik des Deutschen Reiches 1897 bis Sommer 1914, Berlin 1986, S. 183 ff.
[164]Hallgarten, Imperialismus vor 1914, Bd. 2, a. a. O., S. 604 ff.
[165]Gutsche, a. a. O., S. 112.
[166]Rathmann, a. a. O., S. 46 f.
[167]Eine andere Bezeichnung für das Auswärtige Amt.
[168]Vgl. Richter, Stefan J., Die Orientreise Kaiser Wilhelms II. 1898. Eine Studie zur deutschen Außenpolitik an der Wende zum 20. Jahrhundert, Hamburg 1997, S. 56.
[169]Sie ist noch heute im Besitz der Bundesrepublik Deutschland.
[170]Scherer, a. a. O., S. 388 ff.
[171]Ebd., 393 ff.
[172]Marschall an den Reichskanzler von Bülow, 5. September 1906, PA Türkei Nr. 142, Bd. 23,24.
[173]Helfferich, a. a. O., S. 21.
[174]Ebd., S. 25.
[175]Marschall an das Auswärtige Amt, 4. Februar 1907, PA Türkei Nr. 158, Bd. 9,10.
[176]Pückler an den Bülow, München 19. Juni 1907, PA Türkei Nr. 158, Bd. 9,10.
[177]Marschall an den Reichskanzler von Bülow, 27. März 1907, PA Türkei Nr. 158, Bd. 9,10.
[178]Firma Krupp an den Marschall, 27. April 1905, PA Türkei Nr. 142, Bd. 23,24.
[179]Miquel an den Reichskanzler von Hollweg, 8. September 1910, PA Türkei Nr. 142, Bd. 31,32.
[180]Rheinmetall an das Auswärtige Amt, 11. November 1910, PA Türkei Nr. 142, Bd. 32,33.
[181]Das Schreckmittel Wilhelms II gegenüber dem Sultan, Übersetzt aus der Wetschernaja Poschta, Nr. 11./24. Januar 1905, in: PA Türkei Nr. 142, Bd. 22,23.
[182]Gutsche, a. a. O., S. 111.

4 Die Deutsche Rüstungsindustrie

Bis zur Mitte des 19. Jahrhunderts war Deutschland auf den Import des Rüstungsmaterials aus England und Frankreich angewiesen, weil die Produktion seiner staatlichen Waffenfabriken unzureichend war. Die ältesten privaten Gewehrfabriken Deutschlands entstanden bereits im 15. Jahrhundert in Suhl, Solingen und Essen, die aufgrund ihrer Privilegien Gewehre für das brandenburgische Heer lieferten. Außer diesen Gewehraufträgen konnten allerdings jene privaten Gewehrfabrikanten kaum Rüstungsaufträge vom Staat bekommen. Die Firma Krupp verdankt ihren Aufstieg zum größten Rüstungskonzern des Kaiserreiches den Kriegsmaterialbestellungen Preußens und vor allem denen des Auslandes während des 19. Jahrhunderts, worauf der Verfasser dieser Arbeit im Abschnitt (5.2.1) eingeht. Infolge des kapitalistischen Wirtschaftssystems und der Industriellen Revolution gewann der Rüstungssektor in Deutschland allmählich an Bedeutung, wobei man ab 1871 sogar den Rüstungsbedarf durch die privaten deutschen Rüstungsfirmen abdecken musste. In der Ära des Kaiserreiches setzte man dann mit voller Kraft den Übergang zur Massenproduktion im Rüstungssektor durch.[1] Nach Matthias Erzberger entwickelte sich die private deutsche Rüstungsindustrie bis zum Ersten Weltkrieg zum größten Waffen- und Munitionslieferanten der Welt.[2]

Neben unzähligen kleinen privaten Rüstungsunternehmen kam der größte Teil der Rüstungsfabriken wie die Firma Krupp, die Rheinmetall, die Dillinger Hütte des Stummkonzerns, die DW & MF, die Siemens AG, die AEG und Daimler Benz im 19. Jahrhundert auf. Dank seiner ersten Lieferung an den preußischen Staat bekam Alfred Krupp bevorzugte Behandlung bei den Hohenzollern, als es um die 300 Rohre für die Feldgeschütze im Jahre 1859 ging. Als der preußische Prinzregent Wilhelm I. 1861 als Gast im Hause Krupp weilte, signalisierte er seine Unterstützung für die Firma Krupp gegen ihre Bochumer Konkurrenz Bochumer Verein.[3] Darüber hinaus gab es einige Pulverfabriken in Deutschland, die mit der Türkei Geschäfte gemacht haben. Eine von ihnen waren die Vereinigten Köln-Rottweiler-Pulverfabriken.[4] Eine andere Fabrik war die Pulverfabrik Max von Förster, die das Auswärtige Amt in einem Schreiben darum bat, die Unterstützung ihrer Tätigkeiten in der Türkei durch die deutsche Botschaft zu veranlassen.[5]

Da die deutsche Armeeführung die Rüstungsindustrie dahingehend drängte, die Inlandsproduktion so hoch wie möglich zu halten, entstand ein Warenüberschuss, den man nicht mehr im Inland absetzen konnte. In dieser Situation war die deutsche Rüstungsindustrie auf den Export ihrer Ware ins Ausland angewiesen. Aus diesem Grund dienten die latenten internationalen Spannungsgebiete wie die Türkei, China, der Balkan usw. den deutschen Waffenlieferanten als Absatzmärkte, auf denen man mit dem in Europa nicht mehr absetzbaren Material lukrative Geschäfte abwickeln konnte. Nach Jürgen Schäfer versuchten die deutschen Waffenfabrikanten, zwei in gespannten Beziehungen zueinander stehende Nachbarstaaten zum Wettrüsten anzuregen. Man erklärte jeder Seite, dass die andere gerade das neueste Modell des jeweiligen Kriegsmaterials gekauft habe und ihr waffentechnisch überlegen sei. Wenn diese Taktik nicht zum Erfolg führte, lancierte man Pressemeldungen über angebliche kriegerische Absichten der anderen Seite. Man vermied die Probleme der Finanzierung der Waffengeschäfte dadurch, dass die Bestellung des Materials mit der Vergabe einer Anleihe gekoppelt wurde.[6] Obwohl bis zur Mitte der 80er Jahre des 19. Jahrhunderts der Handel mit der Türkei im Vergleich zum Gesamthandel Deutschlands immer noch gering ausfiel, war der Waffenhandel in den darauf folgenden Jahren als eigentliche Triebkraft des deutschen Außenhandels mit der Türkei - damit auch der deutschen Türkeipolitik - zu betrachten, was bereits anhand der Abb. 2 geschildert wurde. Deutschland besaß zu jener Zeit in der Türkei ein Rüstungsmonopol, das sich bis zum Ersten Weltkrieg behauptete. Frankreich interessierte sich ebenfalls für den türkischen Markt bezüglich der Kriegsmateriallieferungen, wobei der Vertreter von Schneider-Creuzot in İstanbul versuchte, das Liefermonopol der Firma Krupp zu brechen.[7]

Im Bereich der Marine war die Situation nicht anders. Anfänglich kaufte man die ersten Kriegsdampfschiffe für die preußische Marine in England bzw. in Frankreich, weil die deutsche Rüstungsindustrie nicht in der Lage war, Schiffe für Preußen allein herzustellen. Von einem planmäßigen Schiffbau kann man erst nach der Gründung des Norddeutschen Bundes sprechen. Trotzdem bestellte Deutschland ein weiteres Schiff bei der englischen Werft Thames Iron Work im Jahre 1875.[8] In den 80er Jahren des 19. Jahrhunderts entstanden jedoch einige konkurrenzfähige Schiffbaugesellschaften in Deutschland. Die Schiff- und Maschinenbaugesellschaft Germania in Gaarden bei Kiel, beispielsweise, deren Zweck es war, vorwiegend Handels- und Kriegsschiffe zu konstruieren, wurde am 25. November 1882 gegründet. Außerdem gehörten Eisen- und Metallgießerei, Maschinenfabrikation und Fertigung von Eisenarbeiten jeder Art zum Arbeitsbereich der Firma. Am 26. September 1896 wurde Germania von der Firma Krupp übernommen. Das Kapital der Firma war auf 5.500.000 Mark zu beziffern.[9] Die anderen wichtigen deutschen Werften waren die Howaldswerke[10] und die Firma Früchtenicht und Brock.[11]

4.1 Die deutsche Rüstungsindustrie und Politik

Im Zeichen der Industrialisierung entstanden wichtige und einflussreiche Industrieunternehmen in Deutschland, die versuchten, einen starken Einfluss auf den politischen Kurs der Regierung auszuüben, ohne dass deren Vertreter politische Posten bekleideten. Diese Intervention in die Politik der Regierung wurde später als Instrument so wirkungsvoll eingesetzt, dass den Staatsmännern und Diplomaten nichts anderes übrig blieb, als das, was faktisch bereits entschieden war, in die reale Politik umzusetzen. Zu den prominentesten Vertretern der deutschen Industrie gehörten Ende des 19. Jahrhunderts Emil Kirdorf, August Thyssen, Friedrich Alfred Krupp usw., unter denen jedoch F. Alfred Krupp eine bedeutende Rolle zukam. Diese Männer waren in den Augen des Volkes zum Synonym des deutschen Militarismus und Imperialismus geworden, was wiederum in dem Motto „Krupps Ehre - Deutschlands Ehre“ seinen Ausdruck fand. Wie bereits im Abschnitt (5.1) dargestellt wurde, pflegte die Firma Krupp gute Beziehungen zur politischen Führung des Kaiserreiches, vor allem aber zu dem deutschen Kaiser Wilhelm II.[12]

Die deutschen Firmen, die den Kurs der deutschen Außenpolitik nicht nur in der Türkei, sondern auch in Äthiopien zu bestimmen suchten, übten einen großen Einfluss auf die Außenpolitik des Landes im imperialistischen Zeitalter aus. Es vollzog sich zu Beginn des 20. Jahrhunderts in der deutschen Außenpolitik gegenüber Äthiopien eine Kurskorrektur, deren Anlass eine von 34 deutschen Firmen unterzeichnete Resolution war. In dieser Resolution wurde die deutsche Regierung zur Errichtung eines Konsulats in Addis Abeba aufgefordert, um die dortigen kaufmännischen Aktivitäten unterstützen zu können.[13] Zuvor baten bereits zahlreiche Unternehmen wie die DW & MF und die Allgemeine Elektrizitätsgesellschaft das Auswärtige Amt darum, ihnen nähere Auskunft über die Absatzmöglichkeiten für die deutschen Waren in Äthiopien zu erteilen. An der Erschließung des äthiopischen Absatzmarktes waren insbesondere die deutschen Waffenfirmen interessiert.

Auch Äthiopien war ein Land, in dem Frankreich und Deutschland miteinander um die Rüstungsaufträge konkurrierten. Dort bemühten sich die deutschen Waffenfirmen darum, die Schwächen des französischen Hauptkonkurrenten auszunutzen, um in diesem Land Fuß zu fassen. Da die deutsche Regierung die Waffengeschäfte ihrer Unternehmer mit Äthiopien als ein wirksames Instrument für die Politik der „friedlichen Durchdringung" dieses Landes und für die indirekte Einflussnahme auf Addis Abeba betrachtete, unterstützte sie ihre Aktivitäten tatkräftig. Um dies zu verdeutlichen möchte der Verfasser dieser Arbeit hier ein Zitat anführen:

> „Zwischen 1910 und 1913 kam es zur Abwicklung des bedeutendsten Geschäfts zwischen einem deutschen Waffenhändlerkonsortium und der äthiopischen Regierung. Als der französische Waffenhändler Savoure einen Auftrag über die Lieferung von 56.000 Gewehren und 6 Mill. Patronen an Äthiopien in der gesetzten Frist nicht realisieren konnte und dadurch der Vertrag ungültig wurde, bemühte sich der deutsche Gesandte in Addis Abeba, v. Zechlin, darum, dieses Geschäft in Verhandlungen mit dem Vertreter der äthiopischen Regierung für deutsche Interessenten zu sichern."[14]

Die Aktivitäten Deutschlands wurden von der äthiopischen Regierung dahingehend toleriert, dass Deutschland einen Gegenpol zu den anderen europäischen kolonialen Mächten bildete. Anhand eines Zitates möchte ich an dieser Stelle veranschaulichen, dass der äthiopische König, Menelik II., die Großmächte gegeneinander ausspielen wollte, um seinen Spielraum in der Außenpolitik zu erweitern:

> „Die Bestrebungen des deutschen Imperialismus, in Äthiopien zu wirtschaftlichem und politischem Einfluss zu gelangen, wurden dort zumindest toleriert, da Menelik II. seit dem Beginn des 20. Jahrhunderts Deutschland als Gegenspieler Großbritanniens, Frankreichs und Italiens ansah. Als junge Kolonialmacht, die in

der unmittelbaren Umgebung Äthiopiens keinen Kolonialbesitz hatte und zudem jede Annexionsabsicht leugnete, bildete das Deutsche Reich für die äthiopischen Machthaber das 'kleinere Übel'".[15]

Außerdem war die deutsche Industrie am Fernost interessiert. Wie Willibald Gutsche darauf hinweist, gingen die eigentlichen Impulse zur Expansion nach Fernost nicht vom Staat, sondern von den an dieser Region interessierten Firmen und Monopolen aus. In diesem Zusammenhang ist das „Konsortium für asiatische Geschäfte" zu erwähnen, das unter Mitwirkung von Großbanken wie der Deutschen Bank und der Diskonto-Gesellschaft, der Montanindustrie, der Firma Krupp und der Vereinigten Maschinenfabrik Augsburg und der Maschinenbauanstalt Nürnberg AG gegründet wurde. Dieses Konsortium war der eigentliche Motor der Expansion in Richtung China. Deshalb gründete man 1889 für die Abwicklung des Geldgeschäftes mit dieser Region die Deutsch-Asiatische-Bank.[16]

Die rasche Entwicklung Deutschlands aus einem ganz rückständigen Wirtschaftsgebiet zu einer Industriemacht ersten Ranges war die wichtigste Voraussetzung der deutschen „Weltpolitik", wie in den Abschnitten (2.2.1 und 2.2.2) dargestellt wurde. Bei der „Weltpolitik" handelte es sich um die Politik eines Militärstaats, der auf die Absichten der aufstrebenden Kartelle und Trusts Rücksicht nehmen musste und der das in die Tat umzusetzen versuchte, was die Militärs, die Marine und die führenden Konzerne für richtig hielten. Man bildete in der deutschen Industrie Monopole, indem man die Zahl der Industrieverbände und Genossenschaften auf ein Minimum reduzierte.[17]

Die führenden Persönlichkeiten der Schwerindustrie waren treue Anhänger der deutschen „Weltpolitik" wie der berühmte Ruhrindustrielle Emil Kirdorf. Er verkörperte den engsten Zusammenhang zwischen der Schwerindustrie und der Rüstungsindustrie in seiner Person. Er dirigierte z. B. die Gelsenkirchener Bergwerk AG., das Kohlensyndikat, die Diskontogesellschaft, die Köln-Rottweiler Pulverfabriken und die DW & MF.[18] Die deutsche Industrie war im Reichstag durch die nationalliberale Partei vertreten, die unter ihrem Einfluss in eine Rechtspartei umgewandelt wurde. Überdies gab es eine enge Verflechtung zwischen der deutschen Industrie und den nationalistischen Verbänden wie dem Alldeutschen Verband, zu dessen 73-köpfigem Vorstand E. Kirdorf, Duddenhofer von den Rottweiler Pulverfabriken, E. Leuschner von der Mansfeld AG, E. Kleine vom Bergbaulichen Verein und der Vorsitzende des Vereins deutscher Eisen- und Stahlindustrieller, G. L. Meyer, angehörten. Alfred Hugenberg, der eigentliche Gründer des Alldeutschen Verbandes, wurde im Jahre 1909 zum Vorsitzenden des Direktoriums des Zentralverbands der Deutschen Industrie und des Bergbaulichen Vereins gewählt. Reismann-Grone war auch ein Gründungsmitglied des Alldeutschen Verbandes, der später die „Rheinisch-Westfälische Zeitung" leitete, die das Propagandaorgan der Schwerindustrie war.

Der Alldeutsche Verband und die deutsche Industrie arbeiteten Hand in Hand. So konnte er einen großen Beitrag zur Verwirklichung der Ziele der deutschen Industrie leisten. Im Alldeutschen Verband gab es konservative Intellektuelle, die ihre machtpolitischen Ziele so hochgesteckt hatten, dass sie gewollt oder ungewollt mit der Schwerindustrie zusammenarbeiten mussten. Im April 1898 gründeten Friedrich Alfred Krupp und Victor Schweinburg den Flottenverein. Victor Schweinburg gab zur damaligen Zeit die von der Firma Krupp und der übrigen Schwerindustrie finanzierten „Berliner Neuesten Nachrichten" heraus. Darüber hinaus spielten auch die Vereine wie der Flottenverein, Wehrverein und die Kolonialbewegung eine große Rolle bei der Mobilisierung der Bevölkerung für die imperialistischen Zwecke. Mit der Unterstützung der deutschen Industrie gelang es Alfred von Tirpitz, eine mächtige Organisation aufzubauen, die ungefähr 1.500 Zeitungen und Zeitschriften über die Marine zur Verfügung stellen konnte. Um das Jahr 1906 war der Flottenverein die größte Organisation des Deutschen Reiches, die über eine Million Mitglieder verfügte.[19] Die Bankiers Karl von der Heydt, Wilhelm von Kardorrf und der Direktor der „Deutsch-Ostafrikanischen-Gesellschaft" Lucas gehörten dem ersten geschäftsführenden Vorstand des Alldeutschen Verbandes an. Unter den Gründungsmitgliedern des Alldeutschen Verbandes gab es auch den Lübecker Großunternehmer Ludwig Possehl. In diesem Zusammenhang muss jedoch betont werden, dass E. Kirdorf und A. Hugenberg zwei prominente Persönlichkeiten innerhalb des Alldeutschen Verbandes waren, wobei der Letztere zwischen 1909 und 1918 als Direktor der Firma Krupp tätig war. Der Unternehmeranteil im Vorstand des Verbandes betrug 1891 18 %, 1899 16 %, 1904 15,5 % und 1917 23 %.[20]

Nach der Gründung des Flottenvereins spendierte die Firma Krupp dem Verein 500.000 Mark. Der Einfluss der deutschen Großindustrie auf den Flottenverein war dadurch präsent, dass sie in dessen Führungsgremien zahlenmäßig stark vertreten war. Im Jahre 1912 gehörten beispielsweise zwölf Unternehmer dem 50-köpfigen Gesamtvorstand des Flottenvereins an. Der Einfluss der Großindustrie war nicht nur im Flottenverein, sondern auch im Alldeutschen Verband und in der Kolonialgesellschaft ausschlaggebend. An einer Versammlung des Landesverbandes des Flottenvereins 1900 nahmen 65 Personen teil, davon 20 Millionäre.[21]

Die deutsche Industrie pflegte gute Beziehungen zur Staatsspitze, was in der Beziehung zwischen der Firma Krupp und den Hohenzollern besonders deutlich wurde. Wilhelm II., der die Familie Krupp öffentlich als seinen Freund betrachtete, worauf der Verfasser dieser Arbeit im Abschnitt (5.1.1) zurückkommen wird, weilte tatsächlich mehrmals auf dem „Villa-Hügel" in Essen. Im Jahre 1908 besaß der deutsche Kaiser Wertpapiere in Höhe von 50.000 Mark von der Firma Krupp. Deswegen war sie von Staats wegen den deutschen Mitbewerbern gegenüber privilegiert, wie es im Krupp-Ehrhardt-Gegensatz zutage trat. Dies wird im Abschnitt (4.5.2) behandelt. Neben der kaiserlichen Familie hatte die Firma Krupp ebenfalls gute Beziehungen zu den damaligen Regierungsbehörden. Der preußische Eisenbahnminister von Thielen gehörte beispielsweise dem Aufsichtsrat der Firma Krupp an. Der Finanzminister von Rheinbaben und der Chef des Reichsmarineamtes von Hollmann waren gut befreundet mit der Familie Krupp. An den Feierlichkeiten anlässlich des 100-jährigen Bestehens der Firma Krupp nahmen Wilhelm II. und A. Tirpitz teil.[22] F. Alfred Krupp von der Reichspartei Reichtagsabgeordneter von 1893 bis 98 und Wilhelm Krupp von der Zentrumspartei Reichtagsabgeordneter von 1901 bis 03 gehörten dem Reichtag an. Paul Mauser war ebenfalls Reichstagsabgeordneter für die Nationalliberalen zwischen 1898 und 1903.[23]

Zwischen der Politik und der Wirtschaft gab es eine so enge Verflechtung, dass die hohen Beamten nach ihrem Ausscheiden aus dem Staatsdienst in den Vorständen der Industrie und Wirtschaft tätig waren. Nach seinem staatlichen Dienst leitete z. B. der preußische Landwirtschaftsminister von Podbielski die AEG. Ein anderer Vertreter der Politik, der aus dem preußischen Finanzministerium zur Firma Krupp wechselte, war A. Hugenberg, wie oben erwähnt wurde. In diesem Zusammenhang ist wichtig zu erwähnen, dass der damals amtierende preußische Eisenbahnminister von Thielen bei der Firma Krupp und der ebenfalls amtierende preußische Innenminister von Loebell bei den Ehrhardt-Werken beschäftigt waren. Im Hinblick auf die Verflechtung zwischen der Politik und der Wirtschaft diente der Vizeadmiral von Sack als Paradebeispiel, der nach seinem Ausscheiden aus der Militärbürokratie sogar in den Aufsichtsräten von einigen großen Rüstungsfirmen wie in denen der Firma Krupp, der DW & MF und der Köln-Rottweiler-Pulverfabriken mitwirken konnte.[24]

Der Zentralverband Deutscher Industrieller interessierte sich auch für die deutsche Weltpolitik. Dabei trat die globale Verflechtung nationaler Wirtschaftsinteressen in den Vordergrund, was sich zum Fundament des Weltmachtgedankens entwickelte. Der ZVDI blieb aber dem rassistischen Gedanken des Kaisers und des Alldeutschen Verbandes fern, denn für den ZVDI war der Weltmachtgedanke mit einem wirtschaftlichen Inhalt gefüllt. Nach der Ansicht vom ZVDI war der Außenhandel die eigentliche Triebkraft des wirtschaftlichen Gedeihens in Deutschland.[25] Obwohl der ZVDI gute Beziehungen zum Alldeutschen Verband bei seiner Gründungszeit pflegte, distanzierte sich später die Leitung des ZVDI vom Alldeutschen Verband und forderte die Regierung auf, nicht im Sinne der alldeutschen Propaganda zu handeln.[26]

4.2 Die Firma Ludwig Löwe & Co.

Ludwig Löwe[27], der als der größte deutsche Waffenfabrikant in die Geschichte einging, beschäftigte sich am Anfang seiner Karriere mit Reparatur und Verkauf von Maschinen. Da er die Maschinen mit der amerikanischen Technologie selbst produzieren wollte, fing er im Jahre 1869 damit an, Nähmaschinen herzustellen. Aus diesem Grund gründete er am 7. Dezember 1869 die Firma Ludwig Löwe & Co. mit einem Startkapital von 25.000 Talern (75.000 Mark.)[28] Da die Nachfrage nach seinen Nähmaschinen nicht groß genug war, musste L. Löwe Ende der 70er Jahre des 19. Jahrhunderts die Produktion einstellen. Anschließend stieg er in das Handfeuerwaffen- und Munitions-

Geschäft ein, inspiriert von seinem Ingenieur Eduard Barthelmes, der für die Waffenindustrie in Suhl beschäftigt war. Nach der Abwicklung eines Geschäftes mit den Königlich-Preußischen-Gewehrfabriken in Spandau 1872 fing er zwei Jahre später an, Artilleriemunition zu produzieren. Zwischen 1877 und 1883 stellte L. Löwe Waffen und Munition für die deutschen und russischen Regierungen her.[29]

Nach dem Tod seines Bruders im Jahre 1886 übernahm Isidor Löwe[30] die Leitung der Firma Ludwig Löwe & Co. und versuchte zunächst, die Gewehrfabrik Mauser in Oberndorf unter seine Kontrolle zu bringen, die bis dahin eine Schlüsselstellung in der deutschen Waffenindustrie besaß. Deshalb musste er Beziehungen zur Württembergischen Vereinsbank aufbauen, die unter der Leitung von Alfred Kaulla[31], dem stellvertretenden Direktor der Bank, stand. Diese Bank war die Kreditgeberin der Waffenfabrik Mauser. Es gelang der Firma L. Löwe, im Einvernehmen mit der Waffenfabrik Mauser einen Großauftrag im Wert von 37.000.000 Mark von der türkischen Regierung zu bekommen. Anschließend baute er eine Fabrik für kleinkalibrige Waffen, rauchlose Munition und Maschinengewehre. Im Jahre 1887 kaufte I. Löwe die Aktien der Waffenfabrik Mauser für 2.000.000 Mark von der Württembergischen Vereinsbank und übernahm damit den Vorsitz im Aufsichtsrat der Mauser-Werke.

Als die Waffenfirmen Löwe und Mauser 1887 den türkischen Auftrag bekamen, sollte die Munition im Wert von 9.000.000 von der Deutschen Metallpatronenfabrik Lorenz geliefert werden. I. Löwe übte jedoch mit Unterstützung von Steiner, A. Kaulla und Max Duttenhofer starken Druck auf Wilhelm Lorenz aus, damit er drei Viertel seines Auftrages an die Firma Löwe und Duttenhofer abgab. Durch diesen Umstand sah sich W. Lorenz 1889 gezwungen, seine Firma für 6.000.000 Mark den Fabrikanten I. Löwe und M. Duttenhofer zu verkaufen. Nun war I. Löwe in der Lage, die gesamte deutsche private Waffenindustrie ausschließlich der Firma Krupp zu kontrollieren. Im gleichen Jahr beteiligte er sich mit 50 % an der belgischen „Fabrique Nationale d'Armes de Guerre“ in Herstal bei Lüttich. Nach diesen Betriebserweiterungen gründete I. Löwe im Jahre 1896 seinen eigenen Waffenkonzern unter dem Namen Deutsche Waffen- und Munitionsfabriken AG mit Sitz in Berlin. Dieser Waffenkonzern bestand aus den Vereinigten Köln-Rottweiler-Pulverfabriken von Duttenhofer, der Deutschen Metallpatronenfabrik Karlsruhe AG, der Mauser AG, der Waffenfabrik L. Löwe AG , den Dürener Metallwerken und der belgischen nationalen Fabrik. Die DW & MF stellten Gewehre nach dem Mauser-, Pistolen nach dem Borchardt-Luger- und Maschinengewehre und Kanonen nach dem Hiram-Maxim-Modell her. Am Anfang des 20. Jahrhunderts waren die DW & MF mit ihren 11.000 Beschäftigten als ein großes Unternehmen in Deutschland zu betrachten.[32]

4.3 Die Deutschen Waffen und Munitionsfabriken (DW & MF)

Bevor L. Löwe am 4. November 1896 die DW & MF gegründet hatte, hatte er die Firma Lorenz im Februar 1889 für 6.000.000 Mark gekauft, wie oben erwähnt. Bis zum Ende des Jahres 1896 firmierte die Gesellschaft unter dem Namen Deutsche Metallpatronenfabrik in Karlsruhe. Anschließend verlegte man den Sitz der Firma nach Berlin und änderte den Namen der Gesellschaft Deutsche Metallpatronenfabrik in Deutsche Waffen- und Munitionsfabriken ab. In dieser Situation ging der Betrieb der Waffenfabrik Löwe ab dem 1. Januar 1897 auf die DW & MF über. Da die Karlsruher Fabrik die Türkei, die Niederlande, Russland, Schweden, Norwegen, Chile, Mexiko, Japan usw. mit Munition und Munitionsmaschinen belieferte, war diese Filiale nach der Umbildung weiter gut beschäftigt.[33]

Die DW & MF übernahmen von der Firma Ludwig Löwe & Co. nach den vertraglichen Vereinbarungen folgende Objekte: Erstens übernahm man die Waffenfabrik in Martinikefelde bei Berlin, den Fabrikationspark für die Maxim-Gewehre und sämtliche Aktien der Waffenfabrik Mauser in Oberndorf a. Neckar im Nominalwert von zwei Mill. Mark. Zweitens beteiligten sich die DW & MF im Rahmen eines Konsortiums an der Waffen- und Maschinenfabrik in Budapest mit einem Anteil von 300.000 Florin. Drittens wurden die Aktien im Nominalwert von 2.925.000 Francs von der „Fabrique Nationale d'Armes de Guérre" in Herstal bei Lüttich erworben. Darüber hinaus akzeptierte man alle vertraglichen Rechte und Pflichten. Die Firma Löwe verpflichtete sich, 25 Jahre lang weder direkt noch indirekt Handfeuerwaffen, Munition, Sprengstoff und Pulver herzustellen. Nach dieser Verpflichtung war der Firma ebenfalls untersagt, neue Waffenfabriken in Deutschland, Belgien und Österreich-Ungarn zu gründen und Maschinen zur Herstellung der Waffen zu produzieren. Dagegen bekam die Firma Ludwig Löwe 6.000.000 Mark. Die Höhe des Firmenkapitals lag bei insgesamt 15.000.000 Mark. Das Ziel der DW & MF bestand darin, alle Arten von Waffen und Munition herzustellen und gewerbsmäßig zu vertreiben. Die Fabrikation des Kriegsmaterials wurde später im Einvernehmen mit dem Patentinhaber auf die Maxim-Maschinen-Gewehre und die Maxim-Maschinen-Geschütze erweitert.[34] Infolgedessen gelang es der Firma, eine Monopolstellung für Handfeuerwaffen wie die Gewehre und Karabiner und für die Munitionsproduktion zu erlangen.

Zum Vorstand der DW & MF gehörten die pensionierten Offiziere wie Generalmajor a. D. Herman Budde, Alexis Riese, Oberstleutnant a. D. Adolf Simon, H. Platz, R. Wagenblast an.[35] Die DW & MF erzielten eine Einigung mit der Österreichischen Waffenfabrik in Steyr über die Aufteilung der internationalen Interessensphäre unter Ausschluss gegenseitiger Konkurrenz, die ab dem Jahr 1885 das österreichische Mannlicher-Gewehr[36] produzierte. Die DW & MF pflegten auch gute Beziehungen zu den Regierungsbeamten. Generaldirektor der Firma war z. B. zwischen 1900 und 1902 Generalmajor Herrman Budde, dessen Bruder der Direktor der Firma Krupp war. H. Budde wechselte später ins preußische Kabinett. Die Gebrüder Gontard gehörten zum engeren Freundeskreis Kaiser Wilhelms II.. Einer der Gebrüder, Paul von Gontard, hatte den Posten des Direktors bei DW & MF inne und der andere war als Flügeladjutant des Kaisers tätig gewesen. Die DW & MF beschäftigten als Sondervertreter mit Vorliebe deutsche Offiziere.[37]

4.3.1 Lieferungen an die Türkei

Am 9. Februar 1887 wurde ein Vertrag über die Lieferung von 500.000 9,5 mm- kalibrigen Mauser-Gewehren (M/1887) und 50.000 9,5 mm-kalibrigen Karabiner (M /1887) zwischen dem türkischen Kriegsministerium und der Waffenfabrik Mauser, der Firma Ludwig Löwe & Co. und der Metallpatronen- und Maschinenfabrik Wilhelm Lorenz abgeschlossen. Demnach kostete ein Gewehr 363 Türkische Pfund. Bis zum Jahr 1893 wurden 220.000 Infanteriegewehre (M/1887) und 4000 Karabiner (M/1887) in die Türkei geliefert. General Şakir Pascha unterzeichnete 1890 einen Zusatzvertrag zum Vertrag von 1887 mit den oben erwähnten Fabriken. Darin wurde vereinbart, dass der Rest des Auftrages, der aus 280.000 Infanteriegewehren und 46.000 Karabinern bestand, mit dem 7,65 mm-kalibrigen neuen Modell (M/1890) gefertigt werden sollte. Außerdem sollte die Fabrik anstatt der noch ausstehenden 46.000 Karabiner (M/1887) die entsprechende Zahl Infanteriegewehre (M/1890) liefern. In diesem Fall mussten die DW & MF also insgesamt 326.000 Infanteriegewehre in die Türkei liefern.

Am 20. September 1887 wurde ein anderer Vertrag über die Lieferung von Munition -100.000.000 Patronen in 100.000 Kisten für das 9,5 mm-kalibrige Mauser-Gewehr-Modell (M/1887) - zwischen der türkischen Regierung und den Vereinigten Pulverfabriken Kölln/Rottweil unterzeichnet. Eine Kiste kostete 473 Türkische Pfund, die 1000 Patronen enthielt. Nach diesem Vertrag wurden 93.500 Kisten, d. h. 93.500.000 Patronen, bis zum Jahre 1893 in die Türkei abgeliefert. Am 29. Oktober 1892 schloss das türkische Kriegsministerium mit der gleichen Fabrik einen neuen Vertrag über die Lieferung von 50.000.000 Patronen für das neue Gewehr (M/1890), gefüllt mit SCP-Pulver, zum Preis von 650 Türkischen Pfund pro Kiste ab. Abdülhamid II. spielte mit dem Gedanken, die Vereinigten Pulverfabriken Kölln/Rottweil mit der Gründung der Munitionsfabriken in der Türkei beauftragen zu lassen, wie der Verfasser dieser Arbeit im Abschnitt (4.3.4) näher beleuchten wird.[38]

Am 7. Juli 1894 wurde ein Vertrag über die Lieferung von 50.000.000 Patronen für die Infanteriegewehre zwischen der türkischen Regierung und den Pulverfabriken Karlsruhe-Rottweil abgeschlossen, wobei sie den Kistenpreis (1.000 Stück pro Kiste) von 650 Türkischen Pfund auf 647 herabsetzte.[39] Der deutsche Botschafter, Marschall spielte beim Abschluss dieses Waffengeschäftes eine vermittelnde Rolle. Um diesen Sachverhalt besser veranschaulichen zu können, möchte ich hier ein Zitat anführen:

> „Zwischen dem Sultan und den Vertretern der Karlsruher Metallpatronenfabrik ist gestern (am 19. Mai 1898) unter meiner Vermittlung ein Einverständnis dahin erzielt worden, daß die letztere 200 Mill. Patronen, pro Kiste zum Preis von 560 (Türkischen Pfund) liefert [...]"[40]

Nach den Informationen der „Norddeutschen Allgemeinen Zeitung" beschloss die türkische Regierung im Frühjahr 1898, 120.000 7,65 mm-kalibrige Mauser-Gewehre im Gesamtwert von rund 400.000 Türkischen Pfund - umgerechnet 7.376.000 Mark - anzuschaffen und 100.000.000 Patronen für dieses Modell im Gesamtwert von 11.000.000 Mark zu bestellen. Für die Artillerie beabsichtigte man dabei 30.000 kg rauchschwaches Geschützpulver zum Preis von ungefähr zehn Mark pro kg und 100.000 Granaten und Schrapnells für die Feld- und Gebirgsgeschütze zu bestellen. Ferner wollte man vier neue Panzerschiffe und vier neue moderne Kreuzer im Gesamtwert von 100.000.000 Mark von den drei deutschen Werften Vulkan, Germania-Werft und Schichau bauen lassen. Hinsichtlich des aufgezählten Bedarfs wurde bis zum Mai 1898 nur ein Lieferauftrag über 20.000 kg rauchschwaches Pulver an die Firma von Förster bei Berlin erteilt. Es wird darauf hingewiesen, dass bei diesen Bestellungen in erster Linie nur die deutschen Firmen in Betracht kamen, obwohl auch österreichische, belgische und französische Firmen um Aufträge konkurrierten.[41]

Im Februar 1903 führte die türkische Regierung Verhandlungen über die Lieferung von 270.000 kg rauchschwachen Geschützpulvers - 100.000 kg davon waren bis zum April des Jahres 1903 zu liefern - und von 200.000 Schrapnells mit Doppelzündern und 50.000 Schrapnellzündern mit den DW & MF.[42] Anfang des Jahres 1911 bestellte das türkische Kriegsministerium 49.000.000 Schießpatronen (S-Patronen), 4.000.000 Platzpatronen (P-Patronen) und 100 Maschinengewehre bei den DW & MF. Die Gesamtsumme der Bestellungen war über 5.000.000 Mark zu beziffern. Die S-Patronen pro Kiste (1000 Stück) kosteten 530 anstatt 554 Türkische Pfund. Der Preis der P-Patronen betrug pro Kiste 367 Türkische Pfund. Ein Maschinengewehr kostete 367 Türkische Pfund. Nach der Ansicht des deutschen Militärattachés waren diese Bestellungen ein Indiz dafür, dass die Türkei hart daran arbeitete, die Schlagfertigkeit ihrer Armee zu erhöhen. In der Ära von Abdülhamid II. gab es in der türkischen Armee insgesamt 50 deutsche Maschinengewehre neben 70 französischen. Nach der Entmachtung des Sultans durch die Jungtürken bestellte man allein 300 Maschinengewehre aus Deutschland. Da diese Bestellungen ohne öffentliche Ausschreibung geheim erfolgten, wurde M. Şevket von den anderen europäischen Großmächten angegriffen.[43]

4.3.2 Konkurrenz

Wie im Abschnitt (4.3.1) erwähnt, konkurrierte eine Reihe von Firmen um die Kriegsmaterialbestellungen aus İstanbul im Jahre 1898. Um die Patronenlieferungen kämpften einerseits die DW & MF,[44] die Fabrik Polte, die aber nur Hülsen liefern wollte, eine belgische Waffenfabrik, die französische Fabrik „Sociéte française de munitiono u. Etienne" und die Hirtenberger Fabrik Relles & Co. aus Österreich. Andererseits konkurrierten um die Geschützpulverlieferungen die deutschen Waffenfabriken wie die Vereinigten Pulverfabriken Köln-Rottweil, die Munitionsfabrik bei Königswusterhausen, die Firma Max von Förster und die Firma Krupp. Um die Bestellungen der Artilleriemunition und die eventuellen anderen Geschützbestellungen kämpften die Ehrhardt-Werke und die Firma Krupp miteinander. Wie oben darauf hingewiesen wurde, erhielt bis zum Ende April 1898 nur die Firma Förster den Auftrag von der türkischen Regierung über die Lieferung von 20.000 kg rauchschwachen Geschützpulvers, und zwar für acht Mark pro kg. Ein Drittel der fälligen Summe, d. h. 53.333 Mark, wurden bereits an die Deutsche Bank überwiesen.[45]

Die deutsche Botschaft in İstanbul spielte bei der Vermittlung des Preises zwischen der türkischen Regierung und den deutschen Waffenfirmen eine entscheidende Rolle. Mit dieser Hilfe konnten die DW & MF z. B. der Türkei bei den Großpatronenlieferungen den niedrigsten Preis anbieten, um die ausländische Konkurrenz zu schlagen. Der Erlass des Sultans beinhaltete jedoch zwei Abweichungen von den Vertragsvereinbarungen, die das Zustandekommen des Geschäftes äußerst gefährdet hatten. Bei diesen Abweichungen ging es zum einen um die Patronen, auf denen durch die schlechte Lagerung „Risse" entstanden waren. Nach den vertraglichen Abmachungen erklärte sich die Fabrik bereit, Schadenersatz für die rissigen Patronen zu leisten. Zum anderen ging es um die Herabsetzung des Gewehrpreises. Demzufolge erklärte sich die Waffenfabrik Mauser bereit, den Preis pro Gewehr von 325 auf 320 Türkische Pfund zu senken. Der Preisvorschlag der türkischen Regierung war dagegen 270 Türkische Pfund pro Gewehr, was für die Waffenfabrik inakzeptabel war. Die Firma Mauser konnte den Preis auf 310 bzw. auf 305 Türkische Pfund nachlassen, falls dies notwendig gewesen wäre.[46]

Nach der vereinbarten Anzahlung der Türkei in Höhe von 8400 Türkischen Pfund im Frühjahr 1899 traten bei der Ausführung des Vertrages jedoch Schwierigkeiten auf, die einerseits auf die Nichterfüllung der Ratenzahlungen durch die Türkei zurückzuführen waren, andererseits auf mangelhafte Patronenlieferungen. Unter den Lieferungen gab es rissige Patronen, wovon ungefähr 60.000.000 Patronen betroffen waren. Dies machte 95 % der früheren Lieferungen aus. In dieser Situation hatte die deutsche Waffenindustrie davor Angst, dass die Konkurrenz ihre Schwäche gegen sie ausnutzen könnte, um sie von dem türkischen Markt zu verdrängen. Dabei unterstützte die deutsche Botschaft die Bestrebungen der deutschen Industrie mit Worten und Taten.[47]

4.3.3 Probleme und Streitpunkte

Da diese rissigen Patronen ein wichtiges Problem darstellten, äußerte sich die Leitung der Patronenfabrik zu dieser Problematik folgendermaßen: Erstens nahm die Leitung an, dass an einer großen Zahl von Patronen Risse entstanden waren, die von der Firma an die türkische Regierung geliefert wurden. Das bedeute aber nicht, dass man schlechtes Material geliefert hätte. Zweitens wusste die Leitung in der damaligen Zeit nicht, dass an den Metallpatronen mit Hartmantelgeschossen Spannungen in der Hülse eintraten, falls man sie über eine längere Zeit gelagert hatte. Überdies veränderte sich das Metall der Patronen durch die Einwirkung von Quecksilberchlorid, das teilweise bei der Pulverproduktion verwendet wurde. Aus diesem technischen Grund entstanden Risse an der Hülse der Patronen. Als Abdülhamid II. den Vorschlag der Patronenfabrik auf Umrüstung der Patronen abgelehnt hatte, erklärte sich die Führung der Patronenfabrik beim Abschluss des Vertrages vom 23. Juli 1898 bereit, aus zweierlei Gründen rund 9.500.000 Ersatzpatronen umsonst an die türkische Regierung zu liefern. Zum einen wollte man der türkischen Regierung entgegenkommen, mit der man bis dahin gute Geschäfte in großem Umfang abgewickelt hatte. Mit anderen Worten: Die Patronenfabrik wollte Schadenersatz leisten. Zum anderen wollte man die ausländischen Patronenfabriken daran hindern, dass sie diesen Umstand zu ihrem eigenen Vorteil instrumentalisierten, um Bestellungen von der türkischen Regierung zu erhalten. Um einem Angriff der europäischen Konkurrenten entgegenzuwirken, musste die Fabrik ein schweres Opfer bringen. Durch die Lieferung von 9.500.000 Gratispatronen, die Zwischenlagerung der fertigen Patronen auf einem gemieteten Schiff am Bosporus und Hamburg und durch die mehrfache Einstellung der Patronenherstellung musste die Karlsruher Patronenfabrik schwere Verluste hinnehmen.[48]

Als sich die türkische Regierung über die Qualität der von den DW & MF gelieferten Patronen beschwerte, sah sich die Führung der Firma aus geschäftlichen Bedenken gezwungen, ihren Direktor Riese nach İstanbul zu schicken, um diesen treuen Kunden nicht zu verlieren. Die Karlsruher Zweigniederlassung der Firma war seit Jahren die einzige Patronenlieferantin des türkischen Kriegsministeriums und lieferte ungefähr 100.000.000 Patronen mit rauchlosem Pulver an die Türkei. Obwohl die Firma zur Sprache brachte, dass diese Patronen nach der Kontrolle der Expertenkommission abgenommen worden waren, stellte man aber fest, dass die Patronen aus oben erklärten technischen Gründen mangelhaft waren. Die Leitung der Firma bat das Auswärtige Amt darum, ihre Firma in İstanbul offiziell zu unterstützen.[49]

Ein weiteres problematisches Gebiet betraf die Ratenzahlungen der türkischen Regierung, denn sie war teilweise nicht zahlungsfähig, wie im Abschnitt (2.3.1) dargelegt wurde. Die deutschen Waffenfabriken beauftragten deswegen das deutsche Konsulat in İstanbul, die fälligen Beträge von der Türkei so schnell wie möglich zu erhalten. Der Direktor der DW & MF weist darauf hin, dass sich die deutsche Botschaft in İstanbul zugunsten seiner Fabrik einschaltete. Infolgedessen konnte die Firma den fälligen Betrag von der türkischen Regierung erhalten. Als aber die Türkei den Zahlungsforderungen nicht mehr nachkommen konnte, drohte die Firma sogar der deutschen Regierung damit, dass sie keine weitere Verschiffungen vornehmen werde. Wenn die türkische Seite die im Bosporus lagernden Patronen nicht bezahlte, fühle sich die Führung der Firma gezwungen, ihren Betrieb in der Zweigniederlassung Karlsruhe einzustellen, was die Firma auf jeden Fall vermeiden wolle. Die Karlsruher Firma wollte diesen Schritt nicht unternehmen, weil dies die Entlassung vieler Arbeiter bedeutet hätte. Aus diesem Grund bat die Firma das Auswärtige Amt darum, die deutsche Botschaft in İstanbul zu veranlassen, dafür zu sorgen, dass die türkische Regierung ihren Zahlungspflichten nachkomme.[50] Das Auswärtige Amt leitete diesen Brief an den Geschäftsträger des deutschen Konsulats in İstanbul weiter und sagte, dass man nach Möglichkeit auf eine baldige Erstattung der rückständigen Beiträge von der türkischen Regierung hinwirken solle.[51]

Nachdem die DW & MF einen fälligen Betrag von der Türkei mit der Unterstützung der deutschen Botschaft überwiesen bekamen, dankte die Leitung der Firma dem Auswärtigen Amt für sein energisches Eingreifen in dieser Angelegenheit. Nach der Eingangsbestätigung der Anzahlung durch Huber Fréres, dem Vertreter der DW & MF in İstanbul, trat der Vertrag in Kraft, und man traf alle notwendigen Maßnahmen, den eingestellten Betrieb der Karlsruher Patronenfabrik sofort wieder aufzunehmen, denn die türkische Regierung konnte für die im Bosporus lagernden Patronen nicht bezahlen.[52] An dieser Stelle möchte der Verfasser dieser Arbeit darauf hinweisen, dass die türkische Regierung der Firma Krupp ungefähr 4.000.000 Mark im November1907 schuldete, was von Strempel als vorteilhaft für die Firma Krupp für ihre künftigen Geschäfte mit der türkischen Regierung betrachtet wurde, denn in einer solchen Situation musste sich die Türkei gezwungen fühlen, erneut bei dieser Firma zu bestellen.[53]

Da die Türkei in der zweiten Dekade des 20. Jahrhunderts immer mehr ihre Zahlungsfähigkeit einbüßte, waren die deutschen Waffenfabriken nicht mehr gewillt, mit diesem alten Kunden Verträge abzuschließen. Als der Vertreter der DW & MF einen Vertrag über die Lieferung von 200.000 Gewehren und 150.000.000 Patronen im Juni 1914 mit der türkischen Regierung unterzeichnete, ratifizierte ihn die Zentrale der Firma wegen der Zahlungsunfähigkeit der Türkei nicht. Daraufhin intervenierte auf Druck des Firmenvertreters die deutsche Regierung in dieser Angelegenheit. Man wies darauf hin, dass die türkischen Regierungen immer, auch unter dem alten Regime, ihren Verpflichtungen nachgekommen waren. Die deutsche Regierung drückte ihr Bedauern aus, dass dieser Auftrag wegen der unbegründeten Befürchtungen der deutschen Waffenindustrie nicht zustande kam.[54]

4.3.4 Anlagenbau

Da die Türkei die für ihre Waffen nötige Munition selbst produzieren wollte, bestellte sie Maschinen und Anlagen für die Herstellung der Metallpatronen im Wert von etwa 520.000 Francs bei der österreichischen Hirtenberger Patronen- und Metallwarenfabrik im März 1899. Trotz aller Bemühungen war man in İstanbul jedoch nicht in der Lage, einwandfreies heimisches Pulver herzustellen. Deshalb berief man vier deutsche Fachleute in die türkische Hauptstadt, um sich über dieses Thema beraten zu lassen. Sie schlugen vor, diese Fabrikanlage mit neuen deutschen Maschinen aufzurüsten, die 700.000 Mark kosteten. Bis zur Inbetriebnahme dieser Anlagen musste das türkische Kriegsministerium zunächst einmal 260.000 kg Pulver im Wert von ungefähr 2.000.000 Mark aus Deutschland bestellen. Im Jahre 1900 lieferten die Vereinigten-Pulverfabriken-Kölln-Rottweil diese Pulvermaschinen an die Türkei.[55]

Als die türkische Regierung die Lieferung einer kompletten Fabrikanlage für die Patronenherstellung in der Waffenfabrik von Zeytinburnu ausschrieb, waren unter den Konkurrenten die DW & MF, die Ehrhardt-Werke, die Sächsische Maschinenfabrik (vormalig Richard. Hartmann), die Polte Armaturen- und Patronenfabrik, die Hirtenberger Patronen- und Zündhütchenfabrik und die ungarische Fabrik Manfred Weiß zu finden. In der geplanten Anlage wollte die Türkei täglich 200.000 Patronen herstellen. In diesem Rahmen sollte außerdem eine Anlage zur Herstellung des Bleches und eine andere zur Anfertigung von Geschützhülsen errichtet werden. Da Manfred Weiß den niedrigsten Preis anbot, hatte er die größte Chance gehabt, den Auftrag zu bekommen. Der von ihm vorgeschlagene Preis war um 2.500 Türkische Pfund niedriger als der von den DW & MF angebotene. Wenn es aber der österreichischen Hirtenberger Patronenfabrik gelingen würde, diesen bevorstehenden Auftrag zu bekommen, könnte sie über dieses Geschäft weitere Kontakte zur Türkei knüpfen. Dies beunruhigte die deutschen Firmen. Deswegen bat die DW & MF Marschall darum, die türkische Regierung dahingehend zu beeinflussen, dass dieser Auftrag der deutschen Industrie zugute kam. Die Gesamtkosten dieses Anlagenbaus beliefen sich auf etwa 290.000 Mark.[56] Aus einem Bericht von Marschall, dem deutschen Botschafter, ging hervor, dass er sich in einem Wettkampf mit der österreichisch-ungarischen Rüstungsindustrie für die deutsche Industrie einsetzte. Er fand es aber sehr bedauerlich, dass um diesen Auftrag vier deutsche Fabriken gegeneinander kämpften, d. h. die DW & MF, die Erhardtwerke, die Firma Hartmann in Chemnitz und die Patronenfabrik von Polte. Aus diesem Grund hielt er es für sehr schwierig, Partei für eine deutsche Waffenfabrik zu ergreifen. Diese Tatsache versetzte die deutsche Botschaft in eine Lage, in der keine Erfolgsaussichten für die deutsche Rüstungsindustrie bestanden.[57]

Aufgrund eines Erlasses des Sultans unterzeichnete das türkische Kriegsministerium einen Vertrag über die Reorganisation und die Ergänzung der Maschinenanlagen der Pulverfabrik von Bakırköy mit dem Vertreter der Vereinigten-Pulverfabriken-Kölln-Rottweil am 4. Februar 1904 in İstanbul. Der Wert dieses Auftrages wurde auf 15-20.000 Türkische Pfund geschätzt. Da es trotz des jahrelangen Bemühens der Türkei nicht gelungen war, in dieser Fabrik rauchfreies Pulver zu produzieren, sandten diese Fabriken Chemiker und Ingenieure in die Türkei, um diese Fabrik in Betrieb zu halten.[58] Im November 1907 trafen die Maschinen und Anlagen für die Patronenfabrik in Zeytinburnu ein. Die Lieferantin dieser Anlagen, deren Montage vom Oberingenieur Rapp ausgeführt wurde, waren die DW & MF.[59]

Als Bertier, der in türkischen Diensten stehende französische Waffentechniker, einen Sultanerlass für ein Projekt zur Herstellung von Maschinengewehren und Pistolen in der Waffenfabrik von Tophane veranlasste[60], fühlte sich der Militärattache von Strempel über dieses Ereignis besonders beunruhigt und wies in seinem Bericht darauf hin, dass die Aussichten für die Bestellung weiterer Maschinengewehre aus Deutschland schlecht geworden waren. Bertier verfügte über Kenntnisse der Waffenausrüstung und hatte bereits mehrere Gewehrmodelle erfunden. Er versuchte, ein besonderes türkisches Maschinengewehr zu konstruieren.[61]

4.3.5 Finanzierung der Waffengeschäfte

Aufgrund der schlechten Finanzlage der Türkei standen die Waffenankäufe aus Deutschland von Anfang an auf wackligen Beinen. Da die türkische Regierung für die Mobilmachung und den Unterhalt ihres Heeres eine große Summe brauchte, war sie im Zahlungsverkehr des Waffengeschäftes auf die Anleihen der Pensionskasse, der Staatsschuldenkommission und der englischen Eisenbahngesellschaft „İzmir-Kasaba“ angewiesen. Die Höhe der Anleihen der Pensionskasse war auf 800.000 Türkische Pfund zu beziffern. Gegen die Verpfändung des Betriebsgewinns der ostrumelischen Bahnlinie bekam die türkische Regierung von Baron Hirsch 1.000.000 Türkische Pfund. Ende des Jahres 1886 bekam die Türkei eine weitere Staatsanleihe in Höhe von 3.000.000 Türkischen Pfund von der Staatschuldenverwaltung.[62]

Die Waffenfabrikanten arbeiteten bezüglich der Waffengeschäfte mit Bankiers zusammen, um ihren zahlungsschwachen Kunden behilflich zu sein. Was die Finanzierung des türkischen Waffengeschäftes angeht, nahm der Bankier A. Kaulla, der den Posten eines stellvertretenden Direktors der Württembergischen Vereinsbank innehatte, an der Verkaufsreise von P. Mauser und L. Loewe nach İstanbul teil. Er war gleichzeitig der kaufmännische Direktor der Firma Mauser, weil seine Bank bei dieser Fabrik die Aktienmehrheit besaß. Wegen seiner Doppelrolle konnte A. Kaulla selbstverständlich nicht nur über den Verkauf der Waffen, sondern auch über eine eventuelle Anleihe zur Finanzierung dieser Geschäfte verhandeln. Nachdem die türkische Regierung Mauser-Gewehre und Munition aus Deutschland bestellt hatte, bildete man ein Bankenkonsortium unter der Führung der Berliner Handelsgesellschaft und der Württembergischen Vereinsbank im Mai 1887. Dieses Bankenkonsortium stellte der türkischen Regierung eine Anleihe in Höhe von etwa 5-6.000.000 Türkischen Pfund, rund 90-108.000.000 Mark, in Aussicht, die in erster Linie zur Bezahlung der Kaufsumme der 550.000 Gewehre, 36.000.000 Mark, und der 150.000.000 Patronen, ca. 12.600.000 Mark, verwendet werden sollte. Die Kaufsumme musste den deutschen Waffenfabrikanten direkt überwiesen werden, und den Rest der Kreditsumme konnte die türkische Regierung erhalten.[63] Der fehlenden Sicherheitsgarantie zufolge waren die Anleiheversuche der deutschen Banken zum Scheitern verurteilt. Aus diesem Grund blieben natürlich die Interessen der deutschen Waffenfabrikanten auf der Strecke. Da Abdülhamid II. seit dem Frühjahr 1887 dafür kämpfte, die Übermacht der Osmanischen Bank auszubalancieren, wollte sie keine Sicherheitsgarantien für die Türkei in diesem Anleihegeschäft gewähren. Mit anderen Worten: Um aus dieser Finanzmisere herauszukommen und ein Gegengewicht zu den Franzosen zu schaffen, bemühte sich Abdülhamid II. darum, neues Fremdkapital in das Land zu holen. Deswegen lockte er die deutschen Banken mit Anleihen, deren Erlös vor allem deutschen Waffenfirmen zugute kommen sollte.[64]

Das Verhältnis zwischen diesen Anleihen und Waffengeschäften rief Misstrauen bei der russischen Regierung hervor. Deswegen protestierte die russische Regierung gegen den beabsichtigten Verwendungszweck der deutschen

Anleihe im Oktober 1888. St.- Petersburg äußerte den Wunsch, dass İstanbul diese Anleihe für die Reparationszahlungen.[65] verwenden sollte. Der wahre Grund dieses Protestes war allerdings, weitere deutsche Waffenlieferungen - sie steigerten die Wehrkraft der Türkei - an die Türkei zum Scheitern zu bringen.

Die türkische Regierung schloss einen Anleihevertrag über 60.000.000 Francs mit der Osmanischen Bank im Jahre 1906 ab. Nach den vertraglichen Vereinbarungen musste die Türkei ein Drittel dieser Summe für die Kriegsmaterialbestellungen aus Frankreich zur Verfügung stellen. Um diesen Bedingungen gerecht zu werden, bestellte die türkische Regierung Geschirr für ihre Artillerie zu einem Preis von 90.000 Türkischen Pfund, Fernrohre im Wert von 6.000 Türkischen Pfund und vier Torpedoboote im Gesamtwert von 290.000 Türkischen Pfund. Außerdem bemühten sich die Franzosen eifrig darum, den Bauauftrag der neuen Brücke zwischen Galata und Eminönü zum Preis von 200.000 Türkischen Pfund für ihre Firma Creuzot zu gewinnen. Man konnte sogar einen Sultanerlass veranlassen, der den Befehl gab, die Verhandlungen mit dieser französischen Firma zu beginnen. Wegen der persönlichen Intervention des Marschalls nahm Abdülhamid II. diesen Erlass zurück und ordnete die Fortsetzung der Verhandlungen mit einer deutschen Firma an. Bei seinen Unternehmungen stützte sich der Marschall diesbezüglich auf die langjährigen Bemühungen der Nürnberger Maschinenfabrik und auf die ihm gegebenen Zusagen. Nachdem die französischen Versuche fehlgeschlagen waren, einen Bestellauftrag für große Positionsgeschütze für die Befestigungen am Bosporus zu erhalten, kam ein Vertrag über die Bestellung für neun Küstenschützer zu einem Preis von 223.500 Türkischen Pfund und für ein Kanonenboot für 71.500 Türkische Pfund zwischen der türkischen Regierung und der französischen Firma Creuzot am 22. Januar 1906 zustande.[66]

Da Deutschland in die Bagdadbahn viel investieren musste, konnte man den Wunsch der Firma Krupp nach einer Kreditanleihe für die Finanzierung der Waffengeschäfte der Türkei nicht erfüllen. Nach dem deutschen Botschafter Wangenheim konnte die türkische Regierung ihre Schulden in Höhe von 45.000.000 Mark bei der deutschen Waffenindustrie nicht begleichen, ohne einen Kredit von den deutschen Banken zu erhalten. Wangenheim wies ferner darauf hin, dass der bevorstehende Auftrag in Höhe von 3.000.000 Türkischen Pfund nicht der deutschen Waffenindustrie zugute kam. Die deutsche Waffenindustrie konnte unter diesen Umständen sogar definitiv vom türkischen Markt ausgeschlossen werden. Deshalb schlug Wangenheim vor, dass man eine Einigung über eine Kreditfinanzierung zwischen der Deutschen Bank und der Firma Krupp erzielte, um nicht den auf dem Spiel stehenden deutschen vitalen Interessen Schaden zuzufügen.[67]

Die Deutsche Bank wollte jedoch der deutschen Waffenindustrie mit einem Schatzscheingeschäft helfen. Das heißt, sie war bereit, der Türkei eine Kreditsumme als Bargeld gegen Schatzscheine zu geben, um die neuen Waffenbestellungen aus Deutschland zu ermöglichen. Die Firma Krupp legte großen Wert auf die Regelung der Finanzfrage mit der Türkei, denn dies war für sie weitaus wichtiger, als neue Aufträge zu erhalten.[68] Als die Türkei vier Unterseeboote von der Germania-Werft kaufen wollte, stellte die Firma Krupp unerfüllbare Bedingungen an die Türkei, weil die türkische Regierung ohne Anleihe nicht in der Lage war, Waffen sowie Schiffe aus Deutschland anzuschaffen, was Wangenheim ausdrücklich betonte.[69]

Im Laufe der Zeit entwickelten die Deutsche Bank und die Firma Krupp eine enge Kooperation bezüglich der Kreditanleihe für die türkische Regierung. Die Deutsche Bank unterschrieb beispielsweise einen Vertrag über eine Anleihe in Höhe von 2.640.000 Türkischen Pfund mit der Türkei am 17. April 1905. Von dieser Summe, von der ein Betrag in Höhe von 750.000 Türkischen Pfund sofort bereitzustellen war, bekam die Firma Krupp 650.000 Türkische Pfund als Vorschuss des vereinbarten Auftrages für insgesamt 91 Geschütze mit Munition. Das Zustandekommen dieses Vertrages stellt einerseits die gute Zusammenarbeit der Vertreter der Deutschen Bank mit der Firma Krupp unter Beweis, sowie andererseits mit der deutschen Botschaft in İstanbul.[70]

Zwischen Deutschland und Frankreich gab es natürlich ebenfalls einen harten Wettkampf bezüglich der Finanzierung der Waffengeschäfte in der Türkei. Auf der Seite von Baron Marschall standen die Firma Krupp und die Deutsche Bank, deren Vertreter ihn bei den Verhandlungen für die Waffenaufträge tatkräftig unterstützten. Der französische Botschafter, M. Constans, wurde vom Vertreter der Osmanischen Bank und von der Gruppe Vitalis unterstützt, Die beiden Parteien versuchten jeweils den Sultan bzw. einen anderen Würdenträger für sich zu gewinnen, um ihre Ziele zu erreichen. Während die Franzosen beispielsweise das ganze Palais des Sultans für ihre Angelegenheit gewannen, konnten die Deutschen den Großwesir und den Minister des Äußeren auf ihre Seite ziehen, wie bereits im Abschnitt (3.4.2) ausführlich erwähnt wurde.[71]

4.4 Die Deutsche Metallpatronenfabrik Lorenz[72]

Die Firma Lorenz stellte nicht nur Patronen für Handfeuerwaffen, sondern auch Geschützhülsen her. Aus diesem Grund bestand von Anfang an zwischen der Firma Lorenz und der Firma Krupp eine gute Kooperationsgrundlage. Im Jahre 1880 bestellte die Firma Krupp 2.000 Stück 4cm-Hülsen von dieser Firma. Die Messingpatronenhülsen waren den Kartuschhülsen gegenüber wegen ihrer erhöhten Feuergeschwindigkeit, ihres vereinfachten Ladens und ihrer besonderen Abdichtung des Innenlaufes am Verschluss vielfach überlegen. Nur die Firma Lorenz konnte damals die Geschützhülsen aus Metall herstellen. Die Firma Lorenz führte auch Aufträge für fremde Regierungen aus. Im Rahmen der Annahme des Mauser-Gewehrs durch Serbien bekam die Firma Lorenz den Auftrag, eine Patronenfabrik mit allen notwendigen Anlagen zu gründen. Vor der Auftragsvergabe besichtigten die serbischen Fachleute unterschiedliche Maschinensysteme für die Patronenfabrikation, und anschließend entschieden sie sich für die Bestellung der Maschinen für die Patronenherstellung von der Firma Lorenz, was ein großer Erfolg für die Firma war. Die Beziehungen zu den Firmen Mauser und Krupp gaben stets neuen Aufschwung für die Geschäfte der Firma.

Die Firma Lorenz unterzeichnete einen Vertrag über die Lieferung von Messingpatronenhülsen für die mehr als 5 cm-kalibrigen Kanonen mit der Firma Krupp am 28. August 1884.[73]

Der große türkische Munitionsauftrag von 1887 war der eigentliche Auslöser des Verkaufs der Metallpatronenfabrik Lorenz. Nachdem sich die türkische Regierung für die Einführung des Mauser-Gewehrs entschieden hatte, bekam die Frage nach der Munitionslieferung den Vorrang. Am Wettbewerb für diesen Auftrag nahmen viele Firmen, unter anderem auch die Firma Löwe und die Deutsche Metallpatronenfabrik Lorenz, teil. Obwohl die Firma Löwe bis dahin keine Munition erzeugt hatte, hatte sie bei den Verhandlungen mit der türkischen Regierung die führende Rolle übernommen. Als man sich um den türkischen Auftrag bewarb, war man sich noch nicht darüber im Klaren, wo und wie man diese Patronen herstellen konnte. In dieser Situation schienen die Geschäftsaussichten für die Firma Lorenz recht gut zu sein. Jedoch musste sie gegen die Konkurrenz der Firma Löwe, die mit der Pulverfabrik Rottweil-Hamburg gemeinsam vorging, hart ankämpfen. In dieser Situation schlug Lorenz der Firma Löwe im Februar 1887 vor, bei diesem Geschäft gemeinsam vorzugehen, woran die Gegenseite überhaupt nicht interessiert war, weil L. Löwe diesen Mitbewerber endgültig ausschalten wollte. Einige Zeit später machte Lorenz erneut einen Vorschlag. Demnach wollte er sein Angebot zugunsten der beiden Firmen zurückziehen, falls diese beiden Fabriken beim Erhalt des türkischen Auftrages ihm die Herstellung der Patronenhülsen übertrugen. Lorenz erklärte sich auch damit einverstanden, Geschosse und anderes Equipment, ausschließlich Pulver, zu liefern. Nach langen Verhandlungen einigten sich diese Fabriken auf einer neuen Grundlage am 18. April 1887. Den Vereinbarungen zufolge bekam Lorenz vom türkischen Patronenauftrag (150.000.000 Stück) eine Teillieferung von 37.500.000 Patronen. Unter dieser Bedingung zog die Firma Lorenz ihr Angebot zurück. Am 11. September 1887 unterzeichnete die Firma Lorenz endgültig einen Vertrag über die Herstellung von 100 000 Kisten Patronen mit den anderen drei Firmen. Während der Verhandlungen in İstanbul entschlossen sich drei Firmen, nämlich die Pulverfabrik Rottweil-Hamburg, die Vereinigten Rheinisch-Westfälischen-Pulverfabriken und die Firma Ludwig Löwe, eine eigene Munitionsfabrik zu erwerben.[74]

Demzufolge unterzeichneten die Firma Ludwig Löwe & Co., die Pulverfabrik Rottweil-Hamburg und die Vereinigten-Rheinisch-Westfälischen-Pulverfabriken einen Gesellschaftsvertrag am 14. Februar 1889. Damit rief man eine Aktiengesellschaft unter den Firmennamen Deutsche Metallpatronenfabrik mit Sitz in Karlsruhe ins Leben. L. Löwe verkaufte seine von Wilhelm Lorenz erworbene Karlsruher Fabrik mit sämtlichen Anlagen zum Preis von 5.000.000 Mark an diese neue Firma, wofür er 5.000 Aktien der Deutschen Metallpatronenfabrik bekam. Der Rest des Stammkapitals der Gesellschaft in Höhe 1.000.000 Mark wurde von den anderen Gründern übernommen. Die Deutsche Metallpatronenfabrik existierte von 1889 bis 1896.[75]

4.5 Rheinische Metallwaren- und Maschinenfabrik[76]

Heinrich Ehrhardt[77] entwickelte ein spezielles Lochpressverfahren, das ihn in allen Industrieländern berühmt machte. Zur industriellen Durchführung dieses Verfahrens war jedoch großes Kapital erforderlich. Anschließend gründete H. Ehrhardt die Rheinische Metallwaren- und Maschinenfabrik mit Hilfe von Hörder Bergwerks- und Hüttenverein am 13. April 1889. Ehrhardts Ziel war es, in dieser Fabrik Metallgegenstände, Maschinen und insbesondere Fahrradrohre, nahtlose Röhren und kleinkalibrige Geschosse usw. zu produzieren. Die Ehrhardt-Werke fingen im Jahre 1900 an, gemeinsam mit der Fahrzeugfabrik Eisenach Schnellfeuergeschütze nach dem „System Ehrhardt" zu produzieren. Die Ehrhardt-Werke waren an der Munitionsfabrik Dreyse AG in Sömmerda und dem Press- und Walzwerk AG in Düsseldorf jeweils mit einem Nominalkapital in Höhe von 150.000 Mark beteiligt, weil diese Fabriken eine Ergänzung des Düsseldorfer Betriebes waren. Das Kapital der Ehrhardt-Werke betrug ca. 9.200.000 Mark.[78] H. Ehrhardt leitete selbst diese Firma bis zum Jahre 1920. Der Ausbau und die Entwicklung der Firma waren deswegen das eigentliche Lebenswerk H. Ehrhardts. Daher wurden diese Fabriken als Ehrhardt-Werke bezeichnet. In dieser Arbeit wird die Bezeichnung „Ehrhardt-Werke" anstatt „Rheinische Metallwaren- und Maschinenfabrik in Düsseldorf" verwendet. H. Ehrhardt erfand den langen Rohrrücklauf [79] bei Feldgeschützen, was gute Fortschritte auf dem Gebiet der Artillerie hervorgebracht hatte. Aufgrund des Wunsches nach der unabhängigen Herstellung von Kanonen und Geschossen mit sämtlichem Zubehör gliederte er die Rheinmetall an die Rather Metallwerke AG im Jahre 1896 an, indem er auch die Fahrzeugfabrik Eisenach Dixi-Werke bezog.[80]

Zum Aufsichtsrat der Ehrhardt-Werke gehörten als Vorsitzender H. Ehrhardt, Bankier Max Trinkaus als Stellvertretender Vorsitzender, L. Zuckermandel, Hermann Köhler, Fritz Pühler, Generalleutnant von Reichenau usw.[81] Die Ehrhardt-Werke zählte man in der damaligen Zeit zu den leistungsfähigsten Waffenschmieden Deutschlands. Um mit der Firma Krupp besser konkurrieren zu können, schlossen die Ehrhardt-Werke die Rather Metallwerke als Abteilung Rath in ihre Struktur 1896 an. Im Rahmen dieser Betriebsexpansion erwarb H. Ehrhardt die Waffen- und Munitionsfabrik Sömmerda AG für die Produktion von Infanteriegeschossen und Artilleriegeschosshülsen. Die Einführung des Rohrrücklaufes war für die Ehrhardt-Werke von großem Vorteil. Da H. Ehrhardt sein neu erfundenes Pressverfahren den staatlichen Geschossfabriken kostenlos zur Verfügung stellte, wurde er vom Kriegsministerium bevorzugt behandelt. Wie der Verfasser dieser Arbeit im Abschnitt (4.5.2) behandeln wird, unterstützte das Kriegsministerium die Ehrhardt-Werke im Wettkampf gegen die Firma Krupp.[82]

4.5.1 Lieferungen an die Türkei

Die türkische Regierung unterzeichnete einen Vertrag über die Bestellung von 50.000 Schrapnells mit Zünder für Artilleriegeschosse mit den Ehrhardt-Werken am 5. Januar 1899. Ein Jahr später lieferten die Ehrhardt-Werke das gesamte Kriegsmaterial an die Türkei. Nach den vertraglichen Vereinbarungen sollte die türkische Regierung erst ab dem 27. August 1900 zahlen. Als die Türkei den fälligen Betrag leisten wollte, stellte sich heraus, dass die Zündsätze in den Zündern verschlissen waren. Dieser Defekt war durch einen elektrolytischen Prozess verursacht worden. Dann erklärte sich H. Erhardt bereit, mindestens 6000 bis 8000 Zünder auf eigenen Kosten vollständig zu reparieren, indem er Aluminiumteile durch Messing - Legierung aus Kupfer und Zink in verschiedener Zusammensetzung - ersetzte. Daraufhin sandte die Türkei die defekten Zünder im April 1902 nach Deutschland. Da die türkische Seite in dieser Situation vorerst nicht zahlen wollte, bat die Leitung der Ehrhardt-Werke die deutsche Botschaft in İstanbul darum, Hilfe bei den fälligen Zahlungsforderungen in Höhe von ungefähr 21.000 Türkischen Pfund zu leisten, die seit dem 27. August 1900 nicht eingegangen waren.[83] Die Umänderungsarbeiten kosteten die Firma 200.000 Mark. Da die türkische Regierung das Guthaben der Firma in Höhe von 400.000 Mark einbehielt, wurde dies von der Firma als vertragswidrig betrachtet. Deswegen hoffte die Firma auf eine Art Kompensation in Form eines umfangreichen türkischen Auftrags, denn die Firma musste nicht nur einen Verlust in Höhe von 200.000 Mark, sondern auch einen dreijährigen Zinsverlust in Höhe von 400.000 Mark hinnehmen.[84]

Eine türkische Abnahmekommission überprüfte die 12.500 Doppelzünder für die 7,5 cm-kalibrigen Gebirgskanonen und 25.000 Doppelzünder für die 8,7 cm-kalibrigen Feldgeschütze zwischen 22. und 25. Februar 1903.[85] Da die deutsche Waffenindustrie nicht in der Lage war, ihre Produkte auf dem deutschen Innenmarkt abzusetzen, war sie auf den Export angewiesen. Davon waren vor allem die Erhardt-Werke stark betroffen, in denen zur damaligen Zeit mehr als 4.000 Arbeiter beschäftigt waren und wo ein Kapital in Höhe von 15.200.000 Mark investiert war. In dieser Situation sahen sich die Ehrhardt-Werke gezwungen, einen großen Teil ihrer Produkte im Ausland zu verkaufen. Die Firma rüstete unter anderem die norwegische Feldartillerie mit Schnellfeuerfeldgeschützen, gebaut nach dem Erhardt'schen System, aus und lieferte auch an die englische Armee. Obwohl die Ehrhardt-Werke drei Jahre lang um einen Auftrag für die Schnellfeuergeschütze in der Türkei kämpften, fühlten sie sich im Wettbewerb den Mitbewerbern gegenüber unterlegen, weil ihnen die tatkräftige Unterstützung der deutschen Vertretung in İstanbul fehlte. Infolgedessen bat die Firma das Auswärtige Amt erneut darum, ihre Unterstützung durch die deutsche Vertretung in İstanbul zu veranlassen. Vor allem konzentrierte sich die Firma darauf, das Misstrauen des Sultans mit Hilfe der deutschen Botschaft zu überwinden.[86]

Um die Verluste der Ehrhardt-Werke zu kompensieren, bestellte die türkische Regierung 176.000 Schrapnells und Granaten für die neuen Feld- und Gebirgsgeschütze zu einem Gesamtpreis von 5.000.000 Mark bei dieser Fabrik im Jahre 1908. Um dieses Geschäft abzuschließen, reiste H. Ehrhardt nach İstanbul, wo er sich mit dem Großmeister der Artillerie, Zeki Pascha, traf. Da viele ausländische Firmen um diesen Großauftrag miteinander konkurrierten, musste man den Preis drücken. Wegen des niedrigen Preises konnte die Türkei dieses Material 40 % billiger als früher beziehen. Aus diesem Grund herrschte in İstanbul eine Zeit lang eine Missstimmung gegenüber der Firma Krupp. Als bei einer Schießübung am Bosporus jedoch die alte Krupp-Munition nach einer Lagerzeit von 20 Jahren tadellos funktionierte, gewann die Firma Krupp wieder ein hohes Ansehen in der Türkei.[87] H. Ehrhardt weist darauf hin, dass die deutsche Konkurrenz, namentlich die Firma Krupp, gegen seine Fabrik eine Diffamierungskampagne unternommen hätte, wie ihm die hohen Beamten in İstanbul mitgeteilt hätten.[88] Nach der jungtürkischen Revolution besichtigte M. Şevket am 22. September 1909 die Erhardt-Werke in Düsseldorf.[89]

4.5.2 Ehrhardt-Krupp Konkurrenz

Die Firma Krupp konkurrierte mit den Ehrhardt-Werken sehr hart um die ausländischen Aufträge. Während der Verhandlungen mit der türkischen Regierung über einen Millionenauftrag fühlte sich die Firma Krupp gestört von den Bemühungen der Erhardt-Werke im April 1898, weil diese versuchte, diesen Munitionsauftrag für sich zu gewinnen. In einem Bericht wurde darauf verwiesen, dass die Firma Krupp seit mehr als 35 Jahren die alleinige Lieferantin der Türkei war und dass das im Jahre 1891 von der Firma Krupp übernommene Gruson-Werk mit den Franzosen um die Lieferung von Artilleriematerial für die türkische Regierung konkurrierte. Nach diesem Bericht unterstützte der deutsche Botschafter, Radowitz, das Gruson-Werk energisch bei der Einführung seiner Panzerlafette in die türkische Armee. Die deutsche Botschaft in İstanbul bemühte sich stets darum, dass die Interessen der Firma Krupp in der Türkei unbedingt wahrgenommen wurden. Es stand nicht auf der Tagesordnung, dass die deutsche Botschaft die Ehrhardt-Werke unterstützte.[90]

Wegen der Erfolge der Ehrhardt-Werke im Ausland scheute die Firma Krupp nicht davor zurück, mit den Franzosen zusammenzuarbeiten. So unterzeichnete die Firma Krupp einen Geheimvertrag mit der französischen Firma Schneider-Creuzot, worin die Franzosen sich verpflichteten, jedes Angebot der Ehrhardt-Werke im Ausland zu unterbieten. Hingegen ging die Firma Krupp die Verpflichtung ein, dass sie die entstehenden Verluste der Franzosen aus diesem Geschäft kompensieren werde. Obwohl bis zum Anfang des 20. Jahrhunderts die Regierungsbehörden die Ehrhardt-Werke ignorierten, mussten sie ab 1904 bei dieser Firma bestellen, weil es dem Staat nicht mehr gleichgültig war, über die Produkte der Firma mit ihrer überlegenen Technik hinwegzusehen. In diesem Zusammenhang muss betont werden, dass diese Fabrik 8000 Arbeiter im Jahre 1914 beschäftigte. Darüber hinaus konnten die Ehrhardt-Werke technisch absolut mit der Firma Krupp Schritt halten.[91] Konrad Haussner, ein Ingenieur der Firma Krupp, konnte den Rückstoß der Artilleriewaffen überwinden. Da seine

Firma an der neuen Erfindung kein Interesse gezeigt hatte, hatte er seine Rechte in Bezug auf die Umsetzung dieses Verfahrens an die Ehrhardt-Werke übertragen. Deshalb verklagte die Firma Krupp die Erhardt-Werke, damit es nicht zu einer Verwendung dieser Erfindung kommen konnte. In dieser Situation entwickelte die deutsche Armee einen neuen Geschütztyp „Spandau", den man mit den Geschützläufen von der Firma Krupp und mit der Haussner'schen Rückstoßbremse ausrüstete. Durch diese Entscheidung des Heeres wurde die Firma Krupp stark benachteiligt. Den großen Vorrat an veralteten Geschützen konnte die Firma Krupp unter diesen neuen Umständen nicht mehr in Deutschland absetzen. So belebte die Firma Krupp wieder ihre alten Beziehungen zur türkischen Artillerie, um diese alten Modelle dort zu verkaufen. Obwohl nach einer Ausschreibung für die Beschaffung von Geschützen die Ehrhardt-Werke versuchten, die Türkei vom Kauf der veralteten Geschütze der Firma Krupp abzubringen, gelang es der Firma Krupp mit staatlicher Unterstützung, ihre Geschütze zum Überpreis an die Türkei zu verkaufen. In diesem Zusammenhang weist Hallgarten darauf hin, dass die Türkei für jedes Geschütz 150.000 bis 160.000 Mark gezahlt habe, während in der Tat ein Geschütz höchstens 12.000 Mark gekostet hätte.[92]

Das deutsche Kriegsministerium bemühte sich nach Möglichkeit immer darum, die Ehrhardt-Werke tatkräftig zu unterstützen. Es plädierte beispielsweise im Jahre 1898 für eine gemeinsame Teilnahme der beiden deutschen Fabriken, der Firma Krupp und der Erhardt-Werke, an einem türkischen Auftrag. Ferner wurde ausdrücklich betont, dass man von einer offiziellen Parteinahme zugunsten des einen oder anderen Bewerbers Abstand nehmen sollte. Auf jeden Fall sollte jedoch ein möglicher Auftrag der deutschen Rüstungsindustrie zugute kommen.[93] Ein Jahr später drückte das deutsche Kriegsministerium erneut seinen Wunsch aus, dass man bei der deutschen Botschaft in İstanbul die Erhardtwerke und die Firma Krupp gleich behandeln sollte. Um diese Aussage bekräftigen zu können, möchte der Verfasser dieser Arbeit hier ein Zitat anführen:

> „[...] daß sowohl die Krupp'sche Gussstahlfabrik in Essen wie die Rheinische Metallwarenfabrik in Düsseldorf Lieferanten der Heeresverwaltung für Stahlschrapnells sind und daß beide Fabriken in gleich zufrieden stellender Weise arbeiten. Es kann somit nur im Interesse der Heeresverwaltung liegen, dass jeder der beiden konkurrierenden Fabriken ein türkischer Auftrag zuteil wird."[94]

Auf diese Weise versuchte das deutsche Kriegsministerium die Rivalitäten zwischen den beiden deutschen Konkurrenten zu ebnen. Damit war man in erster Linie daran interessiert, dass nicht eine ausländische Firma als Sieger in einem Wettkampf hervorging. Wenn man aber den Rivalitäten zwischen den beiden deutschen Konkurrenten kein Ende setzen konnte, musste man sich offiziell von den beiden Bewerbern entfernen. Die deutsche Botschaft sollte nicht den Schein erwecken, als ob sie einen Bewerber unterstützte.

Der Delegierte der Erhardtwerke, Rittmeister a. D. von La Valette St. Georges, forderte, den deutschen Reichsvertretungen seiner Firma bei ihren

Bemühungen um die Eroberung und Erhaltung des ausländischen Marktes behilflich zu sein. Eine solche Hilfe müsste vor allen Dingen dort geleistet werden, wo die Erhardt-Werke mit den anderen deutschen Firmen um die ausländischen Aufträge konkurrierten. Dabei ging es um die Begünstigung der Firma Krupp durch die deutschen Auslandsvertretungen, mit denen die Erhardt-Werke um Artillerielieferungen in Brasilien, auf dem Balkan, in Russland und in der Türkei wetteiferten. Um einer möglichen Zersplitterung der deutschen Rüstungsindustrie vorzubeugen und die Möglichkeit eines Sieges der deutschen Firmen zu erhöhen, musste man darauf verzichten, die Firma Krupp im Ausland bevorzugt zu behandeln, so La Valette. Tatsächlich leisteten die deutschen Auslandsvertretungen der Firma Krupp als leistungsfähiger Repräsentant der deutschen Rüstungsindustrie immer Abhilfe.[95]

Anlässlich des Besuches einer türkischen Delegation bei den Erhardt-Werken am 30. Januar 1906 wandte sich die Chefetage der Firma erneut an das Auswärtige Amt, um bei ihren Türkeigeschäften unterstützt zu werden. Die Ehrhardt-Werke sprachen aus, dass ihre Bemühungen und Ausgaben umsonst sein würden, falls der deutsche Botschafter parteiisch direkt zugunsten der Interessen der Firma Krupp beim Sultan interveniere, wie es ein Jahr zuvor der Fall gewesen war. In diesem Brief wies man darauf hin, dass die Firma einen Auftrag in Höhe von 60.000.000 Francs an die Firma Krupp verloren hatte, obwohl die Firma Krupp ein ungünstiges Angebot gemacht hatte, das um 17.000.000 Francs teuer als das der Ehrhardt-Werke gewesen war. Aus diesem Grund erwarteten die Ehrhardt-Werke die Unterstützung des Auswärtigen Amtes, um den in Aussicht stehenden Auftrag auf Haubitzen und Schrapnellmunition als Entschädigung für sich zu sichern. Die Führung der Erhardt-Werke war darauf konzentriert, dass die deutsche Botschaft sie nur mit den anderen Konkurrenten gleichstellte und dass sie den Sultan darauf aufmerksam machte, dass es sich bei den Bestellungen in erster Linie um deutsches Material handelt.[96]

Der deutsche Militärattache, von Claer, äußerte sich zu diesem Thema dahingehend, dass die ausländischen Regierungen den Missionschef bzw. den Militärattache fragten, ob die Firma Krupp oder die Erhardt-Werke leistungsfähig waren. Er betonte allerdings, dass es unmöglich war, bei solchen Anfragen die Unparteilichkeit bezüglich der deutschen Rüstungsindustrie zu bewahren. Der Leitgedanke der deutschen Botschaft war dabei, dass der Auftrag unbedingt der deutschen Rüstungsindustrie zugute kommen musste. Während der deutsche Staat im Inland an der zahlenmäßigen Stärke der Rüstungsfirmen interessiert war, um die Preise des Kriegsmaterials herabsenken zu können, hatte er im Ausland nur ein indirektes Interesse am Wettbewerb dieser Firmen gehabt. In einem offenen Wettkampf sollten die deutschen Botschaften den konkurrenzfähigen Bewerber unterstützen. Überdies betonte von Claer, dass die beiden Firmen von Beginn an einen unbedachten Konkurrenzkampf sowohl im Ausland als auch in Deutschland führten. Da sie sich gegenseitig in den 90er Jahren des 19. Jahrhunderts in Rumänien diffamierten, bekamen die französischen Firmen den Lieferauftrag, die selbst Werbung für die Erhardt-Werke machten, um die Firma

Krupp zu erledigen. Die Franzosen verbreiteten in der Presse die Nachricht, dass das preußische Kriegsministerium neuerdings bei den Erhardt-Werken bestelle, weil es mit den Krupp'schen Leistungen nicht mehr zufrieden sei. So gelang es der französischen Industrie, die deutschen Konkurrenten aus dem Feld zu schlagen. Dieses Beispiel belegt, dass die deutschen Waffenfirmen, namentlich die Firma Krupp und die Erhardt-Werke, für die Auslandsgeschäfte ein Kartell bilden sollten, so von Claer.[97]

Dieser Krupp-Ehrhardt-Gegensatz wurde auch in einer Reichstagssitzung debattiert, in der der Abgeordnete Eickhoff den deutschen Botschafter in İstanbul, Marschall von Bieberstein, beschuldigte, seinen Einfluss einseitig für die Firma Krupp geltend gemacht zu haben, obwohl bei den letzten türkischen Bestellungen das Angebot der Ehrhardt-Werke um 17.000.000 Francs niedriger war als das der Firma Krupp, wie ich bereits oben erwähnt habe. Ein Stahlkern für ein gewisses Geschütz kostete 35 Mark bei der Firma Krupp zum Jahreswechsel 1897/98, hingegen verlangten die Ehrhardt-Werke für den gleichen Stahlkern nur 30,15 Mark. Der Preis dieses Stahlkernes ging allmählich so weit herunter, dass man ihn für nur 17,20 Mark beziehen konnte. Der Stahlkern für ein 21 cm-kalibriges Geschütz kostete z. B. 102 Mark bei der Firma Krupp 1896, wogegen das gleiche Material bei den Ehrhardt-Werken im gleichen Jahr nur 89 Mark kostete. Ungeachtet der Tatsache, dass die Ehrhardt-Werke den Preis für dieses Material auf 67,50 Mark heruntergesetzt hatten, gab das türkische Kriegsministerium den Auftrag auf Druck der deutschen Botschaft der Firma Krupp. Der Abgeordnete Beumer nahm dagegen die Firma Krupp in Schutz und versuchte, das Misstrauen der Türkei wegen der auffälligen Preissenkung der Ehrhardt-Werke in dieser Angelegenheit zu beseitigen. Der Staatssekretär Richthofen vertrat die Meinung, dass es ganz normal sei, die bekanntere Firma der Branche in einem Auslandsgeschäft zu empfehlen. Der Abgeordnete Eickhoff brachte zur Sprache, dass die türkische Leitung bei der Vergabe des Auftrages an die Firma Krupp korrumpiert wurde.[98]

Nach der Reichstagsdebatte musste das Auswärtige Amt zu dieser Angelegenheit Stellung nehmen, bei der mitgeteilt wurde, dass man von einer offiziellen Begünstigung der Firma Krupp gegenüber den Erhardt-Werken nicht sprechen könne. Das Auswärtige Amt setze sich für die Interessen der deutschen Industrie ein, wobei es vor allen Dingen um die Vertrauenswürdigkeit und Leistungsfähigkeit der in Frage kommenden Firma ginge. Ansonsten sei es dem Auswärtigen Amt völlig gleichgültig, welche Firma den Auftrag erhalte. Das Auswärtige Amt versuche immer, zwischen den deutschen Konkurrenten unparteilich zu bleiben, hieß es weiter in dieser Stellungnahme. Dass die Firma Krupp Erhardt-Werken gegenüber im Türkeigeschäft Vorteile habe, sei darauf zurückzuführen, dass die Türkei jahrelang ihre Geschütze von dieser Firma bezogen hat. Der deutsche Botschafter Marschall gab in dieser Angelegenheit kund, dass er aufgrund der Kanonenfrage im Jahre 1905 dreimal mit dem Sultan gesprochen hatte, ohne den Namen der deutschen Industriellen zu erwähnen.[99]

In einem weiteren Bericht sehen wir wichtige Anhaltspunkte für die Bedeutung der Auslandsvertretungen bezüglich der Unterstützung der deutschen Industrie. Es gab Staaten, deren Regierungen den auswärtigen Einflüssen sehr unterworfen waren. Diese Staaten bestellten ihr Kriegsmaterial bzw. andere Erzeugnisse von den ausländischen Fabriken, deren Diplomatie für sie das größte Gewicht in die Waagschale warf. Zu dieser Kategorie der Staaten gehörten vor allem die Türkei, China usw., bei denen man sich bei der Vergabe der schweren Rüstungsaufträge nicht sachlich entschied. Der Auftrag war in einem solchen Fall als eine Machtfrage und als das Ergebnis eines politischen Handelgeschäftes zu betrachten. Der Schutz oder die Unterstützung der politisch stärkeren Macht (Deutschland) wurde von der schwächeren (die Türkei) durch die Vergabe eines Auftrages an die Industrie der stärkeren Macht erkauft. Vor diesem Hintergrund ist es klar, dass die Preis- und Qualitätsfrage bei der Auftragsvergabe überhaupt keine Rolle gespielt hatte. Das Auswärtige Amt teilte der deutschen Botschaft in İstanbul mit, dass man der Firma Krupp versprochen hatte, sie über den Stand der Dinge zu informieren, falls ein türkischer Auftrag in spe zu erwarten war.[100] Die deutsche Botschaft stärkte immer den Rücken der Firma Krupp gegen die ausländische Konkurrenz. Als sich die englische Rüstungsfirma Armstrong um einen türkischen Flottenauftrag bewarb, bemühte sich die deutsche Botschaft eifrig, die englische Firma auszuschalten. Man stützte sich dabei auf das Versprechen des Sultans. Da Abdülhamid II. dem deutschen Botschafter oft und verbindlich versprochen hatte, sämtliche Flottenaufträge der deutschen Industrie zu geben, erwartete die deutsche Seite, dass sie einen Anspruch auf die Vergabe eines solchen Rüstungsauftrages an eine andere Industrie erheben konnte. Man meinte sogar, wenn ein türkischer Auftrag keiner deutschen Rüstungsfirma zuteil würde, könne man die Interessen in der Türkei als verletzt betrachten. Dies setzte man zugleich mit der Verdrängung der deutschen Rüstungsfirmen aus dem türkischen Absatzgebiet gleich, was in Deutschland als Niederlage ihrer Politik wahrgenommen werden würde.[101]

4.5.3 Internationaler Kampf um die Aufträge

Die deutschen Rüstungsfirmen kämpften hart gegeneinander um die türkischen Aufträge. Unter den deutschen Konkurrenten waren auch kleinere Firmen, wie die Polte. Bevor der Direktor der Firma Polte, Herr Riese, mit dem türkischen Kriegsministerium einen Liefervertrag über 100.000.000 Gewehrpatronen abschoss, besuchte er den Botschafter Marschall, um ihn um die Unterstützung seiner Firma im Türkeigeschäft zu bitten. Auf der einen Seite wollte die Firma Polte in Zusammenarbeit mit der Pulverfabrik Förster diesen Auftrag für sich sichern, wobei allerdings die erstere Fabrik die Hülsen und die letztere das Pulver liefern wollte. Auf der anderen Seite bemühte sich die vom Kriegsministerium empfohlene Karlsruher Metallpatronenfabrik um diesen Auftrag, die bekanntlich mit der Firma Mauser, Duttenhofer, L. Löwe usw. zusammenarbeitete. Neben der Hirtendorfer Fabrik in Wien bewarben sich eine französische und eine belgische Fabrik um diesen Auftrag. Marschall sagte dem Direktor Riese, dass er zwischen den deutschen Konkurrenten strenge Neutralität bewahren müsse.[102]

Außer Deutschland nahmen Österreich, Frankreich und England am Konkurrenzkampf um die türkischen Aufträge teil. Der Abschluss eines Liefervertrages der deutschen Waffen- und Munitionsindustrie mit der Türkei löste heftige Proteste der anderen europäischen Staaten aus. Über die Erfolge der deutschen Rüstungsindustrie in der Türkei waren besonders die österreichischen Firmen äußerst beunruhigt. Deswegen versuchte die österreichische Rüstungsindustrie ständig, die deutsche Industrie vom türkischen Markt zu drängen, indem sie durch Presseberichte die deutsche Rüstungsindustrie verleumdete. Darüber hinaus wurde von der Goltz in der „Reichswehr"[103] angegriffen, wobei darauf hingewiesen wurde, dass die 9,5 mm-kalibrigen Mauser-Gewehre durch die Befürwortung von der Goltz in die türkische Armee eingeführt wurden.

Die Franzosen strengten sich an, die türkischen Aufträge für ihre Industrie zu sichern, weil Frankreich traditionell die türkische Armee belieferte. Neben der französischen Botschaft wurde die französische Rüstungsindustrie von der frankophilen Elite in der Umgebung des Sultans und von der einflussreichen französischen Presse jeweils in Paris und İstanbul energisch unterstützt. Diese Mächtekonstellation leistete einen großen Beitrag zu einem möglichen Auftragserhalt der französischen Rüstungsindustrie. Die Franzosen setzten sich ebenfalls zum Ziel, die deutsche Rüstungsindustrie in İstanbul herabzuwürdigen, als man das französische Kriegsmaterial mit dem deutschen verglich. Das Pulver und das Lebel-Gewehr der Franzosen konnten sich bei den Vergleichsversuchen nicht als die besten erweisen, obwohl man dafür ständig warb. Der französische Misserfolg war vor allem dadurch gekennzeichnet, dass die Bange-Geschütze den Krupp-Geschützen weit unterlegen waren. Mit anderen Worten: Die Artillerietechnik der Firma Krupp war tadellos, verglichen mit der der Bange.[104]

Die Angriffe der österreichischen Rüstungsindustrie waren sehr systematisch angelegt. So verbreitete die österreichische Rüstungsindustrie im Juni 1892 die Nachricht, dass das rauchlose Pulver für das neue kleinkalibrige türkische Gewehr in Österreich hergestellt wurde, das bei den Schießversuchen in İstanbul als Sieger hervorgegangen war. Überdies behauptete man, dass bei einigen neuen 7,65 mm-kalibrigen Mauser-Gewehren beim Schießen Ausbauchungen in der Kammer vorgekommen wären und dass die von der Karlsruher Firma gelieferten Patronen schlecht wären und es 10 % Versager gegeben hätte. Diese Gewehre wurden aber nicht erneut einer Probe in Kağıthane unterzogen. Diese Diffamierungskampagne konnte allerdings die türkische Regierung nicht davon abbringen, dass sie nochmals eine große Anzahl von Patronen für die 7,65 mm-kalibrigen Mauser-Gewehre von der Karlsruher Metallpatronenfabrik bestellte, denn diese hatte bereits über 90.000.000 Patronen zur vollsten Zufriedenheit des türkischen Kriegsministeriums geliefert. Die von der französischen Rüstungsindustrie an die Türkei gelieferten Pulverproben stellten sich bei den Schießübungen in Kağıthane als minderwertig heraus. Was die angeblichen Ausbauchungen in der Kammer des neuen 7,65 mm-kalibrigen Mauser-Gewehres betraf, erwiesen sich diese Behauptungen ebenfalls als falsch, weil einem vom Sultan eingesetzten Kommissionsbericht zufolge unangenehme Zwischenfälle bei allen Gewehren - diese Gewehre waren die französischen Henri-Martini-Gewehre und die österreichischen Mannlicher-Gewehre - außer dem Mauser-Gewehr - vorgekommen wären. Wegen dieser Verleumdungskampagne sah sich das deutsche Kriegsministerium gezwungen, Stellung zu dieser Angelegenheit zu nehmen. Man ließ diese Verleumdungsschrift ins Türkische übersetzen und an die türkischen Offiziere verteilen. Das deutsche Kriegsministerium wollte nicht das Risiko eingehen, dass das Vertrauen des türkischen Offizierkorps in deutsche Waffen unheilvoll gefährdet war.[105]

Als der prominente armenisch-amerikanische Waffenfabrikant „Azarian" auf Antrieb des österreichischen Militärattachés, Oberst von Manega, den Krag-Jürgensen-Karabiner - diesen Karabiner produzierte man in Steyer Österreich - dem Sultan zur Besichtigung vorgelegt hatte, ließ der Sultan Schießversuche anstellen, zu denen kein deutscher Offizier eingeladen worden war. Da man sogar Şakir Pascha, der zu der Abnahmekommission der deutschen Gewehre gehörte, nicht davon in Kenntnis setzte, war die deutsche Seite äußerst beunruhigt über diese Entwicklung in der türkischen Hauptstadt, die die Stellung der deutschen Waffenindustrie zu gefährden schien. Bei diesen Verhandlungen sprach man auch über die Gründung einer Gewehrfabrik in İstanbul. Nach von der Goltzs Ansicht wollte der Sultan dabei den Österreichern einen Gefallen tun, damit der österreichische Botschafter, Baron Balice, ihn in Ruhe ließ, weil er ihn ständig darum bat, ihm die Protokolle über die Resultate der Schießproben mit den verschiedenen Pulversorten zu geben. Die österreichische Rüstungsindustrie könnte die Fabrikation der Krag-Jürgensen-Karabiner als Indiz für weitere Bestellungen der Türkei von der österreichischen Fabrik in Steyr auffassen. Während dieser Entwicklungen berichtete die Wiener Presse darüber, dass Abdülhamid II. den Liefervertrag mit der Firma Mauser aufgelöst hatte, um angeblich ein neues (österreichisches) Modell in die türkische Infanterie einzuführen. Die Österreicher wären immer bestrebt, gegen die deutschen Firmen wie die Waffenfabrik Mauser und die Gruson-Werke etwas zu unternehmen. In dieser Situation konnte die Sache wohl für die Interessen der deutschen Rüstungsindustrie gefährlich werden. Da die Österreicher gegen die Mauser-Gewehre weit mehr als die Franzosen propagierten, empfahl von der Goltz dringend, dass man gegen diese Agitation der Österreicher unbedingt operieren müsse.[106]

Die Befürchtungen der deutschen Industrie wurden stärker, als die türkische Regierung die beiden Kriegsschiffe, Mesudiye und Asar-ı Tevfik, in Bezug auf ihren Zustand und auf ihre eventuelle Modernisierung in Genua untersuchen ließ.[107] Die Idee einer vermutlichen Kontaktanknüpfung der Türkei zu den anderen europäischen Rüstungsindustrien versetzte die deutsche Industrie in einen unruhigen Zustand. Diese Sorge wurde vom Vertreter der Firma Krupp, C. Menshausen, in einem Brief an das Auswärtige Amt folgendermaßen zum Ausdruck gebracht:

> „Leider kann ich die Befürchtung nicht unterdrücken, daß wenn die türkischen Kriegsschiffe sich erst einmal auf einer italienischen Werft befinden, der Umbau derselben sich doch schließlich daselbst vollziehen wird. Weiterhin liegt auch die Besorgnis nahe, dass, basierend auf diesem ersten Geschäft, dauernde Verbindungen zwischen der türkischen Regierung und der italienischen Industrie geknüpft werden [...]"[108]

Ein anderes Beispiel der Beunruhigung der deutschen Seite boten die Verhandlungen der amerikanischen Schiffsbaufirma William Cramp & Sons Philadelphia über einen eventuellen Lieferauftrag für einen geschützten Kreuzer in die Türkei. In der Tat wollte der Vertreter dieser Firma, Herr Tromp, diesen Auftrag anlässlich der armenischen Unruhen als Entschädigung für seine Firma zugesichert bekommen. Aufgrund des russischen Protestes wurden jedoch diese Verhandlungen abgebrochen.[109] Dieses Beispiel ist ein Indiz dafür, dass die Vertreter der ausländischen Firmen gelegentlich versuchten, die aktuellen politischen Ereignisse zu ihren wirtschaftlichen Zwecken zu instrumentalisieren, um Lieferaufträge von der Türkei für ihre Firmen zu bekommen. Angesichts der Bestrebungen dieser amerikanischen Firma geriet die Firma Krupp in Panik, weil man davon ausging, dass sie im türkischen Waffengeschäft Fuß fassen könnte.[110]

Wie der Verfasser dieser Arbeit bereits im Abschnitt (3.4.1) angedeutet hat, versuchte Abdülhamid II. die Rüstungsindustrien der europäischen Staaten gegeneinander auszuspielen. Die folgenden Ausführungen bieten ein gutes Beispiel für diese Strategie des Sultans. Obwohl das türkische Kriegsministerium für 96 Schnellfeuerfeldgeschütze ungefähr 1.000.000 Francs der Firma Krupp im Jahre 1901 angezahlt hatte, hatte Abdülhamid II. auf einmal den Befehl gegeben, zwei moderne Schnellfeuergeschütze und eine 10,5 cm-kalibrige Haubitze aus Frankreich als Probe- und Vergleichsmodell zu bestellen.[111] Folglich verbreiteten sich die Gerüchte von einer angeblichen Auftragsvergabe an die französische Firma Creuzot für eine bedeutende Kanonenlieferung, was von dem deutschen Botschafter Marschall revidiert wurde. Während Rıza Pascha die Kanonen in der französischen Fabrik in St.-Chamond besichtigt und darüber einen positiven Bericht geschrieben hatte, hatte die Landesverteidigungskommission, in der auch die deutschen Generäle, Auler und Imhoff, Mitglied waren, die Einführung eines neuen Waffentyps wegen der technischen Zwänge (z. B. unterschiedliche Munition) in die türkische Armee einstimmig abgewiesen. Nach Marschall war die Gefahr der Kriegsmaterialbestellungen aus Frankreich ausgeschaltet. Er war deswegen so sicher, weil er von den Verhandlungen der anderen Mächte rechtzeitig informiert worden war.[112]

Die deutsche Lobby in der Türkei war immer daran interessiert, dass die Rüstungsaufträge der deutschen Industrie zugute kamen. Dies war bei der Militärtuchlieferung der Fall gewesen. Diesen Auftrag bekam ein englisch-levantinisches Konsortium, das aus 16 Firmen bestand, dagegen wollten die türkischen Generäle ihn lieber an die deutschen Firmen erteilen. An einer deutschen Beteiligung war insbesondere M. Şevket sehr interessiert gewesen. Die Berliner Firma Lehmann, die nicht kapitalkräftig genug war, beharrte auf einer

Anzahlung. Infolgedessen war es kein Wunder, dass dieser Auftrag dem englischen Konsortium zuteil wurde, weil es keine Anzahlung von der türkischen Regierung haben wollte. Die Gesamtsumme des Auftrages betrug zwischen 7- und 8.000.000 Mark.[113] Im Rahmen der internationalen Konkurrenz möchte ich darauf hinweisen, dass die österreichische Firma Skoda einen Lieferauftrag für 100 10,5 cm- kalibriges Feldhaubitzenstahlrohr mit Rücklauf von der türkischen Regierung bekommen hatte. Man bestellte auch 35.000 Patronen.[114] Die Firma Whitworth war der Firma Krupp ein Dorn im Auge, denn diese Firma produzierte ebenfalls Geschütze und war eine alte Lieferantin der Türkei. Außer dieser Firma waren die Firmen Armstrong und Woolwich (Fraser) im Bereich der Geschützproduktion tätig.[115]

4.6 Ein kurzer Überblick über den Fortschritt des Militärgewehres

Man muss Nikolaus Dreyse eine besondere Stellung unter den deutschen Waffendesignern einräumen, denn er hatte in der ersten Dekade des 19. Jahrhunderts beabsichtigt, ein Hinterladergewehr zu produzieren. Nachdem N. Dreyse in einer Gewehrfabrik in Paris gearbeitet hatte, kehrte er 1814 nach Deutschland zurück. Anschließend gründete er mit dem Kaufmann Kronbiegel eine neue Fabrik, in der man verschiedene Eisenwaren hergestellt hatte. Dreyse fertigte sieben Modell-Gewehre an, die vom preußischen Kriegsministerium 1828 als äußerst exzellente Konstruktionen, aber als untauglich zu militärischen Zwecken betrachtet wurden. Als der Hauptmann von Priem, der dieses Modell zum preußischen Militärgewehr machen wollte, von der Qualität dieses Gewehres tief überzeugt worden war, arbeitete er mit Dreyse an diesem Zündnadelgewehr. Schließlich wurde 1834 ein preußisches Bataillon mit 1.100 Dreyse-Gewehren bewaffnet, die immer noch ein Vorderlader waren. Nach der Bauart nannte man dieses Gewehr „Traubengewehr". Im Oktober 1836 unterzog man das Schnellfeuergewehr von Dreyse einem Probeschuss, das ein Hinterlader war und das man im Knien und im Liegen genauso gut wie im Stehen laden konnte. In Preußen nannte man Dreyses Hinterlader „Scharfschützengewehr.

Nach einer jahrelangen Lobbyarbeit befahl der König von Preußen, Friedrich Wilhelm IV., kurz nach seinem Thronaufstieg die Anfertigung von 60.000 Gewehren. Am 15. Oktober 1841 gründete man die Gewehrfabrik in Sömmerda, in der man Hunderttausende von Zündnadelgewehren herstellte. Dank dieses Zündnadelgewehrs siegte die preußische Armee über die österreichische im Preußisch-Österreichischen Krieg von 1866.[116] Ferlach und Steyr waren Orte, an denen man in Österreich traditionell Waffen hergestellt hatte. Zwischen 1800 und 1815 produzierte man in Ferlach beispielsweise mehr als 300.000 Gewehre. Die Waffenfabrik von Steyr wurde von Josef Werndl gegründet, der mit seinem Ingenieur Mannlicher 1882 ein Mehrlader-Modell konstruierte, das sich dann in der Welt als Mannlicher-Gewehr einen Namen gemacht hat.[117]

Die Gebrüder Mauser konstruierten ihr erstes Modellgewehr 1865, das ein Kaliber von 14 mm besaß. Wilhelm Mauser stellte dieses neue Gewehr der württembergischen Regierung vor, woran die württembergische Infanterie kein

Interesse zeigte, weil sie bereits das Dreyse-Gewehr eingeführt hatte. Schließlich weckte dieses Modell die Aufmerksamkeit der preußischen Militärschießschule in Spandau. Als während des Deutsch-Französischen Krieges 1870/71 zutage trat, dass das französische Chassepot-Gewehr aus großen Entfernungen zielsicherer traf und schneller zu laden war als das deutsche Zündnadelgewehr, beschloss die deutsche Regierung zu jener Zeit Vorschriften für die Annahme eines neuen Infanteriegewehres. Nach jahrelangen Verhandlungen wurde das Mauser-Gewehr (M/1871) als deutsches Reichsgewehr[118] eingeführt. Jedoch konnten die Gebrüder Mauser vorerst keine Staatsaufträge bekommen, weil sie zur Fertigung dieses Modells keine Fabrik besaßen. Die Waffenfabrik Mauser wurde im Mai 1874 in Oberndorf a. Neckar gegründet.

Den Bemühungen um die Entwicklung eines besseren Gewehres begegnen wir um diese Zeit auch in England. Im April 1864 appellierte das englische Parlament an die Öffentlichkeit, Vorschläge zur Umänderung der bis dahin verwendeten Enfield-Gewehre einzureichen. Nach einer zweijährigen Prüfung führte man das Snider-Gewehr ein. Nach einem Bericht der englischen Zeitung „Times" kann man über dieses neue Modell zusammenfassend Folgendes sagen:

> „Der englische Hinterlader ist dem Zündnadelgewehr in Trefffähigkeit und Feuerschnelligkeit fast vierfach überlegen. In der Sicherheit und leichten Handhabung ist die Überlegenheit noch größer. Acht verschiedene Tempos sind erforderlich, um das Zündnadelgewehr zu laden und abzufeuern, während unser Snider-Gewehr nur vier Tempos braucht. Aus dem preußischen Gewehr kann man in der Minute höchstens sieben, im Mittel aber nur vier Schuss feuern. Unser Hinterlader jagt bis zu einundzwanzig, im Mittel zehn Schuss in der Minute aus dem Lauf."[119]

Im Jahre 1877 wurde das Mehrnadelgewehr schlagartig populär, wie es 1866 beim Zündnadelgewehr der Fall gewesen war, denn mit diesem Gewehr konnte man schneller feuern und auf einmal drei, fünf bzw. sechs Patronen laden. Bei der Popularität des Mehrnadelgewehres spielte der türkisch-russische Krieg von 1877/78 eine entscheidende Rolle, weil die Türken mit Hilfe von diesen englischen Gewehren bei Plevne gegen die Russen einen Sieg errungen hatten.[120]

Die Erfindung des rauchlosen Schießpulvers, eines brauchbaren Maschinengewehres und die Beseitigung des hinderlichen Rückstoßes bei der Artillerie waren bahnbrechende Fortschritte in der damaligen Kriegstechnik. Das rauchlose Pulver war z. B. für die Munitionsherstellung, für die kleinkalibrigen Magazingewehre und für die Herstellung von Maschinengewehren unersetzlich. Maschinengewehre verliehen den Geschossen eine große Geschwindigkeit durch die starke Schubkraft, denn der Rückstoß erfolgte gleichmäßig schnell und stark, der das Maschinengewehr wieder auflädt. Der Erfinder des Maschinengewehrs war der amerikanische Ingenieur Hiram Maxim. Nachdem die neu entwickelte Waffe von H. Maxim von der österreichischen Militärkommission zurückgewiesen worden war, nahm er Kontakt zur Firma Nordenfeld in England im Jahre 1888 auf, die wiederum von der Rüstungsfirma Vickers für einen Kaufpreis von 1.353.334 Sterling 1897 übernommen wurde.[121] Hiram Maxim entwickelte sein

Gewehr mit dieser Firma weiter. Nachdem Kaiser Wilhelm II. dieses Maschinengewehr kennengelernt hatte, produzierte man das erste deutsche Maschinengewehr im Jahre 1895, von denen die deutsche Armee beim Ausbruch des Ersten Weltkrieges ungefähr 3.500 Stück besaß.[122]

4.7 Die Gewehrfabrik Mauser

Wilhelm Mauser[123] musste zwei Jahre lang um die Annahme seines Gewehrs als Infanteriegewehr für die deutsche Armee in Berlin kämpfen, während sein Bruder Paul die konstruktiven Entwürfe in Oberndorf zu realisieren suchte. Schließlich wurde das Mauser-Gewehr als Infanteriegewehr „Modell 71" der preußischen Armee im Jahre 1871 eingeführt,[124] wie der Verfasser dieser Arbeit im Abschnitt (4.6) angedeutet hat. Dieses Gewehrmodell war dem Zündnadelgewehr weit überlegen, weil es sich durch eine hohe Feuergeschwindigkeit, Tragweite und Treffsicherheit auszeichnete. Am 23. Dezember 1872 wurde die Firma Gebrüder Wilhelm und Paul Mauser gegründet. Die eigentliche Geschichte der Gewehrfabrik Mauser fing jedoch mit der Übernahme der württembergischen Königlichen Gewehrfabrik durch die Gebrüder Mauser im Jahre 1874 an. Zehn Jahre später wurde diese Fabrik mit Hilfe der Württembergischen Vereinsbank in die Kommanditgesellschaft Gebrüder Mauser & Co umgewandelt, die ihren ersten Lieferauftrag über 100.000 Gewehre von der württembergischen Armee bekommen hatte. Seit dem 23. April 1897 war die Waffenfabrik Mauser eine Aktiengesellschaft gewesen, die Aktienkapital in Höhe von 2.000.000 Mark und 1.000 Stück Genussscheine besaß. Die Firma L. Löwe übernahm diese Aktien im Wert von 2.000.000 Mark und 80 Genussscheine der Waffenfabrik Mauser und zahlte insgesamt 3.072.000 Mark im Jahre 1882 aus.[125]

Nach dem Tod seines Bruders musste sich P. Mauser[126] auf die technische Leitung der Waffenfabrik konzentrieren, weil A. Kaulla 1884 aufgrund eines neuen Gesellschaftsvertrages kaufmännischer und administrativer Leiter der Firma wurde. Außerdem war der größte Teil des Grundkapitals der neu gegründeten Kommanditgesellschaft im Besitz von A. Kaulla. Wie oben angedeutet wurde, verkaufte die Württembergische Vereinsbank ihre Mauser-Aktien an die Berliner Firma Ludwig Löwe & Co., wodurch sie die Kontrolle über die Mauser-Werke erlangte. Trotz dieser Übernahme hatte P. Mauser weiterhin den Posten des technischen Leiters der Waffenfabrik Mauser inne. Nach jahrelangen Entwicklungsarbeiten wurde das Mauser-Gewehrmodell 98 in zahlreichen ausländischen Armeen der Welt eingeführt, wie im Abschnitt (4.7.7) anhand der vergleichenden Analyse dargestellt wird.[127]

4.7.1 Türkische Aufträge an die Gewehrfabrik Mauser

Um die Existenz seiner Waffenfabrik zu gewährleisten, war P. Mauser auf die Lieferaufträge aus dem Ausland angewiesen. Zu diesem Zweck reiste er zuerst am 5. November 1886 nach England, um dort einen Lieferauftrag zu bekommen, denn die preußische Militärverwaltung gab ihm keine ausreichenden Aufträge zur Fertigung der Repetiergewehre (M 1871/84). Aus diesem Grund musste P. Mauser lange Geschäftsreisen ins Ausland unternehmen, um seine Arbeiterschaft weiter beschäftigen zu können. Nachdem ihm ein Auftrag in England versagt blieb, reiste er am 17. November des gleichen Jahres nach İstanbul, um dort persönlich mit dem Sultan in Verhandlungen zu treten.[128] Aus den Ausführungen P. Mausers geht hervor, dass der englische Stahlhändler Sir Josef Jonas einen großen Beitrag zur Einfädelung der deutsch-türkischen Waffengeschäfte geleistet hatte. In diesem Zusammenhang liegt die Vermutung nahe, dass er die Firma Mauser auf die geplante Neubewaffnung der türkischen Armee aufmerksam gemacht hatte. J. Jonas - er pflegte als gebürtiger Deutscher gute Beziehungen zur deutschen Rüstungsindustrie - verkaufte der Firma Mauser und anderen Fabriken der Rüstungsindustrie Sheffielder Stahl.[129]

Es gab eine enge Zusammenarbeit zwischen den DW & MF und der englischen Waffenfabrik Vickers. Sigmund Löwe, der ab 1897 bis zu seinem Tod die Waffenfabrik Vickers geleitet hatte, war ab dem Jahr 1901 gleichzeitig Aufsichtsratsmitglied bei der Firma Ludwig Löwe & Co. Er besaß ein Drittel der Aktien der DW & MF. Im Gegensatz dazu war Albert Vickers Aufsichtsratsmitglied bei der Firma Löwe. In diesem Zusammenhang muss betont werden, dass diese Männer dem Hochfinanzier Lord Rothschild nahe standen.[130]

In seinen Lebenserinnerungen bringt P. Mauser zur Sprache, dass er am 22. November 1886 in İstanbul antraf, um dort Verhandlungen über einen Liefervertrag zu führen. M. Şevket, der sich für die Einführung des Mauser-Gewehres stark eingesetzt hatte, nahm an den Schießproben teil, wie der Verfasser dieser Arbeit bereits im Abschnitt (3.4.2.2) ausführlich behandelt hat. Man unternahm Schießversuche mit dem 11 mm- und 9,5 mm-kalibrigen Mauser-Gewehren. Außerdem führte man auch Schießversuche mit einem belgischen Gewehr nach dem Mausersystem, mit einem österreichischen Gewehr nach dem Mannlichersystem, einem Martini-Gewehr und einem Hotchkiss-Gewehr durch. Nach diesen hartnäckigen Verhandlungen unterzeichnete Abdülhamid II. schließlich den Vertrag über den Lieferauftrag für 500.000 9,5 mm-kalibrige Repetiergewehre und 50.000 Repetierkarabiner mit der Waffenfabrik Mauser am 10. Februar 1887. Der Stückpreis eines Gewehrs belief sich auf 362 Türkische Pfund, umgerechnet ungefähr 68,8 Mark, wobei man den Wert dieses Vertrages auf 37.000.000 Mark beziffern konnte. Dieser Rahmenvertrag beinhaltete zusätzlich einen Patronenauftrag im Wert von über 9.000.000 Mark für die deutsche Rüstungsindustrie. Nach den vertraglichen Vereinbarungen verpflichte sich die Firma Mauser, jede Verbesserung bzw. Abänderung des Gewehrmodells jeweils für den Rest der Bestellung durchzuführen, wenn dies selbstverständlich von der türkischen Seite gewünscht werde. Die Selbstkosten für diese Abänderung der Gewehre dürften aber fünf Türkische Pfund nicht überschreiten. Während der Ausführungszeit des türkischen Auftrages dürfte die Waffenfabrik Mauser keinen weiteren Auftrag von irgendeinem Staat annehmen.[131] Beim Zustandekommen dieses Auftrages spielte von der Goltz (3.2) eine große Rolle, und dieser Vertrag hatte einen enormen Einfluss auf die Entwicklung der Mauser-Werke (4.7.6) ausgeübt.

Jahr	Kriegsmateriallieferungen an die Türkei von 1888 bis 1897 (Währung in Mark)				
	Mauser-Gewehre	Patronen	Geschütze mit Munition	Pulver	Summe
1888	2.269.839				2.269.839
1889	5.812.265	611.480			6.423.745
1890	6.341.111	2.515.648			8.856.759
1891	1.690.595	3.556.181		613.312	5.860.088
1892	8.703.288	1.392.125			10.095.413
1893	8.992.022	4.064.450			13.056.472
1894	2.447.800	3.463.940	69.190		5.980.930
1895	7.258.086	3.005.547	1.974.782		12.238.415
1896	2.762.744	1.605.113			4.367.857
1897	----	1.362.889	226.403	56.854	1.646.146
Summe	46.277.750	21.577.373	2.270.375	670.166	**70.795.664**

Tab. 3: Kriegsmateriallieferungen an die Türkei von 1888 bis 1897 (Datenquelle: Deutsches Handelsarchiv, Reichsamt des Innern (hrsg.), Bd. 2, Jg. 1898, S. 512.)

Aus der Tab. 3 kann abgelesen werden, dass die türkische Regierung im Zeitraum von 1888 bis 1897 insgesamt 68.525.289 Mark für Gewehre, Munition und Pulver ausgab. Dies macht mehr als 96 % des Gesamtbetrages (70.795.664) in diesem Zeitraum aus.

Nach Isidor Löwe kann man die Bedeutung dieses türkischen Auftrages folgendermaßen interpretieren:

> „[...] es gelang uns durch die überaus energische und unermüdliche Unterstützung des ehemaligen Herrn Reichkanzlers sowie der aufopfernden Hilfe des Generals Baron von der Goltz- Pascha [...] Dieser Auftrag verursachte gravierende Veränderungen für die Waffenfabrik Mauser im Hinblick auf die Betriebserweiterungen und auf die daraus resultierende großartige Prosperität des Betriebes.“[132]

Da diese Betriebserweiterungen Investitionen unvermeidlich machten, wandten sich die Mauserwerke an die Württembergische Vereinsbank als Mehrheitsteilhaberin, um sie zur Investitionen zu bewegen, weil die Waffenfabrik allein nicht in der Lage war, sie aus ihren Kapitalanlagen zu decken. Anstatt in dieses Geschäft zu investieren, verkaufte die Württembergische Vereinsbank ihren gesamten Aktienbestand von ungefähr 2.000.000 Mark an die Firma Ludwig Loewe, wie der Verfasser dieser Arbeit bereits im Abschnitt (4.7) genauer beschrieben hat.[133]

Nach August Gaisers Aufzeichnungen wurden verschiedene Modelle für die türkische Infanterie ausgefertigt (vgl. Tab. 4)[134] Nach der Vertragsunterzeichnung am 10. Februar 1887 fing man in der Oberndorfer Waffenfabrik mit der Produktion der Gewehre an. Zwischen 1887 und 1896, d. h. in neun Jahren wurden insgesamt 486.120 Gewehre hergestellt. Wenn wir in Betracht ziehen, dass der türkische Großauftrag aus 550.000 Gewehren bestand, wird genau erkennbar, welche Rolle dieser Auftrag in der wirtschaftlichen Belebung der Stadt Oberndorf gespielt hatte.

Modelle	Fertigungszahlen	Fertigungszeitraum
M 1887 Gewehre	220.000	11. Mrz.1887-16. März 1891
M 1890 Gewehre	280.000	1. Jan.1891-5. Dez. 1893
M 1893 Gewehre	200.100	5. Dez.1893-16. März 1896
M 1893 Gewehre	1.800	27. Aug.1896-21 Sep.1896
M 1887 Karabiner	4.000	19. Jan. 1890-29. Dez.1890

Tab. 4: Mauser-Gewehrmodelle in der türkischen Armee (Datenquelle: Seel, Wolfgang, Türkenmauser, in: DWJ, Nr.10, Jg. 1981, S. 1423.)

4.7.2 Ein Vergleich der Gewehrmodelle in der türkischen Armee vor und nach der Einführung des Mauser-Gewehres

Vor der Bewaffnung der türkischen Armee mit Mauser-Gewehren verwendete man eine Reihe von verschiedenen Gewehrmodellen in der Türkei. Obwohl die Waffenfabrik Mauser beinahe eine Monopolstellung für die türkischen Waffenlieferungen behaupten konnte, darf man nicht davon ausgehen, dass alle Vorgänger-Modelle in der türkischen Infanterie ausgeschieden waren. Da die Türkei Mitte des 19. Jahrhunderts nicht in der Lage war, brauchbare und moderne Militärgewehre in ausreichenden Mengen selbst herzustellen (3.3), musste sie englische Enfield- und amerikanische Springfield-Gewehre aufkaufen, deren zeitgemäße Umänderung in Hinterlader mit dem Klappenverschluss-System Snider in der türkischen Waffenfabrik von Tophane erfolgte. Im Jahre 1872 führte man Peabody-Martini-Gewehre in die türkische Armee ein, von denen man insgesamt 600.000 bestellt hatte. In der türkischen Kavallerie wurden dagegen Winchester-Karabiner verwendet. Bis Mitte November 1870 sind 15.000 Repetiergewehre und 5.000 Repetierkarabiner von der Firma Winchester an die Türkei geliefert worden. Anschließend kaufte die Türkei noch weitere 30.000 Repetiergewehre von der gleichen Firma bis zum 19. August 1871. Als der türkisch-russische Krieg 1877/78 ausbrach, gab es in der türkischen Armee die in der Tab. 5 aufgeführten Waffenbestände.[135] Aus der Tab. 5 wird ersichtlich, dass in der türkischen Armee insgesamt 692.000 Gewehre von unterschiedlichen Modellen vorhanden waren. Da aufgrund des Krieges neue Waffen bestellt wurden, wuchsen die Waffenbestände der Türkei von 692.000 auf 790.000 innerhalb von zwei Jahren an. W. Seel weist darauf hin, dass die Türkei russische Smith & Wesson Revolver - sie wurden von der Firma L. Löwe hergestellt - während des Krieges erbeutet hatte, was später bei den türkischen Bestellungen von dieser Firma als Referenz galt.

Gewehr-Modelle	Stückzahl (1877/78)	Zuwachs b. z. Jahr 1880
Peabody-Martini-Gewehre	310.000	350.000
Snider-Gewehre	323.000	400.000
Winchester-Waffen	39.000	20.000
Revolver	20.000	_
Remington-Gewehre	_	20.000

Tab. 5: Vergleich der Gewehr-Modelle in der türkischen Armee bei Ausbruch des türkisch-russischen Krieges 1877/78 (Datenquelle: Seel, Wolfgang, Türkenmauser, in: DWJ, Nr. 11, Jg. 1981, S. 1578 f.)

Im Jahre 1881 bestellte man weitere 100.000 Peabody-Gewehre bei der Providence Toll Company. Darüber hinaus gab die Türkei eine bedeutende Bestellung bei der Firma Winchester in Auftrag. Aus den vielfältigen Modellen resultierte auch ein unterschiedlicher Bedarf an Munition. Infolgedessen kam es während des türkisch-russischen Krieges (1877/78) zu Verwechslungen der Patronen. Obwohl die Mauser-Gewehre, die seit fast zehn Jahren in Depots lagen, erst während der Mobilmachung im türkischen-griechisch Krieg (1897) eingesetzt wurden, lagerte man die Karabiner bis über die Jahrhundertwende hinaus in den Arsenalen des Landes. Nach den Instruktionen teilte man bis zu 154.000 Mauser-Gewehre (M/1887) und circa 105.000 7,65 mm-kalibrigen Mauser-Gewehre aus. Nur 16 Nizam-Bataillone kamen mit dem 9,5 mm-kalibrigen Gewehr zum Einsatz. Von der Goltzs Empfehlungen, die Linien- und Landwehr-Truppen mit 7,65 mm-kalibrigen Gewehren auszustatten, wurden nicht berücksichtigt. Zum Jahresende 1896 gab es in der türkischen Armee die Gewehrmodelle, die in Tab. 6 aufgeführt wurden.[136] Aus der Tab. 6 ist zu entnehmen, dass die Mauser-Modelle den ersten Platz in der türkischen Infanterie eingenommen haben. Während Ende des Jahres 1896 die türkische Armee summa summarum 705.900 Mauser-Gewehre besaß, hatte sie 750.000 andere Modelle in ihren Gewehrbeständen. Mit anderen Worten: Die Mauser-Gewehre machten fast die Hälfte der Gewehrbestände der Türkei aus. Der Durchmesser der Mauser-Modelle war zwischen 7,65 und 9,5 mm, hingegen lag der Durchmesser anderer Modelle zwischen 10,8 und 12 mm (vgl. Tab. 6). Der kleine Durchmesser ist waffentechnisch ein Indiz dafür, dass die Mauser-Modelle den anderen Modellen weitaus überlegen waren. Deswegen wurde der Durchmesser der Henry-Martini- bzw. Peabody-Martini-Gewehre nach und nach auf die 7,65 mm Mauser-Munition umgearbeitet. Wenn man die Zahlen der Gewehre (692.000) im Jahre 1878 (vgl. Tab. 5) mit den Zahlen der Mauser-Gewehre (705.900) 1896 (vgl. Tab. 4) vergleicht, wird die Machtverschiebung zugunsten der Mauser-Modelle deutlich.

Modell	Kaliber	Stückzahl
Mauser-Gewehre M 1887	9,5 mm	220.000
Mauser-KarabinerM 1887	9,5 mm	4.000
Mauser-Gewehre M 1890	7,65 mm	280.000
Mauser-Gewehre M 1893	7,65 mm	201.900
Peabody-,Martini- und Henry-Martini-Gewehre	11,43 mm	500.000 ca.
Snider-Gewehre	12 mm.	150.000 ca.
Winchester-Gewehre	10,8 mm	50.000 ca.
Remington-Gewehre	11 mm	50.000 ca.

Tab. 6: Gewehrmodelle in der türkischen Armee zum Jahresende 1896 (Datenquelle: Seel, Wolfgang, Türkenmauser, in: DWJ, Nr. 11, Jg. 1981, S. 1579.)

4.7.2.1 Das türkische Mauser-Gewehr-Modell 1887

Das türkische Mauser-Gewehr (M/1887) war ein Mehrlader mit Röhrenmagazin im vorderen Schaft - hölzerner Teil von Handfeuerwaffen, in dem Lauf und Verschluss usw. befestigt sind - genauso wie das deutsche Infanterie-Repetiergewehr (M/1871/84). Dieses Modell war auch bezüglich der hauptsächlichen Elemente in seiner Konstruktion mit dem deutschen Gewehr (M/1871/84) zu vergleichen. Dieses türkische Modell wies aber eine doppelte Verschlussverriegelung auf. Die wichtigste Erneuerung des türkischen Mausersystems (M/1887) war dadurch gekennzeichnet, dass man zum ersten Mal bei diesen Gewehren eine doppelseitige Verriegelung des Verschlusses angewendet hatte.[137] Für das türkische 9,5 mm-kalibrige Infanterie-Mehrladegewehr (M/1887) wurde die türkische Mauser-Patrone (9,5 x 60 R) entwickelt.[138] Die türkische Regierung gab einen Lieferauftrag für 60.000 Patronen für das Gewehr (M/1887) im August 1887. Mit der Lieferung sollte man in sechs Monaten beginnen. Eine Kiste Patronen je 1.000 Stück kostete 380 Türkische Pfund, wobei die Türkei 15 % des Gesamtbetrages in zwei Raten zahlen sollte. Den Rest der Gesamtsumme (85 %) wollte man je nach Abnahme der Teillieferung bezahlen. Jedoch konnte man sich über die Pulverfrage nicht endgültig und schnell entscheiden, weil Max Duttenhofer, der Rottweiler Pulverfabrikant, zu jener Zeit mit dem Cellulosepulver experimentierte. Durch die Verwendung des Rottweiler Cellulosepulvers erbrachte das türkische Modell 1887 eine Mündungsgeschwindigkeit von 609 m/s im Vergleich zu Schwarzpulver bei einer Geschwindigkeit von 536 m/s. Da das preußische Kriegsministerium mit M. Duttenhofer einen Vertrag abgeschlossen hatte, der eine Lieferung des Rottweiler Cellulosepulvers ins Ausland verbot, musste die türkische Armee schließlich die Duttenhofer Schwarzpulversorte annehmen, die auch in der serbischen Armee verwendet wurde.[139]

Ein Ballistikvergleich zwischen dem Guedes- und dem Mauser-System macht deutlich, dass das Mauser-Gewehr zur damaligen Zeit durchaus modern war, obwohl das Guedes-Gewehr wegen seines geringen Kalibers eine lediglich 0,8 g leichtere Patrone verschoss. Aufgrund seines geringen Kalibers von 8 mm erlangte das Guedes-Gewehr in der damaligen Zeit eine besondere Bedeutung. Allerdings muss man hier auch betonen, dass erst die Einführung der rauchschwachen Pulversorten den 8 mm-kalibrigen Gewehren eine deutliche Überlegenheit gab.[140] Zum Jahresende 1887 fertigte man täglich zwischen 260 und 270 türkische Mauser-Gewehre (M 1887). Dagegen wurden im Herbst 1889 pro Tag 300 Gewehre hergestellt, was durch zusätzliche Investitionen in Anlagen ermöglicht wurde. Darüber hinaus entwickelte man die Versuchsabteilung der Firma, den Verschluss und die Magazineinrichtung der Repetier-Gewehren weiter.[141]

4.7.2.2 Das türkische Mauser-Gewehr Modell 1890

Da sich die Waffenfabrik Mauser vertraglich verpflichtete, jeden Fortschritt in der Waffentechnik der türkischen Regierung mitzuteilen, legte man von der Goltz ein 7,65 mm-kalibriges Mustergewehr zur Begutachtung am 10. Dezember 1889 in Berlin vor. Von der Goltz kannte bereits diese neue Waffe, deshalb begutachtete er dieses neue Modell positiv. Infolgedessen beauftragte Şakir Pascha, der Präsident der türkischen Abnahmekommission, den Oberstleutnant M. Şevket Bey, zwei 7,65 mm-kalibrige Repetiergewehre dem türkischen Kriegsministerium auszuhändigen. Nach dem erfolgreichen Verlauf der Schießversuche mit diesen beiden Modellen teilte Şakir am 20. Juli 1890 der Waffenfabrik Mauser mit, dass man nur 220.000 Gewehre (M/1887) anfertigen und den Rest des Auftrages, nämlich 280.000 Gewehre nach dem neuen Kaliber 7,65 mm, ausführen solle. Diese Abänderung war gleichzeitig für die Ausfertigung der übrigen 46.000 Karabiner gültig. Diese neue Waffe bekam die Modellbezeichnung (M/1890).[142]

Dem Vertrag zufolge musste die Waffenfabrik Mauser täglich 100 Gewehre liefern. Diese tägliche Liefermenge sollte allmählich so gesteigert werden, dass man im dritten Jahr täglich 500 Gewehre herstellen konnte. Es war zusätzlich vereinbart, dass die Fabrik ab dem zweiten Jahr pro Tag 100 Stück Karabiner lieferte. In diesem Zusammenhang muss ausdrücklich darauf hingewiesen werden, dass dieser Umstand zur Betriebserweiterung und zum Anstieg der Mitarbeiterzahl der Fabrik einen großen Beitrag geleistet hatte. Während die Fabrik 1.630 Arbeiter für die Herstellung des Modells 1887 im Frühjahr 1890 beschäftigt hatte, arbeiteten am Ende des gleichen Jahres nur noch 920 Personen, weil die Herstellung der Gewehre und Karabiner ausgelaufen war, worauf der Verfasser dieser Arbeit im Abschnitt (4.7.6) zu sprechen kommt. Im Jahre 1891 fing man an, das Gewehr (M/1890) zu produzieren. Dabei wurde jedoch die Tagesleistung kontinuierlich gesteigert. In diesem Jahr lieferte man ca. 18.000 Gewehre (M/1890) in die Türkei. Zwischen dem 2. Juli 1891 und dem 5. Dezember 1893 wurden 280.000 Gewehre (M/1890) produziert und ausgeliefert. Die Türkeigeschäfte der Waffenfabrik Mauser waren so umfangreich und profitabel, dass man dem Sultan Geschenke machen musste. Am 2. Dezember 1892 schickte man z. B. 20 Infanteriegewehre (M/1890) in Luxusausstattung als Geschenk nach İstanbul.[143]

Außer dem Mauser-Karabiner (M/1887) wurde in der Türkei ebenfalls ein Mauser-Karabiner des Systems 1890 eingeführt. Den Grund für diese Entscheidung sieht man darin, dass der Sultan dem Lieferanten P. Mauser klarmachen wollte, dass er überhaupt kein Liefermonopol für türkische Gewehre besaß. Ein türkisches Gewehr kostete 70 Mark bei ca. 30 Mark Produktionskosten, was nicht gerade preisgünstig war. Da der Sultan sich entschied, seine Kavallerie mit Karabinern eines anderen Systems auszurüsten, unterwarf man verschiedene Karabinermodelle einer Prüfung. Der von der französischen Kavallerie geführte Berthier-Karabiner wurde auch auf die Probe gestellt. Schließlich wollte die türkische Regierung das schwedische Modell Krag-Jörgensen, Kaliber 7,62 mm kennen lernen. Deswegen wurde Ole Hermann Krag - er war damals der Leiter der Kongsberger Gewehrfabrik - in die türkische Hauptstadt eingeladen, um sein System vorzuführen. Auf dem Weg nach İstanbul konsultierte er auch die österreichische Waffenfabrik bezüglich der eventuellen Produktion seines Gewehres. Parallel trat die türkische Regierung mit der Waffenfabrik in Steyr in Verbindung, um anzufragen, ob sie die Lieferung übernehmen konnte, worauf man eine positive Antwort bekam. Im September 1893 sprach sich die türkische Heeresverwaltung gegen die Einführung des Krag-Jörgensen-Karabiners aus. Diese Entscheidung erleichterte die Leitung der Waffenfabrik Mauser.[144]

4.7.3 Türkische Abnahmekommissionen in Oberndorf

Am 11. März 1887 kam die erste türkische Abnahmekommission in Oberndorf an, deren Präsident Tevfik Pascha war. Bis dahin war er der Vorsitzende der türkischen Artillerie-Versammlung gewesen. Davor hatte er den Posten des Finanzministers bekleidet. Daraus kann man schlussfolgern, dass diese Aufgabe für die türkische Regierung von großer Bedeutung war. Darüber hinaus gehörten der Kommission folgende Personen an: Oberst İzzet Bey war früher als Militärattache in Wien tätig. Major M. Şevket Bey wurde später zum Pascha befördert. Er war zuvor sowohl als Mitglied des Generalstabes als auch als Sachverständiger für die Waffenprüfung tätig. Überdies übte er eine Lehrtätigkeit an der Kriegsakademie in İstanbul aus. Ich muss hier betonen, dass er der wichtigste Mann in der Gruppe war, weil er bei der Einführung der Mauser-Gewehre in die türkische Infanterie eine unersetzliche Rolle gespielt hatte, worauf der Verfasser dieser Arbeit bereits im Abschnitt (3.4.2.2) eingegangen ist. Oberstleutnant Hasan Sabri Bey war in diesem Gebiet ein erfahrener Mann, denn er wurde früher zur Waffenabnahme in die USA abkommandiert. Tahir Bey, Adjutant-Major der Infanterie, arbeitete davor als Professor an der Kriegsschule, und Ahmet Hamdi Efendi, Artilleriehauptmann, wurde früher ebenfalls zur Waffenabnahme in die USA abkommandiert. Da dieser türkische Auftrag der größte Einzelauftrag war, den die Waffenfabrik Mauser je erhalten hat, war P. Mauser am 15. Mai 1887 nach İstanbul berufen worden. Anschließend besichtigte von der Goltz die Waffenfabrik Mauser am 23. Mai 1887 und leitete seinen positiven Eindruck nach İstanbul weiter. Später besuchte er die Waffenfabrik am 2. Oktober 1894 nochmals. Dieser Auftrag wirkte sich wesentlich auf die Werkserweiterungen aus. Infolgedessen vergrößerte man am 4. Juni 1887 den Maschinensaal im Unteren Werk des Fabrikkomplexes. Es kamen am 9. September 1887 weitere 13 türkische Offiziere zur Verstärkung der Kommission in Oberndorf an, die überwiegend Artillerieoffiziere der Gewehr- und Kanonenfabrik von Tophane waren.[145]

M. Şevket kam am 22. Dezember 1893 wieder in Oberndorf an. Da er zu diesem Zeitpunkt für die Waffenfabrik ein wichtiger Mann war, wurde er von P. Mauser, dem Direktor Groniki, den Fabrik-Beamten und dem Stadtschultheiß Günter festlich am Bahnhof empfangen. Aufgrund dieses beachtlichen Lieferauftrages über 200.000 Gewehre (M/1893) gab P. Mauser zu Ehren des Oberst M. Şevket ein Abendessen am 28. Dezember 1893, zu dem man sämtliche türkischen Offiziere und Unteroffiziere und die Beamten der Fabrik eingeladen hatte. P. Mauser dankte M. Şevket für diesen neuen Auftrag und bat ihn, dies Abdülhamid II. zur Kenntnis zu bringen. Dagegen hielt M. Şevket diesen Auftrag für ein besonderes Zeichen des Wohlwollens Sr. Majestät des Sultans.[146] Im Allgemeinen waren die türkischen Abnahmeoffiziere in die Oberndorfer Gesellschaft weitgehend integriert. Um diese Aussage zu verdeutlichen, möchte der Verfasser dieser Arbeit an dieser Stelle ein Zitat anführen:

> „[...] den türkischen Offizieren wurde aus der Bevölkerung große Sympathien entgegengebracht, die darin gipfelten, daß sich drei Türken, Hüseyin Hüsnü Bey, Hayreddin und İbrahim mit Schwäbinnen verehelichten."[147]

Außerdem feierte man die Thronbesteigung des Sultans regelmäßig am 31. August jedes Jahres mit einem Bankett auf dem Rosenberg und einem Feuerwerk gegenüber der Fabrikwehr.

Die zweite türkische Abnahmekommission nahm ihre Tätigkeit am 23.April 1903 in Oberndorf an, die erst drei Jahre später, d. h. im Frühjahr 1906, die Stadt verließ. Der Leiter dieser zweiten Abnahmekommission war Oberstleutnant Rıfat Bey. Allerdings musste man nach seinem plötzlichen Tod diesen Posten mit dem Oberstleutnant Rüştü Hüseyin Bey - dem Bruder des Verstorbenen - besetzen. Außerdem gehörten dieser Gruppe Hüseyin Bey, Hüseyin Tevfik Vidin, Mahmud Fethi, Ahmed Kerim, Ali Emrullah, Hasan Ahmed, Mehmed Ali Recep und M. Kamil an.[148] Seel weist darauf hin, dass noch eine weitere, dritte Kommission in Oberndorf gewesen war.[149] H. Ahmed und M. Ali Recep, die zu den Mitgliedern der zweiten Abnahmekommission gehörten, arbeiteten zuvor als Volontäre[150] in Oberndorf.

4.7.4 Beziehungen zum türkischen Sultanhof

Die Ordensverleihungen des Sultans an die Familie Mauser können als Zeichen der engeren Beziehungen zwischen dem türkischen Hof und der Waffenfabrik Mauser betrachtet werden. Am 29. April 1893 wurde Maria Magdalena Mauser, der Ehegattin P. Mausers, der „Nişan- ı Şefkat" (Wohltätigkeitsorden) III. Klasse im Auftrag des Sultans verliehen, der für Frauen bestimmt war.

Der Waffenmeister, Fidel Feederle, bekam z. B. die Silberne Ehrenmedaille vom Sultan am 13. März 1893. Fünf von seinen insgesamt 24 Ehrungen bekam P. Mauser vom türkischen Sultan. Zum ersten Mal wurde er mit einem türkischen Mecidiye-Orden mit Stern, III. Klasse im Jahre 1887 geehrt. Drei Jahre später zeichnete Abdülhamid II. P. Mauser mit drei Medaillen - der goldenen Liyakat-Medalyası [Türkische Verdienstmedaille], der goldenen İftihar-Medalyası [Türkische Verdienstmedaille für Kunst und Gewerbe] und der silbernen İmtiyaz-Medalyası [Türkische Verdienstmedaille für Treue und Tapferkeit] - aus. Zum dritten Mal überreichte man ihm einen türkischen Osmaniye-Orden II. Klasse mit Stern wegen seines persönlichen Engagements für die türkische Armeebewaffnung, als er vom Sultan persönlich am 10. Juni 1893 empfangen wurde.[151] In diesem Zusammenhang muss darauf hingewiesen werden, dass die Gunst des Sultans sich auch in der Einladung zum Fest anlässlich des Endes des Fastenmonats Ramadan am 27. Juni 1893 ausdrückte. Ansonsten wurden nur höchste Offiziere und Beamte des Türkischen Reiches zu diesem Fest eingeladen.[152] Da der Sultan sehr zufrieden mit den Waffenlieferungen im Jahre 1894 war, wurden die Oberndorfer Stadtpolitiker mit dem Osmaniye-Orden IV. Klasse ausgezeichnet.[153]

4.7.5 Die jungtürkische Ära

Als die Jungtürken nach ihrer Machtübernahme das Einfuhrverbot[154] für Feuerwaffen aufgehoben hatten, erlebte man in der Türkei einen Importboom der Handfeuerwaffen. Es wurde eine erhebliche Menge von Revolvern und Selbstlade-Pistolen in das Land eingeführt, wobei die Waffenfabrik Mauser mit ihren Selbstladepistolen einen großen Anteil an diesem Markt hatte. Nach einer kurzen Zeit wurde nur die Einfuhr der Selbstladepistolen der Waffenfabrik Mauser verboten, während die anderen Selbstladepistolen wie die belgische Browning-Pistole, die österreichische Mannlicher-Pistole, die Fabrikate der englischen Firma Webley & Scott, aber auch die der DW & MF in Berlin zugelassen waren. Die Ausstattung der Mauser-Pistolen mit einem verstellbaren Visier auf 1000 m führte zum Einfuhrverbot dieser Waffe in der Türkei, da man sie daher als Kriegswaffen betrachtete. Aus diesem Grund bat die Waffenfabrik Mauser das Auswärtige Amt darum, bei der Annullierung dieser Ausnahmebestimmung für ihr Produkt behilflich zu sein.[155] Basierend auf einem Gutachten der Artillerieabteilung, wurde später nochmals bestätigt, dass Mauser-Pistolen mit einer Schussweite von 1.000 m, die mit Hilfe einer aus Holz bestehenden, gleichzeitig als Kolben zu verwendenden Revolvertasche in ein Gewehr umgewandelt werden können, als Kriegswaffe betrachtet und daher zur Einfuhr nicht mehr zugelassen wurden.[156]

Von dieser Regelung war nicht nur die Waffenfabrik Mauser, sondern auch die Firma Allendorf - ihre Munitionssendungen lagen in den türkischen Häfen - betroffen. Deswegen bat die Firma das Auswärtige Amt, im Interesse der deutschen Waffen- und Munitionsindustrie gegen dieses Verhalten der Türkei zu protestieren.[157] Demzufolge hat Marschall im März 1911 einen Protest gegen das von der türkischen Regierung ein Jahr zuvor erlassene Waffen- und Munitionseinfuhrverbot erhoben. Um dieses Problem zu lösen, machte man der türkischen Regierung zwei Vorschläge: Die türkische Regierung sollte entweder in ihren Zöllen lagernde Revolver und Patronen auf ihre eigenen Kosten in die Ursprungsländer zurücksenden, ohne irgendwelche Steuer zu erheben, oder sie sollte das Material selbst ankaufen.[158] Die Türkei lehnte jedoch das Ersuchen der deutschen Botschaft um die Rücksendung der nach dem 11. September 1910 eingetroffenen Waffensendungen auf ihre Kosten und um die Befreiung der Lagerkosten entschieden ab.[159]

Die deutsche Munitionsindustrie war besorgt, dass die Türkei der Monopolstellung der deutschen Industrie ein Ende setzt und Munitionsbestellungen bei anderen europäischen Waffenherstellern tätigen könnte. Die Gefahr bestand für sie vor allem darin, dass man später auch andere Munitionsartikel, wie z. B. Zündhütchen und Jagdpatronen, unter diese Bestimmungen einbeziehen konnte. Deswegen richtete eine Reihe von deutschen Munitionsfabriken[160] eine Denkschrift an das Auswärtige Amt, in der sie es darum baten, ihre Interessen in der Türkei zu unterstützen und den eventuellen Monopolisierungsversuchen der türkischen Regierung zugunsten der anderen europäischen Konkurrenz (Frankreich, Österreich usw.) entgegenzuwirken. Die deutschen Firmen machten darauf aufmerksam, dass die Türkei kein Recht auf die Schaffung eines Monopols für irgendeinen Artikel besaß, was ihnen im Fall von Spanien großen Schaden zugefügt hatte. Als die spanische Regierung einer französischen Fabrik ein Monopol auf die Lieferung von Kriegsmaterial übertrug, verlor die deutsche Industrie ihr ganzes Absatzgebiet.[161]

Am Vorabend des Ersten Weltkrieges war die deutsche Rüstungsindustrie wegen der Verschlechterung der Zahlungsfähigkeit der Türkei nicht gewillt, an die Türkei zu liefern. Als die türkische Regierung mit der Waffenfabrik Mauser über die Lieferung von 200.000 Gewehren verhandelte, bat Enver den deutschen Botschafter Wangenheim darum, diese Fabrik zu einem Preisnachlass zu bewegen. Die Türkei wollte pro Gewehr 315 Türkische Pfund bezahlen, wie es bei der alten Bestellung der Fall gewesen war.[162] Nachdem die Waffenfabrik Mauser ihren Preis auf 315 Türkische Pfund herabgesetzt hatte, bestellte man 200.000 Gewehre, 150.000.000 Patronen und 200 Maschinengewehre.[163] Die türkische Regierung bestellte bei der Waffenfabrik Mauser zum letzten Mal im Sommer 1914, was jedoch wegen des Ausbruchs des Ersten Weltkrieges nicht mehr ausgeführt werden konnte.[164]

4.7.6 Die Bedeutung der türkischen Aufträge für die Entwicklung der Waffenfabrik Mauser und damit auch für die der Stadt Oberndorf

Die Waffenfabrik war von Anfang an die Haupterwerbsquelle der Bevölkerung in Oberndorf, in der man in den ersten Jahrzehnten nach der Gründung der Fabrik z. B. 500 Arbeiter dauerhaft beschäftigen konnte. Nach der Abwicklung der württembergischen (100.000 Gewehre) 1876 und bayerischen (100.000 Visiere) 1872 Aufträge fühlte sich die Firma gezwungen, neue Aufträge zu bekommen, um ihre Stammarbeiterschaft weiter beschäftigen zu können. Nach dem chinesischen Auftrag (26.000 Gewehre) im Jahre 1876 erhielt die Fabrik dann einen Auftrag für die Fertigung von 120.000 Infanteriegewehren von der serbischen Regierung im Jahre 1881. Die Ausführung des letzteren Auftrages führte allerdings zu ersten Betriebserweiterungen, die die Verdreifachung der Tagesleistung von 100 auf 300 Gewehre ermöglichen konnten. Der serbische Auftrag trug dazu bei, dass man die Arbeiterschaft über mehrere Jahre ununterbrochen beschäftigen konnte. Obwohl das deutsche Kriegsministerium das Mausergewehr (M/1871/84) eingeführt hatte, ließ die Regierung es in ihren eigenen Fabriken gegen Lizenzgebühren anfertigen. Mit anderen Worten: P. Mauser war auf die ausländischen Aufträge angewiesen, um zu überleben.[165]

Der eigentliche Aufschwung der Waffenfabrik zeichnete sich jedoch erst durch den türkischen Großauftrag vom 9. Februar 1887 - er bestand aus 500.000 Gewehren und 50.000 Karabiner - ab. Infolgedessen war P. Mauser in der Lage, seiner Arbeiterschaft den lange ersehnten Verdienst für mehrere Jahrzehnte sicherzustellen. Die Fabrik verfügte zum damaligen Zeitpunkt über eine Tageshöchstleistung von 250 Gewehren, die durch den serbischen Auftrag ermöglicht wurde, wie ich bereits oben angedeutet habe. Da man anlässlich des türkischen Auftrages täglich 500 Gewehre produzieren wollte, musste man erneut Betriebserweiterungen in Angriff nehmen.[166] Der türkische Auftrag war für die Oberndorfer von großer Bedeutung. Deshalb empfingen sie P. Mauser bei seiner Heimkehr aus der Türkei festlich mit Fackelzug und Feuerwerk am 19. Februar 1887. Es ist angebracht an dieser Stelle zu sagen, dass das Schicksal der Stadt Oberndorf, deren Bewohner seit der Ausführung des serbischen Auftrages im Jahre 1884 auf einen weiteren großen ausländischen Auftrag ungeduldig warteten, mit ihrer heimischen Rüstungsindustrie untrennbar verbunden war.[167] Wie bereits anhand der Abb.1 verdeutlicht wurde, spielten die türkischen Aufträge an die deutsche Rüstungsindustrie eine enorme Rolle bei der Entwicklung des deutsch-türkischen Gesamthandels. Die türkischen Aufträge waren nicht nur für den Aufschwung des deutsch-türkischen Handels, sondern auch für die Existenz der Firma selbst von großer Bedeutung. Um diese Aussage bekräftigen zu können, muss an dieser Stelle ein Zitat angeführt werden:

> „[...] Wenn auch Mauser erst in den Kriegsjahren des 20. Jahrhunderts die größte Ausdehnung des Geschäftsbetriebes erreichte, so rückte doch die Oberndorfer Waffenschmiede mit den türkischen Lieferungen in die Reihe der großen Rüstungsproduzenten."[168]

Die Bedeutung der türkischen Aufträge ergibt sich auch aus dem Zuwachs der Zahl der Erwerbstätigen in der Fabrik. Um dies anhand der quantitativen Daten vergleichen zu können, möchte der Verfasser dieser Arbeit hier ein Zitat anführen:

> „Der Einfluß des türkischen Auftrags auf die Tätigkeit der Fabrik und gleichzeitig auf die finanzielle Lage der Stadt geht daraus hervor, daß das Mauserwerk in den

ungünstigen Jahren seit 1884 nur durchschnittlich 500 Arbeiter beschäftigen konnte, die insgesamt 3,5 Mill. Mark an Löhnen usw. verdienten, während in der Zeit der Erledigung des türkischen Auftrages von 1889/96 bis zu 2800 Arbeiter tätig waren und im ganzen 17 Mill. Mark an Löhnen und Gehältern verausgabt wurden. Auch später, als größere Aufträge nicht vorlagen, wiederholte sich dieses Verhältnis dergestalt, daß die Arbeiterzahl 1899 bis 1900 auf durchschnittlich 790 Mann zurückging, während im Jahre 1903, als abermals ein Auftrag der Türkei einging, wieder 2000 Arbeiter beschäftigt waren. An Rohmaterialen, wie Stahl, Eisen, Oel, Kohlen, Holz, wurden in der Zeit von 1889-1896 mehr als 15 Mill. Mark umgesetzt. Noch deutlicher zeigt sich der Einfluss in den Steuern, die von 1884-1888 nur 43.000 Mark betragen hatten, von 1889-1896 aber auf 580 000 Mark gestiegen waren.“[169]

4.7.7 Ausländische Aufträge bei der Waffenfabrik Mauser im internationalen Vergleich

Als die Waffenfabrik Mauser ein neues 7,65 mm-kalibriges Gewehr-Modell (M/1890) mit Ladestreifen konstruierte, musste sie den Rest der türkischen Bestellung (280.000 Gewehre) nach diesem neuen Modell herstellen, wie bereits im Abschnitt (4.7.2.2) erwähnt wurde. Darüber hinaus bestellte die Türkei sowohl 1893 als auch 1905 jeweils 200.000 verbesserte Mauser-Gewehre unter Beibehaltung des Kalibers 7,65 mm aus Oberndorf. Die argentinische Regierung bestellte 180.000 Gewehre und 30.000 Karabiner in fast gleicher Ausführung bei der Firma L. Löwe. Die erfolgreiche Einführung des 7 mm-kalibrigen Mauser-Gewehres in Spanien 1893 veranlasste die anderen südamerikanischen Staaten dazu, in ihren Armeen ebenfalls Mausersysteme einzuführen. Als die Fabrik 1905 die ausländischen Aufträge erledigt hatte, musste sie sich zum ersten Mal auf die großen inländischen Aufträge konzentrieren.[170]

Wenn man unten anhand der Tab. 7 die Modelle und Stückzahl der Mauser-Gewehre vergleicht, tritt die Bedeutung der türkischen Aufträge für die Waffenfabrik offen zutage. Die Türkei rangiert mit ihren vier Modellen und einer Stückzahl von 908.700 an erster Stelle. Nach der Türkei folgt mit drei Modellen und einer Stückzahl von 147.800 Serbien. Obwohl China drei unterschiedliche Modelle einführt, importiert es nur 23.800 Gewehre aus der Oberndorfer Waffenfabrik. Die in dieser Tabelle aufgeführten lateinamerikanischen Staaten kaufen zusammengenommen 90.500 Mauser-Gewehre verschiedenen Modells auf. Während die Türkei allein 908.700 Mauser-Gewehre kauft, bekommen die übrigen Staaten zusammengenommen nur 374.300 Gewehre aus Oberndorf. Dies bedeutet, dass das türkische Kriegsministerium fast dreifach so viele Gewehre im Vergleich zu den anderen Staaten bestellt.

Länder	**Modelle und Stückzahl**			
Türkei	M/87 220.000	M/90 280.000	M 93/97 201.000	M 98/07 207.700
China	M/71 13.500	M/80 6.000	M 98/07 4.300	
Serbien	M/71 100.000	M 71/84 8.000	M 98/07 39.800	
Spanien	M 91/92 2.200	M 93/07 30.000		
Bolivien	M/07 6.000			
Brazilien	M/07 2.000			
Chile	M 98/07 20.000			
Mexiko	M/98 11.600			
Paraguay	M 98/07 9.100			
Luxemburg	M 93/97 500			
Persien	M 98/07 22.500			
Peru	M 98/07 29.800			
Schweden	M 93/07 57.000			
Uruguay	M/07 12.000			

Tab. 7: Ausländische Mausermodelle im internationalen Vergleich (Datenquelle: Wolf, Hellmut, Die wirtschaftliche Entwicklung der Stadt Oberndorf am Neckar mit besonderer Berücksichtigung der Mauserwerke und der Schwarzwälder Boten, Tübingen 1933, S. 50.)

Außer den oben erwähnten Staaten waren Belgien, Portugal, Italien, Kolumbien, Ecuador, der Kongo und der ehemalige Oranjefreistaat die Abnehmer der Waffenfabrik Mauser. Die drei letztgenannten Staaten bestellen insgesamt 22.500 Gewehre des Modells (1898/1907). Allerdings muss man in diesem Zusammenhang sagen, dass Belgien die Mauser-Gewehre in seiner eigenen Waffenfabrik in Herstal auf Lizenz selbst produzierte. Italien und Portugal bestellten nur Selbstlade-Pistolen, wobei Italien 5.000 und Portugal 1.450 Stück kauften.[171]

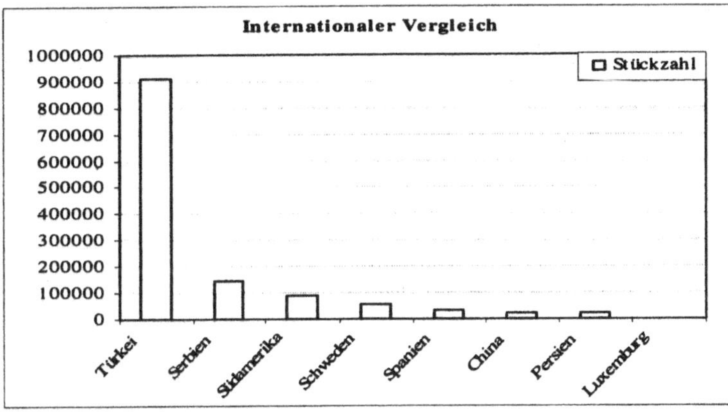

Abb. 3: Darstellung der Waffenkäufe bei der Waffenfabrik Mauser im internationalen Vergleich (Datenquelle: Tab. 7)

Anhand der Tab. 8 kann man deutlich erkennen, dass die ausländischen Aufträge bei der Entwicklung der Waffenfabrik Mauser zwischen 1874 und 1904 eine unersetzliche Rolle spielten. In diesem Zeitraum setzte die Waffenfabrik im Inland 190.000 Gewehre ab, dagegen verkaufte sie 1.525.064 Gewehre ins Ausland. Mit anderen Worten: Man konnte im Ausland achtfach mehr Waren absetzen als im Inland. In diesem Rahmen ist festzuhalten, dass der prozentuale Anteil des Auslandes im Gesamtabsatz der Fabrik bei 88 % zwischen 1874 und 1904 lag. Darüber hinaus muss man hier zur Sprache bringen, dass die ausländischen Aufträge zwischen 1890 und 1904 in einer Stückzahl von 1.165.212 besonders augenfällig sind. Wenn man die Stückzahlen der zwischen 1874/1904 (190.000) und 1904/14 (313.950) in Deutschland abgesetzten Gewehre vergleicht, ist erkennbar, dass der Verkauf im Inland erst gegen den Ersten Weltkrieg hin zunahm. Im Zeitraum von 1904 bis 1914 lieferte die Fabrik 311.837 Gewehre an die ausländischen Abnehmerstaaten. Diese Zahl ist fast genauso hoch wie die der im Inland abgesetzten Gewehre. Obwohl die ausländischen Staaten zwischen 1874 und 1904 nur 1.525.064 Gewehre von der Waffenfabrik in Oberndorf bezogen, kauften sie von ihr zwischen 1904 und 1914 insgesamt 311.837 Gewehre. Ein Gewehr kostete ca. 50 Mark im Inland, hingegen musste man ungefähr 59 Mark im Ausland zahlen, wobei der Stückpreis sehr unterschiedlich war. Beim türkischen Großauftrag kostete ein Gewehr ungefähr 69 Mark, worauf der Verfasser dieser Arbeit bereits im Abschnitt (4.7.1) hingewiesen hat. Der Preisunterschied zwischen dem Inland und dem Ausland wird auch daran erkennbar, dass der Inlandsanteil an der Gesamtproduktion der Menge nach nur 32 % ausmachte. Dagegen betrug er aber nur 28 % des Gesamtwertes der Gesamtproduktion.

In Tab. 8 werden die privaten Waffenkäufe nicht berücksichtigt, denn die Privatwaffen wurden nur in kleiner Menge produziert, die hauptsächlich von den ausländischen Staaten gekauft wurden. Die Waffenfabrik exportierte zwischen 1907 und 1914 insgesamt 293.418 Privatwaffen im Wert von 14. 936.286 Mark an das Ausland.[172]

<table>
<tr><th rowspan="2">Zeitraum</th><th colspan="2">Deutschland</th><th colspan="2">Ausland</th><th colspan="2">Gesamtverkauf</th></tr>
<tr><th>Stückzahl</th><th>Wert in Mark</th><th>Stückzahl</th><th>Wert in Mark</th><th>Stückzahl</th><th>Wert in Mark</th></tr>
<tr><td>1874-1890</td><td>125.000</td><td>6.339.300</td><td>359.852</td><td>21.260.430</td><td>484.852</td><td>27.599.730</td></tr>
<tr><td>1890-1904</td><td>65.000</td><td rowspan="2">10.732.000</td><td>1.165.212</td><td rowspan="2">75.810.600</td><td rowspan="2">1.461.012</td><td rowspan="2">86.542.600</td></tr>
<tr><td>1904-1906</td><td>134.000</td><td>96.800</td></tr>
<tr><td>1907-1914</td><td>179.950</td><td>8.318.095</td><td>215.037</td><td>13.091.308</td><td>394.987</td><td>21.409.403</td></tr>
<tr><td>Gesamt</td><td>503.950</td><td>25.389.395</td><td>1.836.901</td><td>110.162.338</td><td>2.340.851</td><td>135.551.733</td></tr>
</table>

Tab. 8: Vergleich des Inlands- und Auslandsanteils an der Gesamtproduktion der Waffenfabrik Mauser (Datenquelle: Wolf, Hellmut, Die wirtschaftliche Entwicklung der Stadt Oberndorf am Neckar mit besonderer Berücksichtigung der Mauserwerke und der Schwarzwälder Boten, Tübingen 1933, S. 51.)

Die ausländischen Aufträge wirkten sich nicht nur auf die Betriebserweiterungen, sondern auch auf die technische Innovation der Gewehrproduktion günstig aus. Diese Aussage möchte ich hier anhand eines Zitats bekräftigen:

> „[...] daß die Waffenfabrik Mauser ohne Aufträge des Auslands diese große Bedeutung nicht erlangt hätte. Nur bei reichlicher Beschäftigung für das Ausland konnten die Mauserwerke diese technische Höhe erklimmen."[173]

Die logische Folge der Betriebserweiterungen war die Erhöhung der Arbeiterzahl der Waffenfabrik gewesen. Wegen der Lieferaufträge der ausländischen Staaten schwankte die Arbeiterzahl hin und her. Um die zahlenmäßigen Schwankungen der Arbeiterschaft der Fabrik genauer schildern zu können, ist es hier angebracht, ein Zitat anzuführen:

> „Bis zum Jahre 1884 bewegte sie sich gleichmäßig zwischen 500 und 600 Mann, dann stieg sie im Jahre 1890 auf 1600 Arbeiter, im Jahre 1895 ist sie dann auf rund 2500 Arbeiter gekommen; die Entwicklung war aber keineswegs gleichmäßig; denn 1891 bis 1893 war die Beschäftigungszahl wieder auf 600 gesunken, im Jahre 1897 sinkt sie abermals auf 500, steigt 1900 auf 1500, um 1901 auf einen Tiefstand von 400 Arbeitern zu fallen. In den Jahren 1906 und 1907 kommt sie auf 2800, sinkt in den folgenden Jahren wieder auf durchschnittlich 1300 und erreicht, von den Kriegsjahren abgesehen, Anfang 1914 einen Höchststand von 3200 Arbeitern."[174]

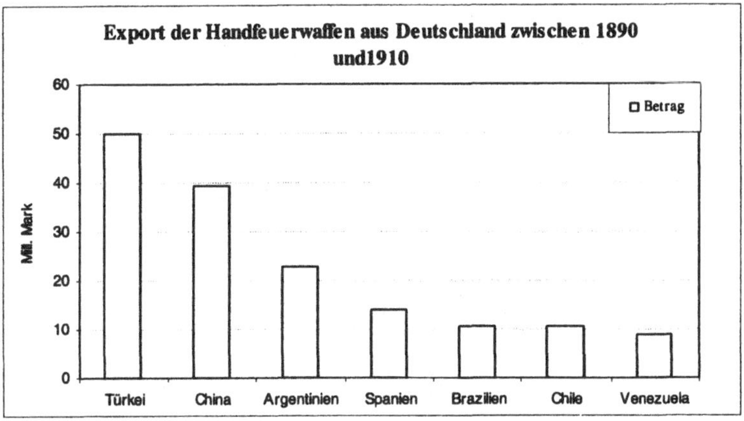

Abb. 4: Export der Handfeuerwaffen aus Deutschland zwischen 1890 und 1910 im internationalen Vergleich (Datenquelle: Vollmer, Erhard : Die deutsche Gewehr-Industrie, Düsseldorf 1913, S. 113.)

Anhand der Abb. 4 wird ersichtlich, dass die Türkei auch im Hinblick auf die bezahlte Summe für die aus Oberndorf bestellten Waffen zwischen 1890 und 1910 mit 50.100.000 an erster Stelle steht. An zweiter Stelle rangiert China mit 41.700.000, Argentinien kommt als drittgrößter Abnehmer mit 22.900.000 in Betracht. Dies spricht dafür, dass die Türkei im internationalen Vergleich derjenige Partner war, der für die Waffenfabrik Mauser unersetzlich war, was in erster Linie den oben erwähnten Zeitraum angeht.

4.8 Zusammenfassung

Im Kaiserreich konnte sich die private Rüstungsindustrie sehr gut entfalten, die bis zum Ersten Weltkrieg zum größten Waffen- und Munitionslieferanten der Welt aufgestiegen war, wie Erzberger erläutert hat. Sie war vor allem auf die Ausfuhr ihrer Rüstungsgüter ins Ausland angewiesen. Mit anderen Worten: Die ausländischen Staaten waren die eigentliche Triebkraft des Aufschwungs der privaten Rüstungsindustrie Deutschlands. Wie gezeigt wurde, war die wichtigste Schiffbaugesellschaft wie Germania in dieser Zeit entstanden, die später durch die Übernahme von der Firma Krupp im Hinblick auf die Türkeigeschäfte eine entscheidende Rolle in diesem Bereich gespielt hatte.

Je mehr sich die deutsche Rüstungsindustrie für die Auslandsgeschäfte engagierte, desto größer wurde ihr Einfluss auf die deutsche Politik, wie der Verfasser dieser Arbeit im Abschnitt (4.1) am Beispiel Äthiopiens veranschaulicht hat. Es gab eine enge Zusammenarbeit zwischen der deutschen Industrie und den nationalistisch-patriotischen Verbänden wie dem Alldeutschen Verband. Alfred Hugenberg, der eigentliche Gründer des Verbandes, wurde später der Direktor der Firma Krupp. Die Schwerindustrie gab sogar ihre eigene Zeitung, namentlich „Berliner Neueste Nachrichten“, heraus, in der sie ihre Interessen propagierte. Der Flottenverein, der von F. Alfred Krupp gegründet wurde, war ein Sammelbecken für die deutschen Großindustriellen. In der damaligen Zeit waren die Politik und Wirtschaft in hohem Maße verflochten. So arbeiteten die hohen Staatsbeamten nicht selten nach ihrer offiziellen Tätigkeit entweder als Direktoren bzw. als Aufsichtsratmitglieder eines Unternehmens. Um nur ein Beispiel zu nennen, hatte der preußische Landwirtschaftsminister von Podbielski den Posten des AEG-Direktors inne. Vor allem pflegte die Firma Krupp eine hervorragende Beziehung zum deutschen Herrscherhaus und zu den Ministerien. Darüber hinaus waren die berühmten Waffenfabrikanten wie F. Alfred Krupp und P. Mauser Reichtagsabgeordnete gewesen.

Dem Waffenfabrikanten Ludwig Löwe kommt eine besonders wichtige Bedeutung in der Geschichte der deutschen Rüstungsindustrie zu, weil er im Jahre 1889 die DW & MF gegründet hatte, indem er alle wichtigen Waffen- und Munitionsfabriken unter ein Dach gebracht hatte. Die türkischen Aufträge wirkten sich indirekt auf die Kartellbildung der deutschen Waffen- und Munitionsindustrie aus, wie der Verfasser dieser Arbeit im Abschnitt (4.4) am Beispiel der Metallpatronenfabrik Lorenz geschildert hat. Im Hinblick auf die türkischen Aufträge spielte L. Löwe auch eine entscheidende Rolle. Trotz der Gründung der DW & MF konkurrierten immer viele Firmen um die türkischen Aufträge. Das galt vor allem für die Munitionsbestellungen, wie im Abschnitt (4.3.2) dargestellt wurde. Obwohl bei den Lieferungen ab und zu Probleme auftraten, zeigten die DW & MF ein Entgegenkommen der türkischen Regierung gegenüber, wie es bei den rissigen Patronen der Fall war. Die Türkei konnte beim Anlagenbau das erwünschte Ergebnis nicht erreichen, weil sie nicht in der Lage war, diese Anlagen effektiv in Betrieb zu halten. In diesem Fall war sie auf Ingenieure und Fachkräfte aus dem Ausland angewiesen, die auf die Vorteile ihrer heimischen Industrie bedacht waren. Auf jeden Versuch der türkischen Regierung, der auf die unabhängige Herstellung von Waffen und Munition abzielte, reagierte die deutsche Seite äußerst besorgt, wie anlässlich der Bemühungen von Bertier um die Gründung der Waffenfabriken von Strempel zum Ausdruck gebracht wurde. Da die Türkei sich damals in einer sehr schlechten finanziellen Lage befand, musste sie ihre Waffenbestellungen durch die Staatsanleihen finanzieren. Ich muss in diesem Zusammenhang darauf hinweisen, dass es eine enge Verflechtung zwischen der Anleihenbestellung und dem Waffengeschäft gab. Der Verwendungszweck der Anleihe löste von Zeit zu Zeit einen Streit zwischen den Großmächten aus. Russland forderte z. B. die Türkei im Jahre 1888 auf, die bevorstehende Anleihe für die Zahlung der Kriegsreparationen zu verwenden, obwohl der Großteil der Anleihe für die Finanzierung der Waffenlieferungen vorgesehen war. Die Firma Krupp arrangierte mit der Deutschen Bank 1905 eine Staatsanleihe für die Türkei, wobei die Türkei von der sofort zur Verfügung gestellten Summe in Höhe von 750.000 Türkischen Pfund 650.000 als Vorschuss für die Geschützbestellungen an die Firma Krupp bezahlen musste.

Eine andere Waffenfabrik, der im deutsch-türkischen Waffenhandel besondere Wichtigkeit beizumessen war, waren die Ehrhardt-Werke. Da sie auch im Bereich der Artillerieproduktion tätig waren, konkurrierten sie hart mit der Firma Krupp um die türkischen Bestellungen. Dabei scheute die Firma Krupp nicht davor zurück, gegen die Ehrhardt-Werke zu kämpfen, indem sie mit einer französischen Firma koalierten. Während das Auswärtige Amt und die deutsche Botschaft in İstanbul auf der Seite der Firma Krupp waren, stärkte das Kriegsministerium den Rücken der Ehrhardt-Werke. Dies wurde sogar in einer Reichstagssitzung von Abgeordneten debattiert, wie bereits im Abschnitt (4.5.2) ausführlich dargestellt wurde. Unter den Konkurrenten gab es nicht nur die deutschen Waffenfabriken, die sich um die türkischen Aufträge bemühten, sondern auch die anderen ausländischen Waffenfabriken. Insbesondere war die österreichische Rüstungsindustrie argwöhnisch im Hinblick auf die bevorzugte Behandlung der deutschen Industrie in der Türkei. Deswegen führte sie hin und wieder eine Diffamierungskampagne gegen die deutschen Waffenfabriken durch. Als der Sultan mit dem Gedanken spielte, einen bedeutenden Auftrag an die französische Industrie zu geben, wurde dies von der Landesverteidigungskommission mit dem Hinweis auf die Ausgeschlossenheit der Einführung eines neuen Waffentyps abgelehnt, in der auch Auler und Imhoff saßen.

Wie im Abschnitt (4.6) bereits erwähnt, erzielte man einen großen Fortschritt in der Technik der Handfeuerwaffen im Laufe des 19. Jahrhunderts, wobei die Erfindung des Hinterlader-Gewehrs erwähnenswert ist. Im Jahre 1866 wurde das Zündnadelgewehr sehr populär, weil die preußische Armee mit dieser technischen Ausstattung über die österreichischen Armeen siegte. Im Jahre 1882 entwickelte J. Werndl mit seinem Ingenieur Mannlicher ein Mehrladergewehr, das später als Mannlicher-Gewehr in der ganzen Welt berühmt wurde. Als sich während des Krieges von 1871 herausstellte, dass das französische Chassepot-Gewehr dem deutschen Zündnadelgewehr wegen seiner Treffsicherheit überlegen war, wurde das Mauser-Modell (M/1871) als Reichsgewehr eingeführt. Parallel zu diesen Entwicklungen konstruierte man auch in England ein neues Gewehr-Modell, das als Snider-Gewehr in die Geschichte eingegangen ist. Während des türkisch-russischen Krieges von 1877/78 erlangte das Mehrnadel-Gewehr seine Berühmtheit, weil man auf einmal bis zu sechs Patronen laden konnte. Die Entwicklung des rauchlosen Pulvers, die Konstruktion eines brauchbaren Maschinengewehrs und die Beseitigung des Rückstoßes bei der Artillerie leiteten eine neue Ära in der gesamten Kriegstechnik ein.

Die Waffenfabrik Mauser hatte Vorrang vor allen anderen Fabriken im Bezug auf den deutsch-türkischen Waffenhandel. Der türkische Großauftrag war ein Wendepunkt in der Geschichte der Waffenfabrik Mauser, der auch weitreichende Folgen für die türkische Infanterie mit sich brachte. Wie anhand der Tab. 5 erläutert wurde, verwendete man in der türkischen Armee vor der Einführung des Mauser-Gewehrs die anderen Gewehr-Modelle wie Peabody-Martini, Snider, Remington usw. um die Zeit 1878. Dagegen ist aus der Tab. 6 zu entnehmen, dass die Mauser-Modelle die Oberhand unter den türkischen Infanteriegewehren 1896 gewannen. Dies war auf den Einfluss der deutschen Militärmission zurückzuführen, wobei der Rolle von der Goltz eine besondere Bedeutung zukam. Obwohl der Sultan ab und zu ein anderes Gewehr-Modell einführen wollte, um das Liefermonopol der Waffenfabrik Mauser zu brechen, gelang es ihm in der Tat nicht, dies zu verwirklichen, wie der Verfasser dieser Arbeit im Abschnitt (4.7.3) anhand des Beispiels vom Krag-Jörgensen-Modell verdeutlicht hat.

Die türkischen Abnahmekommissionen waren ein fester Bestandteil des deutsch-türkischen Waffenhandels in Oberndorf. M. Şevket, der bei der Einführung des Mauser-Systems eine hervorragende Rolle gespielt hatte, leitete die erste Abnahmekommission. Die Waffenfabrik hielt ihn für wichtig bezüglich der Abwicklung der Waffengeschäfte mit der Türkei. Die Beziehungen der Waffenfabrik zum türkischen Kaiserhof waren so gut, dass der Sultan P. Mauser, seine Gattin und die führenden Personen seines Werkes mit Medaillen auszeichnete. Die ausländischen Aufträge förderten die Betriebserweiterung der Fabrik und damit auch deren Arbeiterzahl in stärkstem Maße. Nach den ersten Betriebserweiterungen durch den serbischen Auftrag musste die Waffenfabrik ihre Kapazitäten verdoppeln, um den türkischen Auftrag rechtzeitig ausführen zu können. Der türkische Auftrag trug erheblich dazu bei, dass die Waffenfabrik ihre Stellung unter den großen Rüstungsproduzenten des 19. Jahrhunderts einnahm.

Die Bedeutung der Türkei für die Waffenfabrik wird vor allem im internationalen Vergleich ersichtlich, wie anhand der Tab. 7 gründlich analysiert wurde. Die Türkei kaufte allein 908.700 Gewehre von der Fabrik, hingegen führten die übrigen Staaten zusammen nur noch 374.300 Gewehre ein. Allein reicht dieser Vergleich, die Bedeutung der türkischen Aufträge für die Waffenfabrik zu betonen. Die Liefermenge an die Türkei ist fast doppelt so hoch wie die im Inland abgesetzte. Zusammenfassend kann man sagen, dass die ausländischen Aufträge sowohl zur technischen Innovation als auch zum betrieblichen Aufschwung beigetragen hatten, wie im Abschnitt (4.7.7) anhand der empirischen Daten ermittelt wurde. Wegen der Korruptionsvorwürfe mussten sich die Vertreter der europäischen Großmächte vor dem Sultan verteidigen. Dieses Fallbeispiel zeigt deutlich, welche Dimensionen die Bemühungen der europäischen Rüstungsindustrien um die türkischen Aufträge eingenommen hatten.

4.9 Anmerkungen

[1]Bontrup, Heinz, Zdrowomyslaw, Norbert, Die deutsche Rüstungsindustrie. Vom Kaiserreich bis zur Bundesrepublik, Heilbronn 1988, S. 51.

[2]Erzberger, Matthias, Rüstungsaufgaben des Deutschen Reiches, Stuttgart 1914, S. 49.

[3]Messerschmidt, Manfred (hrsg.), Die politische Geschichte der preußisch-deutschen Armee, in: Militärgeschichtliches Forschungsamt, Handbuch zur deutschen Militärgeschichte 1648-1939, Bd. 2, München 1940, S. 373.

[4]Die Vereinigten-Köln-Rottweiler-Pulverfabriken wurden am 7. Juni 1890 gegründet. Sie unterhielten Filialen in Berlin, Düneberg, Hamburg und Rottweil am Neckar. Die Gesellschaft ging aus einer Vereinigung der Vereinigten Rheinisch-Westfälischen Pulverfabriken in Köln und der Pulverfabrik Rottweil-Hamburg in Rottweil hervor. Der Zweck der Gesellschaft bestand darin, Handel mit Pulver, Munition, Sprengstoffen, einschließlich Zündmitteln zu treiben. Die Gesellschaft beteiligte sich an ausländischen Unternehmen. Pulver- und Dynamitfabriken schlossen einen Kartellvertrag über eine gemeinsame Gewinn- und Verlustbeteiligung ab, die jeweils eine in sich geschlossene Gruppe bildete. Einerseits gehörten die Vereinigten Köln-Rottweiler Pulverfabriken in Köln, die Pulverfabriken von Cramer & Buchholz in Rönsahl und die Kommanditgesellschaft von Wolf & Co. in Walsrode/Hannover der Pulvergruppe an. Andererseits bestand die Sprengstoffgruppe aus den vier deutschen Sprengstofffabriken, die früher unter dem Namen Deutsche Union vereinigt waren. Es muss allerdings betont werden, dass jede Gesellschaft ihre eigene Selbstständigkeit innerhalb der jeweiligen Gruppe bewahrt hat. Das Kapital der Gesellschaft betrug 16.500.000 Mark. Die im November 1882 gegründete Deutsche Sprengstoff-Aktien-Gesellschaft und die am 25. Juni 1876 gegründete Dynamit Aktiengesellschaft, vormals Alfred Nobel & Co., gehörten gemeinsam dem Verband der Nobel-Dynamit Trust Company an. (Hierzu siehe in Einzelheiten Handbuch der Deutschen Aktiengesellschaften. Jahrbuch der deutschen Börsen, Ausgabe 1902/03, Bd. 2, Leipzig 1903, S. 1531. Vgl. auch Handbuch der Deutschen Aktiengesellschaften. Jahrbuch der deutschen Börsen, Ausgabe 1902/03, Bd. 1, Leipzig 1903, S. 1533.)

[5]Diese Fabrik stellte rauchloses Militär- und Jagdpulver, Schießbaumwolle, Kollodiumwolle sowie jede Sorte Nitrozellulose her. Darüber hinaus produzierte man fertige Munition, die dieselben Eigenschaften wie das bekannte Würfelpulver C/89 besaß, die von der Firma Krupp für Schnellfeuerkanonen und Wurfgeschütze in den Handel gebracht wurde. (vgl. An das Auswärtige Amt, 5. August 1898, PA Türkei Nr. 142, Bd. 14,15.)

[6]Schäfer, a. a. O., S. 29.

[7] Hallgarten, George W., Imperialismus vor 1914, Bd. 1, a. a. O., S. 404 f.

[8]Bontrup, Zdrowomyslaw, a. a. O., S. 61.

[9]Vgl. Handbuch der Deutschen Aktiengesellschaften. Bd. 1, a. a. O., S. 1093 ff.

[10]Die Howaldswerke wurden am 4. Mai 1889 in Kiel ins Leben gerufen. Sie betrieben Maschinenbau, Eisen-, Stahl- und Metallgießerei, Hammerschmiede, Kesselschmiede und Schiffsbau. Die Firma war beteiligt an der Swentine-Dock-Gesellschaft in Kiel. (vgl. Handbuch der Deutschen Aktiengesellschaften, Bd. 1, a. a. O., S. 1099 f.)

[11]Die 1851 in Stettin gegründete Firma war die erste deutsche Eisenschiffswerft. Sie wurde am 29. Januar 1857 in die Stettiner Maschinenbau Aktiengesellschaft Vulkan umbenannt. Auf dieser Werft wurden Schiffe und Schiffsmaschinen zu Handels- und Kriegszwecken gebaut. Man gab für die Erweiterungsarbeiten etwa 3.500.000 zwischen 1885 und 1886 aus. (vgl. Handbuch der Deutschen Aktiengesellschaften, Bd. 1, a. a. O., S. 1103 f.)

[12]Jerussalimski, Arkadi S., Die Außenpolitik und Diplomatie des Deutschen Imperialismus Ende des 19. Jahrhunderts, Berlin 1954, S. 54 ff.

[13]Sarnow, Gabriele, Waffen- und Munitionshandel als Mittel zur „friedlichen Durchdringung" Äthiopiens durch den deutschen Imperialismus 1905 bis 1914, in: Militärgeschichte 6/1988, Jg. 27, S. 551.

[14]Sarnow, a. a. O., S. 553.

[15]Ebd., S. 552.
[16]Gutsche, a. a. O., S. 90.
[17]Hallgarten, George W., Radkau, Joachim, Deutsche Industrie und Politik von Bismarck bis heute, Frankfurt a. M., Köln 1974, S. 69 f.
[18]Hallgarten, Imperialismus vor 1914, Bd. 2, a. a. O., S. 129.
[19]Hallgarten, Radkau, a. a. O., S. 70 ff.
[20]Zu Beziehungen zwischen den Alldeutschen und der deutschen Industrie siehe ausführlicher Jäger, Hans, Unternehmer in der deutschen Politik 1890-1918, Bonn 1967, S. 132-141.
[21]Ebd., S. 143 ff.
[22]Ebd., S. 175 ff.
[23]Siehe zu Unternehmern im Reichstag, ebd., S. 313-25.
[24]Ebd., S. 169.
[25]Kälble, Hartmut, Industrielle Interessenpolitik in der Wilhelminischen Gesellschaft, Zentralverband Deutscher Industrieller 1895-1914, Berlin 1967, S. 147 ff.
[26]Ebd., S. 155 ff.
[27]Ludwig Löwe (1837-86) war der Sohn eines jüdischen Gemeindelehrers. Da er politisch sehr engagiert war, schloss er sich der Fortschrittspartei an. Seit 1863 hatte er den Posten eines Stadtverordneten in Berlin inne und war ab 1877 Mitglied des preußischen Abgeordnetenhauses. Ein Jahr später wurde er Mitglied des Reichstages und war der einzige jüdische Industrielle unter den Abgeordneten der Fortschrittspartei. Er wirkte in der Zolltarifkommission des Reichstages mit und war ein entschiedener Gegner der Schutzzollpolitik. Darüber hinaus gehörte er der Repräsentantenversammlung der Berliner jüdischen Gemeinde und dem Komitee zur kulturellen Förderung der Ostjuden an. (vgl. Neue Deutsche Biographie, die historische Kommission bei der bayerischen Akademie der Wissenschaft (hrsg.), Bd. 16, Berlin 1990, S. 77 f.)
[28]Vgl. Handbuch der Deutschen Aktiengesellschaften, Bd. 1, a. a. O., S. 991 f.
[29]Neue Deutsche Biographie, Bd. 16, a. a. O., S. 77 f.
[30]Isidor Löwe (1848-1910) reiste nach seiner Banklehre mit seinem Bruder 1870 in die USA, wo er nachhaltige Eindrücke von den bewegenden Kräften des amerikanischen Wirtschafts- und Finanzlebens gemacht hatte. Im Jahre 1875 begann er bei der Fabrik seines Bruders Ludwig zu arbeiten. Isidor interessierte sich besonders für die Waffen-, Elektro- und Automobilindustrie, war einer der fähigsten und vielseitigsten Industriellen des Kaiserreichs und gehörte durch seine Zugehörigkeit dem Kreis der jüdischen Geheimräte des Kaisers Wilhelm II. an. Außerdem war er Mitglied in den Aufsichtsräten zahlreicher Unternehmen. (vgl. Neue Deutsche Biographie, Bd. 16, a. a. O., S. 78 f.)
[31]Alfred Kaulla (1852-1924) trat nach seinem Studium 1875 in die Württembergische Vereinsbank ein, in der er 1882 zum stellvertretenden Direktor und 1888 zum Vorstand gewählt wurde. Ab 1884 war er als kaufmännischer Direktor und persönlich haftender Gesellschafter bei der Firma Gebrüder Mauser KG tätig, an der seine Bank eine Mehrheitsbeteiligung besaß. Während seiner Banktätigkeit war er für den Bereich des Außenhandels zuständig gewesen. Im Jahre 1887 reiste A. Kaulla nach İstanbul, um einen Vertrag über eine umfangreiche Waffenlieferung an die Türkei zwischen den Firmen Mauser und Löwe einerseits und der türkischen Regierung andererseits abzuschließen und die Finanzierung dieses Geschäftes zu gewährleisten. Sein Versuch scheiterte allerdings am Widerstand der französischen Hochfinanz, weil die Franzosen sich vor dem deutschen Einfluss in der Türkei fürchteten. (vgl. Neue Deutsche Biographie, Bd. 16, a. a. O., S. 359 ff.)
[32]Ebd., S. 79.
[33]Hassler, Friedrich, Bihl, Adolf, 50 Jahre Deutsche Waffen- und Munitionsfabriken, Berlin 1939, S. 55.
[34]Siehe ausführlicher Handbuch der Deutschen Aktiengesellschaften, Bd. 1, a. a. O., S. 929 f., vgl. auch Hassler, Bihl, 50 Jahre Deutsche Waffen- und Munitionsfabriken, a. a. O., S. 53 f.

[35]Vgl. Handbuch der Deutschen Aktiengesellschaften, Bd. 1, a. a. O., S. 931.
[36]Das Mannlicher-Gewehr wurde im 19. Jahrhundert verwendet, das mit dem Mauser-Gewehr um die Absatzmärkte kämpfte. In einigen Balkanländern wie Bulgarien und Griechenland führte man das Mannlicher-System ein. Dieses Gewehr war eine Handfeuerwaffe mit gezogenem Lauf, dessen Patrone durch eine auf eine Zündkapsel treffende Stahlnadel gezündet wird. (vgl. Wörterbuch zur deutschen Militärgeschichte, Bd. 2, Berlin 1985, S. 1103 f.)
[37]Kössler, a. a. O., S. 96.
[38]An den Reichskanzler von Caprivi, 6. Februar 1893, PA Türkei Nr. 142, Bd. 6,7.
[39]An den Reichskanzler von Caprivi, 20. Juli 1894, PA Türkei Nr. 142, Bd. 8,9.
[40]Marschall an das Auswärtige Amt, 20. Mai 1898, PA Türkei Nr. 142, Bd. 13,14.
[41]Die Norddeutsche Allgemeine Zeitung, 8. Mai 1998, in: PA Türkei Nr. 142, Bd. 13,14.
[42]Von Strempel an das Kriegsministerium, 18. Februar 1903, PA Türkei Nr. 142, Bd. 20,21.
[43]Von Strempel an das Kriegsministerium, 31. Mai 1911, PA Türkei Nr. 142, Bd. 33,34.
[44]Diese Fabriken setzten sich aus der Metallpatronenfabrik, Ludwig Löwe, der Gewehrfabrik Mauser und der ungarischen Gewehrfabrik zusammen.
[45]Von Morgen an das Auswärtige Amt, 26. April 1898, PA Türkei Nr. 142, Bd. 12,13.
[46]An das Auswärtige Amt, 4. Juli 1898, PA Türkei Nr. 142, Bd. 13,14.
[47]Marschall an den Reichskanzler von Bülow, 9. November 1901, PA Türkei Nr. 142, Bd. 19,20.
[48]An den Rosen, 16. Dezember 1901, PA Türkei Nr. 142, Bd. 19,20.
[49]An das Auswärtige Amt, PA Türkei Nr. 142, Bd. 12,13.
[50]Die DW & MF an das Auswärtige Amt, 4. November 1898, PA Türkei Nr. 142, Bd. 15,16.
[51]An das Auswärtige Amt, 7. November 1898, PA Türkei Nr. 142, Bd. 15,16.
[52]An das Auswärtige Amt, 11. Januar 1899, PA Türkei Nr. 142, Bd. 15,16.
[53]Von Strempel an das Kriegsministerium, PA Türkei Nr. 142, Bd. 25,26.
[54]Wangenheim an den Reichskanzler von Hollweg, 13. Juni 1914, PA Türkei Nr. 142, Bd. 38,39
[55]Seel, Wolfgang, Mauser-Gewehre unter dem Halbmond, in: DWJ, Nr. 11/1981, S. 1582.
[56]Die DW & MF an das Auswärtige Amt, 28. Februar 1907, PA Türkei Nr. 142, Bd. 24,25.
[57]Marschall an den Reichskanzler von Bülow, 10. März 1907, PA Türkei Nr. 142, Bd. 24,25.
[58]Marschall an das Auswärtige Amt, 5. Februar 1904, PA Türkei Nr. 142, Bd. 21,22.
[59]Von Strempel an das Kriegsministerium, PA Türkei Nr. 142, Bd. 25,26.
[60]An die DW & MF, 16. Oktober 1907, PA Türkei Nr. 142, Bd. 25,26.
[61]Von Strempel an das Kriegsministerium, PA Türkei Nr. 142, Bd. 25,26.
[62]Scherer, a. a. O., S. 477.
[63]Ebd., S. 478.
[64]Ebd., S. 479 ff.
[65]Vgl. Anm. 185 (Kapitel 1 und 2).
[66]Marschall an den Reichskanzler von Bülow, 30. Januar 1906, PA Türkei Nr. 142, Bd. 23,24.
[67]Wangenheim an das Auswärtige Amt, 9. Juni 1914, PA Türkei Nr. 142, Bd. 38,39.
[68]An das Auswärtige Amt, 17. Juni 1914, PA Türkei Nr. 142, Bd. 38,39.
[69]Wangenheim an das Auswärtige Amt, PA Türkei Nr. 142, Bd. 38,39
[70]Schöllgen, a. a. O., S. 234.
[71]Gutsche, a. a. O., S. 110.
[72]Siehe zu dieser Firma. Hassler, Bihl, 50 Jahre Deutsche Waffen- und Munitionsfabriken, a. a. O., S. 22.
[73]Ebd., S. 23 ff.
[74]Ebd., S. 38 f., vgl. auch, Seel, Wolfgang, DWJ Nr. 7/1981, S. 977.
[75]Hassler, Bihl, 50 Jahre Deutsche Waffen- und Munitionsfabriken, a. a. O., S. 40 f.
[76]Mit der Firma Rheinische Metallwaren- und Maschinenfabrik Düsseldorf arbeiteten Hand in Hand unter Leitung von Heinrich Erhardt folgende Werke: Rheinische Metallwaren- und

Maschinenfabrik Düsseldorf, Press- und Walzwerk Düsseldorf/Reizholz, Fahrzeugfabrik in Eisenach und Fabrik in Zella St. Blasii. Diese Fabriken nannte man im Allgemeinen abgekürzt „Ehrhardt-Werke". Hauptsächlich beschäftigten sich diese Fabriken mit der Herstellung von Kanonen, Lafetten, Fahrzeugen, Geschossen, Zündungen, Gewehren und Gewehrmunitionen sowie von Maschinen zur Fabrikation dieser Gegenstände. (vgl. Rheinische Metallwaren- und Maschinenfabrik Düsseldorf, Auszüge aus Berichten über Versuche mit Schnellfeuergeschützen, System Ehrhardt, Düsseldorf 1903, in: PA Türkei Nr. 142, Bd. 19,20.)

[77]Heinrich Ehrhardt (1840-1928) eignete sich nach seiner Lehre umfangreiche praktische und wissenschaftliche Kenntnisse an und arbeitete nach der Insolvenz seiner eigenen Maschinenfabrik in Zella als Ingenieur in Düsseldorf. Dort erwarb er schnell einen Ruf als hervorragender Konstrukteur für Bearbeitungsmaschinen. (vgl. Wenzel, Georg, Deutsche Wirtschaftsführer. Lebensläufe deutscher Wirtschaftspersönlichkeiten, Hamburg 1929, S. 527.)

[78]Handbuch der Deutschen Aktiengesellschaften, Bd. 2, a. a. O., S. 1467 f.

[79]Zur Erfindung des Rohrrücklaufgeschützes siehe ausführlicher, Ehrhardt, Heinrich, Hammerschläge, 70 Jahre deutsche Arbeiter und Erfinder, Leipzig 1922, S. 71 ff.

[80]Neue Deutsche Biographie, Bd. 4, a. a. O., S. 579 f.

[81]Handbuch der Deutschen Aktiengesellschaften, Bd. 1, a. a. O., S. 1469.

[82]Bontrup, Zdrowomyslaw, a. a. O., S. 56.

[83]Rittmeister an den Marschall, 22. April 1902, PA Türkei Nr. 142, Bd. 19,20.

[84]Ehrhardt-Werke an das Auswärtige Amt, 28. Oktober 1903, PA Türkei Nr. 142, Bd. 21,22.

[85]Auszüge aus Berichten über Versuche mit Schnellfeuergeschützen, System Ehrhardt, in: PA Türkei Nr. 142, Bd. 19,20.

[86]Ehrhardt-Werke an den Unterstaatssekretär des Auswärtigen Amtes von Richthofen, 29. Januar 1904, PA Türkei Nr. 142, Bd. 21,22.

[87]Von Strempel an das Kriegsministerium, 2. Dezember 1908, PA Türkei Nr. 142, Bd. 27,28.

[88]Ehrhardt, a. a. O., S. 24.

[89]Sarıgöl, a. a. O., S. 66.

[90]An das Auswärtige Amt, 18. April 1898, PA Türkei Nr. 142, Bd. 12,13.

[91]Bontrup, Zdrowomyslaw, a. a. O., S. 57.

[92]Hallgarten, George W. F., Das Wettrüsten. Seine Geschichte bis zur Gegenwart, Frankfurt a. M. 1967, S. 58 ff.

[93]Kriegsministerium an den Reichskanzler Hohenlohe, 14. Mai 1898, PA Türkei Nr. 142, Bd. 13,14.

[94]Kriegsministerium an das Auswärtige Amt, 25. Februar 1899, PA Türkei Nr. 142, Bd. 15,16.

[95]Erhardt-Werke an das Kriegsministerium, 19. Februar 1903, PA Türkei Nr. 142, Bd. 20,21.

[96]Erhardt-Werke an das Auswärtige Amt, 14. Februar 1906, PA Türkei Nr. 142, Bd. 23,24.

[97]Die chinesische Botschaft an das Kriegsministerium, 30. Dezember 1905, PA Türkei Nr. 142, Bd. 23,24.

[98]Menne, Bernhard, Krupp Deutschlands Kanonenkönige, Zürich, 1937, S. 248.

[99]Stellungnahme des Auswärtigen Amtes, 19. März 1906, PA Türkei Nr. 142, Bd. 23,24.

[100]An den Unterstaatssekretär des Auswärtigen Amtes von Richthofen, 18. Januar 1898, PA Türkei Nr. 142, Bd. 11,12.

[101]An den Unterstaatssekretär des Auswärtigen Amtes von Richthofen, 20. Januar 1898, PA Türkei Nr. 142, Bd. 11,12.

[102]Marschall an das Auswärtige Amt, 24. April 1898, PA Türkei Nr. 142, Bd. 12,13.

[103]Reichwehr war eine Zeitung für die Orientalischen Angelegenheiten Österreichs.

[104]Deutsch-türkische Korrespondenz und Handelsnachrichten aus der Levante, Nr. 3, 19. Juli 1893, in: PA Türkei Nr. 142, Bd. 8,9.

[105]Kölnische Zeitung, 10. Juni 1892, in: PA Türkei Nr. 142, Bd. 8,9.

[106]An den Reichskanzler von Caprivi, 19. März 1893, PA Türkei Nr. 142, Bd. 6,7.

[107]An das Auswärtige Amt, 21. Dezember 1898, PA Türkei Nr. 142, Bd. 15,16.
[108]An Mühlberg, 22. Dezember 1898, PA Türkei Nr. 142, Bd. 15,16.
[109]Kalau von Hofe an das Auswärtige Amt, 3. Dezember 1899, PA Türkei Nr. 142, Bd. 17,18.
[110]Firma Krupp an Mühlberg, 13. November 1900, PA Türkei Nr. 142, Bd. 18,19.
[111]An das Auswärtige Amt, 27. November 1902, PA Türkei Nr. 142, Bd. 20,21.
[112]An das Auswärtige Amt, 11. März 1904, PA Türkei Nr.142, Bd. 21,22.
[113]An das Kriegsministerium, 4. August 1909, PA Türkei Nr. 142, Bd. 28,29.
[114]Kageneck an das Auswärtige Amt, 2. Mai 1914, PA Türkei Nr. 142, Bd. 38,39.
[115]Die Firma Krupp an H. Haas, 17. Februar 1870, HA Krupp, WA/III 31.
[116]Pachtner, Fritz, Waffen. Ein Buch vom Schaffen und Kämpfen im Waffenbau, Leipzig 1942, S. 213 f.
[117]Ebd., S. 216 ff.
[118]Hassler, Friedrich, Bihl, Adolf, Geschichte der Mauser Werke, a. a. O., S. 49 ff.
[119]Zitat nach Pachtner, a. a. O., S. 243.
[120]Ebd., S. 244 f.
[121]Hallgarten, Das Wettrüsten, a. a. O., S. 55 ff.
[122]Pachtner, a. a. O., S. 246 ff.
[123]Wilhelm Mauser (1834-82) arbeitete nach seinem Schulabschluss in der Königlichen Gewehrfabrik zu Oberndorf und konstruierte mit seinem Bruder Paul zusammen einen Hinterlade-Geschützverschluss. Dieser wurde vom württembergischen Kriegsministerium 1860 gegen eine Aufwandsentschädigung in die Modellsammlung des Arsenals aufgenommen. Die beiden Brüder erweiterten ihre Kenntnisse über die Waffenkonstruktion während eines zweijährigen Aufenthaltes in Lüttich, wobei sie an der Konstruktion von Remington- Gewehren arbeiteten. (vgl. Neue Deutsche Biographie, Bd. 16, a. a. O., S. 447 f.) Die Wilhelm Mauser Biographie von „Max Ebell, Wilhelm Mauser, ein deutscher Erfinder sein Leben anhand seiner Briefe, München 1921." bietet einen guten Überblick über das Leben von W. Mauser, in der vor allem die Geschäftsreisen von W. Mauser nach Serbien, Russland, Schweden gut dargestellt werden. Diese Biographie zeigt den Verlauf der Verhandlungen mit der serbischen Regierung sehr beispielhaft anhand von Briefen W. Mausers.
[124]Allgemeine Deutsche Biographie, Bd. 20, Historische Kommission bei der Königlichen Akademie der Wissenschaften (hrsg.), Leipzig 1884, S. 712 f.
[125]Handbuch der Deutschen Aktiengesellschaften, Bd. 1, a. a. O., S. 962 f.
[126]Paul Mauser (1838-1914) war zwischen 1882 und 1891 Mitglied des Bürgerausschusses und leistete einen großen Beitrag zur Förderung des lokalen Vereinslebens in Oberndorf. Er gehörte von 1898 bis 1903 als Hospitant der nationalliberalen Fraktion dem Reichstag an. (vgl. Neue Deutsche Biographie, Bd. 16, S. 448 f.)
[127]Ebd., S. 448 f.
[128]Seel, Wolfgang, Mauser-Gewehre unter dem Halbmond, Türkenmauser, in: DWJ, Nr. 6/1981, S. 798.
[129]Zum Lebensweg von Josef Jonas siehe Seel, ebd. S. 779 f.
[130]Ebd., S. 800.
[131]Ebd., S. 800 f.
[132]Zitat nach Seel, ebd., S. 802.
[133]Ebd., S. 802.
[134]Vgl. Seel, DWJ, Nr. 10/1981, S. 1423.
[135]Seel, DWJ, Nr. 11/1981, S. 1578 f.
[136]Ebd., S. 1579.
[137]Siehe zu technischen Besonderheiten des Modells (M/1887) ausführlich Seel, DWJ, Nr. 6, a. a. O., S. 802 f.
[138]Vgl. Seel, DWJ, Nr. 7/1981, S. 976.
[139]Ebd., S. 976.

[140]Ebd., S. 977.
[141]Ebd., S. 980.
[142]Seel, DWJ, Nr. 8/1981, S. 1160 f.
[143]Ebd., S. 1163 f.
[144]Ebd., S. 1164.
[145]Diese Artiellerieoffiziere waren folgende: Major Mustafa Efendi, Adjutant-Major Azmi Efendi, Bahaddin Efendi, Hakkı Efendi, Hasan Efendi, Hauptmann Yusuf, Vasfi und İbrahim, Oberleutnant, später Hauptmann, Cemal, Leutnant, später Hauptmann, Rahmi, Alirıza Hüseyin und Mehmet. (vgl.
Seel, DWJ, Nr. 7, a. a. O., S. 977 f.)
[146]Seel, DWJ, Nr. 10, a. a. O., S. 1418.
[147]Ebd., S. 1421.
[148]Vgl. Seel, DWJ, Nr. 12/1981, S. 1722 ff.
[149]Ebd., S. 1724.
[150]Um befähigten Nachwuchs für die türkischen Waffenfabriken heranzubilden, wurden 30 junge Männer in die Waffenfabrik Mauser und Karlsruher Patronenfabrik im März 1895 entsandt. Man teilte sie als Volontäre einzelnen Meistern zu. (vgl. Seel, Nr. 10, a. a. O., S. 1420.)
[151]Vgl. Seel, DWJ Nr. 9/1981, S. 1264 f.
[152]Ebd., S. 1266.
[153]Seel, DWJ, Nr. 10, a. a. O., S. 1420.
[154]Nach der Einführung der Konstitution im Jahre 1908 kam es zur Lockerung der Einfuhrverbote für verschiedene Produkte. Infolgedessen wurden beispielsweise die Einfuhrverbote und Einfuhrbeschränkungen für elektrische Maschinen und Apparate aufgehoben. Die Regierung schuf das Einfuhrverbot für sämtliche Arten von Gewehren, Flinten und Büchsen - die ausschließlich Jagdzwecken dienen -, luftpneumatische Gewehre, Revolver und Pistolen ab. Ebenfalls war die Einfuhr von Munition wie geladenen Patronen, leeren Patronenhülsen und Zündhütchen für die oben aufgeführten Waffen freigegeben. Hingegen war die Einfuhr sämtlicher Kriegswaffen - Kanonen, Geschütze, Kriegsgewehre und dazu gehörige Munition – nach wie vor verboten. Man hielt die Bestimmung vom 4. Februar 1876 aufrecht, nach der die Einfuhr von Pulversendungen weiterhin untersagt war. (Mertens an den Reichskanzler von Bülow, 13. August 1908, BArch Türkei Nr. 43, Bd. 3, Handels und Schiffssache. Vgl. auch GStA I. HA Rep. 120 C XIII 15 Nr. 1, Bd. 12.) Die türkische Regierung beschloss die Einfuhr von Salpeter, Pottasche, Salpeter und ähnlichen Chemikalien, die zur Herstellung von Explosivstoffen verwendet werden, ab dem 19. November 1911 zu verbieten. (An den Reichskanzler von Hollweg, 23. August 1911, Handels- und Schiffssache, BArch Türkei Nr. 43, Bd. 3.)
[155]Die Waffenfabrik Mauser an das Auswärtige Amt, 19. Januar 1909, Handels- und Schiffssache, BArch Türkei Nr. 42, Bd. 4.
[156]An den Reichskanzler von Bülow, 20. Januar 1909, Handels- und Schiffssache, BArch Türkei Nr. 42, Bd. 4.
[157]Firma Allendorff Schönebeck an das Auswärtige Amt, 8. März 1911, Handels- und Schiffssache, BArch Türkei Nr. 42, Bd. 4.
[158]Marschall an die Firma Allendorff, 22. Mai 1911, Handels und Schiffssache, BArch Türkei Nr. 42, Bd. 4.
[159]Die deutsche Botschaft an die Firma Allendorff, 4. November 1911, Handels- und Schiffssache, BArch Türkei Nr. 42, Bd. 4.
[160]Diese Fabriken waren folgende: A & W Allendorff, Braun & Bloem GmbH, G. C. Dornheim GmbH, Dreyse & Collenbusch , Gustav Genschow & Co. AG, J. P. Hösterey Barmen, Lindener Zündhütchen & Thonwarenfabrik Linden, Patronenhülsenfabrik Bischweiler, Walbinger Menschel & Co. und Die Rhein Westfälische Sprengstoff AG. (vgl. Die deutsche Munitionsfabriken an das Auswärtige Amt, 10. November 1911, Handels- und Schiffssache, BArch Türkei Nr. 42, Bd. 4.)

[161]Continental-Telegraphen-Compagnie Wolff's Telegraphisches Bureau, 11. April 1903, PA Türkei Nr. 142, Bd. 20,21.
[162]Wangenheim an das Auswärtige Amt, 9. März 1914, PA Türkei Nr. 142, Bd. 38,39.
[163]Wangenheim an das Auswärtige Amt, 14. März 1914, PA Türkei Nr. 142, Bd. 38,39.
[164]Während des Ersten Weltkrieges verpflichtete sich Deutschland, im Rahmen des Bündnisvertrages zwischen den beiden Ländern Kriegswaffen an die Türkei zu liefern. Die Türkei konnte allerdings die deutschen Waffen wegen der Versperrung der Land- und Seewege in die Türkei erst am 19. Januar 1916 bekommen. In diesem Zeitraum erhielt die Türkei deutsche Rüstungsgüter im Werte von 850.000.000 Mark. Als die Gewehrfabriken in Deutschland im Jahre 1917 wieder ausreichend Waffen zu produzieren begannen, konnte man die Gewehr-Modelle 88 an den türkischen Bundesgenossen abgeben. Deutsche Waffenfabriken belieferten die Türkei mit Rüstungsgütern auch in der kemalistischen Ära. Es wurden drei Gewehr- und Munitionsfabriken sowie zwei Pulverfabriken von deutschen Firmen bis zum Jahr 1939 in der Türkei gegründet. Dabei muss man ausdrücklich betonen, dass der Grundstein zu dieser Industrie bereits im Mai 1915 gelegt worden war. Unter Führung des Kapitäns zur See Pieper entstand damals bei İstanbul ein Waffenamt, das in seiner größten Ausdehnung 74 deutsche Offiziere, Beamte, Ingenieure und Chemiker sowie 47 deutsche Meister und 659 Vorarbeiter umfasste. In der republikanischen Ära ging man vom 7,65 mm Kaliber auf das Kaliber 7,92 mm. über. Dieser Übergang war aus zwei Gründen unausweichlich: Erstens bekam die Türkei 7,92 mm-kalibrige deutsche Gewehre als Rüstungshilfe. Zweitens entstanden in Europa neue Zentren für die Fertigung der Mauser-Gewehre wie Brünn, weil man nach den Versailler Vereinbarungen keine Waffen in Deutschland produzieren durfte. Die Türkei kaufte 30.000 7,92 mm-kalibrige Mauser-Gewehre (M 98/22) im Jahre 1926 auf und ließ alle 7,65 mm-kalibrige Gewehre auf das Kaliber 7,92 umbauen. Das allerletzte Mauser-Gewehr in der türkischen Armee bekam die Bezeichnung 03/38. Während des Zweiten Weltkrieges lieferte Deutschland Rüstungsgüter an die Türkei. Als Gegenleistung verkaufte die Türkei Deutschland Chrom. Als die Türkei im Oktober 1969 Fertigungslizenzen für das MG 1 und das Sturmgewehr G 3 bekam, setzte man den fast einhundertjährigen Gewehrlieferungen aus Deutschland ein Ende. (vgl. Seel, DWJ, Nr. 1/1982, S. 53 ff.)
[165]Wolf, Hellmut, Die wirtschaftliche Entwicklung der Stadt Oberndorf am Neckar mit besonderer Berücksichtigung der Mauserwerke und der Schwarzwälder Boten, Tübingen 1933, S. 45 f.
[166]Ebd., S. 47.
[167]Seel, Nr. 6, a. a. O., S. 802.
[168]Seel, Nr. 9, a. a. O., S. 1266.
[169]Wolf, Hellmut, a. a. O., S. 48.
[170]Ebd., S. 49 f.
[171]Ebd., S. 50.
[172]Ebd., S. 51.
[173]Ebd., S. 51.
[174]Ebd., S. 68.

5 Die Firma Krupp

Obwohl sich die Familie Krupp vor der Reichsgründung mit der Gewehrfabrikation in Essen beschäftigt hatte, hatte sich die Firma Krupp jedoch erst später unter Führung von Alfred Krupp (1812-87) zum wichtigsten Kanonenhersteller Deutschlands entwickelt. A. Krupp baute die Firma seines Vaters im Bereich der Tiegelgussstahl- und Walzenstahlproduktion mit seinem kaufmännischen Geschick aus. In den Anfangsphasen ihrer Existenz produzierte die Firma Eisenbahnräder für den preußischen Staat. Im Jahre 1859 bestellte die preußische Regierung 300 Kanonen bei der Firma Krupp. Aufgrund der patriotischen Gesinnung von A. Krupp entwickelte sich eine gute Beziehung zwischen dem deutschen Kaiser Wilhelm I. und der Familie Krupp. Infolgedessen florierte das Geschäft mit Preußen, wobei den Eisenbahnaufträgen und Geschützlieferungen eine wichtige Bedeutung beigemessen werden sollte. Die Kriege in der Welt in der zweiten Hälfte des 19. Jahrhunderts trugen zur Berühmtheit der Gussstahlkanonen erheblich bei. Infolgedessen bekam die Firma ihren ersten ausländischen Großauftrag (36 Geschütze) von dem Khediven von Ägypten.[1]

Die Beschäftigtenzahl der Firma betrug 70 Personen im Jahre 1848 und stieg in den darauf folgenden neun Jahren auf 1.000 Personen. Nach der Kanonenbestellung der russischen Regierung 1865 in einem Gesamtwert von 4.500.000 Mark erlangte die Firma Krupp ein hohes Ansehen auf der internationalen Bühne, das durch den deutschen Sieg über Frankreich unter Einsatz von Krupp-Geschützen bei Sedan seinen Höhepunkt erreichte. Aus diesem Grund waren die Kanonen von der Firma Krupp auf dem Weltmarkt sehr gefragt. In dieser Situation gelang der Firma Krupp im In- und Ausland, sich in ihrer Stellung als Liefermonopolistin im Bereich der Artillerie zu behaupten.[2]

In der Ära von Friedrich Alfred Krupp (1854-1902) konnte sich die Firma voll entfalten und stieg durch die Betriebserweiterungen zum Industriegiganten Deutschlands auf. So übernahm F. Alfred Krupp die Grusonwerk AG im Jahre 1893, die zu seinem Erzfeind Hermann Gruson gehörte. In der Zeit von 1889 bis 1902 exportierte die Firma Krupp insgesamt 16.000 Geschütze unterschiedlichen Kalibern. In manchen Jahren setzte man sogar bis zu 70 % der Gesamtproduktion im Ausland ab. Im gleichen Zeitraum hat sich die Beschäftigtenzahl der Firma mehr als verdoppelt. So konnte man bei der Firma Krupp im Jahre 1902 42.600 Personen beschäftigen. Um in der Ära der Hochkonjunktur des Kriegsschiffbaus mit Konkurrenten Schritt halten zu können, übernahm F. Alfred Krupp die Germania-Werft im Jahre 1896. Diese Entwicklung verlieh der Firma Krupp eine zentrale Stellung im Kriegsschiffbau im 20. Jahrhundert, was anhand der internationalen Konkurrenz um die türkischen Aufträge im Abschnitt (5.5.2) verdeutlicht wird. Die Geschäfte der Firma Krupp wurden von dem Bankier Samuel Bleichröder finanziert, der ebenfalls als Hausbankier das Privatvermögen des Reichkanzlers Bismarck verwaltete und als dessen Finanzberater bekannt wurde.[3]

5.1 Die Firma Krupp und die Staatsführung des Kaiserreiches
5.1.1 Die Hohenzollern und die Familie Krupp

Da A. Krupp daran glaubte, dass man als Geschäftsmann gute Beziehungen zum Staat pflegen sollte, war er einverstanden mit dem politischen Kurs der Führung des Kaiserreiches. Darüber hinaus bekannte sich A. Krupp als ein guter Freund der Armee, der vor allem nach dem Ausscheiden Bismarcks aus der Politik im Jahre 1890 einflussreiche Freunde in den Kulissen Berlins hatte. Prinz Karl Anton von Hohenzollern (später Ministerpräsident Preußens) und Bernard von Voigts-Rhetz (später Direktor des Kriegsdepartments) waren zwei enge Freunde von A. Krupp, die ihn später als Verantwortliche der jeweiligen Behörde unterstützten. Dank dieser Unterstützung konnte die Firma Krupp den ersten Großauftrag vom preußischen Staat erhalten. Wegen seiner patriotischen Gesinnung hielt der Kaiser Wilhelm I. A. Krupp für einen nationalen Kämpfer. Prinz Wilhelm, der spätere Kaiser Wilhelm I., besuchte die Firma Krupp im Jahre 1853.[4] Als der Handelsminister der preußischen Regierung, Frh. von der Heydt, dem Wunsch der Firma Krupp nach Patentverlängerungen nicht nachkam, wandte sich A. Krupp an den Prinzen Wilhelm im Frühjahr 1860, denn dieser hatte ein Jahr zuvor zugunsten der Firma Krupp interveniert, was zur Vervierfachung des Geschützauftrages beim preußischen Kriegsministerium geführt hatte.[5] Kaiser Wilhelm I., der den Thron bestieg, besuchte im Oktober 1861 also in Begleitung von seinem Sohn und seinem Kriegsminister Albrecht Graf von Roon die Gussstahlfabrik in Essen, wobei der Kaiser sein Interesse für die Firma Krupp offen zutage legte.[6] Am 2. September 1877 besuchte er zum zweiten Mal die Familie Krupp in Essen.[7]

Die Firma Krupp setzte ihre guten Beziehungen zum Herrscherhaus in der Ära von Kaiser Wilhelm II. fort. Neben dem Kaiser versuchte A. Krupp insbesondere mit dem Staatsapparat gut auszukommen, weil der Staat sein größter Kunde war. Die Firma Krupp unterhielt eine so intensive Beziehung zu den führenden Beamten und Militärs des deutschen Kaiserreiches, dass sie nach ihrer offiziellen Dienstzeit bei der Firma Krupp beschäftigt wurden. Sie bekleideten Posten in den Führungsgremien des Unternehmens. Major Wangemann trat z. B. als Mitglied der Artillerieprüfungskommision für die Interessen der Firma so energisch ein, dass man ihm sogar nach seinem Rücktritt aus der Kommission regelmäßig ein monatliches Gehalt auszahlte.[8]

Dank der absolutistischen Struktur des deutschen Kaiserreiches konnte A. Krupp durch die Parteinahme des Kaisers zugunsten seiner Fabrik das Bandagenpatent zur Produktion von Eisenbahnrädern um sieben Jahre verlängern, obwohl dies vom Handelsminister, von der Heydt, vorher abgelehnt wurde, wie bereits oben erwähnt wurde.[9] In diesem Zusammenhang kann man verallgemeinernd sagen, dass die Firma Krupp die kaiserliche Protektion als Garantie ihrer Aufträge im In- und Auslandgeschäft betrachtete. Die Firma Krupp übte auch einen großen Einfluss auf die Besetzung der für die Rüstungsfragen wichtigen Posten im Staatsapparat aus.[10] Nach Lothar Gall ist A. Krupp ein Günstling des preußischen Königs und ein offensichtlicher Parteigänger Bismarcks und seines

Kriegsministers, A. Graf von Roon, gewesen. Da A. Krupp von der Politik Bismarcks profitierte, zeigte er ihm demnach das Entgegenkommen in den Zahlungsfristen für die dringend benötigten Rüstungsgüter, als sich Bismarck wegen der Etatbeschränkungen in einem parlamentarischen Verfassungskonflikt befand.[11]

Die Verflechtung zwischen der Firma Krupp und dem Staat war für die Firma von großem Vorteil, denn sie konnte so Rüstungsaufträge von ihrem eigenen Staat bekommen. Die Firma Krupp war stets darum bemüht, den Staatsapparat zur Bekämpfung der in- und ausländischen Konkurrenz einzusetzen. Kaiser Wilhelm II. schaltete sich sogar zugunsten der Firma Krupp bei seinen ausländischen Freunden ein, wie im Abschnitt (3.5.1) geschildert wurde. Wilhelm II. bat z. B. den russischen Zaren Aleksander II. darum, dass er seine Kriegsschiffe in Deutschland bauen ließ, was die Zufriedenheit der Firma Krupp hervorrief. Die Firma Krupp versuchte permanent, die politischen Entscheidungen der deutschen Außenpolitik zu beeinflussen.[12]

Willi Boelcke bezeichnet das enge Verhältnis zwischen der Familie Krupp und den Hohenzollern als eine Art „Symbiose", das durch die geheimen Kanäle zur stärkeren geschäftlich-finanziellen Fusion geführt hätte. Außerdem versuchte die Firma Krupp die Unterstützung einflussreicher Regierungsbeamten zu gewinnen, worauf oben kurz hingewiesen wurde. Eine übliche Methode zur Sicherung der Einflussnahme der Firma im Staat war die Vergabe von Aufsichtsrats- und Direktionsposten an die Mitglieder der Reichs- und Militärbehörden oder deren Verwandte. Der preußische Eisenbahnminister, von Thielen, gehörte dem Aufsichtsrat der Firma Krupp an. Der Generalmajor Keim, der sich als Propagandist im Wehrverein profilierte, bekam eine ständige Subvention von der Firma Krupp. In diesem Zusammenhang muss gesagt werden, dass F. Alfred Krupp mit dem Staatssekretär des Reichsmarineamtes, Admiral von Hollmann, dem preußischen Finanzminister, Frh. von Rheinbaben, und dem preußischen Kultusminister, von Studt, befreundet war. In einer solchen Situation waren die Staatsbehörden gewissermaßen als Interessenvertretungen der Firma Krupp zu betrachten. In der Ära von F. Alfred Krupp engagierte sich die Firma allmählich in der Politik, was in der Zeit von A. Krupp (1812-87) vernachlässigt worden war. Kaiser Wilhelm II. berief F. Alfred Krupp in den preußischen Staatsrat und ins Herrenhaus. Darüber hinaus war F. Alfred Krupp zwischen 1893 und 1898 Reichstagsabgeordneter.[13]

Als Bertha Krupp den Legationsrat, Gustav von Bohlen und Halbach, heiratete, hielt Wilhelm II. eine sentimentale Rede zu Ehren des Brautpaares. Diese Hochzeit war als Symbol der Allianz zwischen Regierungs- und Finanzaristokratie im Wilhelminischen Deutschland zu betrachten.[14] Kaiser Wilhelm II. verlieh A. Krupp von Bohlen und Halbach den Roten Adlerorden. Die Firma Krupp versuchte, die Zeitungen wie die „Süddeutsche Reichskorrespondenz" und die „Berliner Neuesten Nachrichten" für ihre Wirtschaftsinteressen zu benutzen. Damit wollte die Führung der Firma die breite Öffentlichkeit für die Idee der Beschaffung von Flottenaufträgen gewinnen. Als aber durch diese Propagandatätigkeit die Parallelität zwischen der Politik und der Geschäftinteressen der Großindustrie allzu sichtbar wurde, gab die Firma Krupp die direkte Leitung dieser Zeitungen auf. Die Firma Krupp war einer der eifrigen Förderer des Alldeutschen Verbandes, obwohl sie nicht im Vordergrund der Propagandatätigkeit des Monopolkapitals stand.[15]

5.1.2 Die Regierungsbehörden und die Firma Krupp

Der Direktor des allgemeinen Kriegsdepartments, General von Voigts-Rhetz, ebnete der Firma Krupp den Weg nach Berlin, weil er ein überzeugter Anhänger der Gussstahlkanonen der Essener Fabrik war.[16] Der preußische Geschützauftrag von 300 gezogenen Rohren 1859 war als die Geburtsstunde der Firma als Kanonenfabrik anzusehen, wie im Abschnitt (5) bereits erwähnt wurde. Der russische Millionenauftrag führte dazu, dass die Essener Fabrik schlagartig den führenden Industrieunternehmen Deutschlands angehörte. Im Kriegsjahr 1871 war die Firma Krupp dem preußischen Staat bereits unentbehrlich geworden.[17]

Das Verhältnis zwischen der Firma Krupp und dem deutschen Kriegsministerium war sehr labil gewesen, weil die Leitung der Firma wiederholt versucht hatte, sich direkt mit dem Kaiser oder dem Reichskanzler Bismarck in Verbindung zu setzen, indem sie die Militärs umging. Die Militärs hegten den starken Wunsch, nicht von einer starken privaten Rüstungsindustrie abhängig zu sein, die in ihren Augen besonders streik- und spionageanfällig war. Aus diesen Gründen war die Mehrheit der Artillerieprüfungskommission gegen den Kauf der damals wohl modernsten Feldgeschütze, obwohl sie gute Testergebnisse gezeigt hatten.[18] Trotz dieser Sachlage freute sich das preußische Kriegsministerium darüber, im Kriegsfall von den Rüstungskapazitäten der Firma Krupp Gebrauch machen zu können. Dies erwies sich damals als ein wichtiger Grund für die Erhaltung der Firma Krupp mindestens in ihrer damaligen Größe, um eine kriegswirtschaftliche Grundlage für die imperialistische Politik des Staates aufrechterhalten zu können. In diesem Kontext kann man verallgemeinernd sagen, dass die staatlichen und monopolkapitalistischen Interessen eng miteinander verflochten gewesen waren. Diese Verflechtung der Interessen zwischen dem Staat und Kapital war als Vorläufer eines militärisch-industriellen Komplexes zu betrachten.[19]

Der steile Aufstieg der Firma Krupp legte offen an den Tag, dass es im Kaiserreich bereits einigen Großunternehmen gelungen waren, für sich eine Monopolstellung in der Wirtschaft und im Staat zu behaupten. Der preußische Kriegsminister, Julius von Verdy, sprach sich dagegen aus, dass die Firma Krupp privilegiert von der Militärverwaltung behandelt werden sollte. Bei diesen Vorteilen, die keiner anderen Privatfabrik zuteil wurden, handelte es sich um die finanziellen Erleichterungen, die Millionenvorschüsse, die unverzinslichen Darlehen und um den Verzicht auf die Heranziehung einer leistungsfähigen Konkurrenz zugunsten der Firma Krupp. Die Stellung der Firma war im Staatsapparat so unerschütterlich, dass die Leitung des Kaiserreiches sogar die technischen Innovationen auf dem Gebiet der Artillerie ignoriert hatte, wie es bei der Erfindung des Rohrrücklaufes durch die Ehrhardt-Werke der Fall gewesen war. Dies wurde bereits im Abschnitt (4.5.2) ausführlich behandelt.[20]

Nach einem deutschen Staatsauftrag[21] im Juli 1873 konnte die Firma Krupp zum Monopolisten in der Artilleriebewaffnung der deutschen Heere aufsteigen. Diese Stellung konnte die Firma 30 Jahre lang für sich behaupten. Im Gegensatz zur Gewehrbeschaffung gelang es der Armeeführung im Bereich der Artillerie nicht, das Monopol der Firma zu brechen.[22] Es wurden nicht nur die Ehrhardt-Werke, sondern auch die gesamte private Gewehr- und Pulverindustrie zugunsten der Firma Krupp diskriminiert. Die Firma Krupp bildete mit der Pulverfabrik Rottweil Hamburg und den Vereinigten-Rheinisch-Westfälischen - Pulverfabriken ein Kartell, um höchstqualitative Pulver für die Geschütze produzieren zu können.[23]

Dank der Kanonenherstellung konnte die Firma Krupp die Krisenzeiten überleben, in denen viele Industrieunternehmen des Kaiserreichs Konkurs anmelden mussten. Außerdem erhielt die Firma Krupp großzügige Staatssubventionen. Als sich A. Krupp nach dem Deutsch-Französischen Krieg 1870/71 für die Vergabe eines günstigen Kredits an den Staat wandte, wurde die Gewährung eines solchen langfristigen Kredits entschieden abgelehnt. In dieser Situation sah sich die Firma Krupp veranlasst, den Kaiser und die Regierung zur Intervention in dieser Angelegenheit zu bewegen. Aufgrund der Einschaltung von Wilhelm I. wurde der Firma Krupp eine Staatsanleihe in Höhe von 30.000.000 Mark gewährt, an deren Finanzierung ein Bankenkonsortium beteiligt war. W. Boelcke weist darauf hin, dass man so 1874 die Firma Krupp vor einem unvermeidlichen Untergang gerettet hatte. Die deutschen Staatsaufträge sorgten dafür, dass sich die Firma Krupp ständig zum Besseren entwickelte. Daraus ergab sich allmählich eine Situation, in der die Firma Krupp dem Staat sogar die Art und den Umfang der Aufträge diktieren konnte.[24]

In der Ära von F. Alfred Krupp (1887-1902) konnte sich die Firma Krupp mit den weltpolitischen Zielen des Wilhelminischen Deutschland gut identifizieren. Dies führte zu einer führenden Stellung der Firma Krupp im Hinblick auf die deutschen- und internationalen Waffengeschäfte.[25] Es war eine besondere Ehre für die gesellschaftliche- und politische Elite des Wilhelminischen Deutschland, dem Freundeskreis der Familie Krupp anzugehören, weil die wichtigen politischen Entscheidungen damals nicht von den verantwortlichen Ministerien, sondern von der unmittelbaren Umgebung des Monarchen getroffen wurden. Die Kaiserbesuche auf dem Villa-Hügel boten eine gute Möglichkeit für die Familie Krupp, den deutschen Kaiser im Namen der deutschen Schwerindustrie zu beeinflussen. Von diesen Aufenthalten profitierten nicht nur die Familie Krupp, sondern auch die führenden Persönlichkeiten der rheinischen Schwerindustrie. Bei diesen Anlässen kamen sie mit dem Kaiser und den Regierungsvertretern in Berührung und versuchten ihre Ansprüche geltend zu machen.[26]

5.2 Die Firma Krupp und die Türkei

Die Firma Krupp bahnte ihre erste Geschäftsbeziehung zur Türkei im Jahre 1860 an. Die Beziehungen setzte man auch nach dem Untergang des Osmanischen Reiches in der republikanischen Ära fort.[27] In jenem Jahr versuchte der türkische Gesandte, Aristarchi Bey, durch die Zustimmung des Prinzregenten von Preußen, Wilhelm I., eine Einigung über die Einführung des preußischen Geschützsystems in der türkischen Feldartillerie zu erreichen. Ein Jahr später lieferte die Firma Krupp ein Probegeschütz an das türkische Kriegsministerium. Anschließend bestellte die türkische Regierung die ersten 48 Feldgeschütze bei der Firma Krupp 1863. Diese freundschaftlichen Beziehungen zwischen der Firma Krupp und der Türkei wurden über Jahrzehnte hinweg fortgesetzt, ohne sie zu unterbrechen. An den Geschützvorführungen, d. h. an den großen Versuchsschiessen in Meppen im Jahre 1879, der Firma Krupp nahmen auch die türkischen Offiziere teil.[28]

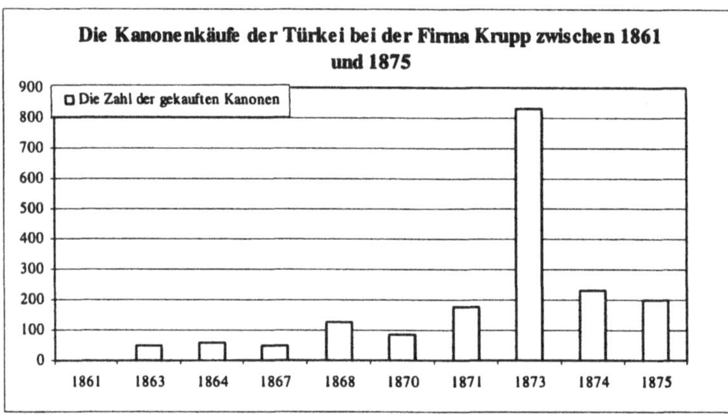

Abb. 5: Kanonenkäufe der Türkei bei der Firma Krupp zwischen 1861 und 1875 (Datenquelle: Verzeichnis der von der Gussstahlfabrik und vom Grusonwerk von 1847 bis 1912 gefertigten Kanonen, in: HA Krupp, S 3 WT 1/3, 5a VII f 862, S. 44 und 44a.)

Zunächst kann der Abb. 5 entnommen werden, dass die Türkei in dieser Periode die meisten Kanonen bei der Firma Krupp nach 1870 bestellt hatte. Während das türkische Kriegsministerium in der Zeit von 1861 bis 1870 insgesamt 372 Kanonen bei der Firma Krupp kaufte, importiert es zwischen 1871 und 1875 summa summarum 1.444 Kanonen von der Firma Krupp (vgl. Tab. 9). Mit anderen Worten: Kanonenbestellungen haben sich in dem letztgenannten Zeitraum fast vervierfacht. Wenn man in Erinnerung ruft, dass die Firma Krupp kurz nach der Reichsgründung ums Überleben kämpfen musste, spielten die türkischen Aufträge in diesem Zeitraum bei dem wirtschaftlichen Aufschwung der Kanonenfabrik eine entscheidende Rolle. Von 1861 bis 1875 kaufte die Türkei insgesamt 1.816 Kanonen von unterschiedlichen Typen und Kalibern (vgl. Tab. 9) bei der Firma Krupp.

Jahr	Feldkanonen /Typ/Kaliber					Küstenkanonen/ Typ/Kaliber								Summe
	9,15 cm L/22	7,85 cm L/25	7,8 cm L/27	7,5 cm L/27	8,7 cm L/24	12 cm R.K. L/24	15 cm R.K. L/14	15 cm R.K. L/26	21 cm R.K. L/22	24 cm R.K. L/22	26 cm R.K. L/22	28 cm R.K. L/22	35,5 cm K.L/22	
1861	1													1
1863	48													48
1864	12	48												60
1867	48													48
1868		127												127
1870	10	78												88
1871	170	8												178
1873	120	214				120	50	230	28	50	10	12		834
1874	52	178	1											231
1875				100	100								1	201
Total														1816

Tab. 9: Die Türkischen Feld- und Küstenkanonenbestellungen zwischen 1861 und 1875 bei der Firma Krupp (Datenquelle: Verzeichnis der von der Gussstahlfabrik und vom Grusonwerk von 1847 bis 1912 gefertigten Kanonen, in: HA Krupp, S 3 WT 1/3, 5a VII f 862. S. 44 und 44a.)

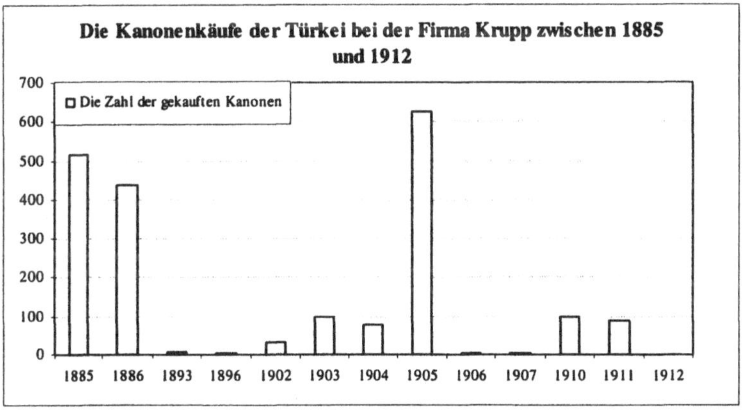

Abb. 6: Kanonenkäufe der Türkei bei der Firma Krupp zwischen 1885 und 1912 (Datenquelle: Tab. 11 und 12.)

Aus den Daten der Abb. 6 ergibt sich, dass die Türkei von 1885 bis 1907, d. h. in der Hamid'schen Ära, insgesamt 1.924 Kanonen aus Essen bestellt hatte. Dies drückt einen Anstieg von 108 Kanonen im Vergleich zur vorigen Periode (vgl. Abb. 5) aus. Aus den Daten der Tab. 13 wird ersichtlich, dass man zwischen 1885 und 1895, d. h. in der Ära von der Goltz, summa summarum 1.035 Kanonen aus Essen gekauft hatte. Dafür wurden 70.145.383 Mark ausgegeben.

Dies macht ca. 31 % der türkischen Gesamtbestellungen in diesem Zeitraum (vgl. Tab. 13) aus. Insgesamt ist zu erkennen, dass sich die in der Goltz'schen Ära eingeleiteten Armeereformen, vor allem die neue Truppeneinteilung, positiv auf die Kanonenbestellungen aus Essen auswirkten.

Im Juni 1885 unterzeichnete die Firma Krupp einen Liefervertrag über eine große Anzahl von Geschützen und Geschossen mit dem türkischen Kriegsministerium. Dieser Auftrag umfasste 428 Feldkanonen, 29 Küstenkanonen und 60 Mörser (vgl. Tab. 10). Die sieben 35,5 cm-kalibrigen Küstenkanonen waren für die Verteidigung der Meerengen vorgesehen. Vier davon waren für die Verteidigung des Bosporus und die anderen drei für die der Dardanellen vorgesehen. Um diese Einkäufe finanzieren zu können, brauchte die türkische Regierung eine Staatsanleihe in Höhe von insgesamt 700.000 Türkischen Pfund. Im Februar 1886 wurden 14 Küstenkanonen und 426 Feldkanonen von unterschiedlichem Kaliber bei der Essener Kanonenfabrik bestellt.[29]

	Feldkanonen		**Küstenkanonen**		**Mörser**		
Modell	L/27	L/24	KL/35; C/80	KL/35; C/80	L/6,3	L/6,4	L/6,4
Kaliber	7,5 cm	8,7 cm	24 cm	35,5 cm	12 cm	15 cm	21 cm
Stückzahl	39	389	22	7	20	20	20

Tab. 10: Die Kanonenbestellungen der Türkei bei der Firma Krupp im Jahre 1885 (Datenquelle: Verzeichnis der von der Gussstahlfabrik und vom Grusonwerk von 1847 bis 1912 gefertigten Kanonen, in: HA Krupp, S 3 WT 1/3, 5a VII f 862, S. 44 und 44a.)

Wegen der Abrüstungsdebatte im Rahmen der Haager Konferenzen[30] drohte der Waffenexport Deutschlands ins Stocken zu geraten. Die größte Sorge des Sultans war, dass auch die Türkei abrüsten sollte. Als Abdülhamid II. sich an den deutschen Botschafter von Marschall bezüglich dieser Frage wandte, sagte dieser dem Sultan, dass Deutschland die Türkei weiterhin mit Waffen und Munition beliefern werde, solange man dem Vorschlag des russischen Zaren, Nikolai II., zur Abrüstung nicht folgen werde.[31]

Feldkanonen Typ/Kaliber						**Gebirgskan.**		**Gebirgsmörser**				**Abkom/Kan**	
Jahr	L/27 7,5 cm	L/24 8,7 cm	L/20 10,7 cm	L/30 7,5 cm	L/50 7,5 cm	L/13 7,5 cm	L/14 7,5 cm	L/6,3 12 cm	L/6,4 15 cm	L/6,4 21 cm	L/6,4 7,5 cm	L/20 3,7 cm	Total
1885	39	389						20	20	20			488
1886	20	404	2										426
1893						6							6
1896												2	2
1903				96							2		98
1904							8					10	18
1905				462			138					12	612
1906												4	4
1907												4	4
1910				90	8								98
1911				88									88
1912				1									1
Total	59	793	2	737	8	6	146	20	20	20	2	32	1845

Tab. 11: Die Türkischen Geschützbestellungen bei der Firma Krupp zwischen 1885 und 1912 (Datenquelle: Verzeichnis der von der Gussstahlfabrik und vom Grusonwerk von 1847 bis 1912 gefertigten Kanonen, in: HA Krupp, S 3 WT 1/3, 5a VII f 862, S. 44 und 44a.)

Außer den in den Tabellen 11 und 12 aufgeführten Kanonen wurden zwischen 1885 und 1912 insgesamt 211 Kanonen von unterschiedlichen Typen und Kalibern bei der Firma Krupp bestellt. Darunter gab es 72 Feldhaubitzen und zehn Maschinengewehre- und Kanonen. Wenn man die Tab. 9 den Tabellen 11 und 12 gegenüberstellt, ist zu erkennen, dass über den Zeitraum von 1885 bis 1912 eine Modell- und Kalibervielfalt im Vergleich zur Periode (1861-75) in der türkischen Infanterie vorherrschend war.

	Küsten- und Schiffskanonen/ Typ/Kaliber											
Jahr	KL/ 35 C/80 24 cm	KL/ 35 C/80 35,5 cm	SKL/ 35 3,7 cm	SKL/ 40 15 cm	SKL/ 40 5,7 cm	SKL/ 40 C/00 12 cm	SKL/ 40 C/00 21 cm	SKL/ 40 C/97 4,7 cm	SKL/ 40 5,7 cm	SKL/ 40 C/97 7,5 cm	SKL/ 40 10,5 cm	Total
1885	22	7										29
1886	10		4									14
1896				2								2
1902				15	6	7	4					32
1904								6	30	18	5	59
1905					12							12
Total	32	7	4	17	18	7	4	6	30	18	5	148

Tab. 12: Die Türkischen Küsten- uns Schiffskanonenbestellungen bei der Firma Krupp zwischen 1885 und 1912 (Datenquelle: Verzeichnis der von der Gussstahlfabrik und vom Grusonwerk von 1847 bis 1912 gefertigten Kanonen, in: HA Krupp, S 3 WT 1/3, 5a VII f 862, S. 44 und 44a.)

Im Jahre 1903 bestellte die türkische Regierung insgesamt 96 Schnellfeuerfeldkanonen (L/30 Kaliber 7,5 cm)[32] im Gesamtwert von rund 723.857 Türkischen Pfund bei der Firma Krupp, wobei der Stückpreis 7.540 Türkische Pfund betrug. Außerdem bestellte man zwei Gebirgsgeschütze und die dafür erforderliche Munition im Wert von rund 9.845 Türkischen Pfund, Munition für die älteren Kanonen im Wert von rund 3.158 Türkischen Pfund und 24 Küstengeschütze[33] für rund 76.464 Türkische Pfund bei der Firma Krupp. Die Gesamtsumme dieser Bestellungen war mit rund 736.860 Türkische Pfund ausschließlich der Summe 76.464 Türkische Pfund für die 24 Küstengeschütze, die im Verzeichnis der Gußstahlfabrik nicht aufgeführt sind, zu beziffern. Darüber hinaus erklärte sich die Firma Krupp bereit, 16 Batterien von Feldgeschützen so schnell wie möglich an ihre Kundin zu liefern, jedoch sollte die Türkei ihren Zahlungspflichten nachkommen und sofort einen Betrag in Höhe von 100.000 Türkischen Pfund leisten. Da die Türkei bis dahin nur Krupp'sches Material in ihrer Artillerie verwendete, war sie einfach technisch nicht in der Lage, zur französischen Konkurrenz überzugehen. Man muss in diesem Zusammenhang ausdrücklich betonen, dass eine gewisse Abhängigkeit von der Firma Krupp bezüglich der Kanonenlieferungen entstanden war. Obwohl die Türkei immer mit dem Wechsel des Lieferanten ihrer Artillerie drohte, konnte sie dies jedoch nicht in die Tat umsetzen.[34]

Kanonenkäufe der Türkei (1861-1912) bei der Firma Krupp		
Jahr	Stückzahl[1]	Summe in Mark
1861	1	14.066
1863	48	112.528
1864	60	748.056
1867	48	675.168
1868	127	1.532.636
1870	88	1.081.964
1871	178	2.487.764
1873	834	123.354.312
1874	231	2.891.527
1875	201	3.101.659
1885	517	39.965.707
1886	440	10.365.936
1893	78	19.813.740
1896	4	237.776
1898	1	11530
1902	32	5.589.790
1903	98	1.229.940
1904	72	662.870
1905	668	9.506.876
1906	4	22.752
1907	4	22.752
1910	106	1.200.036
1911	90	1.045.384
1912	6	475.860
Summe	3936	226.050.629

[1]Die eigentliche Gesamtstückzahl ist 3.942. In dieser Tabelle werden zwei 7,65-mm Maschinengewehre im Jahre 1902 und vier 8-mm Maschinengewehre im Jahre 1905 nicht berücksichtigt.

Tab. 13: Die Ausgaben der türkischen Regierung für die Kanonenbestellungen bei der Firma Krupp zwischen 1861 und 1912 (Datenquelle: Der Verfasser dieser Arbeit liegt seinen Berechnungen einen Text aus dem Deutschen Handelsarchiv, Reichsamt des Innern (hrsg.), Jg. 1898, Bd. 2, S. 512 zugrunde. Dabei geht der Verfasser aus einer 1894 eingegangenen Zahlung der Türkei bei der Firma Krupp für sechs 7,5 cm-kalibrige Kanonen in Höhe von 69.190 Mark aus. Der Preis für eine 7,5 cm-kalibrige Kanone beträgt demnach 11.530 Mark. Dividiert man diesen Betrag durch 7,5, so erhält man den Preis für eine 1-cm-kalibrige Kanone in Höhe von 1537 Mark. Der Preis für andere Kanonen wird dann ausgehend nach der Kalibergröße mit der mathematischen Methode „Dreisatz" ermittelt. Dabei wird allerdings das Modell der Kanone nicht berücksichtigt. Da dieser Berechnung der Preis von 1894 zugrunde liegt, gab die türkische Regierung vermutlich noch mehr Geld für ihre Bestellungen bei der Firma Krupp aus.)

In Tab. 13 kann abgelesen werden, dass die Türkei in der Zeit von 1861 bis 1912 insgesamt 226.050.629 Mark für die bei der Firma Krupp bestellten Geschütze ausgegeben hatte. Eindeutig an der Spitze rangiert das Jahr 1873 mit einer Summe von 123.354.312 Mark. Während mit Tab. 13 die Gesamtsumme sichtbar wird, bietet die Tab. 14 die Möglichkeit, die ausgegebene Summe differenziert nach Periode zu vergleichen. Darüber hinaus ist in Tab. 14 deutlich zu erkennen, dass zwischen 1861 und 1875 die türkischen Bestellungen in Höhe von 135.999.680 Mark bei der Entwicklung der Firma Krupp eine entscheidende Rolle spielten. Wird die Summe der türkischen Aufträge 135.999.680 Mark in Verbindung zum Gesamtumsatz der Firma Krupp in Höhe von insgesamt 363.004.480 Mark[35] im Zeitraum (1861-75) gesetzt, so wird die Bedeutung der türkischen Aufträge noch ersichtlicher. Dies macht ca. 37 % des Gesamtumsatzes der Firma Krupp in diesem Zeitraum.

Der Wert der türkischen Bestellungen eingeteilt nach Periode (1861-1912)	
Zeitraum	Summe (in Mark)
1861-1875	135.999.680
1876-1908	87.329.669
1908-1912	2.721.280
1861-1912	226.050.629

Tab. 14: Der Wert der türkischen Kanonenbestellungen bei der Firma Krupp zwischen 1861 und 1912 (Datenquelle: Tab. 13.)

5.2.1 Die Türkeivertretung der Firma Krupp

Seit 1869 unterhielt die Essener Kanonenfabrik eine ständige Vertretung in İstanbul. Heinrich Haaß, der nach der Pariser Weltausstellung von 1855 die Kruppvertretung in Paris übernahm, war auch für Länder wie Spanien, Portugal, Italien, französische Schweiz, Ägypten und die Türkei zuständig. Otto Dingler, der von 1867 bis 1886 die Firma Krupp auf dem Balkan vertrat, gründete eine eigenständige Vertretung der Firma Krupp in İstanbul im Jahre 1869. August Huber übernahm die Vertretung der Firma Krupp 1889 in İstanbul, die unter dem Namen „Huber Frerés" bis zum Ersten Weltkrieg bestand. Er ließ eine auf einem 64.000 m^2 großen Waldstück gelegene Villa am europäischen Ufer des Bosporus bauen, die heutzutage als Sommerresidenz des Türkischen Präsidenten benutzt wird. Carl Menshausen, der Vertreter der Firma Krupp in Paris, leitete die Türkeigeschäfte der Firma Krupp in der Ära von F. Alfred Krupp.[36] In diesem Zusammenhang muss betont werden, dass die Firma Krupp in der republikanischen Ära ebenfalls eine Vertretung[37] in der Türkei unterhielt.

5.2.2 Kanonenkäufe bei der Firma Krupp im internationalen Vergleich

Die türkische Regierung bestellte 834 Feldkanonen und Küstenkanonen für die Abwehr der Meerengen (Dardanellen und Bosporus) bei der Firma Krupp im Jahre 1873 (vgl. Tab. 9). Dieser Millionenauftrag der Türkei kam der Firma Krupp in dieser Krisenzeit zugute. Mit anderen Worten: Diese Bestellungen trugen zur Entwicklung der Firma Krupp erheblich bei. Da sich die russisch-türkischen Beziehungen in der damaligen Zeit wegen der Rivalitäten auf dem Balkan zu verschlechtern begannen, fühlte sich die russische Führung beunruhigt über die türkischen Kanonenbestellungen bei der Firma Krupp. Im Jahre 1877 bestellte Russland 1128 Kanonen bei der Firma Krupp.[38] Im serbisch-türkischen Krieg wurde auf beiden Seiten mit Kruppgeschützen geschossen. Zum Einsatz der Krupp'schen Geschütze kam es in der Schlacht von Plewna. In diesem Krieg besaßen die Türken 60, Rumänen und Russen mehr als doppelt soviel Geschütze der Firma Krupp.[39] Den Einsatz seiner Kanonen während dieses Krieges brachte A. Krupp in einer Denkschrift von 1879 folgendermaßen zum Ausdruck:

> „Während des letzten russisch-türkischen Krieges (1877/78) hatten die russische, türkische und rumänische Artillerie Gussstahlgeschütze meines Systems. Auf meine Erkundigungen habe ich erfahren, dass diese Geschütze die allgemeinste Zufriedenheit fanden."[40]

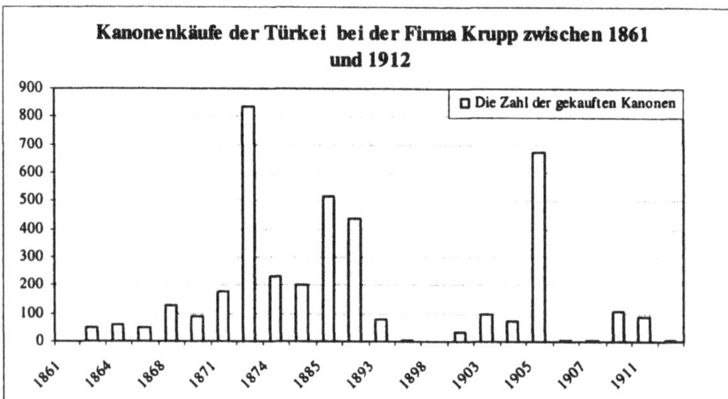

Abb. 7: Kanonenkäufe der Türkei bei der Firma Krupp zwischen 1861 und 1912 (Datenquelle: Verzeichnis der von der Gussstahlfabrik und vom Grusonwerk von 1847 bis 1912 gefertigten Kanonen, in: HA Krupp, S 3 WT 1/3, 5a VII f 862, S. 44 und 44a.)

In Abb. 7 werden die Kanonenkäufe der türkischen Regierung im Zeitraum von 1861 bis 1912 zusammenfassend dargestellt. In dieser Periode kaufte das türkische Kriegsministerium summa summarum 3.740 Kanonen von unterschiedlichem Kaliber und Mörser bei der Firma Krupp. Wenn man die Geschützbestellungen der Türkei Abb. 7 mit denen Russlands Abb. 8 zwischen 1871 und 1880 vergleicht, ist es ersichtlich, dass Russland vor allem im Kriegsjahr 1877 1.128 Geschütze bestellte. In diesem Zeitraum bestellte Russland insgesamt 1.917 Geschütze im Gegensatz zur Türkei mit 1.443 Geschützen. Im Jahre 1878 bestellte Russland wiederum 522 Geschütze.[41] Dies ist ein Indiz dafür, dass die deutsche Rüstungsindustrie vom russisch-türkischen Krieg von 1877/78 profitierte. In Abb. 7 kann ferner abgelesen werden, dass die Türkei wegen der desolaten Finanzlage des Staates in der zweiten Hälfte der 80'er Jahre des 19. Jahrhunderts, d. h. zwischen 1876 und 1880, keine Geschütze aus Essen bestellen konnte. In diesem Zusammenhang ist davon auszugehen, dass diese Geschütze im türkisch-russischen Krieg den Russen zum Sieg verhalfen.

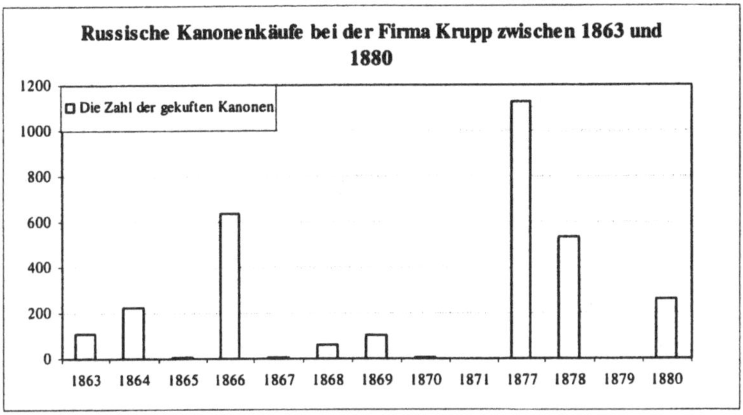

Abb. 8: Russische Kanonenkäufe bis zum Jahre 1870 (Datenquelle: Verzeichnis der von der Gussstahlfabrik und vom Grusonwerk von 1847 bis 1912 gefertigten Kanonen, in: HA Krupp, S 3 WT 1/3, 5a VII f 862, S. 38.)

Im Zeitraum (1871-80) verkaufte die Firma Krupp insgesamt 321 Geschütze an die südamerikanischen Staaten.[42] Im Jahre 1871 verkaufte die Firma Krupp insgesamt 740 Geschütze an ausländische Staaten, wobei Ägypten 500 und die Türkei 178, also insgesamt 678 importierten. Im Jahre 1873 bestellten ausländische Staaten insgesamt 1.074 Geschütze von der Firma Krupp, wovon 834 von der Türkei in Auftrag gegeben wurden. In diesem gleichen Zeitraum, d. h. zwischen 1871 und 1880, konzentrierten sich die türkischen Einkäufe auf die ersten fünf Jahre der 70'er Jahre des 19. Jahrhunderts ausschließlich des Jahres 1872. Hingegen deckte Russland seinen Bedarf an Kriegsmaterial in der letzten Hälfte der gleichen Dekade, wobei nur insgesamt drei Probegeschütze 1879 geliefert wurden. Im Jahre 1877 verkaufte die Firma Krupp summa summarum 1.362 Geschütze ins Ausland.[43]

Die Daten (vgl. Abb. 7 und 8) sprechen dafür, dass die Türkei und Russland zwischen 1861 und 1880 nicht gleich gut von der Firma Krupp behandelt wurden. Je mehr sich die Firma Krupp im Russlandgeschäft engagierte, desto größer wurde die Distanz zwischen der Türkei und der Kanonenfabrik. Ferner waren China und Japan die stabilsten Abnehmerstaaten der Firma Krupp, wobei China - ausgenommen das Jahr 1879 - regelmäßig Geschütze bei der Firma Krupp bezog (vgl. Abb. 10 und Tab. 16). In diesem Zeitraum bestellte China insgesamt 454 Geschütze bei der Firma Krupp. Dagegen bezog Japan nur 165 Geschütze von der Essener Kanonenfabrik.[44] Zwischen 1877 und 1905 war die

Höhe der russischen Kanonenkäufe auf 359 zu beziffern. Hingegen bestellte die Türkei im gleichen Zeitraum 1.798 Geschütze bei der Firma Krupp. Obwohl Russland im Zeitraum von 1871 bis 1880 auf der Kundenliste der Firma Krupp an der Spitze rangierte, war es zwischen 1880 und 1905 nicht auf den Export von Kanonen angewiesen.

Vor 1871 war Russland ein prominenter Kunde von A. Krupp gewesen. Russland kaufte bis zum Jahre 1871 summa summarum 1.157 von der Essener Kanonenfabrik, wobei die Bestellungen in den 60er Jahren des 19. Jahrhunderts ins Gewicht fielen. Die Türkei bestellte hingegen zwischen 1861 und 1871 insgesamt 372 Geschütze bei der Firma Krupp. Daraus kann man schließen, dass die russischen Staatsaufträge einen großen Beitrag zur Entwicklung der Firma Krupp in Krisenzeiten geleistet hatten.[45] Zwischen 1886 und 1911 kaufte Bulgarien insgesamt 487 Geschütze bei der Essener Gussstahlfabrik, wobei sich die Bestellungen der Bulgaren auf die Jahre nach ihrer Unabhängigkeitserklärung konzentrierten.[46]

In der Periode (1877-1912) gab Griechenland insgesamt 348 Geschütze in Auftrag bei der Firma Krupp, wobei seine Bestellungen vor dem Ersten Balkankrieg 1912 sehr bescheiden waren. Im Jahre 1912 bestellte Griechenland insgesamt acht Geschütze bei der Essener Kanonenfabrik.[47] Ein anderer Balkanstaat, Rumänien, bestellte 474 Geschütze zwischen 1867 und 1888 bei der Firma Krupp. Bei den rumänischen Bestellungen ist auffällig, dass im Zeitraum von 1904 bis 1912 insgesamt 752 Feldkanonen bei der Firma Krupp gekauft wurden.[48]

Zeitraum	**Zahl der bestellten bzw. gelieferten Geschütze und Rohre**						
	Deutschland	Ausland insgesamt	Ausland ausschließlich RU u. TR	Russland	Türkei [1]	Jahres-durchschnitt	Total
1860-1887	10.666	13.908	8.044	3.091	2.773	910	24.574
1888-1911	15.634	13.390	12.146	81	1.163	1.261	29.024
1860-1911	26.300	27.298	20.190	3.172	3.936	526	53.598

[1]Das Jahr 1912 mit 6 Geschützen wird nicht berücksichtigt.

Tab. 15: Zahl der bestellten bzw. gelieferten Geschütze und Rohre an das In- und Ausland zwischen 1860 und 1911 (Datenquelle für Deutschland und Ausland insgesamt Zdenek, Jindra, Der Rüstungskonzern Fried. Krupp AG 1914-1918, Prag 1986, S. 81. Die anderen Daten kommen aus dem Verzeichnis der von der Gussstahlfabrik und vom Grusonwerk von 1847 bis 1912 gefertigten Kanonen, in: HA Krupp S 3 WT 1/3, 5a VII f 862, S. 38 und 38a, 44 und 44a, ergänzt durch die Berechnungen des Verfassers dieser Arbeit.)

In Tab. 15 ist deutlich zu erkennen, dass die Firma Krupp im Zeitraum (1860-87) insgesamt 13.908 Kanonen im Ausland im Gegensatz zu 10.666 Kanonen im Inland (vgl. auch Abb. 9) absetzte. Während zwischen 1888 und 1911

Deutschland insgesamt 15.634 Kanonen bei der Firma Krupp kaufte, ist im gleichen Zeitraum bei den ausländischen Bestellungen ein leichter Rückgang zu verzeichnen. Bei der genauen Betrachtung der Tab. 15 ist es deutlich erkennbar, dass die Türkei und Russland vor allem in Bezug auf die im Jahresdurchschnitt produzierten Kanonen wichtige Abnehmerstaaten der Krupp'schen Kanonen gewesen waren, wobei die russischen Bestellungen mit insgesamt 81 Kanonen im Zeitraum 1888-1911 marginal waren. Der türkische Auftrag machte ca. 14,5 % des ausländischen Gesamtauftrages im Zeitraum von 1860 bis 1911 aus. Hingegen lag der prozentuale Anteil Russlands in der gleichen Periode bei ca. 11,5 %. Somit wurden mehr als ein Viertel (26 %) der ausländischen Aufträge von beiden Staaten (Russland und die Türkei) in Auftrag gegeben.

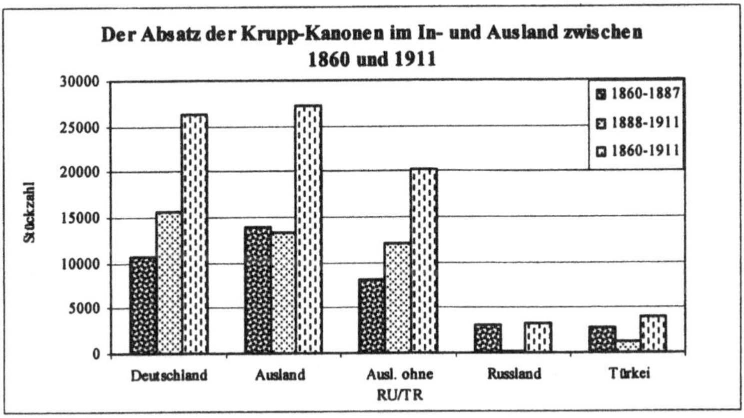

Abb. 9: Der Absatz der Firma Krupp im In- und Ausland zwischen 1860 und 1911 (Datenquelle: Tab. 15.)

	Kanonenkäufe im internationalen Vergleich zwischen 1871 und 1880								
Jahr	Türkei	Russ.	China	Japan	Rum.	Serbien	Brasil.	Argen.	Chile
1871	178	1	18			6	1		
1872			50	33			14		16
1873	834		75	6			13	12	
1874	231		149	49			36		
1875	200		77	29			1		
1876			10						
1877		1128	45	30					
1878		522	1	2					
1879		1		13					30
1880		265	29	3	120		1	66	65
Total	1443	1917	454	165	120	6	66	78	111

Tab. 16: Kanonenkäufe bei der Firma Krupp zwischen 1871 und 1880 im internationalen Vergleich (Datenquelle: Ausländische Geschützbestellungen bei Friedrich Krupp von 1871 bis 1880, Statistisches Bureau, in: HA Krupp, WA VII f 854.)

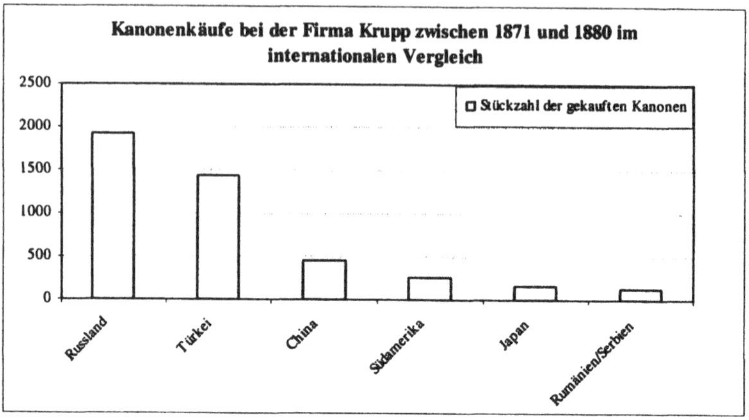

Abb. 10: Kanonenverkäufe der Firma Krupp im internationalen Vergleich zwischen 1871 und 1880 (Datenquelle: Tab. 16.)

5.2.3 Türkische Staatsmänner zu Besuch bei den Krupp-Werken in Essen

Bis zum Ende des Ersten Weltkrieges wurden die Krupp-Werke in Essen von vielen türkischen Staatsmännern und Regierungsbeamten besucht. Dabei waren auch die Prinzen der Familie der Osmanen.[49] Zum ersten Mal besuchte Aristarchi Bey 1868 die Krupp-Werke in Essen. Ein anderer prominenter Staatsmann, Gazi Muhtar Pascha, besichtigte ebenfalls die Krupp-Werke im Jahre 1883. Nach der Besichtigung der Krupp-Werke von einer aus Offizieren bestehenden türkischen Delegation im Juli 1891 besuchte General Hıfzı Pascha am 2. Februar 1906 die Essener Kanonenfabrik.[50] Darüber hinaus besichtigten auch Delegationen aus der türkischen Marine die Krupp-Werke. In diesem Zusammenhang muss man erwähnen, dass der Marineminister Cemal Pascha in der Jungtürkischen Ära die Werkstätte der Firma Krupp besichtigt hatte. Am 26. April 1911 besuchte eine weitere Marinedelegation unter Führung vom General Rüştü Pascha die mechanischen Werkstätten, Kanonenwerkstätte, die Geschossdreherei usw. der Essener Kanonenfabrik. Zu dieser Delegation gehörten unter anderem auch der Oberst Hasan Rıza, Korv. Kapt Hakkı und Enver Bey (nicht der Generalissimus Enver Pascha) an.[51] Bis zur Gründung der Türkischen Republik wurden die Krupp-Werke ungefähr von 116 türkischen Staatsmännern besichtigt. Dieser Umstand deutet darauf hin, dass die Firma Krupp einen großen Wert auf die Besuche des türkischen Militärs legte.[52]

Zwischen den türkischen Staatsmännern und der Firma Krupp gab es gute Beziehungen. Beispielsweise pflegte Sabit Pascha, der zweimal -1879 und 1889 - die Essener Kanonenfabrik besichtigte, eine besonders gute und freundschaftliche Beziehung zur Familie Krupp.[53] In einem Brief sprach er davon, dass er sich wegen der freundlichen Aufnahme durch A. Krupp glücklich fühle und dass er ein persönlicher Freund von F. Alfred Krupp geworden sei. Sabit Pascha hege sogar den Wunsch, dass A. Krupp sein Foto in seinem Arbeitszimmer aufhänge. In einem anderen Brief hatte Sabit Pascha dem F. Alfred Krupp für die Zusendung seines Fotos gedankt.

A. Krupp wies daraufhin, dass der Kammerherr des Sultans, Ragıp Bey, ihm über die Tätigkeit von der Goltz in Kenntnis gesetzt hätte. Nach Worten von A. Krupp war Ragıp ein Freund des Dreibundes und der Firma Krupp in der Umgebung des Sultans gewesen. Ragıp teilte A. Krupp mit, dass der Sultan bereit sei, sein Versprechen den Franzosen gegenüber im Hinblick auf die zu erbauenden Schiffe einzulösen. Tatsache sei aber, dass der deutsche Botschafter, Radowitz, von der Goltz nicht genug unterstütze, und dies lasse es dem Sultan als zweifelhaft erscheinen, dass die Unterstützung der deutschen Rüstungsindustrie von der deutschen Diplomatie ernst genommen werden würde. Nach Ansicht von Alfred Krupp hätte Ragıp nur dadurch erfolgreich sein können, dass die deutsche Botschaft ebenfalls für die deutschen Interessen eintrat und dem Sultan gegenüber von der Goltz unterstützte. Deswegen bestünde die Gefahr, dass die Bemühungen von Ragıp um die Unterstützung der deutschen Rüstungsindustrie zunichte gemacht werden könnten und dass die Firma Krupp ihre einzige Stütze in der Umgebung des Sultans hätte verlieren können.[54] Die Firma Krupp versuchte stets eine gute Beziehung zu den einflussreichen türkischen Politikern zu pflegen. Das Ziel war es, gute Geschäfte mit der türkischen Regierung abzuwickeln. Die Firma Krupp war an den politischen Ereignissen wie z. B. an einem Regierungswechsel in İstanbul sehr interessiert, worauf A. Krupp in einem Schreiben 1872 hinwies. In diesem Schreiben betont er, dass es durch den Ministerwechsel in İstanbul günstige Geschäftsaussichten für seine Firma gäbe. Deswegen spielte A. Krupp mit dem Gedanken, ein kaiserlich ausgestattetes Album dem Sultan und dem Großwesir eventuell durch Vermittlung des deutschen Botschafters zu überreichen.[55]

5.2.4 Alfred Krupps Ansichten über die Türkei

Nach der Gründung des deutschen Kaiserreiches im Jahre 1871 war die Firma Krupp auf die Beschaffung ständiger Aufträge im In- und Ausland angewiesen. Wegen der Kanonenherstellung konnte die Firma Krupp die Wirtschaftskrise der Gründerzeit besser als die anderen Industriellen Deutschlands durchstehen.[56] So gelang es der Essener Kanonenfabrik, in dieser schweren Zeit zunächst die Beschäftigung für ihre Belegschaft zu gewährleisten. Wie bereits im Abschnitt (5.2.1) angedeutet wurde, spielten die russischen- und türkischen Aufträge bei der Überwindung dieser Krisenzeit für die Firma Krupp eine entscheidende Rolle. Dank dieser ausländischen Aufträge (die Türkei und Russland) konnte die Kanonenfabrik die schwere Wirtschaftskrise überwinden.[57] Berdrow weist darauf hin, dass A. Krupp viel Sympathie für die Türken gehabt hätte. Er wäre sogar den Türken gegenüber dankbar gewesen. A. Krupp äußerte sich über die Türken folgendermaßen:

„Sie (Türken) haben sich anständig benommen [...] wir (die Firma Krupp) haben die schlechte Zeit ausgefüllt mit Arbeit für sie und haben unsere Arbeiter bezahlt mit Geld von ihnen [...] wie sollte es uns wohl ohne Türkey ergangen sein?"[58]

A. Krupp hatte den Beziehungen zur Türkei eine besondere Bedeutung beigemessen. Dies spiegelte sich hin und wieder in den Äußerungen von A. Krupp wider:

„Die Türkey kann, wenn der Krieg - wie unzweifelhaft - im Orient ausbricht und die Kanonen [...] ihr fehlen, wenn die Forts ohne Waffen sind [...] Das Versäumte muss um jeden Preis unschädlich gemacht werden [...] eine Überraschung der Nichtlieferung darf nicht eintreten. Die Fabrik in die Luft sprengen wäre damit gleichbedeutend."[59] Wie aus den Ausführungen von A. Krupp eindeutig zu verstehen ist, war die Türkei der Firma Krupp in ihren schlechten Zeiten eine unersetzliche Partnerin geworden.[60]

A. Krupp hielt die Türkei für eine ganz besondere Kundin seiner Fabrik. So stellte er der türkischen Regierung eine 9 cm-kalibrige Kanone mit Lafette (fahrbares Untergestell) und Geschossen für die Schießversuche in İstanbul unentgeltlich zur Verfügung. Die Zurverfügungstellung machte A. Krupp allerdings davon abhängig, dass die Türkei in einer absehbaren Zeit einen Bestellauftrag für schwerkalibrige Geschütze der Firma Krupp erteilen sollte. Andernfalls verpflichtete sich die Türkei, für das oben erwähnte Kriegsmaterial bei der Firma Krupp zu zahlen.[61] A. Krupp wollte diese 9 cm-kalibrigen Kanonen der Türkei nicht unentgeltlich überlassen, ohne eine Garantie für Geschützbestellungen zu erhalten. Anstelle dieser Kanone hätte er dem Sultan eine 4 cm-kalibrige Kanone, die mit Munition und Lafette komplett ausgerüstet sein sollte, geschenkt.[62] Überdies muss man darauf hinweisen, dass A. Krupp die Familien, die von einem Brandunglück in Beyoğlu/ İstanbul heimgesucht worden waren, finanziell unterstützt hatte.[63] Als sich die Beziehungen der Firma Krupp zur Türkei als gefestigt erwiesen, wollte A. Krupp seine Geschäfte mit der Türkei wegen Russland nicht gefährden. A. Krupps Handeln war als Geschäftsmann vom Absatz seiner Produkte bestimmt, was man am Beispiel von Russland folgendermaßen schildern kann:

„Könnte ich aber den Russen ein Panzergeschütz nach Odessa liefern, welches an die Küste gefesselt ist, was sie nicht gegen die Türken gebrauchen sondern bloß zum Schutz ihrer Küste, könnte ich ihnen ein solches liefern.[...]"[64]

Aus einer eigenhändigen Niederschrift A. Krupps geht hervor, dass die Firma Krupp bereit gewesen war, ihren Kunden bei der Errichtung von Pulverfabriken behilflich zu sein. Nach seinen eigenen Angaben hat A. Krupp der Türkei, China, Japan, Ägypten, Brasilien usw. im Jahre 1873 angeboten, Fabrikanlagen zur Herstellung von prismatischem Schießpulver zu errichten. Aus diesem Anlass schlug A. Krupp vor, diese Angelegenheit zu einem Gegenstand der Korrespondenz zwischen der Firma Krupp und dem General Grünewald (İskender

Pascha) zu machen. Allerdings muss der Verfasser dieser Arbeit an dieser Stelle betonen, dass A. Krupp bei dieser Angelegenheit zunächst an dem Verkauf seiner Technologie interessiert gewesen war. A. Krupp hat bei dieser Angelegenheit erwogen, ob er denn doch nicht der Türkei vorschlagen soll, ihr künftig bei der eigenständigen Kanonenherstellung Beistand zu leisten. Wenn man aber die Worte von A. Krupp weiter verfolgt, zweifelt man an der Aufrichtigkeit seiner Überlegungen. A. Krupp sprach davon, dass die Türkei sich nicht mit der Errichtung solcher Anlagen zur Herstellung des Schießpulvers beeilen solle.[65] A. Krupp folgte mit großem Interesse den innenpolitischen Entwicklungen des Osmanischen Reiches. Als Süleyman Çavuş dem Sultan einen Entwurf für die Herstellung einer neuen Kanone vorlegte, erkundigte sich die Firma Krupp sofort nach diesem Mann und seinem Vorhaben und teilte dem Auswärtigen Amt mit, dass Süleyman nicht in der Lage sei, dieses Modell für die Türkei anzufertigen.[66]

5.2.5 Sultan Abdülhamid II. und die Familie Krupp

Der gegenseitige Geschenkaustausch spielte bei der Entwicklung der bilateralen Beziehungen zwischen dem Sultan und der Familie Krupp eine wichtige Rolle. Als A. Krupp dem Sultan Abdülhamid II. ein Geschütz im Jahre 1876 schenkte, bekam er vom Sultan als Gegengeschenk einen Brillantgegenstand, dessen Wert auf 25.000 Türkische Pfund (umgerechnet 461.000 Mark) zu beziffern war. Über das Geschenk von Abdülhamid II. konnte sich A. Krupp nicht richtig freuen, denn A. Krupp beabsichtigte mit seinem Geschenk, den Sultan zu weiteren Kanonenbestellungen bei seiner Fabrik zu bewegen. Da der Sultan durch sein Gegengeschenk für dieses Geschütz indirekt bezahlte, war es A. Krupp nicht gelungen, sein Ziel zu erreichen. Außerdem fühlte sich A. Krupp mit dem Empfang dieses Geschenkes verpflichtet, den Beamten des Sultans Gegengeschenke zu machen.[67] A. Krupp war sogar über dieses Geschenk vom Sultan empört. Dies lässt sich nach seinen eigenen Worten folgendermaßen belegen:

> „Hätte man mich gefragt, ob ich die Kosten aufwenden wollte gegen das Geschenk, so würde ich darauf verzichtet haben. Hätte die Prokura mir vor Ankunft des Geschenkes gesagt, dass ein so monstriöses bares Gegengeschenk darauf gegangen ist, so würde ich den Schmuck nicht angesehen haben. Neben dem Geschenk der Kanone habe ich noch einen Barverlust von 26-28.000 Taler (78-84.000 Mark) oder gar mehr und dafür habe ich ein Objekt liegen, was ich zu gar nichts brauchen kann [...] das Vergnügen an dem Geschenk verwandelt sich so in Missvergnügen und Ekel. Dabei soll man jetzt noch Danke sagen [...] Da bin ich doch wirklich viel zufriedener mit Russland, welches gegen den Tausendpfünder nichts schenkte. Es hat mir doch wenigstens nicht noch Geld aus den Fingern gesogen."[68]

Als der Krupp-Vertreter, O. Dingler, das Begleitschreiben dieses Geschenkes, dem Sultan persönlich übergeben wollte, stieß sein Vorhaben auf den

Widerstand des damaligen türkischen Kriegsministers. Da der Sultan nach der Übergabe dieses Begleitschreibens ein Geschenk im Wert von 5.000 Türkischen Pfund machen musste, wollte der türkische Kriegsminister es selbst dem Sultan überreichen. Dagegen musste der türkische Kriegsminister dem ersten Kammerherrn des Sultans ein übliches Geschenk im Wert von 1.000 Türkischen Pfund machen. Der Kriegsminister sagte Dingler, dass er dem ersten Kammerherren und den anderen Hofbeamten ebenfalls ein übliches Gegengeschenk im Namen von A. Krupp in Höhe von 4.000 Türkischen Pfund machen solle. Als Gegenleistung unterstützte der Kriegsminister das Zustandekommen eines Munitionsauftrages, den man zu dem damaligen Zeitpunkt ausgehandelt hatte.[69] Dies ist ein interessantes Beispiel dafür, in welchem Zusammenhang Geschenke und Bestechungsgeld zueinander standen, worauf der Verfasser dieser Arbeit im Abschnitt (5.2.6) zurückkommt.

Im Rahmen einer Fürstenrundreise in Europa stattete F. Alfred Krupp dem türkischen Sultan einen Besuch im September 1887 in İstanbul ab. Gert von Klass weist darauf hin, dass Abdülhamit II. F. Alfred Krupp mit Freude empfangen hätte, weil der Sultan wegen der Zahlungsverspätungen bei seiner Fabrik ein schlechtes Gewissen gehabt hätte. Als F. Alfred Krupp bei der Audienz dem Sultan Bilder von seinen Gartenanlagen gezeigt hätte, hätte Abdülhamid II gesagt, dass er es für ein großes Glück hielte, wenn man Freude an der Gartenarbeit und der Natur hat. Der Sultan hätte F. Alfred Krupp ein Brief zur Übergabe an den Reichskanzler Bismarck überreicht, in dem er Bismarck um Unterstützung in der bulgarischen Frage bat.[70]

Wie Paul Mauser (4.7.4) wurde die Familie Krupp ebenfalls mit Medaillen vom Sultan ausgezeichnet. Nach einem Schreiben vom Jahr 1934 hatte die Firma Krupp eine türkische Medaille im Besitz gehabt. Auf der Vorderseite der Medaille stand das Monogramm des Sultans (Abdülhamid II.) in Form von einem Halbmond mit dem Zusatz „El Gazi“ (der Siegreiche). Unter dem Halbmond waren die Worte „Vaterlandsliebe“ und „ hilf den anderen Menschen“ zu finden. Auf der Rückseite der Medaille innerhalb des Eichenlaubkranzes stand „Krupp Fabriken“ und unter dem Kranz die Jahreszahl 1312 nach dem islamischen Mondkalendar[71], was nach der gregorianischen Zeitrechnung dem Jahre 1894 entsprach. Somit stimmt die Behauptung nicht, dass der Sultan sie wegen des Sieges im türkisch-griechischen Krieg der Firma Krupp verliehen hat.[72] Da der türkisch-griechische Krieg im Jahre 1897 stattfand, kann diese Behauptung nicht bestätigt werden.

5.2.6 Die Finanzierung der Waffengeschäfte im Hinblick auf die Firma Krupp

Wie im Abschnitt (5.2) anhand der empirischen Daten dargestellt wurde, war die Türkei jahrzehntelang eine treue und abhängige Kundin der Essener Kanonenfabrik gewesen. Als die türkische Regierung Geschütze bei der Firma Krupp im Jahre 1905 bestellen wollte,[73] hatte man ein Konsortium zur Finanzierung dieses Auftrages gebildet, an dessen Spitze die Deutsche Bank stand.[74] Die

Deutsche Bank hatte der türkischen Regierung eine Anleihe in Höhe von 50.000.000 Francs in Zusammenarbeit mit der Firma Krupp unter der Bedingung angeboten, dass die Essener Kanonenfabrik sofort einen Geschützauftrag von der Türkei in Höhe von mindestens 2.000.000 Türkischen Pfund erhalten sollte.[75]

In den Waffengeschäften zwischen der Türkei und der Firma Krupp bildeten Preisnachlässe einen wichtigen Verhandlungspunkt, wobei das Auswärtige Amt eine Vermittlerrolle zu spielen vermochte. Als die türkische Regierung für die Feldgeschützbestellungen einen Preisnachlass von der Firma im Jahre 1900 haben wollte, war diese zuerst bereit, 3 % Preisnachlass zu gewähren. Nachdem Tevfik Pascha einen Preisvergleich zwischen den Krupp'schen Geschützen und anderen europäischen Geschützen gemacht hatte, kam er zum Schluss, dass die Firma Krupp nicht gewillt war, den Forderungen der Türkei Rechnung zu tragen. wobei er allerdings diesen dreiprozentigen Preisnachlass und die Qualität der Geschütze nicht berücksichtigt hatte.[76] Die Firma Krupp war schließlich damit einverstanden, bei einer geringeren Qualität der Geschütze einen achtprozentigen Preisnachlass zu gewähren.[77]

Wegen der desolaten Finanzlage des Staates (2.3.1) war die türkische Regierung nicht in der Lage, den Forderungen der Firma Krupp rechtzeitig nachzukommen. Mit anderen Worten: Die Firma Krupp konnte ihre Rückstände bei der Türkei nicht eintreiben. Aus diesem Grund beschwerte sich die Führung der Essener Kanonenfabrik ständig beim Auswärtigen Amt. Die Firma Krupp war der Meinung gewesen, dass sie keine Unterstützung durch die deutsche Botschaft in İstanbul bekäme. F. Alfred Krupp brachte zur Sprache, dass sogar die italienische Werft Ansaldo den größten Teil ihrer Forderungen bezüglich der Modernisierung der türkischen Schiffe erhalten hätte. Dagegen bekäme seine Firma ihre überfälligen Beiträge sehr unregelmäßig. Nach Informationen von F. Alfred Krupp erhielt sogar die englische Werft Cramp & Armstrong 70-80 % ihrer Forderungen, während die Firma Krupp nicht einmal 20 % ihrer Forderungen erhalten hätte.[78]

Anfang 1914 musste die Firma Krupp der türkischen Regierung Zugeständnisse in der Zahlungsbedingungen machen, um einen Auftrag im Wert von etwa 28.000.000 Mark für sich sicherzustellen, weil die Türkei wegen des Balkankrieges den Zahlungsforderungen der Firma Krupp lange Zeit nicht nachkommen konnte.[79] Anschließend einigte man sich über die fälligen Beiträge dahingehend, dass sie in der Gesamtsumme der neuen Bestellung enthalten sein sollten. Um die Türkei wieder zahlungsfähig machen zu können, stellte man in Aussicht, durch die Vermittlung der Firma Krupp eine Staatsanleihe für die Türkei zu arrangieren. Dabei hegte man die Hoffnung, dass die Türkei mit Hilfe von dieser Anleihe ebenfalls die Forderungen der DW & MF begleichen konnte.[80]

Die deutsche Seite hielt die Finanzierungsfrage der türkischen Waffengeschäfte für sehr wichtig. Die deutsche Rüstungsindustrie wollte vor allem ihre privilegierte Stellung zugunsten der französischen Industrie nicht verlieren. Der deutsche Botschafter, Wangenheim, setzte das Auswärtige Amt am 27. Februar

1914 in Kenntnis, dass die Türkei innerhalb von fünf Jahren Kriegsmaterial - vor allem Feldartilleriematerial - für 6.000.000 Türkische Pfund bestellen wolle. Er hatte jedoch gesagt, dass die Türkei auf die Gewährung einer Anleihe in Höhe von 3.000.000 Türkischen Pfund angewiesen gewesen wäre. Die deutsche Seite wollte möglichst vermeiden, dass die Finanznot der Türkei den Franzosen zugute kommen könnte.[81] Die französische Industrie war dagegen in der Lage, mit ihren einheimischen Banken im Hinblick auf die Waffengeschäfte besser zusammenzuarbeiten. Wangenheim legte seine Befürchtungen nahe, dass Frankreich die türkische Finanznot auf Kosten Deutschlands ausnutzen könnte, um daraus wirtschaftliche und politische Vorteile zu ziehen. Seiner Meinung nach hätte Frankreich wegen seiner stärkeren Position im Anleihegeschäft auf Dauer den deutschen Wettbewerb zurückgedrängt. Vor allem wäre die Stellung der Firma Krupp so gefährdet, dass ein großer Teil der türkischen Artillerielieferungen an die Firma Schneider-Creuzot verloren ginge. Diese ungünstige Situation für die deutsche Rüstungsindustrie wäre dadurch zu vermeiden, dass Deutschland die Türkei mit einer Staatsanleihe tatkräftig unterstützte.[82]

5.2.7 Korruption

Da einige Praktiken wie der Ämterverkauf die Verbreitung der Korruption im Osmanischen Reich stark förderten, war die Korruption sozusagen systemkonform gewesen. Die Richtlinie „Ämterverkauf"[83] war z. B. eine Maßnahme des türkischen Staates, mit deren Hilfe man die Einnahmen des Staates erhöhen wollte. Diese Einnahmequelle brachte tatsächlich viel Geld in die Staatskasse. Derjenige, der ein Amt kaufen wollte, musste die erforderliche Summe durch eine Anleihe mit einem hohen Zinssatz von einem Bankier aufbringen. Nach der Zahlung der vorher festgesetzten Kaufsumme hatte der Staat denjenigen, der dieses Amt gekauft hatte, in den Provinzen in Ruhe gelassen, damit er durch die Ausbeutung der Bevölkerung seine Schulden begleichen konnte. Mit anderen Worten: Derjenige, der ein Amt kaufte, konnte seine Kreditraten in dieser Weise zurückzahlen und sich bereichern. Darüber hinaus waren Bestechungsgelder im türkischen politischen System in Form von Geschenken weit verbreitet. Wer z. B. sein Anliegen bei einer Behörde erledigen lassen wollte, musste er unbedingt ein Geschenk demjenigen Beamten machen, der dieses Anliegen abzuarbeiten hatte. Helmut von Moltke weist daraufhin, dass Beamte und Offiziere in der damaligen Türkei Geschenke akzeptiert hätten.[84]

Da in der türkischen Gesellschaft kein Adelstand existierte, wurden Ehrenämter nicht durch vornehme Herkunft, Würde und durch Verdienste um das Vaterland, sondern einfach durch Geld oder durch die persönliche Gunst des Sultans, des Wesirs bzw. Paschas vergeben. Fast alle Beamten hatten von Bestechungsgeld gelebt, die in der Türkei üblicherweise als Geschenk gehandhabt wurden, weil der Staat die Gehälter nicht monatlich zahlen konnte.[85] Die Überweisung des Geldes für den Bau einer Zweigbahn zwischen Bursa und Mudanya an die zuständige Behörde in Höhe von 17.353.579 Türkischen Pfund war ein Paradebeispiel dafür, inwieweit die Korruption im türkischen Staatssystem verwurzelt war. Obwohl die türkische Reichsschatzkammer die ganze Summe an die Regionalbehörde überwiesen hatte, wurde nicht einmal ein Meter Bahn gebaut. Diese Summe landete in den Taschen der korrupten Staatsbeamten[86] Der Vali von Bursa war einer der Hauptakteure in dieser Bestechungsgeldaffäre. Da er sich zu Unrecht bereichert hatte, ging auch für Abdülhamid II. zu weit. Wegen des Protestes des französischen Botschafters in dieser Angelegenheit entließ Abdülhamid II. diesen Staatsdiener, obwohl viele ihn unterstützen wollten, so Abdülhamid II.[87] H. von Moltke wies darauf hin, dass Mehmed Hüsrev Pascha, der Generalstabchef um 1835, einer der korruptesten Beamten seiner Zeit gewesen war. Wer ein Geschäft in der damaligen Zeit in İstanbul machen wollte, hätte M. Hüsrev bestechen müssen, weil das Geschäft ohne seine Zustimmung nahezu unmöglich wäre. Nach Ansicht von Moltke hatte Hüsrev sehr viele Bestechungsgelder in bar genommen.[88]

Bei der Verbreitung der Korruption im türkischen Staatsapparat spielte die Haltung des Sultans zu diesem Thema eine entscheidende Rolle. In seinen Erinnerungen wies Abdülhamid II. darauf hin, dass man das Verhalten der türkischen Beamten mit dem der europäischen nicht vergleichen dürfe. Da die türkischen Beamten schlecht bezahlt wären, wären sie nicht in der Lage, von ihren Gehältern zu leben. Deswegen wären sie gezwungen, ihre Gehälter in Form von Bestechungsgeldern zu kompensieren. Der Sultan rechtfertigt das System des Bestechungsgeldes dahingehend, dass der Staat seinen Diener nicht regelmäßig bezahlen könnte. Wenn die Familie eines Beamten nichts zum Essen gehabt hätte, wäre er auf die Annahme von Bestechungsgeldern angewiesen, was vollkommen natürlich und menschlich sei, so Abdülhamid II. Seiner Ansicht nach hätte sich jeder ausländische Beamte in einer vergleichbaren Situation genauso verhielten wie der türkische.[89] Außerdem wies Abdülhamid II. in einem anderen Zusammenhang auf die materielle Not seiner einfachen Beamten hin.[90] Aus den Ausführungen des Sultans kann man seine Hilflosigkeit eindeutig erkennen. Einerseits akzeptierte der Sultan die verheerenden wirtschaftlichen Folgen des Bestechungsgeldsystems für seinen Staat. Andererseits gab er jedoch seinen Beamten das Recht, Bestechungsgelder zu akzeptieren, um ihre Familien ernähren zu können.

Eine andere Korruptionsaffäre in der damaligen Zeit bezog sich auf den Wali von Beirut, in der auch die Sicherheitschefs der Stadt verwickelt waren. Diese korrupten Beamten bekamen für die gesetzeswidrige Ausstellung von Personalausweisen für die jüdischen Einwanderer aus Osteuropa pro Person drei Türkische Pfund Bestechungsgeld. Dadurch fügten sie der Schatzkammer des Staates Schaden in Höhe von Millionen zu. Nach Ansicht von Abdülhamid II. war das Bestechungsgeldsystem sehr schädlich für den Staat. Allerdings könnte man die Annahme von Bestechungsgeldern nur dann tolerieren, wenn einfache, d. h. gering verdienende Beamte ihre Gehälter nicht rechtzeitig bekämen. Der Sultan betrachtete die Verwicklung der hohen Beamten in Bestechungsgeldaffären für nicht tolerierbar.[91]

Irgendeine Konzession vom Sultan zu bekommen, war stark von Bestechungsgeldern abhängig. Derjenige, der vom Sultan eine Konzession für etwas haben wollte, musste sein Anliegen zuerst einem der Kammerherren des Sultans vortragen. Ein Kammerherr interessierte sich für dieses Anliegen erst dann, wenn man ihm eine bedeutende Summe von Bestechungsgeldern angeboten hatte, wobei die Höhe des Bestechungsgeldes für den Erfolg der Erteilung einer Konzession ausschlaggebend war. Dies galt für alle Beamten, mit denen man zu tun hatte. In diesem Zusammenhang ist eindeutig zu erkennen, dass eine finanziell schwache Firma keine Chance für die Geschäftsanbahnung in der Türkei gehabt hatte.[92]

Da Waffenfirmen die Verteilung der Bestechungsgelder als ein Mittel zum Zweck in ihren Geschäften betrachteten, kam es immer wieder zu Bestechungsaffären Nach den „Leipziger Neuesten Nachrichten"[93] wollten zwei Palastbeamte des Sultans von Huber Fréres, dem Vertreter der Firma Krupp in İstanbul, Bestechungsgeld in Höhe von 8000 Türkischen Pfund (147.520 Mark) haben. Dafür sollten sie einen umfangreichen Lieferauftrag für die Firma Krupp bewirken. Schließlich hätten sie die Hälfte der versprochenen Summe erhalten.[94] Da sich das Ausbleiben der versprochenen Bestechungssumme in den Waffengeschäften gelegentlich wiederholte, brachte ein ungarischer Staatsangehöriger die französische Firma Schneider-Creuzot wegen der Nichtbezahlung seiner Provision in Höhe von 140.000 Francs für das Zustandebringen eines Auftrages im Gesamtwert von 14.000.000 Francs vor das Gericht. Im Gerichtprozess hätte der Vertreter des Klägers eine Liste vorgelegt, auf der Namen der Leute aufgeführt wären, die von dieser Firma Bestechungsgeld bekommen hätten. Dieser Liste zufolge sollte der französische Botschafter, Constans, 200.000 Francs Bestechungsgeld bekommen haben.[95]

Da der deutsche Offizier Kamphövener als Adjutant des Sultans (Abdülhamid II.) die Angebote der Waffenfabriken entgegennahm, bildete dies einen geeigneten Nährboden für die Korruptionsvorwürfe, auf dem die Unzufriedenheiten der anderen europäischen Staaten wuchsen.[96] Die Aufgabe Kamphöveners bestand darin, die Angebote der verschiedenen Waffenfabriken zu vergleichen. Deswegen versuchten die eventuellen Lieferanten ihn zu bestechen, um den Auftrag zu bekommen. Kamphövener weist darauf hin, dass der Vertreter der englischen Firma Armstrong versuchte, ihn zu bestechen, um eine Einflussnahme zugunsten der englischen Rüstungsindustrie zu erwirken.[97] Da die Vorwürfe gegen Kamphövener so weit vorangetrieben worden waren, mussten sich die deutschen Offiziere, unter anderem auch P. Mauser, bei der Anwesenheit des Sultans verteidigen.

5.3 Internationale Konkurrenz um die türkischen Aufträge

Vor allen Dingen konkurrierten die großen europäischen Waffenfirmen um die dauerhaften Aufträge der türkischen Regierung. Dies galt vor allem für die Firma Krupp in ihren Türkeigeschäften. In diesem Zusammenhang muss betont werden, dass die Firma Krupp im Allgemeinen im Hinblick auf den Vertragsabschluss ihren Konkurrenten überlegen war.[98] Deswegen versuchten die europäischen Mächte, Verbündete in der Umgebung vom Sultan zu gewinnen, indem sie versuchten, sie durch die Bestechungsgelder zu beeinflussen. Die deutsche Seite bemühte sich stets darum, den französischen Einfluss in der unmittelbaren Umgebung des Sultans einzudämmen. Vor allem beunruhigte die Firma Krupp der Einflussgewinn der Franzosen.[99]

Als die türkische Regierung eine Gebirgs- und Positionskanone und eine Haubitze bei der französischen Firma Chamand beschaffen wollte, wurde dieser Wunsch der Türken mit dem Hinweis auf die Geringfügigkeit dieses Bestellauftrages abgelehnt. Obwohl sich die Türkei anschließend an die andere französische Firma Schneider-Creuzot wandte, erhielt sie auch eine negative Antwort, weil die französische Industrie mit einem großen Auftrag gerechnet hatte. Auf der anderen Seite war die Türkei nicht in der Lage, sich auf größere Bestellungen bei der französischen Industrie einzulassen, denn die türkischen Militärs sprachen sich aus technischen Gründen gegen eine Einführung eines neuen Geschütztyps aus.[100] Diese Tatsache ist insofern wichtig, dass sie das Ausmaß der türkischen Abhängigkeit von einem bestimmten Rüstungslieferanten (Firma Krupp) deutlich demonstriert.

Der deutsche Militärattache, von Strempel, wies darauf hin, dass es für die deutsche Rüstungsindustrie in Zukunft schwieriger sein würde, den Gesamtbedarf der Türkei an Kanonen monopolartig zu decken. An modernen Kanonen war ein gewisser Vorrat nur bei Feldgeschützen vorhanden. Seiner Meinung nach hätte die deutsche Rüstungsindustrie auf diesem Gebiet nur mit Nachbestellungen rechnen können. Nach Ansicht von Strempel hätten die Franzosen bezüglich der Gebirgskanonenbestellung der Türkei die besten Aussichten von der türkischen Regierung gehabt.[101]

5.4 Deutsche Militärattachés und die Firma Krupp

Es gab immer eine enge Verflechtung zwischen den europäischen Rüstungsindustrien und ihren Militärattachés in Bezug auf die Lieferaufträge, was der Verfasser dieser Arbeit an dieser Stelle anhand der Worte von Vladimir Giesl, dem österreichischen Militärattaché in İstanbul, demonstrieren will:

> „Gesellschaftliche Beziehungen zu den Vertretern der fremden Industrien, die wieder die maßgebende Kamarilla im Palais in der Hand hatten, ermöglichten es mir, die Interessen der heimischen Fabrikation im Kampfe gegen Krupp deshalb besser zu vertreten, weil ich über die Vorgänge in den Kommissionssitzungen genau informiert wurde."[102]

Die Unterstützung der heimischen Rüstungsindustrien war eine der wichtigsten Aufgaben eines Militärattachés in der Türkei und in einigen Balkanländern. Um diese Aussage bekräftigen zu können, muss man hier ein Zitat anführen:

> „Bei den Konkurrenzkämpfen zwischen der österreichisch-ungarischen und der deutschen Waffenindustrie betreffs Lieferung von Waffen und Munition für die

> Türkei, Griechenland und Bulgarien war es [...] meine Aufgabe, die heimische Industrie zu unterstützen. Häufig mußte ich auch den Herrschern und Regierungen in Athen und Sofia Auskünfte über die Leistungsfähigkeit eines Etablissements oder über ein bestimmtes Modell erteilen. Dies veranlaßte mich im Jahre 1902, ein Teil meines Urlaubes zu benützen, um die österreichische Kanonenfabrik Skoda in Pilsen und zu Vergleichszwecken auch die Kruppschen Fabriken in Essen eingehend zu besichtigen."[103]

Die Firma Krupp pflegte stets gute Beziehungen zu den deutschen Militärattachés.[104] Da in der Ära von der Goltz kein deutscher Militärattaché in İstanbul beschäftigt war, unterhielt die Firma Krupp persönliche Beziehungen zu von der Goltz, deren Wesen von Treue und Freundschaft gekennzeichnet waren.[105] Die Beziehungen zwischen der Essener Kanonenfabrik und von der Goltz waren so intim gewesen, dass er seinen Freund, Dr. Kapp, bei F. Alfred Krupp 1899 vorstellte. Von der Goltz brachte zur Sprache, dass sein Freund im Verwaltungswesen talentiert gewesen wäre.[106] Daraufhin dankte F. Alfred Krupp von der Goltz für dessen Empfehlung und stellte Dr. Kapp bei seiner Fabrik ein.[107] F. Alfred Krupp hätte sich darüber gefreut, dass von der Goltz seinen Wunsch eindeutig artikuliert habe.[108]

Diese guten Beziehungen zu den Mitgliedern der deutschen Militärmission bzw. zu den Militärattachés setzte die Firma Krupp von Generation zu Generation fort. Später wurde der deutsche Militärattaché, Major von Strempel, von Gustav Krupp von Bohlen und Halbach als Gast zu ihm nach Bayern eingeladen, als er sich in Deutschland aufhielt. Die Art und Weise dieser Einladung wird durch die Worte von G. Krupp folgendermaßen demonstriert:

> „[...] Sie (von Strempel) würden durch Ihr Kommen meiner Frau wie mir wirklich Freude machen [...] je nach den Wildverhältnissen würde ich Sie eventuell zunächst auf ein Paar Tage in einer einsamen Jagdhütte unterbringen - wohin einfachste Verpflegung per Träger gebracht wird - und Sie dann noch auf ein paar Tage herauf zu uns zu bitten."[109]

B. Menne äußert sich über die Rolle von von Strempel bei der Abwicklung der Waffengeschäfte folgendermaßen:

> „[...] Major v. Strempel, ein Mann mit erstaunlicher Begabung für Rüstungsgeschäfte, der seine dienstliche Hauptaufgabe darin sieht, den Türken alte Kriegsschiffe und Restposten von Waffen aufzureden."[110]

5.5 Die türkische Marine und die Firma Krupp

5.5.1 Die türkische Marine

Im Jahre 1853 fügten die Russen der türkischen Flotte einen schweren Verlust zu. Anschließend erhielt das Schwarzmeer den Neutralitätsstatus für die türkische und russische Flotte nach dem Pariser Frieden von 1856. In dieser Situation konnte man nicht von einer türkischen Schwarzmeerflotte sprechen. In der Ära von Abdülaziz (1861-76) kaufte man viele Kriegsschiffe aus England (vgl. Tab. 17), wofür sich die türkische Regierung hoch verschuldete.[111] Am Ende der Regierungszeit von Abdülaziz verfügte die türkische Flotte über insgesamt 106 Schiffe, davon 30 Kriegsschiffe.[112] Nach dem türkisch-griechischen Krieg von 1897 besaß die türkische Flotte insgesamt 64 Schiffe, davon 19 Kriegsschiffe.[113]

Name des Schiffes	**Bauort/Jahr**	**Rekonstruktion**
Mahmudiye	Blackwell, 1864	1903-04
Avni-İllah	Blackwell, 1869	1903-06
Feth-ü Bülend	Blackwell, 1870	1903-06
Mesudiye	Blackwell, 1874	
Osmaniye	Glasgow, 1864	1890-04
Aziziye	Glasgow, 1864	1890-04
Orhaniye	Glasgow, 1865	
Muin-i Zafer	England, 1869	1903-06
Nejm-i Şevket	La Seyne, 1868	
Asar-ı Tevfik	La Seyne, 1868	1902-06
Mukaddeme-i Hayr	İstanbul, 1872	
Hamidiye	İstanbul, 1885	

Tab. 17: Türkische Kriegsschiffe nach dem Bauort/Jahr im Überblick (Datenquelle: The Standard, 17. Dezember 1908, in: PA Türkei Nr. 142, Bd. 27,28.)

Admiral Kalau von Hofe war als Instruktoroffizier bei der türkischen Marine tätig gewesen. Während der Regierungszeit von Abdülaziz war die türkische Marine im Hinblick auf die Zahl ihrer Schiffe an zweiter Stelle nach England. Der türkischen Marine fehlte allerdings Personal und vor allem Techniker. Aus diesem Grund beschäftigte man englische Mechaniker auf den türkischen Schiffen. Überdies war die technische Ausstattung der türkischen Werften unzureichend.[114] Traditionell herrschte unter den türkischen Marineoffizieren eine starke Anlehnung an England, wie M. Şevket bekräftigte.[115] Als M. Şevket beabsichtigte, ein modernes und fertiges Kriegsschiff in Deutschland zu besorgen, musste er sich mit einer Opposition gegen dieses Vorhaben auseinandersetzen, weil die türkischen Marineoffiziere voreingenommen gegen die deutsche Kriegsschiffbauindustrie waren. Dagegen hätte Deutschland etwas unternehmen müssen, um die Aufträge für seine Schiffbauindustrie zu retten. Anderenfalls hätte man die deutsche Kriegsschiffbauindustrie vorläufig vom türkischen Markt verdrängt. M. Şevket versprach von Strempel, diejenigen zu bestrafen, die gegen den Verkauf eines deutschen Schiffes waren, wenn er es fertig brächte, ein fertiges Schiff aus Deutschland zu einem niedrigen Preis kaufen. M. Şevket hatte über den Kauf der deutschen Schiffe „Weißenburg“ und „Kürfürst Friedrich Wilhelm“ allein entschieden, ohne den Marineminister, Salih Pascha, davon in Kenntnis zu setzen. Dabei rechtfertigte er seine Entscheidung damit, dass diese beiden Kriegsschiffe neu und kriegstauglicher als die anderen gewesen wären[116] Der Kaufpreis dieser beiden Kriegsschiffe war auf 20.000.000 Mark zu beziffern.[117]

Name des Zerstörers	Firma	Bauort/jahr
Berk-i Efsan	Gaarden	Deutschland, 1894
Tayyar	Gaarden	Deutschland, 1894
Basra	Creuzot	Frankreich, 1907
Samsun	Creuzot	Frankreich, 1907
Zerstörer (2 Stück)	Creuzot	Frankreich, in Bau

Tab. 18: Zerstörer in der türkischen Marine (Datenquelle: The Standard, 17. Dezember 1908, in: PA Türkei Nr. 142, Bd. 27,28.)

Wenn man einen Blick auf die Tab. 17 wirft, ist es eindeutig erkennbar, dass England bis zum Jahre 1876 ein Monopol auf die türkischen Marineaufträge gehabt hatte. Mit anderen Worten: Nahezu alle Kriegsschiffe in der Ära von Abdülaziz außer dem Bau von zwei Kriegsschiffen in Frankreich wurden in England gebaut. Die deutsche Schiffsbauindustrie baute für die Türkei Torpedoboote (vgl.Tab. 19) und Zerstörer (vgl. Tab. 18) in den 90er Jahren des 19. Jahrhunderts. Außerdem spielte die deutsche Schiffbauindustrie bei der Rekonstruktion der alten türkischen Kriegsschiffe eine große Rolle.

Name der Boote	Bauort-jahr
Namet	Gaarden, 1890
Pelenk-i Derya	Gaarden, 1890
Şahin-i Derya	İstanbul, 1892
Peyk-i Şevket	Germania/Kiel, 1907
Berk-i Satvet	Germania/Kiel, 1907

Tab. 19: Torpedoboote in der türkischen Marine (Datenquelle: The Standard, 17. Dezember 1908, in: PA Türkei Nr. 142, Bd. 27,28.)

Name des Kreuzers	Bauort-jahr
Feth-ü İslam	Bordeaux, 1864
Heybet-ü Nüma	İstanbul, 1890
Lütf-ü Hümayun	İstanbul, 1892
Kilid-i Bahir	İstanbul, 1894
Zuhaf	İstanbul, 1894
Marmaris	İstanbul, 1897
Mecidiye	Philadelphia, 1903
Abdülhamid	Elswick, 1903

Tab. 20: Türkische Kreuzer nach dem Bauort/Jahr im Überblick (Datenquelle: The Standard, 17. Dezember 1908, in: PA Türkei Nr. 142, Bd. 27,28.)

In der Tab. 20 kann abgelesen werden, dass fünf von acht Kreuzern für die türkische Marine in der Ära von Abdülhamid II. in Istanbul gebaut wurden. Verallgemeinernd kann man für die Ära von Abdülhamid II. sagen, dass die deutsche Schiffbauindustrie im Hinblick auf die türkischen Marineaufträge erfolgreich gewesen war.

5.5.2 Die Firma Krupp in der internationalen Konkurrenz um die türkischen Marineaufträge

Die Firma Krupp, die französische Firma Schneider-Creuzot und die englische Firma Armstrong & Vickers konkurrierten nicht nur um den türkischen Markt, sondern auch um den chinesischen.[118] Da das türkische Kriegsmaterial von Gewehren bis zu Torpedobooten früher von der französischen Rüstungsindustrie geliefert wurde, fühlte sie sich beunruhigt über die Aktivitäten der deutschen Rüstungsindustrie, die vor allem zwischen 1882 und 1892 eine Monopolstellung auf die Kriegsmateriallieferungen erlangte. Einen Lieferauftrag von der türkischen Regierung zu bekommen, löste immer einen erbitterten Kampf zwischen den Botschaften der Großmächte in İstanbul aus. Frankreich und Deutschland konkurrierten hart um die türkischen Aufträge. Die türkische Regierung entsandte beispielsweise eine Kommission im Sommer 1891 nach Frankreich, die mit der Aufgabe betraut war, die Canet Kanonengießerei zu besichtigen und dort Schießübungen zu unternehmen. Obwohl Frankreich über eine einflussreiche Lobby im Palast des Sultans verfügte, konnte man dieses neue System in der türkischen Artillerie nicht einführen, weil dies von den deutschen Beratern wegen der technischen Zwänge für unmöglich gehalten wurde. Daraufhin bemühte sich Frankreich darum, Flottenaufträge von der türkischen Marine zu erhalten. Der Sultan erklärte sich bereit, ein Segelschiff von Frankreich zu kaufen, wenn man ihm dafür eine Kreditanleihe gewähren würde.[119]

Als Frankreich dem türkischen Finanzminister, Cavit Bey, eine Staatsanleihe in Höhe von 500.000.000 Francs zugesagt hatte, warnte der deutsche Botschafter, Wangenheim, das Auswärtige Amt davor, dass die Stellung der Firma Krupp in der Türkei durch die Firma Schneider-Creuzot bedroht sei. Aus diesem Grund leistete die deutsche Seite einen Widerstand gegen dieses Vorhaben und drohte der türkischen Regierung, die deutsche Militärmission bei einer eventuellen Benachteiligung der Firma Krupp aus der Türkei zurückzuziehen.[120] Die deutschen Rüstungsfirmen konkurrierten nicht nur um die Patronen- und Munitionslieferung (4.3.2 und 4.3.4), sondern auch um die Lieferaufträge für die türkische Marine. In dieser Situation war das Auswärige Amt aufgrund der Erfolgaussichten von der Firma Armstrong & Vickers im Hinblick auf den Erhalt der Marineaufträge von der Türkei so besorgt gewesen, dass man unter den deutschen Konkurrenten die Firma Krupp unterstützen wollte.[121] Die deutschen Schiffbaufirmen konnten jedoch teilweise ein gemeinsames Vorgehen im Hinblick auf die Türkeigeschäfte erzielen. So unterzeichnete die Firma Krupp mit der Schichau-Werft in Elbing ein Abkommen über die Zusammenarbeit in der Türkei im August 1897, worin sie vereinbarten, ihre Türkeigeschäfte gemeinsam abzuwickeln, um eine gegenseitige Konkurrenz auszuschließen.[122]

Obwohl sich Abdülhamid II. in der Modernisierungsfrage der türkischen Kriegsschiffe auf die Firma Krupp im Mai 1897 verlassen hatte, hatte er dennoch eine Einkaufskommission unter Leitung von Osman Pascha damit beauftragt, einen Kostenvoranschlag für die Modernisierung der alten Kriegsschiffe bei den Werften Schichau (Deutschland) und Ansaldo (Italien) zu bekommen, wogegen die deutsche Botschaft auf die Veranlassung der Firma Krupp heftig protestiert hatte. Da der Sultan den Auftrag für die Modernisierung der alten türkischen Kriegsschiffe der Firma Krupp erteilen wollte, hatte er dem Direktor der Firma Krupp, C. Menshausen, zugesichert, die Engländer nach Hause zu schicken, um mit seiner Firma besser verhandeln zu können. Kamphövener war zuständig für die Entgegennahme der Angebote der Rüstungsfirmen. Obwohl der Sultan nach dem Besuch von Kaiser Wilhelm II. den General von Grumbkow im Mai 1898 wieder nach Deutschland geschickt hatte, damit dieser sich nach Schnellfeuerfeldgeschützen und modernen Kriegsschiffen erkundige, hatte er den Auftrag für die Modernisierung von zwei alten Kriegsschiffen der italienischen Werft Ansaldo übertragen. Für die Ausrüstung der Schiffe - auf den Werften der Firma Armstrong - hatte man einen Preis in Höhe von 800.000 Türkischen Pfund vereinbart. Die Firma Krupp betrachtete allerdings die Vergabe dieser Aufträge an die Italiener als Erfolg der deutschen Rüstungsindustrie und der Diplomatie gegen England.[123] Nach Ansicht von F. Alfred Krupp müsste man die Modernisierung der türkischen Kriegsschiffe für die deutsche Rüstungsindustrie garantieren, um die deutschen Interessen in der Türkei wahren zu können. Daraufhin sprach die Firma Krupp davon, dass man den vom deutschen Kaiser ins Leben gerufenen Verein für den Kriegsschiffbau - dem drei große deutsche Werften angehörten - wieder auflösen solle, weil man wegen der Unberechenbarkeit des Sultans keine Aufträge vom türkischen Kriegsministerium bekäme.[124]

Die Firma Krupp untersuchte acht alte türkische Kriegsschiffe und vier Korvetten im Jahre 1898, um feststellen zu können, ob man sie einer Reparatur unterziehen musste. Nach den Untersuchungen wurde die Reparatur der Schiffe mit der Begründung - sie könnten nicht mehr kriegstüchtig gemacht werden - abgelehnt. Infolgedessen unterzeichnete Abdülhamid II. einen Vertrag über die Modernisierung der acht Kriegsschiffe mit dem italienischen Werft Ansaldo zu einem Gesamtpreis von 560.000 Türkischen Pfund im Juli 1900. Trotz der Ablehnung der Modernisierung dieser Kriegsschiffe hatte die türkische Regierung deren Bestückung zum Preis von 648.000 Türkischen Pfund an die Firma Krupp vergeben.[125] Am 29. November 1906 übergaben die Werfte Ansaldo und Armstrong & Co. sieben modernisierte Torpedoboote der türkischen Regierung, deren Namen Antalya, Urfa, Ankara, Tokat, Sivas, Musul und Kütahya waren. Diese Schiffe waren mit zwei Torpedolancierrohren und zwei Hotschkiss Schnellfeuerkanonen (37 M/M) ausgerüstet.[126]

Am 30. November 1900 wurde ein Vertrag über die Modernisierung des Kriegsschiffes Asar-ı Tevfik (vgl. Tab. 17) zwischen der türkischen Regierung und der Firma Krupp unterzeichnet. Der Preis dieser Modernisierung betrug einschließlich der Ausrüstung mit Geschützen 280.000 Türkische Pfund.[127] Am 19. Januar 1903 kam erneut ein Vertrag über die Neuausrüstung dieses Schiffes, d.

h. Asar-ı Tevfik, zu einem Preis von 164.000 Türkischen Pfund zwischen der Türkei und der Firma Krupp zustande. Außerdem bestellte die Türkei ebenfalls zwei Torpedokreuzer zum Preis von 200.000 Türkischen Pfund.[128]

Als sich die Firma Krupp über den Verlust eines Marineauftrages an ihre französische Konkurrentin Firma Schneider-Creuzot beim Auswärtigen Amt beschwerte,[129] bewertete M. Şevket die deutsche Stellung in der Türkei im Vergleich zur Vergangenheit als gut, wobei er die Leistungsfähigkeit der deutschen Firmen an ihrem Erfolg in der Türkei gemessen hatte.[130] Von Strempel unterhielt sich gelegentlich mit M. Şevket über die Interessen der deutschen Luftfahrtindustrie. M. Şevket hatte ihm gesagt, dass eine starke Anlehnung an die französischen Modelle in der Kommission für die Flugzeugbeschaffung vorgeherrscht hätte. Aus diesem Grund hatte M. Şevket angeordnet, diese Flugzeuge aus Frankreich zu bestellen. Hingegen sollte er von Strempel versichert haben, die lenkbaren Flugzeuge unter Umgehung der öffentlichen Ausschreibung aus Deutschland zu bestellen.[131] In diesem Zusammenhang muss erneut erwähnt werden, dass die türkischen Militärs in hohen Posten einen unersetzlichen Beitrag zur Vergabe der Kriegsmaterialbestellungen an die deutsche Rüstungsindustrie leisteten.

Als die türkische Marine einige gebrauchte Schiffe im April 1913 ankaufen wollte, herrschte eine Neigung für die deutsche Werft Blohm & Voss.[132] Zum einen rief der Besuch des deutschen Schiffes „Goeben" in İstanbul eine große Bewunderung hervor. Zum zweiten machte İsmail Hakkı Bey, der Chef der Schiffsbauabteilung des Marineministeriums, Propaganda für diese Werft, weil er seine Laufbahn und Ausbildung dieser Werft zu verdanken hatte. Mit anderen Worten: İ. Hakkı setzte sich für die Interessen der Werft Blohm & Voss ein.

Die deutschen Banken spielten auch eine nicht zu unterschätzende Rolle bei der Finanzierung der türkischen Marineaufträge, was bei der Unterzeichnung des Vorvertrages für den Ankauf der in England zu konstruierenden südamerikanischen Schiffe der Fall gewesen war. Die türkische Regierung unterzeichnete einen Vorvertrag über den Ankauf von zwei brasilianischen Dreadnoughts 36.000.000 Francs pro Stück und vier südamerikanischen Torpedojäger 3.750.000 Francs pro Stück im April 1913 in İstanbul, dessen Finanzierung durch die Deutsche Orientbank zustande kam.[133] Für die Anzahlung dieser Summe in Höhe von 18.240.000 Francs verpfändete die türkische Regierung das Tophanegelände und das Vorkaufsrecht des Börsengrundstücks.

Am 2. Dezember 1913 wurde der Vertrag über die Modernisierung des Marinearsenals vom „Goldenen Horn" und über den Bau eines schwimmenden Docks, d. h., einer Anlage zum Ausbessern von Schiffen, in İzmit zwischen dem englischen Firmenkonsortium (Armstrog & Vickers und Witworth) und der türkischen Regierung unterzeichnet. Zur Durchführung dieses Projektes wurde eine Gesellschaft unter dem Namen „Sociéte Imperiale Ottomane Cointeresse des Chantiers, Docks et Constructions Navales" gegründet, deren Aufgabe es war, den Bau und die Reparatur von Kriegs- und Handelsschiffen für die Dauer von

30 Jahre zu bewerkstelligen. Das Kapital dieser Gesellschaft war auf 1.485.000 Türkische Pfund (etwa 27.000.000 Mark) zu beziffern.[134] Obwohl die türkische Regierung dem deutschen Botschafter, Wangenheim, versicherte, dass man der englischen Rüstungsindustrie mit diesemVertrag kein Monopol zugestanden hätte, meinten einige Experten zu dieser Frage, dass dieser Vertrag im Hinblick auf seine Tragweite doch einem Monopol gleichkam.[135] Da die Vergabe dieser Konzession an die Engländer die deutsche Militärmission in ihrer Bedeutung übertraf, ging Deutschland wegen seiner begrenzten Einflussmöglichkeiten auf das türkische Heer in Opposition zur England. Durch diesen Vertrag wurde England praktisch in die Lage versetzt, die gesamte türkische Flotte zu kontrollieren. Somit stand für die Engländer zur tatsächlichen Beherrschung der türkischen Marine nichts im Wege.[136]

Diesen Dockvertrag zwischen der Türkei und dem englischen Konsortium betrachtete die Firma Krupp als einen Sieg der englischen Schiffbauindustrie in der Türkei. In Portugal und China geriet die Firma Krupp ebenfalls ihrer Konkurrenz Armstrog & Vickers gegenüber in den Rückstand.[137] Wangenheim interpretierte diesen Dockvertrag als einen kräftigen Schlag gegen Russland[138] und als eine Erleichterung der Rechtfertigung der deutschen Militärmission unter der Leitung von Liman von Sanders[139] gegenüber der Triple-Entente.[140] Gegen diesen Vertrag protestierte ebenfalls der Alldeutsche Verband mit der Begründung, England hätte den Ausgangspunkt der Bagdadbahn besetzt. Da es wegen dieses Dockvertrages der türkischen Regierung untersagt war, Kriegsschiffe in einem anderen Land in Auftrag zu geben als in England, versuchte die türkische Regierung diesen Vertrag zu umgehen, indem sie fertig gebaute Schiffe im Ausland kaufte. So bat z. B. Enver Pascha von Strempel am 1. Februar 1914 darum, in Berlin zu sondieren, ob die Türkei zwei fertige Kreuzer kaufen könnte, die dem griechischen Kreuzer „Averoff" überlegen waren.[141]

5.6 Die Firma Krupp in der jungtürkischen Ära

Nach der Machtübernahme der Jungtürken im Jahre 1908 herrschte eine tief greifende Missstimmung zwischen dem neuen Regime und der Essener Kanonenfabrik vor. Mit einem Schlag wurde die alte Kundin (Türkei) der Firma Krupp gegenüber misstrauisch. Da man in der Ära von Abdülhamid II. Geschütze nur bei der Firma Krupp bestellt hatte, ohne ernsthaft eine andere Konkurrenz in den Wettbewerb einzubeziehen, wollte die neue Führung bei den künftigen Geschützbestellungen die anderen europäischen Konkurrenten beim Auswahlprozess berücksichtigen. Auf diese Weise wollte die neue Regierung das Kriegsmaterial günstiger einkaufen, indem sie einen Preisnachlass bekommen konnte. Nach einem Bericht von „Yeni Gazete" (Neue Zeitung), hatte die Firma Krupp bei jeder Bestellung 150.000 Türkische Pfund (2.766.000 Mark) zu viel verdient, die sie in der Ära von Abdülhamid II. bekam. Es wird bestätigt, dass die Firma Krupp auch Bestechungsgelder (5.2.6) gezahlt hatte, um einen Auftrag für sich sicherzustellen. Es wurde behauptet, dass fast die Hälfte von 1.000.000 Mark bei einer Anleihe aus Deutschland in die Kasse der Firma

Krupp geflossen wäre.[142] Bei den Beschwerden über die Firma Krupp ging es um die zu hohen Preise der gelieferten Rüstungsgüter. In den Regierungskreisen herrschte eine Empörung gegen den Krupp-Vertreter, Huber Fréres, weil er in der Ära von Abdülhamid II. enge Kontakte mit dem Palais unterhielt. Die Ehrhadt-Werke hatten in dieser neuen Ära Kontakte mit einer Reihe von Komiteemitgliedern geknüpft.[143] In diesem Zusammenhang muss darauf hingewiesen werden, dass M. Şevket am 22. September 1909 die Ehrhardt-Werke in Düsseldorf besichtigt hatte, wie im Abschnitt (4.5.1) erwähnt wurde.

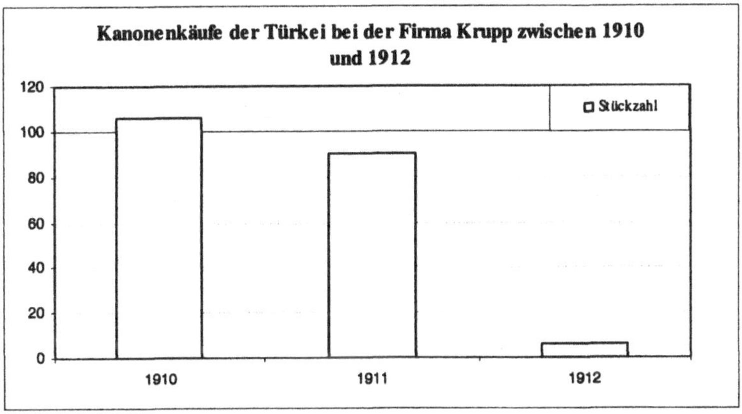

Abb. 11 : Kanonenkäufe der Türkei bei der Firma Krupp zwischen 1910 und 1912 (Datenquelle: Verzeichnis der von der Gussstahlfabrik und vom Grusonwerk von 1847 bis 1912 gefertigten Kanonen, in: HA Krupp, S 3 WT 1/3, 5a VII f 862, S. 44 und 44a.)

Nach der jungtürkischen Revolution gingen die Kriegsmaterialbestellungen bei der Firma Krupp stark zurück. Dies war auf zweierlei Gründe zurückzuführen: Zum einen musste sich die türkische Regierung mit innenpolitischen Fragen beschäftigen. Zum anderen machte die enorm schlechte Finanzlage der Türkei neue Kriegsmaterialbestellungen unmöglich. In Abb. 11 werden die türkischen Kanonenkäufe bei der Firma Krupp in der jungtürkischen Ära im Jahresvergleich dargestellt. Im Jahre 1910 bestellte die türkische Regierung insgesamt 106 Kanonen bei der Firma Krupp (vgl. Tab. 21).

	Schiffskanonen		**Feldkanonen**
Modell	S.K.L./40	S.K.L./50	L/30 m.Rrl.
Kaliber	5,7 cm	7,5 cm	7,5 cm
Stückzahl	8	8	90

Tab. 21: Kanonenkäufe der Türkei bei der Firma Krupp im Jahre 1910 (Datenquelle: Verzeichnis der von der Gussstahlfabrik und vom Grusonwerk von 1847 bis 1912 gefertigten Kanonen, in: HA Krupp, S 3 WT 1/3, 5a VII f 862, S. 44 und 44a.)

Im Jahre 1911 bestellte die Türkei 88 Stück 7,5 cm-kalibrige Feldkanonen (L/30 m. Rrl.)und zwei Stück 10 cm-kalibrige zerlegbare Gebirgshaubitze (L/12) bei der Essener Kanonenfabrik. Dagegen bestellte man ein Jahr später insgesamt sechs Kanonen unterschiedlicher Kaliber. Innerhalb von diesen drei Jahren bestellte die Türkei insgesamt 198 Kanonen bei der Firma Krupp.[144]

Die Einführung der öffentlichen Ausschreibungen nach 1908 wirkte sich auf die großen deutschen Waffenfirmen - die Firma Krupp, die DW & MF, die Erhardt-Werke und die Firma Polte - sehr nachteilig aus. Diese neue Situation kam normalerweise den kleinen levantinischen Firmen zugute, weil sie den Preis des Kriegsmaterials erheblich herabsetzen konnten. Aber die Lobbyarbeit der großen Waffenfabrikanten war so effektiv, dass das türkische Kriegsministerium nach einiger Zeit Kriegsmaterial wieder ohne öffentliche Ausschreibung bei den deutschen Firmen bestellte.[145] So bestellte die türkische Regierung beispielsweise 4.000 12 cm-kalibrige Schrapnells, 96.000 15 cm-kalibrige Schrapnells, 500 21 cm-kalibrige Sprenggranaten, 320 24 cm-kalibrige Sprenggranaten und 70 35 cm-kalibrige Sprenggranaten im April 1912 bei der Firma Krupp, ohne diesen Bedarf offiziell auszuschreiben.[146]

Als M. Şevket eine kleine Anzahl von Gebirgskanonen bei einer französischen Firma bestellte, wurde dies von Strempel misstrauisch betrachtet, denn M. Şevket hatte seiner Ansicht nach seine Stellung gerade durch die deutsche Unterstützung gefestigt. Von Strempel ging vielmehr davon aus, dass er (M. Şevket) keine Zeit gehabt hätte, sich um diese Angelegenheit zu kümmern. Von Strempel machte auf die falsche Annahme der deutschen Seite aufmerksam, dass die türkische Regierung in dieser neuen Ära Kriegsmaterialbestellungen bei den deutschen Firmen machen müsste. Nach den Worten von Strempel waren die türkischen Aufträge nach wie vor von den persönlichen Beziehungen zu den türkischen Staatsmännern abhängig. Da die türkischen Militärs mit den Krupp'schen Gebirgskanonen nicht zufrieden waren, hielt von Strempel eine Gebirgskanonenbestellung bei der Firma Krupp eher für unwahrscheinlich.[147] Nach der Meinung von Strempel sollten die deutschen Kanonenfabrikanten das militärische Handeln des jetzigen Kriegsministers (M. Şevket) richtig verstehen. Die deutschen Kanonenfabrikanten fingen frühzeitig an, mit dem türkischen Kriegsminister über neue Kanonenbestellungen nach dem Balkankrieg zu verhandeln. Wenn die Firma Krupp umgehend 24 10,5 cm-kalibrige Schnellfeuerfeldhaubitze an die Türkei hätte liefern können, wäre es ihr gelungen, einen Vertrag über weitere Kanonenlieferungen durch die Ausschaltung jeglicher Konkurrenz nach dem Balkankrieg abzuschließen.[148]

Tatsächlich büßte die Firma Krupp an Ansehen in dieser neuen Ära ein. Als Huber Frerés, der Vertreter der Firma Krupp in İstanbul, vom damaligen Kriegsminister, Enver Pascha, nicht standesgemäß empfangen wurde, beklagte sich Wangenheim über das Verhalten des Kriegsministers beim Großwesir (Talat Pascha). Talat entschuldigte sich für das Verhalten von Enver und sagte dem deutschen Botschafter, dass Enver im Hinblick auf die Staatsgeschäfte unerfahren sei.[149]

5.7 Die Firma Krupp gegen die Firma Schneider-Creuzot auf dem Balkan

Die europäischen Rüstungsfirmen konkurrierten ebenfalls in den Balkanländern um die Einführung ihrer Gewehr- und Kanonenmodelle. In Griechenland entschied sich die Prüfungskommission für die Einführung des österreichischen Mannlicher-Gewehres[150] und der Kanonen der französischen Firma Schneider-Creuzot.[151] Die serbische Artillerie besaß auch Schneider-Creuzot Kanonen.[152] Dagegen gab es in der bulgarischen Artillerie sowohl Krupp'sche als auch Schneider'sche Modelle, wobei 487[153] von insgesamt 858 Geschützen[154] von der Firma Krupp stammten. Dagegen konnte die Firma Krupp ihren Platz als Hauptlieferantin des türkischen Kriegsministeriums bis zum Ersten Weltkrieg behaupten (vgl. Abb. 7). Bernhard Menne weist darauf hin, dass während des Balkankrieges die Firma Schneider-Creuzot die Siege der Armeen der Balkanländer gegen die Türkei bei Kırklareli und Lüleburgaz als den Sieg der Schneider'schen Kanonen darstellte.[155] Dieser Behauptung fehlt jegliche Grundlage, wenn man in Erwägung zieht, dass mehr als die Hälfte der bulgarischen Geschütze bei der Firma Krupp bezogen wurden.

Über die Qualität des Kriegsmaterials, das während des Balkankrieges von den türkischen und bulgarischen Armeen verwendet wurde, äußerte sich Ernst Jäckh folgendermaßen:

> „Ob Krupp bei den Türken, ob Creuzot bei den Bulgaren: beide haben die Geschosse von Krupp und Ehrhardt, von Essen und von Düsseldorf, beide haben das Pulver aus Köln und Rottweil gehabt. Die Bulgaren haben zudem ihre französischen Creuzotgeschütze durch die unabhängige Visierlinie des deutschen Kruppwerkes verbessert und vollendet." [156]

Modell	**Gebirgskanone**						**Feldkanone**			
	M/04	M/05	M/06	M/07	MD	M/07	M/03	M/05	M/06	M/12
Kaliber	7,5 cm					7 cm	7,5 cm			
Türkei	K[1]				S		K			
Bulgarien		K		S				S		
Griechenland			S[2]						S	
Serbien						S			S	S
Rumänien							K			

[1] Krupp
[2] Schneider

Tab. 22 Leichte Feldgeschütze der Balkanländer im internationalen Vergleich vor dem Ersten Weltkrieg (Datenquelle: Kosar, Franz, Leichte Feldgeschütze, Bd.1, München 1971, S. 26, 34, 46, 51 und 55.)

In Tab. 22 werden leichte Feldgeschütze, d. h. Gebirgs- und Feldkanonen, der Balkanländer zusammengeführt. Leichte Feldhaubitzen - auch eine Art von leichten Feldgeschützen - blieben allerdings im Ländervergleich unberücksichtigt, weil die Türkei und Griechenland in diesem Zeitraum keine Feldhaubitzen besaßen. Auf den ersten Blick kann man deutlich erkennen, dass die Schneider'schen Modelle in den Artillerieabteilungen der Vergleichsländer vorherrschend gewesen waren. Die Krupp'schen Modelle der Türkei waren im Vergleich zu den anderen Ländern relativ älter gewesen.

Ernst Jäckh begründet sogar die türkische Niederlage gegen Bulgarien in diesem Krieg mit der Nichteinhaltung des Goltz'schen Planes[157]. Deswegen macht er den türkischen Kriegsminister, Nazım Pascha, dafür verantwortlich und führt folgendermaßen aus:

> „Der türkische Kriegsminister hat keinerlei Beziehung zu Deutschland, weder militärisch noch intellektuell: er kommt aus der französischen Kriegsschule von St. Cyr und hat nie einen Hehl daraus gemacht, dass er von deutscher Instruktion nichts wissen will. Dieser Kriegsminister Nasim Pascha hat den „deutschen Plan" (Goltz'schen Plan) durch sein „französisches Prestigebedürfnis" durchbrochen und verändert... Der aus deutscher Schule kommende Kommandeur Mahmud Mukhtar Pascha (General und Marineminister) hat ganz richtig die Goltzsche Strategie verfochten, ist aber allein geblieben."[158]

Außerdem wird darauf hingewiesen, dass der türkischen Armee geschultes Personal in der Artillerieabteilung fehlte. Um diese Aussage zu bekräftigen, möchte ich in dieser Stelle ein Zitat anführen:

> „[...] Acht Tage vor der Schlacht von Kumanowo trafen [...] drei Batterien neuester Kruppscher Feldgeschütze ein. Zu deren Bedienung wurden Redifs (Landwehrtruppe) [...] eingestellt, die wohl noch niemals ein derartiges Geschütz gesehen hatten."[159]

5.8 Zusammenfassung

Die Firma Krupp war eines der wichtigsten Industrieunternehmen des Kaiserreiches, deren Beschäftigtenzahl sich von 21.000 im Jahre1854 auf 42.600 im Jahre 1902 verdoppelte. Je mehr sich die Firma Krupp in der Kanonenherstellung behauptete, desto besser entwickelte sie ihre Beziehungen zur Führung des deutschen Kaiserreiches. Wie im Abschnitt (5.1.1) bereits erläutert wurde, pflegte die Familie Krupp eine besondere Beziehung zum Haus „Hohenzollern". Während A. Krupp die kaiserliche Unterstützung als Garant der Auftragssicherung im In- und Ausland betrachtete, war das Flottenengagement der Firma Krupp dem deutschen Kaiser unentbehrlich gewesen. Aufgrund seiner guten Beziehung zum deutschen Herrscherhaus wurde Friedrich A. Krupp von Wilhelm II. zum preußischen Staatsrat ernannt.

Die Firma Krupp stand ebenfalls in guten Beziehungen zu deutschen Regierungsstellen in Berlin. Infolgedessen schuf sich die Firma Krupp eine so unerschütterliche Monopolstellung, dass sogar die technischen Innovationen auf dem Gebiet der Artillerie lange Zeit ignoriert werden konnten. Darüber hinaus bekam die Firma Krupp finanzielle Begünstigungen wie Kreditanleihen, staatliche Subventionen und unverzinsliche Darlehen. So bekam die Firma Krupp beispielsweise eine Kreditanleihe in Höhe von 30.000.000 Mark durch die Intervention des deutschen Kaisers nach dem deutsch-französischen Krieg (1870/71), obwohl die preußische Regierung die Gewährung eines solchen Kredites strikt ablehnte. Aus diesen Gründen gelang es sogar dem preußischen Kriegsministerium nicht, das Monopol der Firma Krupp auf die Staatsaufträge zu brechen.

Das Osmanische Reich nahm seine ersten Kontakte zur Firma Krupp im Jahre 1860 auf, die man nach der Gründung der Türkischen Republik bis zur Gegenwart fortsetzte, wie im Abschnitt (5.2) detailliert erläutert wurde. Anhand der Abb. 5 und der Tab. 9 hat der Verfasser dieser Arbeit gezeigt, inwieweit die Türkeigeschäfte für die Firma Krupp wichtig gewesen waren. Zwischen 1871 und 1875 bestellte die türkische Regierung insgesamt 1.444 Kanonen bei der Firma Krupp. Da in diesem Zeitraum die Firma Krupp ums Überleben kämpfte, führten die türkischen Aufträge zum wirtschaftlichen Aufschwung der Kanonenfabrik. Zwischen 1861 und 1875 importierte die Türkei insgesamt 1.816 Kanonen von unterschiedlichen Typen und Kalibern bei der Firma Krupp.

Die Türkei kaufte in der Periode (1885-1907), d. h. in der Regierungszeit von Abdülhamid II., insgesamt 1924 Kanonen bei der Essener Kanonenfabrik (vgl. Abb. 6). Dies drückt einen Anstieg von 108 Kanonen im Vergleich zur vorigen Periode (vgl. Abb. 5) aus. Anhand dieser Abb. wurde gezeigt, dass man zwischen 1885 und 1895, d. h. in der Goltz'schen Ära, summa summarum 1.035 Kanonen in Essen bestellt hatte. Dies ist ein Indiz dafür, dass die in der Goltzschen Ära eingeleiteten Armeereformen, vor allem aber die neue Truppeneinteilung, sich positiv auf die Kanonenbestellungen in Essen auswirkten. Außerdem waren die türkischen Geschützbestellungen in der Ära von Abdülhamid II. durch eine große Kaliber- und Typenvielfalt (vgl. Tab. 10 und 11) gekennzeichnet.

Im Abschnitt (5.2.1) wurde gezeigt, welche Rolle die ausländischen Kanonenbestellungen bei der Firma Krupp gespielt hatten. Die Geschützbestellungen der Türkei (Abb. 7) wurden mit den zu Russlands (Abb. 8) in der Periode (1871-1880) verglichen. Russland bestellte die meiste Kanonen (1.128) in diesem Zeitraum, und zwar im Kriegsjahr 1877, bei der Firma Krupp. In diesem Zeitraum bestellte Russland insgesamt 1.917 Geschütze im Gegensatz zur Türkei mit 1.443 Geschützen. Der russisch-türkische Krieg 1877/78 trug dazu bei, dass die Firma Krupp große Profite machen konnte. Die Türkei war wegen der desolaten Finanzlage des Staates in der zweiten Hälfte der 80'er Jahre des 19. Jahrhunderts, d. h. zwischen 1876 und 1880, nicht in der Lage, Geschütze bei der Essener Kanonenfabrik zu bestellen. Obwohl Russland zwischen 1871 und 1880 im internationalen Vergleich an erster Stelle in Bezug auf die Kanonenkäufe bei der Firma Krupp rangierte, errang die Türkei von 1861 bis zum Ersten Weltkrieg den ersten Platz mit insgesamt 3.740 Kanonen. Anhand der Abb. 9 und der Tab. 15 wurde die Bedeutung des In- bzw. Auslandes für den Absatz der Firma Krupp über die Periode (1860-1911) mit quantitativen Daten verglichen. Es wurde gezeigt, dass die Türkei und Russland bezüglich der im Jahresdurchschnitt produzierten Kanonen wichtige Kunden der Firma Krupp gewesen waren. Dabei konzentrierten sich die russischen Kanonenkäufe bei der Firma Krupp insbesondere auf den Zeitraum (1860-87), wobei Russland zwischen 1888 und 1911 nur noch 81 Kanonen von der Firma Krupp bezog.

Wie im Abschnitt (5.2.2) erwähnt wurde, besichtigte eine Reihe von hochrangigen Staatsmännern die Werkstätten der Krupp-Werke. Sabit Pascha besuchte z. B. zweimal (1879 und 1889) die Essener Kanonenfabrik und pflegte eine besonders gute und freundschaftliche Beziehung zur Familie Krupp. A. Krupps Beziehung zum Kammerherrn des Sultans, Ragıb Bey, war ein Indiz dafür, dass die Firma Krupp Unterstützung in der unmittelbaren Umgebung des Sultans suchte.

Da A. Krupp die Türkei für eine ganz besondere Kundin seiner Fabrik hielt, waren seine Ansichten über die Türkei sehr vorsichtig und gewogen. Obwohl sich die Türkei als eine treue Kundin erwiesen hatte, zeigte A. Krupp immer noch sein Interesse für das Russlandgeschäft, wie im Abschnitt (5.2.3) angedeutet wurde. Selbstverständlich war sein Handeln als ein Geschäftsmann vom Absatz seiner Waren geprägt. Obwohl Berdrow darauf hinweist, dass A. Krupp Sympathien den Türken gegenüber hegte, war er jedoch vor allen Dingen am Geschäft interessiert. Trotz der Überlegungen über die Errichtung von Pulverfabriken in einigen Ländern, unter anderem auch in der Türkei, bemühte sich die Leitung der Firma Krupp logischerweise stets darum, ihre Kunden von ihren Produkten abhängig zu machen. Der gegenseitige Geschenkaustausch war auch ein integraler Bestandteil der bilateralen Beziehungen zwischen dem Sultan und der Familie Krupp (5.2.4.) gewesen.

Bei der Finanzierung der Waffengeschäfte konnten sich die deutschen Banken nicht stark engagieren. Allerdings kam es zu einem Anleihegeschäft im Jahre 1905 zwischen der Türkei und der Deutschen Bank für die Finanzierung des Bestellauftrages. Die Deutsche Bank gab der Türkei eine Anleihe in Höhe von 50.000.000 Francs in Kooperation mit der Firma Krupp unter der Bedingung, dass die Firma Krupp umgehend einen Geschützauftrag von der Türkei in Höhe von mindestens 2.000.000 Türkischen Pfund erhalten musste. Preisnachlässe und Forderungen der Firma Krupp bildeten einen Schwerpunkt der Verhandlungen im Rahmen der bilateralen Beziehungen.

Das türkische politische System institutionalisierte das Nehmen und Geben von Bestechungsgeldern dadurch, dass man den „Ämterverkauf" einführte. Darüber hinaus verschlimmerte die desolate Finanzlage des Staates diesen Zustand weiter. Konzessionen vom Palast waren in starkem Maße von Bestechungsgeldern abhängig. Diese Rahmenbedingungen boten einen geeigneten Nährboden für die Abwicklung der Waffengeschäfte. Bestechungsgelder waren ein wichtiger Bestandteil des Waffenhandels, mit dem auch die Krupp-Vertreter gut umzugehen wussten, wie im Abschnitt (5.2.6) am Fallbeispiel geschildert wurde.

Da die türkischen Kriegsmaterialbestellungen für die europäischen Waffenfirmen so wichtig waren, mussten sie gegeneinander hart kämpfen. Aus diesem Grund versuchten sie Vertrauensmänner im Palast des Sultans für sich zu gewinnen, indem sie sie durch Bestechung beeinflussten. In diesem Kontext kam dem Militärattaché des jeweiligen Landes eine wichtige Bedeutung zu, wie im Abschnitt (5.4) dargestellt wurde. Mit anderen Worten: Die Unterstützung der heimischen Rüstungsindustrien war eine der wichtigsten Aufgaben eines Militärattachés in İstanbul. Die Firma Krupp pflegte vor allem gute Beziehungen zu den Mitgliedern der deutschen Militärmission (von der Goltz) bzw. zu Militärattachés (von Strempel), die man in der Essener Zentrale von Generation zu Generation fortsetzte. Die Wichtigkeit der Beziehungen der Firma Krupp zu den deutschen Missionsmitgliedern kann für die Waffengeschäfte der Firma im Hinblick auf das Verhältnis zu von der Goltz und von Strempel attestiert werden. Neben den Geschützbestellungen war ein anderes Interessengebiet der Firma Krupp die türkische Marine und die damit verbundenen Marineaufträge. Fast alle Kriegsschiffe wurden in der Ära von Abdülaziz in England (vgl. Tab. 17) gebaut. Da in der türkischen Marine eine starke Anlehnung an England vorherrschte, war es für die Firma Krupp nicht einfach, auf diesem Gebiet Fuß zu fassen. Schließlich konnte die deutsche Schiffsbauindustrie für die Türkei nur Torpedoboote (vgl. Tab. 19) und Zerstörer (vgl. Tab. 18) in den 90er Jahren des 19. Jahrhunderts bauen. Allerdings erhielt sie einen großen Anteil für die Rekonstruktion der alten türkischen Kriegsschiffe, wie im Abschnitt (5.5.2) detailliert dargestellt wurde. Die Firma Krupp, die französische Firma Schneider-Creuzot und die englische Firma Armstrong & Vickers konkurrierten wiederum um den türkischen Markt. Durch die Unterzeichnung des Dockvertrages zwischen England und der Türkei am 2. Dezember 1913 bestätigte allerdings die englische Schiffsbauindustrie ihre Monopolstellung hinsichtlich der türkischen Marineaufträge.

In der Ära von Abdülhamid II. bestellte man Geschütze nur bei der Firma Krupp, wobei der Sultan keine ernsthafte Konkurrenz in den Wettbewerb einbezog. Dies gab Anlass zur Unzufriedenheit der neuen Machthaber, dem jungtürkischen Regime, in İstanbul, als sie im Jahre 1908 an die Macht kamen. Diese Unzufriedenheit war darauf zurückzuführen, dass die Firma Krupp bis dahin Geschütze zu erhöhten Preisen an die Türkei verkauft hatte. Die neue Regierung wollte das Kriegsmaterial günstig einkaufen, indem sie Preisnachlässe bekommen wollte. Nach der jungtürkischen Revolution gingen die Kriegsmaterialbestellungen bei der Firma Krupp stark zurück. Dafür waren allerdings die Beschäftigung der Regierung mit innenpolitischen Fragen und die schlechte Finanzlage des Landes verantwortlich. Unbedeutend waren die Kriegsmaterialbestellungen bei der Firma Krupp in dieser Ära (vgl. Abb. 11) verglichen mit der Hamidischen Ära (vgl.Tab. 9 und 10 und Abb. 6). Obwohl man in dieser Ära die öffentliche Ausschreibung für Staatsaufträge eingeführt hatte, versuchte man gelegentlich, wie es z. B. M. Şevket tat, diese Richtlinie umzugehen, was der Firma Krupp zugute kam.

Eine weitere Region, in der vor allem die französische Firma Schneider und die deutsche Firma Krupp um die Vormachtstellung ihrer Produkte gekämpft hatten, war die Balkan-Region. Aus den Angaben der Tab. 22 kann abgelesen werden, dass die Schneider'schen Modelle in den Artillerieabteilungen der Balkanländer vorherrschend waren. Die Krupp'sche Modelle der Türkei waren dagegen relativ älter gewesen.

5.9 Anmerkungen

[1]Kössler, a. a. O., S. 91 f.

[2]Schäfer, Jürgen, a. a. O., S. 30.

[3]Boelcke Willi (hrsg.), Krupp und die Hohenzollern in Dokumenten. Krupp- Korrespondenz mit Kaisern, Kabinettchefs und Ministern 1850-1918, Frankfurt a. M. 1970, S. 63.

[4]Gall, Lothar, Krupp. Der Aufstieg eines Industrieimperiums, Frankfurt a. M. 2000, S. 141.

[5]Ebd., S. 146.

[6]Vgl. HA Krupp, FAH 2 b 177 und auch HA Krupp, WA 9 d 476, Menne, Krupp Deutschlands Kanonenkönige, a. a. O., S. 86 f. und Gall, Lothar, ebd., S. 156.

[7]HA Krupp, FAH 2 b 67.

[8]Menne, Krupp Deutschlands Kanonenkönige, a. a. O., S. 272 ff.

[9]Ebd., S. 89 f.

[10]Hallgarten, Imperialismus vor 1914, Bd. 1, a. a. O., S. 361 f.

[11]Gall, a. a. O., S. 153.

[12]Menne, Krupp Deutschlands Kanonenkönige, a. a. O., S. 209.

[13]Boelcke, Krupp und die Hohenzollern in Dokumenten, a. a. O., S. 66 f.

[14]Ebd., S. 111.

[15]Ebd., S. 66 f.

[16]Im Jahr 1866 bekam die Firma Krupp einen Kredit in Millionenhöhe vom Staat, um Deutschland für einen möglichen Krieg gegen Frankreich auszurüsten, wobei sie vom Reichskanzler Bismarck unterstützt wurde. (vgl. Bontrup, Zdrowomyslaw, a. a. O., S. 53.)

[17]Boelcke, Willi, Krupp und die Hohenzollern, Berlin 1956, S. 9 ff.

[18]Schmid, Michael, Der eiserne Kanzler und die Generäle. Deutsche Rüstungspolitik in der Ära Bismarck 1871-90, Paderborn, München 2003, S. 58.

[19]Bontrup, Zdrowomyslaw, a. a. O., S. 53.

[20]Ebd., S. 54.

[21]Bei diesem Auftrag ging es um die Lieferung von ca. 2.000 8,8 cm-kalibrigen und 930 7,85 cm-kalibrigen Geschützen. Ein großer Teil dieses Auftrages in Höhe von 63.000.000 Mark, die mittels der Kontributionen für die Artillerie ausgegeben wurden, floss in die Kassen der Firma Krupp. (vgl. Schmid, a. a. O., S. 67.)

[22]Ebd., S. 67.

[23]Ebd., S. 586 f.

[24]Boelcke, Krupp und die Hohenzollern, a. a. O., S. 35 ff.

[25]Ebd., S. 63.

[26]Ebd., S. 64 f.

[27]Nach der Gründung der Türkischen Republik lieferte die Firma Krupp zivile Güter an die Türkei. Im Jahre 1933 lieferte die Firma Krupp z. B. eine Anzahl schwerer Heissdampf-Lokomotiven an die türkische Staatsbahn. 1938 wurde ein weiterer Auftrag für den Bau von zwei U-booten der Germaniawerft erteilt. Nach dem Zweiten Weltkrieg pflegte die Türkei weiterhin gute Beziehungen zur Firma Krupp, die ihren Höhepunkt durch den Besuch des türkischen Ministerpräsidenten, Adnan Menderes, am 5. Oktober 1954 fanden. (vgl. HA Krupp, D 22 und WA XVI z 125 und Bildbericht, in: Krupp'sche Mitteilungen. 38 Jg., Nr. 4, Oktober 1954.)

Die Firma Krupp errichtete in den 50'er Jahren des 20. Jahrhunderts eine neue Hochofenanlage und ein Stahlwerk in Karabük. Der Kosten dieses Projekts war ungefähr auf 1.200.000.000 DM zu beziffern. Außerdem wirkte die Firma Krupp an der Errichtung eines zweiten Stahlwerkes zur Ausbeutung der türkischen Wolframvorkommen sowie an sechs Zementfabriken mit. Man verhandelte auch mit der Firma Krupp über den Bau einer neuen Eisenbahnverbindung zwischen dem Iran und der Türkei sowie über die Kiellegung eines Passagierschiffes. Alfried Krupp lobte die Bemühungen der türkischen Regierung um eine weitsichtige Wirtschaftsplanung. Er sei darauf stolz, dass Deutschland einen Beitrag zur Entwicklung der Türkei leisten könne. (vgl. Essener Nachrichten, 1./2. Juni 1957, in: HA Krupp, E II 22a.)

Im Jahre 1957 gab Alfried Krupp von Bohlen in İstanbul bekannt, dass sich seine Firma an den großen wirtschaftlichen Projekten der Türkei beteiligte. Demzufolge einigte man sich über den Bau einer neuen Hochofenanlage und eines Stahlwerkes in Karabük. (vgl. Ruhrnachrichten, 1. Juni 1957, in: HA Krupp, FAH V H 5.) Für die Ausbeutung der Wolframerzvorkommen in Uludağ entschloss sich die Firma Krupp in Zusammenarbeit mit der Etibank in İstanbul, eine Gesellschaft für die Finanzierung dieses Unternehmens zu gründen. Überdies wollte die Firma Krupp zur Förderung der Braunkohle ihre Großraumbagger in die Türkei schicken. Obwohl die Firma Krupp einen Plan zum Bau einer Brücke über den Bosporus ausgearbeitet hatte, konnte sie ihn wegen Finanzschwierigkeiten nicht verwirklichen. (vgl. WAZ, 14. Juni 1957, HA Krupp, D 22.)

Im Jahre 1957 bekam die Firma Krupp zwei bedeutende Aufträge von der türkischen Regierung. Ein Auftrag bezog sich auf den Bau eines dritten Hochofens bei den Eisen- und Stahlwerken in Karabük, der allerdings später der Salzgitter Industriebau GmbH übertragen wurde. (vgl. Die Industrie, 21 Dezember 1957, HA Krupp D 22.) Mit dem Bau dieser Anlage beabsichtigte die Türkei die jährliche Roheisenerzeugung des Landes auf circa 750.000 t zu erhöhen. Der andere Auftrag betraf die Lieferung von Eisenbahnmaterial für die Waggons für Personen- und Güterbeförderung, von Kränen und Hafeneinrichtungen. (vgl. Machinery Lloyd, London 13. Juli 1957, HA Krupp, D 22.)

Als der türkische Verteidigungsminister, Menderes, das Mannesmann Hüttenwerk im Jahre 1958 besuchte, war er anschließend Gast auf der „Villa-Hügel". Es war eine private Einladung von A. Krupp von Bohlen, bei der er sich für die freundliche Aufnahme während seines Türkeibesuches bedankte. Während des Zweiten Weltkrieges, nämlich Juli 1943- Juli 1944, kaufte die Türkei von der Firma Krupp Zivilgüter im Wert von ca. 4.617.553 RM. (WAZ, 1. Oktober 1958, in: HA Krupp, E II 22 h.)

Im Jahre 1967 nahm die Firma Krupp an der internationalen Messe in İzmir teil, wo sie eine neue Lösungsmittel- und Extraktionsanlage zur Schau stellte. Eine solche Anlage errichtete die Firma zu der damaligen Zeit in Tarsus, mit deren Hilfe Speiseöl aus fast allen Ölsaaten und Ölfrüchten gewonnen wird. Diese Anlage konnte in 24 Stunden 65 bis 80 t Baumwollsaat verarbeiten. Darüber hinaus erhielt die Firma Krupp den Auftrag zur Lieferung von zwei weiteren kompletten Anlagen im Wert von 2.800.000 DM für die Extraktion von Speiseöl im südtürkischen Baumwollgebiet. (vgl. Ruhr Nachrichten, 19. August 1967, in: HA Krupp, D 22.) Die Firma Krupp profitierte auch indirekt vom Türkeigeschäft der anderen deutschen Fabriken. Als die Kraftwerkunion AG in Frankfurt ein Kraftwerk in Tunçbilek bei Bursa baute, bestellte sie zwei Hammermühlen zur Zerkleinerung von Kesselkohle bei der Firma Krupp. (vgl. Blick durch die Wirtschaft, 26. Juli 1973, in: HA Krupp, E II 22 d.)

Die erste Anlage der Türkei zur Herstellung von DMT wurde für den größten türkischen Produzenten und Verarbeiter von synthetischen Fasern SASA in Adana von der Firma Krupp Chemieanlagenbau gebaut. In dieser Anlage wollte man jährlich 60.000 t DMT herstellen. Dieses Projekt, das 90.000.000 DM kostete, sollte 1976 in Betrieb genommen werden. DMT ist mit einem Weltmarktanteil von 80 % der wichtigste Rohstoff für Polyesterfasern, aus denen Textilien für den privaten und industriellen Sektor hergestellt werden. (vgl. WAZ, 4. Januar 1974, in: HA Krupp, E II 22 d.) Im Jahre 1987 baute die Firma Krupp Industrietechnik in İzmir (Hochtemperatur-Schrottvorwärmanlage), Sivas (Ministahlwerk)und Gümüşköy (Silbergewinnungsanlage) moderne Industrieanlagen. (vgl. Türkei Kurier, November/Dezember 1987, in: HA Krupp, E II 22 d.)

[28]Aktiennotiz vom 25. Mai 1916, HA Krupp, WA VII f 886.

[29]Kölnische Zeitung, 1. August 1885, in: PA Türkei No. 142, Bd. 5,6.

[30]Zu diesen Konferenzen siehe Wehberg, Hans, Die internationale Beschränkung der Rüstungen, Stuttgart, Berlin 1919, S. 124-40.

[31]Menne, Krupp Deutschlands Kanonenkönige, a. a. O., S. 213.
[32]Vgl. Verzeichnis der von der Gussstahlfabrik und vom Grusonwerk von 1847 bis 1912 gefertigten Kanonen, in: HA Krupp, S 3 WT 1/3, 5a VII f 862, S. 44.
[33]Vgl. Mühlberg an das Auswärtige Amt, 13. Juni 1904, PA Türkei Nr. 142, Bd. 22,23. Nach dem Verzeichnis der von der Gussstahlfabrik und vom Grusonwerk von 1847 bis 1912 gefertigten Kanonen kann man die Bestellung von 24 Küstengeschützen im Jahre 1903 allerdings nicht bestätigen. Es konnte dabei nicht um Nachbestellungen gehen, weil im Verzeichnis die Kanonen nach dem Bestelljahr eingeführt sind. Vermutlich annullierte man diesen Paragraph des Liefervertrages.
[34]Mühlberg an das Auswärtige Amt, 13. Juni 1904, PA Türkei Nr. 142, Bd. 22,23.
[35]Vgl. Gall, a. a. O., S. 373.
[36]Vgl. HA Krupp, D 22.
[37]Am 1. Juli 1924 wurde die Vertretung der Firma Krupp durch die Firma G. Dielmann in İstanbul übernommen. Im Jahre 1936 unterzeichnete die Firma Krupp Vertretungsverträge mit den türkischen Firmen Süha Fazlı Orak Ticaret ve Sanayi Evi in İstanbul und der Orient-export- und Handel GmbH in Berlin. Am 5. Dezember 1942 kam ein Vertretungsvertrag mit der Firma Üç Halka in Ankara zustande. (vgl. HA Krupp, D 22.)
[38]Verzeichnis der von der Gussstahlfabrik und vom Grusonwerk von 1847 bis 1912 gefertigten Kanonen, a. a. O., S. 38 und 38 a.
[39]Menne, Bernhard, Krupp or the Lords of Essen, London, Edinburgh 1937, S. 110.
[40]Zitat nach Menne, Krupp Deutschlands Kanonenkönige, a. a. O., S. 136.
[41]Verzeichnis der von der Gussstahlfabrik und vom Grusonwerk von 1847 bis 1912 gefertigten Kanonen, a. a. O., S. 38 und 38 a.
[42]Diese südamerikanische Staaten waren folgende: Südamerika 9, Peru 24, Nicaragua 6, Honduras 1, Guatemala 18, Argentinien 78, Bolivien 6, Brasilien 66 und Chile 113 Geschütze. (vgl. Ausländische Geschützbestellungen bei Fried. Krupp von 1871 bis 1880, Statistisches Bureau 19. September 1914, HA Krupp, WA/VII f 854.)
[43]Ebd., Statistik, HA Krupp WA/VII f 854.
[44]Ebd., Statistik, HA Krupp WA/VII f 854.
[45]Vgl. Verzeichnis der von der Gussstahlfabrik und vom Grusonwerk von 1847 bis 1912 gefertigten Kanonen, a. a. O., S. 38 und 38 a und 44 und 44 a.
[46]Vgl. Verzeichnis der von der Gussstahlfabrik und vom Grusonwerk von 1847 bis 1912 gefertigten Kanonen, a. a. O., S. 6.
[47]Ebd., S. 17.
[48]Ebd., S. 37.
[49]Yusuf İzzettin Efendi besuchte mit der Begleitung von sechs türkischen Offizieren und Beamten am 4. und 5. September 1911 die Firma Krupp in Essen. Auch der deutsche Militärattaché Major von Strempel gehörte zu dieser Delegation. Sie besuchten die mechanischen Werkstätten, unter anderem auch den Schießplatz. (vgl. HA Krupp, WA 48/89.) Zwischen dem 15. und 17. Juli 1915 hielten sich die Prinzen Abdülrahim Efendi, Abdülhalim Efendi und Osman Fuad Efendi begleitet von Adjutanten, Oberleutnant Remzi Bey, Asaf Bey und Hayri Bey dort auf. Auch war bei diesem Besuch der Militärattaché von Strempel dabei, der eigentliche Initiator dieses Besuches. (vgl. HA Krupp, WA 48/120) Am 22. Dezember 1917 besichtigte der türkische Thronfolger Prinz Vahdettin die Krupp-Werke in Essen, wobei er vom 36-jährigen Generalmajor Mustafa Kemal (später Atatürk) begleitet wurde. Diese Delegation bestand aus insgesamt 15 Personen. (vgl. HA Krupp, WA 48/141) Sie besichtigten die 9. Mechanische Werkstatt, und die 4. und 11. Kanonenwerkstätte, die Geschossdreherei, das Panzerplattenwalzwerk und den Pressbau. Dem Besuch schloss sich auch der damals als Leutnant im ersten Garderegiment zu Fuß dienende türkische Prinz Ömer Faruk Efendi begleitet von Generalmajor von Strempel an. (vgl. Krupp'sche Mitteilungen, 5. Januar 1918, Nr. 1, Jg. 9.) Als der damalige Marineminister, Ahmed Cemal Pascha, als Staatsgast in Deutsch-

land weilte, besichtigte er am 27. August 1917 auf Einladung von G. Krupp von Bohlen und Halbach die Werkstätte von der Firma Krupp. Ihm wurde auch die höchste deutsche Kriegsmedaille, den Orden „Pour le Merite" verliehen. (vgl. Kölnische Zeitung, 28. August 1917, in: PA Türkei Nr. 159, Bd. 17,18.)
[50]Zur Mitglieder dieser Abgeordnetendelegation siehe, HA Krupp, WA 48/68.
[51]Vgl. HA Krupp, WA 48/124.
[52]HA Krupp, WA 48, S. 185 ff.
[53]Sabit Pascha an F. Alfred Krupp, 21. Mai 1889, HA Krupp, FAH III B, S. 227.
[54]Notizen über Türken, HA Krupp, FAH 3C, S. 217.
[55]HA Krupp, FAH II B, 314 b, S. 3 ff.
[56]Vgl. Verzeichnis der von der Gussstahlfabrik und vom Grusonwerk von 1847 bis 1912 gefertigten Kanonen, a. a. O., S. 6 b.
[57]Berdrow, Wilhelm, Alfred Krupp und sein Geschlecht. 150 Jahre Krupp-Geschichte 1787-1937, Berlin 1937, S. 251 ff.
[58]Ebd., S. 256.
[59]Alfred Krupps Niederschrift, 12. Mai 1876, HA Krupp, WA/IX d 556, S. 17.
[60]Zur Einzelheiten des 10.000.000-Anleihegeschäftes siehe, HA Krupp, WA/ IX h, S. 147.
[61]An die Kruppvertretung in Paris, 9. Mai 1870, HA Krupp, WA III 31, S. 89 f.
[62]An die Kruppvertretung in Paris, 9. Mai 1870, HA Krupp, WA III 31, S. 96 f.
[63]An den Grafen Keißerling, 14. Juli 1870, HA Krupp, WA II 247, S. 76 ff.
[64]A. Krupps Niederschrift, 29. November 1876, HA Krupp, WA IX a 106, S. 372 f.
[65]A. Krupps Niederschrift, 28. Juli 1873, HA Krupp, WA IX a 170.
[66]An das Auswärtige Amt, 21. September 1903, PA Türkei Nr. 142, Bd. 21,22.
[67]HA Krupp, HA Krupp, WA IX d 304.
[68]Alfred Krupps Niederschrift, 13. April 1876, HA Krupp, WA IX a 170.
[69]Dingler an die Firma Krupp, 4. April 1876, HA Krupp, WA IX d 304.
[70]Klass, Gert von, Die drei Ringe. Lebensgeschichte eines Industrieunternehmens, Tübingen 1953, S. 229. Vgl. auch Mühlen, Norbert, Die Krupps, Frankfurt a. M. 1960, S. 82 f.
[71]Die Formel zur ungefähren Umrechnung von Mondkalendar (bzw. der islamische Zeitrechnung [Hicretkalendar (H)]) in gregorianischen Kalendar (christliches Jahr (C)) lautet:
H - 3H/100 + 622 = C
Ein Umrechungsbeispiel: H =1312
1312 - 3*1312/100 + 622 = C
1312 - 3936/100 + 622 = C
1312 - 39,36 + 622 = C
1312 - 40 + 622 =
1272 + 622 = 1894 (n. Chr.), (vgl. Matuz, Josef, Das Osmanische Reich, Grundlinien seiner Geschichte, Darmstadt 1985, S. 285.)
[72]An das Privatsekretariat von Schuppener, 3. Februar 1934, HA Krupp, FAH III B 56.
[73]Menne, Krupp Deutschlands Kanonenkönige, a. a. O., S. 254.
[74]Ebd., S. 255 f.
[75]Firma Krupp an Huber Frerés, 13. Januar 1905, PA Türkei Nr. 142, Bd. 22,23.
[76]Menshausen an das Auswärtige Amt, 26. Juni 1900, PA Türkei Nr. 142, Bd. 18,19.
[77]F. Alfred Krupp an den Reichskanzler von Bülow, 21. Juli 1900, PA Türkei Nr. 142, Bd. 18,19.
[78]Friedrich Krupp an das Auswärtige Amt, 23. Juli 1903, PA Türkei Nr. 142, Bd. 20,21.
[79]Firma Krupp an H. Frerés, 13. Januar 1905, PA Türkei Nr. 142, Bd. 22, 23.
[80]Mutius an den Reichskanzler von Hollweg, 22. Januar 1914, PA Türkei Nr. 142, Bd. 37,38.
[81]Wangenheim an das Auswärtige Amt, 27. Februar 1914, PA Türkei Nr. 142, Bd. 38,39.
[82]Wangenheim an den Reichskanzler von Hollweg, 1. März 1914, PA Türkei Nr. 142, Bd. 38,39.

[83]Vgl. Anm. 122 (Kapitel 2).
[84]Moltke von, a. a. O., S. 56.
[85]Vgl. Anm. 8 (Kapitel 3).
[86]Totomjanz, Toptschan, a. a. O., S. 108 f.
[87]Sultan Abdülhamid, Siyasi Hatıratım, a. a. O., S. 79 f.
[88]Moltke von, a. a. O., S. 41 vgl. auch Anm. 168 (Kapitel 1 und 2)
[89]Sultan Abdülhamid, Siyasi Hatıratım, a. a. O., S. 54 f.
[90]Ebd., S. 61.
[91]Ebd., S. 80 f.
[92]Giesl, a. a. O., S. 28.
[93]Die nationalliberale Zeitung im Kaiserreich.
[94]Leipziger Neueste Nachrichten, 14. September 1906, in: PA Türkei Nr. 142, Bd. 23,24.
[95]An den Reichskanzler von Bülow, 15. Februar 1908, PA Türkei Nr. 142, Bd. 25,26.
[96]Kamphövener, Elsa Sophia von, Damals im Reiche der Osmanen. Ein Märchen der Wirklichkeit aus der Türkei des Sultan Abdülhamid, Gütersloh 1959, S. 197.
[97]Ebd., S. 271.
[98]Menne, Krupp Deutschlands Kanonenkönige, a. a. O., S. 155.
[99]Ein Schreiben der deutschen Militärmission in İstanbul, 21. Dezember 1891, HA Krupp, FAH 3C 217.
[100]An das Auswärtige Amt, 11. Juli 1904, PA Türkei Nr. 142, Bd. 22,23.
[101]Bestellung türkischer Kanonen bei den Skoda-Werken in Pilsen, Narodni Listy, 29. September 1913, in: PA Türkei Nr. 142, Bd. 36,37.
[102]Giesl, a. a. O., S. 21.
[103]Ebd., S. 74 f.
[104]Bis zum Jahre 1897 gab es keinen deutschen Militärattaché, weil wegen der Anwesenheit von der Goltz nicht nötig war, diesen Posten zu besetzen. Nach dem Ausscheiden von von der Goltz von den türkischen Diensten kam Hauptmann Kurt von Morgen 1897 nach İstanbul. Nach Major von Leipziger kam schließlich Hauptmann von Strempel als deutsche Militärattaché nach İstanbul. (vgl. Giesl, a. a. O., S. 63.)
[105]Als von der Goltz in den türkischen Diensten stand, korrespondierte er auch mit der Firmenführung der Krupp-Werke, was seine Beziehung zur Firma offen legt. (vgl. Brief an den Geheimrat , 10. Juli 1891, HA Krupp, FAH III B 207.)
[106]Brief Neu-Breisach, 15. Mai 1899, HA Krupp, FAH III B 207.
[107]F. Alfred Krupp, 24. Mai 1899, HA Krupp, FAH III B 207.
[108]F. Alfred Krupp an von der Goltz, 1. Juni 1898, HA Krupp, FAH III B 207.
[109]A. Krupp von Bohlen und Halbach an den von Strempel, HA Krupp, FAH 4 E, S. 1138.
[110]Menne, Krupp Deutschlands Kanonenkönige, a. a. O., S. 299.
[111]Vgl. Abb. 2 Türkische Auslandsschulden 1850-1914.
[112]Vgl. Karal, Enver Ziya, Osmanlı Tarihi [Die Osmanische Geschichte], Bd. 7, 3. Aufl., Ankara 1983, S. 191.
[113]Vgl. Büyüktuğrul, Afif, Sultan Abdülhamid Donanmamızı Neden Bağlamıştı? [Warum ließ Sultan Abdülhamid II. unsere Flotte verrosten?], in: Belgelerle Türk Tarihi Dergisi, Nr.12, 1968, S. 73 f.
[114]Ortaylı, a. a. O., S. 122 f.
[115]Von Strempel an das Kriegsministerium, 3. Juli 1910, PA Türkei Nr. 142, Bd. 30,31.
[116]Miguel an den Reichskanzler von Hollweg, 28. Juli 1910, PA Türkei Nr. 142, Bd. 30,31.
[117]Vertragstext, PA Türkei Nr. 142, Bd. 30,31.
[118]Siehe zum Konkurrenzkampf der Firma Krupp auf dem chinesischen Markt ausführlicher. Jerussalimski, Arkadi S., Der deutsche Imperialismus. Geschichte und Gegenwart, Berlin 1968, S. 137 ff.
[119]The Times, 26. Januar 1892, in: PA Türkei Nr. 142, Bd. 5,6.

[120]Menne, Krupp Deutschlands Kanonenkönige, a. a. O., S. 301.
[121]Das Auswärtige Amt an Marschall, 11. November 1897, PA Türkei Nr. 142, Bd. 11,12.
[122] Die Firma Krupp an den Admiral von Senden-Bibran, 9. November 1897, HA Krupp, FAH 3C 205.
[123]Die Firma Krupp an das Auswärtige Amt, 18. Februar 1899, PA Türkei Nr. 142, Bd. 15,16.
[124]Frankfurterzeitung, 14. Januar 1899, in: PA Türkei Nr. 142, Bd. 15,16.
[125]Deutsche Botschaft an den Reichskanzler von Bülow, 22. März 1904, PA Türkei Nr. 142, Bd. 21,22.
[126]Deutsche Botschaft in Genua an den Reichskanzler von Bülow, 30. November 1906, PA Türkei Nr. 142, Bd. 24,25.
[127]Marschall an das Auswärtige Amt, 30. November 1900, PA Türkei Nr. 142, Bd. 18,19.
[128]Marschall an das Auswärtige Amt, 20. Januar 1903, PA Türkei Nr. 142, Bd. 20,21.
[129]An das Auswärtige Amt, 31. Juli 1911, PA Türkei Nr. 142, Bd. 33,34.
[130]Krupp Germania an das Auswärtige Amt, 14. August 1911, PA Türkei Nr. 142, Bd. 33,34.
[131]Von Strempel an das Kriegsministerium, 25. April 1912, PA Türkei Nr. 142, Bd. 34,35.
[132]Von Strempel an das Kriegsministerium, 12. April 1913, PA Türkei Nr. 142, Bd. 36,37.
[133]Von Strempel an das Kriegsministerium, 12. Mai 1913, PA Türkei Nr. 142, Bd. 36,37.
[134]Neue Freie Presse, 10. Dezember 1913, in: PA Türkei Nr. 142, Bd. 37,38.
[135]Wangenheim an den Reichskanzler von Hollweg, 9. Dezember 1913, PA Türkei Nr. 142, Bd. 37,38.
[136]Kölnische Zeitung, 18. Dezember 1913, in: PA Türkei Nr. 142, Bd. 37,38.
[137]F. Krupp an das Auswärtige Amt, 11. November 1913, PA Türkei Nr. 142, Bd. 36,37.
[138]Siehe zur russischen Opposition gegen die deutsche Militärmission unter Führung von Otto Liman von Sanders. Bühler, Johannes, Vom Bismarck-Reich zum geteilten Deutschland, Berlin 1960, S. 356-359.
[139]Vgl. McGarity, a. a. O., S. 147-53.
[140]Wangenheim an das Auswärtige Amt, 3. Dezember 1913, PA Türkei Nr. 142, Bd. 37,38.
[141]Mutius an das Auswärtige Amt, 2. Februar 1914, PA Türkei Nr. 142, Bd. 38,39.
[142]Marschall an den Reichskazler von Bülow, 28. November 1908, PA Türkei Nr. 142, Bd. 27,28.
[143]Aufzeichnung von Nahmer, 26. August 1908, PA Türkei Nr. 158, Bd. 9,10.
[144]Vgl. Verzeichnis der von der Gussstahlfabrik und vom Grusonwerk von 1847 bis 1912 gefertigten Kanonen, a. a. O., S. 44 und 44 a.
[145]An den Reichskanzler von Hollweg, 1. Mai 1912, BArch, Türkei Nr. 298, Bd. 3.
[146]Von Strempel an das Kriegsministerium, 29. April 1912, PA Türkei Nr. 142, Bd. 34,35.
[147]Von Strempel an das Kriegsministerium, 1. Mai 1910, PA Türkei Nr. 142, Bd. 29,30.
[148]Von Strempel an das Kriegsministerium, 22. März 1913, PA Türkei Nr. 142, Bd. 35,36.
[149]Wangenheim an das Auswärtige Amt, 4. März 1914, PA Türkei Nr. 142, Bd. 38,39.
[150]Vgl. Giesl, a. a. O., S. 170.
[151]Ebd., S. 173 f.
[152]Streffleurs Militärische Zeitschrift, Grzesicki, Viktor (hrsg.), Bd. 1 und 2, Heft 2, 1909, S. 310.
[153]Vgl. Verzeichnis der von der Gussstahlfabrik und vom Grusonwerk von 1847 bis 1912 gefertigten Kanonen, a. a. O., S. 6.
[154]Streffleurs Militärische Zeitschrift, Grzesicki, Viktor (hrsg.), Bd. 1und 3, Heft 3, 1909, S. 464.
[155]Menne, Deutschlands Kanonenkönige, a. a. O., S. 294.
[156]Jäckh, Ernst, Deutschland im Orient nach dem Balkankrieg, München 1913, S. 71.
[157]Dieser Plan sah vor, bei einem bulgarischen Vormarsch in die Türkei die türkische Armee in eine Defensive zu bringen, um Zeit für eine Erfolg versprechende Gegenoffensive zu gewinnen. (vgl. Jäckh, a. a. O., S. 60.)

[158]Ebd., S. 61 f.
[159]Ebd., S. 68.

6 Einordnung der Ergebnisse und Ausblick

Am Ende dieser Arbeit kann man diskutieren, welche Aussagekraft die Ergebnisse dieser Untersuchung für das deutsch-türkische Verhältnis im Zeitraum (1871-1914) haben. Die Ergebnisse dieser Arbeit, die aus einem bewusst eng ausgewählten Analyserahmen gewonnen wurden, vertreten nur Ausschnitte eines größeren Bildes. Deshalb sollen diese Ergebnisse wieder in dieses Gesamtbild integriert werden, wobei sie keinesfalls geschmälert bzw. relativiert werden. Vielmehr ordnen sie sich als Teil in einen komplexen Gesamtzusammenhang ein, der bisher in der Türkeiforschung wenig Beachtung fand.

Mit der Auswahl des rüstungswirtschaftlichen Erklärungsansatzes von U. Albrecht wurde bei dieser Untersuchung die Aufmerksamkeit auf den Waffenhandel gerichtet, der in dieser Arbeit zunächst als integraler Bestandteil der Militärhilfe (Lieferung von Waffen und Munition) betrachtet wird. In dieser vorliegenden Arbeit wurde gezeigt, dass der Waffen- und Munitionshandel zwischen der Türkei und den deutschen Waffenfabrikanten ein wichtiger Teil des deutsch-türkischen Handels im Zeitraum von 1880 bis 1898 gewesen war. Die Rahmenbedingungen des deutsch-türkischen Verhältnisses, deren Bedeutung im Abschnitt (2) retrospektiv analysiert wurde, legten selbstverständlich eine gute Grundlage für den Aufschwung der deutsch-türkischen Beziehungen. Die industrielle Entwicklung der Türkei (2.3.2), begleitet vom miserablen Zustand ihres Finanzwesens (2.3.1), war für die rückständige Produktionsstruktur verantwortlich. Darüber hinaus spielten auch die Kapitulationen bei der Vernichtung der heimischen Industrie eine entscheidende Rolle. Obwohl die Türkei bis zum 18. Jahrhundert in der Waffenherstellung Europa ebenbürtig gewesen war, war sie schnell wegen der oben erwähnten Gründe im Hinblick auf ihre Leistungsfähigkeit ins Hintertreffen geraten. Aufgrund der Unfähigkeit der türkischen Waffenfabriken (3.3) war die türkische Regierung nicht mehr in der Lage, den eigenen Bedarf aus ihren heimischen Fabriken zu decken. Mit anderen Worten: Die Türkei war wegen der rückständigen Art ihrer Waffentechnologie und wegen des engen Handlungsspielraums ihrer herrschenden Klassen nicht imstande, Waffen in ihren eigenen Fabriken zu produzieren, und war gezwungen, diese aus Deutschland oder anderen Ländern zu importieren.

Die deutschen Militärmissionen - als wichtige Komponenten der deutschen Militärhilfe - trugen zur Entstehung der Abhängigkeit der Türkei von der deutschen Rüstungsindustrie erheblich bei. Wie am Beispiel von der Goltz im Abschnitt (3.2) erörtert wurde, wirkten die deutschen Offiziere in den türkischen Diensten bei der Einführung der deutschen Waffen in der türkischen Armee mit. Überdies wurde der Einfluss von der Goltz dadurch vergrößert, dass er als Ausbilder in den türkischen Militärschulen ein hohes Ansehen unter den türkischen Offizieren genoss. Eine andere Komponente der deutschen Militärhilfe, die Ausbildung von Militärpersonal in Deutschland, wurde ebenfalls gefördert. Wie der Verfasser dieser Arbeit (3.4.2) – (3.4.3) anhand deutscher Archivmaterialien dargestellt hat, wurden viele türkische Militärs in Deutschland ausgebildet. Die Ausbildung in Deutschland kam wiederum diesen Offizieren zugute, d. h. sie bot ihnen damals gute Chancen zum Berufsaufstieg in ihren späteren Laufbahnen. Später hatten sie die höheren Ämter inne, wie es beim Chef des Generalstabes, İzzet Pascha, der Fall gewesen war. Davon profitierte auch Deutschland indirekt. Es ist in diesem Zusammenhang angebracht zu erwähnen, dass die türkische Regierung auf Empfehlung von Kamphövener Unteroffiziere nach Deutschland entsandte, um sie dort in der Handhabung der Schnellfeuergeschütze schulen zu lassen. Im Rahmen des rüstungswirtschaftlichen Transfers kam der Vermittlung dieses militärtechnischen „know-how" eine wichtige Bedeutung zu. Außerdem kam den türkischen Staatsmännern insofern eine große Bedeutung zu, als sie in den Entscheidungsgremien des türkischen Staatsapparates germanophile Ansichten vertraten, wie es im Abschnitt (3.4.2.2) am Beispiel des Einsatzes von M. Şevket bei der Einführung des Mauser-Modells demonstriert wurde. Auf der anderen Seite war die korrupte und bestechliche Genese des politischen Systems der Türkei eine geeignete Operationsbasis für die Abwicklung der Waffengeschäfte, was selbst von Abdülhamid II. hinsichtlich der Bestechungsgeldaffäre von seinem Kriegsminister, Hüseyin Avni Pascha, bei der Bevorzugung des Henry-Martini-Modells bestätigt wurde. Die Erteilung von Konzessionen war in starkem Maße von der Höhe des Bestechungsgeldes abhängig. Infolgedessen war Bestechung ein wichtiger Bestandteil des Waffenhandels, mit dem auch die Krupp-Vertreter gut umzugehen wussten (5.2.7).

Für die Bereitstellung dieser Militärhilfe war die deutsche Rüstungsindustrie auf die Kooperation der deutschen Reichsinstitutionen angewiesen, die es ermöglichten, deutsche Ausbilder in die Türkei zu entsenden und türkische Offiziere in Deutschland auszubilden. In diesem Zusammenhang muss darauf hingewiesen werden, dass dem Sultan und vor allem aber den türkischen Staatsmännern und Militärs als Interaktionspartner der deutschen Seite eine wichtige Bedeutung zukam. Der Waffenhandel zwischen der Türkei und Deutschland war für den Sultan so essentiell, dass er mit diesem Instrument die europäischen Waffenfabrikanten gegeneinander ausspielen konnte, um die Lebensdauer seines Reiches verlängern zu können. Deswegen legte Abdülhamid II. großen Wert auf die Beschaffung des Kriegsmaterials bei der deutschen Rüstungsindustrie (der Firma Krupp, der Waffenfabrik Mauser usw.). Die Vorliebe des Sultans für die deutsche Rüstungsindustrie zeigte sich dadurch, dass er Waffen und Munition aus Deutschland bestellen ließ, ohne die Bestellkommission davon in Kenntnis zu setzen. Um Preisnachlässe von den deutschen Waffenfabrikanten zu erhalten, verhielt sich der Sultan allerdings den anderen europäischen Rüstungsindustrien zugeneigt.

Kaiser Wilhelm II., das Auswärtige Amt und die deutsche Botschaft in İstanbul waren die anderen wichtigsten drei Säulen des deutsch-türkischen Waffenhandels auf der politischen Ebene. Im Zeitalter des Imperialismus waren die außereuropäischen Aktivitäten der deutschen Wirtschaft der Führung des Kaiserreiches willkommen. Wie im Abschnitt (5.1) gezeigt wurde, stand Kaiser Wilhelm II. der Firma Krupp nahe (5.1.1), wobei er allerdings die deutsche Rüstungsindustrie in ihrem Türkeigeschäft generell unterstützte. Durch die Intervention des Kaisers beim Sultan bekam beispielsweise die Karlsruher Patronenfabrik einen großen Patronenauftrag, obwohl sie einen höheren Preis als ihre Konkurrenz angeboten hatte. Mit dem Übergang zur Weltpolitik (2.2.2) setzte die deutsche Führung Prioritäten im Hinblick auf die globalen Interessen der deutschen Industrie, wobei neben dem Auswärtigen Amt den Auslandsvertretungen Deutschlands eine wichtige Rolle zukam. Mit anderen Worten: Diese Institutionen waren ein wichtiges Mittel für die deutsche Rüstung(s)industrie im Ausland gewesen, mit deren Hilfe sie versuchten, ihre Interessen in die Tat umzusetzen. Auf der anderen Seite gab es auch eine enge Verflechtung zwischen der deutschen Rüstungsindustrie und der deutschen Politik (4.1) im Hinblick auf die Förderung des innergesellschaftlichen Prozesses im Dienste der deutschen Außenpolitik. Die Politik und Wirtschaft waren so eng miteinander verflochten, dass die hohen Staatsbeamten nicht selten nach ihrer offiziellen Tätigkeit entweder als Direktoren bzw. als Aufsichtsratmitglieder in der Wirtschaft beschäftigt wurden (5.1.2). Wie bereits erwähnt, war die deutsche Vertretung in İstanbul (3.5.3) in Kooperation mit dem Auswärtigen Amt stets bereit, der deutschen Industrie, vor allem aber den privilegierten Waffenfabriken wie der Firma Krupp und Waffenfabrik Mauser behilflich zu sein. Mit der Zeit entwickelte sich aus der deutschen Botschaft in İstanbul ein nützliches Instrument für die Interessen der deutschen Rüstungsindustrie, vor allem unter Leitung von Marschall Bieberstein.

Wie bereits im Abschnitt (4.4) am Beispiel der Metallpatronenfabrik Lorenz dargestellt wurde, übten die türkischen Aufträge einen indirekten Einfluss auf die Kartellbildung der deutschen Waffen- und Munitionsindustrie aus. In dieser Hinsicht kam dem Waffenfabrikanten Ludwig Löwe eine wichtige Bedeutung zu, der 1889 die DW & MF ins Leben rief. Allerdings liefen die Waffengeschäfte zwischen der Türkei den DW & MF nicht immer konfliktfrei, wie am Beispiel der rissigen Patronen (4.3.3) gezeigt wurde. Es muss in diesem Zusammenhang darauf hingewiesen werden, dass es in den Waffengeschäften sehr üblich gewesen war, die Zahlung des Waffenauftrages durch eine Staatsanleihe zu decken. Die zur Verfügung gestellte Summe wurde im Rahmen eines Anleihegeschäftes für die Bezahlung der Waffenbestellungen verwendet.

Beim Ehrhardt-Krupp Gegensatz ging es um die Profitinteressen der Firma Krupp. Um die Ehrhardt-Werke zu bekämpfen, koalierte die Firma Krupp sogar mit der französischen Firma Schneider. Deutschland drang in eine der Absatzregionen der europäischen Hauptausfuhrländer (Frankreich, Österreich und England), das Osmanische Reich, ein. Trotz des von der Firma Krupp hart geführten Wettkampfes waren die Schneider- Modelle (vgl. Tab. 22) auf dem Balkan vorherrschend gewesen. Obwohl der Sultan sich darum bemühte, bei der Konkurrenz (Frankreich) zu kaufen, um seine Abhängigkeit von den monopolartigen Lieferungen der Firma Krupp zu reduzieren, wurde dies von der Landesverteidigungskommission mit dem Hinweis auf die mangelnde technische Anpassungsunfähigkeit eines neuen Waffentyps abgelehnt, zu der auch Auler und Imhoff angehörten. Die Bemühungen des Sultans, einer einseitigen Abhängigkeit vorzubeugen, sind in einem anderen Zusammenhang erkennbar, als Abdülhamid II. ein anderes Gewehr-Modell einführen wollte, um das Liefermonopol der Waffenfabrik Mauser zu brechen, gelang es ihm wegen der technischen Zwänge ebenfalls nicht, dies zu verwirklichen, wie es im Abschnitt (4.7.2.2) anhand des Beispiels vom Krag-Jörgensen-Modell dargestellt wurde.

Beim Ausbruch des türkisch-russischen Krieges (1877/78) hatte es keine deutschen Gewehr-Modelle (vgl. Tab. 5) beim türkischen Heer gegeben, während fast 20 Jahre später das Mauser-Modell (vgl. Tab. 6) vorherrschend war. Dies kann als Indiz dafür gesehen werden, dass die Türkei eine starke Abhängigkeit von Gewehr- und Patronenlieferungen der Waffenfabrik Mauser entwickelt hatte. Während die Umsetzung des rüstungswirtschaftlichen Transfers in Form von „Transfer von Produktionsanlagen und Personal" weder durch die Waffenfabrik Mauser noch durch die Firma Krupp bestätigt werden kann, wird der rüstungswirtschaftliche Transfer im Hinblick auf die Türkei von diesen beiden Waffenfabriken durch die Bereitstellung von Rüstungsgütern (Gewehren und Kanonen) verwirklicht. Wegen der Finanznot der Türkei und des Willens der deutschen Rüstungsindustrie zur Beibehaltung der Abhängigkeit der Türkei waren die Versuche der türkischen Führung zum Scheitern verurteilt, die darauf abzielten, Waffen und Munition in ihrem eigenen Land herzustellen, wie im Abschnitt (4.3.4) bereits erwähnt wurde. Die türkischen Gewehraufträge mit mehr als 50.000.000 Mark spielten bei der Entwicklung der Waffenfabrik Mauser (4.7.6) eine entscheidende Rolle. Wenn man dem Betrag der im Ausland abgesetzten Gewehre der Waffenfabrik Mauser in Höhe von mehr als 110.000.000 (vgl. Tab. 8) den Betrag der in Deutschland verkauften Gewehre in Höhe von ca. 25.000.000 Mark gegenüberstellt, wird die Bedeutung der ausländischen Abnehmerstaaten für die Waffenfabrik Mauser eindeutig erkennbar.

Da durch den Erwerb eines neuen Rüstungsgutes (Gewehre) das Käuferland (Türkei) in eine vielfältige Beziehung zu dem Hersteller (die Waffenfabrik Mauser) trat, waren die Beziehungen der Waffenfabrik Mauser zum türkischen Kaiserhof in diesem Rahmen zu bewerten. Der Sultan zeichnete P. Mauser, seine Gattin und die führenden Personen seines Werkes mit Medaillen aus. Die ausländischen Aufträge kamen der Waffenfabrik Mauser und der Stadt Oberndorf zugute. Sie förderten die Betriebserweiterung der Fabrik und damit auch deren Arbeiterzahl in stärkstem Maße. Die ausländischen Aufträge (vgl. Tab. 7) trugen erheblich dazu bei, dass die Waffenfabrik ihre Stellung unter den großen Rüstungsproduzenten des 19. Jahrhunderts einnahm. Zusammenfassend kann man sagen, dass die ausländischen Aufträge (4.7.7) sowohl zur technischen Innovation als auch zum betrieblichen Aufschwung der Waffenfabrik Mauser erheblich beigetragen hatten.

Im Hinblick auf die Bereitstellung von Produkten (Kanonen) kommt der Firma Krupp eine wichtige Rolle zu. Anhand der Abb. 5 und der Tab. 9 wurde gezeigt, dass die Kanonenlieferungen an die Türkei für A. Krupp enorm wichtig gewesen waren, weil er um diese Zeit ums Überleben kämpfte. In der Periode (1861-75) importierte die Türkei insgesamt 1816 Kanonen (135.999.680 Mark) (vgl. Tab. 13 und 14) von unterschiedlichen Typen und Kalibern bei der Firma Krupp. Hingegen kaufte die Türkei in der Ära von 1885 bis 1907 (vgl. Abb. 6), summa summarum1924 Kanonen bei der Essener Kanonenfabrik. Aus der Kaliber- und Typenvielfalt der Kanonen (vgl. Tab. 11 und 12) in der Ära von Abdülhamid II. kann man eindeutig erkennen, dass ein technischer Zwang bestand, weswegen die türkische Regierung und vor allem aber der Sultan nicht in der Lage waren, ihren Kanonenlieferanten zu wechseln. Die Zahl der bestellten Kanonen im Gesamtwert von 70.145.383 Mark, 1035 Stück, in der Ära von der Goltz (1883-1893) ist ein Indiz dafür, dass die in diesem Zeitraum eingeleiteten Armeereformen, insbesondere die neue Truppeneinteilung, sich positiv auf die Kanonenbestellungen in Essen auswirkten.

Die ausländischen Aufträge (5.2.2) spielten eine unersetzliche Rolle bei dem betrieblichen Aufschwung der Firma Krupp, was vor allem durch den Vergleich der Kanonenbestellungen der Türkei (vgl. Abb. 7) mit der Russlands (vgl. Abb. 8) zwischen 1871 und 1880 verdeutlicht wurde. Während Russland in diesem Zeitraum insgesamt 1917 Geschütze bestellte, kaufte die Türkei 1443 Geschütze bei der Firma Krupp. Russland nahm zwischen 1871 und 1880 die erste Stelle im Hinblick auf die Kanonenkäufe im internationalen Vergleich ein, wogegen die Türkei von 1861 bis 1914 den ersten Platz mit insgesamt 3936 Kanonen (vgl. Tab. 13) behauptete. Durch die Abb. 9 und die Tab. 15 wurde die Bedeutung des In- bzw. Auslandes für den Absatz der Firma Krupp im Zeitraum (1860-1911) verglichen.

Da der Erwerb eines neuen Rüstungsgutes (Kanone) die Diversifizierung der Beziehungen zum Hersteller förderte, waren eine Reihe von hochrangigen Staatsmännern gern gesehene Gäste in der „Villa Hügel" (5.2.3). A. Krupps Beziehung zum Kammerherrn des Sultans, Ragıp Bey, ist auch in diesem Rahmen zu bewerten. Der gegenseitige Geschenkaustausch war auch als integraler Bestandteil im Hinblick auf die Entwicklungen der bilateralen Beziehungen zwischen dem Sultan und der Familie Krupp (5.2.5) zu betrachten. Friedrich A. Krupp wurde im September 1887 von Abdülhamid II empfangen. Trotz der Sympathiebekundungen A. Krupps Türken gegenüber war er vor allen Dingen am Absatz seiner Rüstungsgüter interessiert. Obwohl A. Krupp die Errichtung von Pulverfabriken in einigen Ländern, unter anderem auch in der Türkei, (Transfer von Produktionsanlagen) erwog, bemühte er sich als Geschäftsmann stets darum, Kunden von seinen Produkten abhängig zu machen.

Neben den Geschützbestellungen interessierte sich die Firma Krupp für die Lieferungen an die türkische Marine, die traditionell den englischen Werften (vgl. Tab. 17) zufielen. So konnte England bis zum Jahre 1876 eine Monopolstellung im Hinblick auf die Belieferung der türkischen Marine gegenüber seinen Konkurrenten behaupten. Aufgrund der anglophilen Einstellung der türkischen Marine konnte die deutsche Schiffsbauindustrie an die Türkei nur Torpedoboote (vgl. Tab. 19) und Zerstörer (vgl. Tab. 18) in den 90er Jahren des 19. Jahrhunderts liefern. Die Domäne der Germaniawerft war allerdings die Rekonstruktion der alten türkischen Kriegsschiffe (5.5.2).

Das Liefermonopol der Firma Krupp auf Kanonen an die Türkei in der Ära von Abdülhamid II., veranlasste die Unzufriedenheit des jungtürkischen Regimes, die darauf zurückzuführen war, dass die Firma Krupp bis dahin Geschütze zu überhöhten Preisen an die Türkei verkauft hatte. In der Ära von Abdülhamid II. gab der Staat 87.329.669 Mark für die Kanonenkäufe bei der Firma Krupp aus. Aufgrund der Einbeziehung der anderen Konkurrenz gingen die Kriegsmaterialbestellungen bei der Firma Krupp in dieser neuen Ära stark zurück. Für diesen Rückgang waren vor allem die Beschäftigung der Regierung mit innenpolitischen Fragen und die schlechte Finanzlage des Landes verantwortlich. Nebensächlich waren die Kriegsmateriallieferungen im Gesamtwert von 2.721.280 Mark an die Türkei in dieser Ära (vgl. Abb. 11) verglichen mit der Hamid'schen Ära (vgl. Tab. 9 und 11 und Abb. 6). Trotz der Einführung der öffentlichen Ausschreibung für Staatsaufträge in dieser Ära versuchte M. Şevket gelegentlich, diese Richtlinie zu umgehen, wovon die Firma Krupp profitierte. Wegen der verschlimmerten Zahlungsunfähigkeit der Türkei war die Firma Krupp am Vorabend des Ersten Weltkrieges nicht gewillt, ihre alte Kundin ohne Vorauszahlung zu beliefern.

Nach der Gründung der Türkischen Republik im Jahre 1923 errichtete die deutsche Rüstungsindustrie drei Gewehr- und Munitionsfabriken sowie zwei Pulverfabriken in der Türkei, d. h. ein rüstungswirtschaftlicher Transfer kam diesmal in Form von „Transfer von Produktionsanlagen und Personal“ zustande. Nach dem Zweiten Weltkrieg spielten die Waffenlieferungen an die Türkei im Rahmen der NATO ebenfalls eine bedeutende Rolle bei den deutsch-türkischen Beziehungen, wobei der Einsatz der deutschen Waffen am Ende des 20. Jahrhunderts beispielsweise gegen die Kurden im Südosten des Landes von Zeit zu Zeit einen politischen Streit zwischen beiden Ländern verursachte.

In einem größeren Zusammenhang stellt sich die Frage, inwieweit eine verstärkte Interaktion der Staaten auf der bilateralen oder internationalen Ebene zur Abrüstung in der Welt beiträgt, unabhängig davon, welche Waffenfirmen am Waffenhandel beteiligt sind. Dabei muss überprüft werden, welche Auswirkungen der Waffenhandel oder die Aufrüstung auf die globale Wirtschaft und auf das nationale, politische und soziale System haben. Wer sind die Gewinner und Verlierer des internationalen Waffenhandels? In diesem Zusammenhang kommt der Betrachtung der Rüstung im Hinblick auf die Entwicklungsländer eine besondere Rolle zu. Ein anderer Aspekt, der in der Forschung diskutiert wird, ob man durch die Rüstung Arbeitsplätze schaffen soll.

7 Abkürzungsverzeichnis

Abb	Abbildung
BArch	Bundesarchiv
AEG	Allgemeine Elektrizitätsgesellschaft
AG	Aktiengesellschaft
DM	Deutsche Mark
DMT	Dimethylterephthalat
DWJ	Deutsches Waffenjournal
DW & MF	Die Deutschen Waffen- und Munitionsfabriken
Frhr	Freiherr
GStA PK	Geheimes Staatsarchiv Preußischer Kulturbesitz
GmbH	Gesellschaft mit beschränkter Haftung
HA Krupp	Historisches Archiv Krupp
HZ	Historische Zeitchrift
KG	Kommanditgesellschaft
M	Modell
PA	Politisches Archiv
RM	Reichsmark
Tab	Tabelle
WAZ	Westfälische Allgemeine Zeitung
ZVDI	Der Zentralverband Deutscher Industrieller

8 Tabellenverzeichnis

Tab. 1: Deutscher Handel mit der Türkei zwischen 1880 und 1913 21

Tab. 2: Der Kurs des Türkischen Pfunds im Vergleich zu den europäischen Währungen im Jahre 1844 54

Tab. 3: Kriegsmateriallieferungen an die Türkei von 1888 bis 1897 133

Tab. 4: Mauser-Gewehrmodelle in der türkischen Armee 134

Tab. 5: Vergleich der Gewehr-Modelle in der türkischen Armee bei Ausbruch des türkisch-russischen Krieges 1877/78 135

Tab. 6: Gewehrmodelle in der türkischen Armee zum Jahresende 1896 136

Tab. 7: Ausländische Mausermodelle im internationalen Vergleich 144

Tab. 8: Vergleich des Inlands- und Auslandsanteils an der Gesamtproduktion der Waffenfabrik Mauser 146

Tab. 9: Die türkischen Feld- und Küstenkanonenbestellungen zwischen 1861 und 1875 bei der Firma Krupp 165

Tab. 10: Die Kanonenbestellungen der Türkei bei der Firma Krupp im Jahre 1885 166

Tab. 11: Die türkischen Geschützbestellungen bei der Firma Krupp zwischen 1885 und 1912 166

Tab. 12: Die türkischen Küsten- und Schiffskanonenbestellungen bei der Firma Krupp zwischen 1885 und 1912 167

Tab. 13: Die Ausgaben der türkischen Regierung für die Kanonenbestellungen bei der Firma Krupp zwischen 1861 und 1912 168

Tab. 14: Der Wert der türkischen Kanonenbestellungen bei der Firma Krupp zwischen 1861 und 1912 169

Tab. 15: Zahl der bestellten bzw. gelieferten Geschütze und Rohre an das In- und Ausland zwischen 1860 und 1911 172

Tab. 16: Kanonenkäufe bei der Firma Krupp zwischen 1871 und 1880

im internationalen Vergleich 173

Tab. 17: Türkische Kriegsschiffe nach dem Bauort/Jahr im Überblick 185

Tab. 18: Zerstörer in der türkischen Marine 186

Tab. 19: Torpedoboote in der türkischen Marine 186

Tab. 20: Türkische Kreuzer nach dem Bauort/Jahr im Überblick 186

Tab. 21: Kanonenkäufe der Türkei bei der Firma Krupp im Jahre 1910 191

Tab. 22: Leichte Feldgeschütze der Balkanländer im internationalen

Vergleich vor dem Ersten Weltkrieg 193

9 Abbildungsverzeichnis

Abb. 1: Türkische Importe aus dem deutschen Zollgebiet 22

Abb. 2: Türkische Auslandsschulden zwischen 1850 und 1914 46

Abb. 3: Darstellung der Waffenkäufe bei der Waffenfabrik Mauser im internationalen Vergleich 145

Abb. 4: Export der Handfeuerwaffen aus Deutschland zwischen1890 und 1910 im internationalen Vergleich 147

Abb. 5: Kanonenkäufe der Türkei bei der Firma Krupp zwischen 1861 und 1875 164

Abb. 6: Kanonenkäufe der Türkei bei der Firma Krupp zwischen 1885 und 1912 165

Abb. 7: Kanonenkäufe der Türkei bei der Firma Krupp zwischen 1861 und 1912 170

Abb. 8: Russische Kanonenkäufe bis zum Jahre 1870 171

Abb. 9: Der Absatz der Firma Krupp im In- und Ausland zwischen 1860 und 1911 173

Abb. 10: Kanonenverkäufe der Firma Krupp im internationalen Vergleich zwischen 1871 und 1880 174

Abb. 11: Kanonenkäufe der Türkei bei der Firma Krupp zwischen 1910 und 1912 191

10 Glossar

Ağa: Titel für Würdenträger außerhalb des juristisch-theologischen Bereiches, etwa für Offiziere, die Analphabeten waren.

Bachschisch: 1) Schmiergeld 2) Trinkgeld

Bey: 1) gleichbedeutend mit Fürst 2) höherer türkischer Titel bzw. Anrede oft hinter dem Namen

Efendi: 1) ursprünglich Titel der islamischen Geistlichen, später auch der Kanzleibeamten 2)Anrede und Titel für höhere Beamte in der Türkei

Großwesir: 1) der Vorsteher der gesamten Staatsverwaltung in islamischen Staaten 2) Titel des türkischen Ministerpräsidenten bis 1922

Kalif: das Oberhaupt der sunnitischen Muslime

Janitschar: 1) Soldat einer Kerntruppe des osmanischen Sultans (14.-17. Jahrhundert) 2) Eliteeinheiten der Osmanischen Armee

Miri: Staatsland

Mülk: Privateigentum

Ordu: Armeebezirke bzw. Armeekorps

Pascha: 1) Titel hoher osmanischer Offiziere oder Beamter, in der Spätzeit General 2) Träger dieses Titels

Sultan: islamischer Souverän

Wali: Großgouverneur, Vorsteher eines Wilajets

Wilajet: Großprovinz, bestehend aus mehreren Verwaltungsbezirken im Osmanischen Reich

11 QUELLEN- UND LITERATURVERZEICHNIS

11.1 Quellenverzeichnis

11.1.1 Archivmaterialen

Politisches Archiv des Auswärtigen Amtes Berlin

R 13285,13286,13288

R 13291-13299

R 13300-13306, 13308-13319, 13357,13358

R 13744-13746, 13795-13798

R 13801-13803 , 13808

R 13939

R 14114, 14115

Historisches Archiv Krupp

FAH Familienarchiv Hügel

FAH 2 B, 67

FAH 2 B, 177

FAH II B, 314 b

FAH III B, 56, 207 und 227

FAH 3 C, 205 und 217

FAH 4 E

Werkarchiv

WA II, 247

WA III, 31, 32

WA IV, 646

WA VII f, 854 und 886

WA IX a, 106 und 170

WA IX d, 304, 476 und 556

WA IX h 147

WA IX z, 154

WA XVI z, 125

WA 48 (Besuchswesen)

48/68, 48/89, 48/120, 48/124, 48/141

S 3 (Drucksachen und technischer Bereich)

WT 1/3, 5 a VII f 862

D 22

E II, 22 a, 22 d, 22 g und 22 h

Bundesarchiv Berlin-Lichterfelde

Handels-und Schiffssache (R 6675)

Türkei Nr. 43, Bd. 3

Türkei Nr. 42, Bd. 4

Geheimes Staatsarchiv Preußischer Kulturbesitz Berlin

I. HA Rep. 120 C XIII 15, Nr.1, Bd.11 und 12

11.1.2 Andere Quellenpublikationen

Alldeutsche Blätter, Nr. 49, Jg. 5, Dezember 1895.

Deutsches Waffen Journal, Nr. 6, 7, 8, 9, 10, 11, 12/1981 und Nr. 1/1982.

Deutscher Geschichtskalender, Bd. 2, Jg. 1898.

Deutsches Handelsarchiv, Reichsamt des Innern (hrsg.), Bd. 2 Jg. 1898.

Die Große Politik der Europäischen Kabinette 1871-1914. Sammlung der diplomatischen Akten des Auswärtigen Amtes, Lepsius, Johannes, Mendelssohn, Albrecht, Thimme, Friedrich (hrsg.), Bd. 8.

Flugschrift, Alldeutscher Verband (hrsg.), München 1896.

Krupp'sche Mitteilungen., Nr. 4, Jg. 38, Essen 1954.

Krupp'sche Mitteilungen, Nr. 1, Jg. 9, Essen 1918.

Ludwig Löwe & Co. AG Berlin 1869-1929 (hrsg.), Berlin 1930.

11.2 Literaturverzeichnis

Agoston, Gabor, Guns for the Sultan. Military Power and the Weapons Industry in the Ottoman Empire, Cambridge 2005.

Ahmad, Feroz, The young Turks. The Committee of Union and Progress in Turkish Politics 1908-14, Oxford 1969.

Ahmed Cemal Pascha, Erinnerungen eines türkischen Staatsmannes, München 1922.

Aktaş, Hayati, Türk-Alman Askeri İlişkileri 1913-18 [Die deutsch-türkischen Militärbeziehungen 1913-1918], Konya 1994.

Albrecht, Ulrich, Der Handel mit Waffen, München 1971.

Albrecht, Ulrich, Ernst Dieter, Lock Peter, u. a., Rüstung und Unterentwicklung. Iran, Indien, Griechenland, Türkei. Die verschärfte Militarisierung, Hamburg 1976.

Albrecht, Ulrich, Sommer Birgit A., Deutsche Waffen für die Dritte Welt. Militärhilfe und Entwicklungspolitik, Hamburg 1972.

Anderson, M. S., The Eastern Question 1774-1923, New York 1966.

Barckhausen, Joachim, Männer und Mächte am Bosporus. Abdülhamid und seine Zeit, Berlin 1938.

Barth Boris, Die deutsche Hochfinanz und die Imperialismen. Banken und Außenpolitik vor 1914, Stuttgart 1995.

Berdrow, Wilhelm, Alfred Krupp und sein Geschlecht. 150 Jahre Krupp-Geschichte 1787-1937, Berlin 1937.

Berkes, Niyazi, Türkiye'de Çağdaşlaşma [Die Modernisierung der Türkei], 5. Aufl., İstanbul 2003.

Birken, Andreas, Die Wirtschaftsbeziehungen zwischen Europa und dem Vorderen Orient im ausgehenden 19. Jahrhundert, Wiesbaden 1980.

Bode, Friedrich H., Der Kampf um die Bagdadbahn 1903-14. Ein Beitrag zur Geschichte der deutsch-englischen Beziehungen, Breslau 1941.

Boelcke, Willi (hrsg.), Krupp und die Hohenzollern in Dokumenten. Krupp- Korrespondenz mit Kaisern, Kabinettchefs und Ministern 1850-1918, Frankfurt a. M. 1970.

----------, Krupp und die Hohenzollern, Berlin 1956.

Bonhard, Otto, Geschichte des Alldeutschen Verbandes, Leipzig, Berlin 1920.

Bontrup Heinz, Zdrowomyslaw Norbert, Die deutsche Rüstungsindustrie. Vom Kaiserreich bis zur Bundesrepublik, Heilbronn 1988.

Bozdağ, İsmet, Sultan Abdülhamid'in Hatıra Defteri [Das Tagebuch von Sultan Abdülhamid], İstanbul 2002.

Braun, Oscar, Wirtschaftliche Abhängigkeit und imperialistische Ausbeutung in: Senghaas, Dieter (hrsg.), Peripherer Kapitalismus Analysen über Abhängigkeit und Unterentwicklung, 2. Aufl., Frankfurt a. M. 1977, S. 137-55.

Butterfield, Paul K., The Diplomacy of the Bagdad Railway 1898-1914, Göttingen 1932.

Bühler Johannes, Vom Bismarck-Reich zum geteilten Deutschland, Berlin 1960.

Büyüktuğrul, Afif, Sultan Abdülhamid Donanmamızı Neden Bağlamıştı? [Warum ließ Sultan Abdülhamid II. unsere Flotte verrosten?], in: Belgelerle Türk Tarihi Dergisi, Nr.12, Jg. 1968.

Carmel, Alex, Die Siedlungen der württembergischen Templer in Palästina 1868-1918, Stuttgart 1973.

----------, The Political Significance of German Settlement in Palestine 1868-1918, in: Wallach, Jehuda L. (hrsg.), Germany and the Middle East 1835-1939, Tel Aviv 1975, S. 45-71.

-----------, Die deutsche Palästinapolitik 1871-1914, in: Jahrbuch des Instituts für Deutsche Geschichte, Grab, Walter (hrsg.), Bd. 4, Tel Aviv 1975, S. 205-55.

Chapman, M. K., Great Britain and the Bagdad Railway 1888-1914, Northampton 1948.

Cem, İsmail, Türkiye'de Geri Kalmışlığın Tarihi [Die Geschichte der Rückständigkeit in der Türkei], 4. Aufl., İstanbul 1974.

Çetin, Alaaddin, Yıldız Ramazan, Sultan II. Addülhamid Han. Devlet ve Memleket görüşlerim [Der Sultan Abdülhamid II. Meine Ansichten über das Land und den Staat], İstanbul 1976.

Coetzee, Marilyn S., The German Army League. Popular Nationalism in Wilhelmine Germany, New York, Oxford 1990.

Dahlhaus, Friedrich, Möglichkeiten und Grenzen auswärtiger Kultur- und Pressepolitik. Dargestellt am Beispiel der deutsch-türkischen Beziehungen 1914-18, Frankfurt a. M., Bern, Paris 1990.

Dann, Otto, Nation und Nationalismus in Deutschland 1770-1990, München 1993.

Earle, Edward M., Turkey, the Great Powers and The Bagdad Railway. A Study in Imperialism, New York 1923.

Ebell, Max, Wilhelm Mauser, Ein deutscher Erfinder sein Leben anhand seiner Briefe, München 1921.

Ehrhardt, Heinrich, Hammerschläge. 70 Jahre deutsche Arbeiter und Erfinder, Leipzig 1922.

Eldem, Vedat, Osmanlı İmparatorluğu'nun İktisadi Şartları Hakkında bir Tedkik [Eine Studie über die Wirtschaftsbedingungen des Osmanischen Reiches], o. O. 1970.

Emre, Gültekin, 300 Jahre Türken an der Spree. Ein vergessenes Kapitel Berliner Kulturgeschichte, Berlin 1983.

Engelbrechten, C. A., Kaiser Wilhelms Orientreise und deren Bedeutung für den deutschen Handel. Neue Bahnen und Wege für den deutschen Ausfuhrhandel, Berlin 1890.

Erzberger, Matthias, Rüstungsaufgaben des Deutschen Reiches, Stuttgart 1914.

Farah, Irmgard, Die deutsche Pressepolitik und Propagandatätigkeit im Osmanischen Reich von 1908-18 unter besonderer Berücksichtigung des „Osmanischen Lloyd", Stuttgart 1993.

Fischer, Fritz, Griff nach der Weltmacht. Die Kriegszielpolitik des kaiserlichen Deutschlands 1914-18, Düsseldorf 1961.

Fitzner, Rudolf, Wirtschaftsgeographie, Berlin 1902.

Friedjung, Heinrich, Das Zeitalter des Imperialismus 1884-1914, 3 Bände, Berlin 1922.

Fröhlich, Michael, Imperialismus Deutsche Kolonial- und Weltpolitik 1880-1914. Deutsche Geschichte der neuesten Zeit vom 19. Jahrhundert bis Gegenwart, München 1994.

Gall, Lothar, Krupp. Der Aufstieg eines Industrieimperiums, Frankfurt a. M. 2000.

Galtung, Johan, Eine strukturelle Theorie des Imperialismus, in: Senghaas, Dieter (hrsg.), Imperialismus und strukturelle Gewalt. Analysen über abhängige Reproduktion, 1. Aufl., Frankfurt a. M. 1972, S. 29-104.

----------, Strukturelle Gewalt. Beiträge zur Friedens- und Konfliktforschung, Hamburg 1975.

Gencer, Mustafa, Bildungspolitik. Modernisierung und kulturelle Interaktion. Deutsch-türkische Beziehungen 1908-18, Münster, Hamburg, London 2002.

Genth, August, Die preußischen Heereswerkstätten, Diss. Phil., Berlin 1926.

Giesl, Wladimir, Zwei Jahrzehnte im Nahen Orient, Steinitz, Ritter von (hrsg.), Berlin 1927.

Grothe, Hugo, Die asiatische Türkei und die deutsche Interessen. Gedanken zur inneren Umgestaltung des Osmanischen Reiches zu den Zielen der deutschen Kulturpolitik, in: Der Neue Orient, 2. Aufl., Halle 1913, S. 37-62.

----------, Deutschland, die Türkei und der Islam, Leipzig 1911.

----------, Türkisch Asien und seine Wirtschaftswerte, Frankfurt a. M. 1916.

Gutsche, Willibald, Monopole, Staat und Expansion vor 1914. Zum Funktionsmechanismus zwischen Industriemonopolen Großbanken und Staatsorganen in der Außenpolitik des Deutschen Reiches 1897 bis Sommer 1914, Berlin 1986.

Halle, William, Türkiye'de Ordu ve Siyaset [Die türkische Armee in der Politik], übersetzt von Fethi, Ahmed, İstanbul 1994.

Hallgarten, George W., Imperialismus vor 1914. Die soziologischen Grundlagen der Außenpolitik europäischer Großmächte vor dem ersten Weltkrieg, Bd. 2, München 1963.

----------, Imperialismus vor 1914. Theoretisches. Soziologische Skizzen der außenpolitischen Entwicklung in England und Frankreich, Bd.1, München 1951.

----------, Das Wettrüsten. Seine Geschichte bis zur Gegenwart, Frankfurt a. M. 1967.

Hallgarten, George W., Radkau, Joachim, Deutsche Industrie und Politik von Bismarck bis heute, Frankfurt a. M., Köln 1974.

Hammann, Otto, Der missverstandne Bismarck. Zwanzig Jahre Deutscher Weltpolitik, Berlin 1921.

Hammer Oberstleutnant a. D., Das Gerät der Gebirgsartillerie vor, in und nach dem Weltkrieg, Berlin 1943.

Harting, Paul, Die Bagdadbahn. Idee und Verwirklichung, in: Zeitschrift für Geopolitik, Heft 11, Jg.17, 1940, S. 543-47.

Hassler, Friedrich, Bihl, Adolf, 50 Jahre Deutsche Waffen- und Munitionsfabriken, Berlin 1939.

----------, Geschichte der Mauser-Werke, Berlin 1938.

Helfferich, Karl, Deutschlands Volkswohlstand 1888-90, Berlin 1913.

----------, Die deutsche Türkenpolitik, Berlin 1921.

Hennig, Richard, Die deutschen Bahnbauten in der Türkei. Ihr politischer, militärischer und wirtschaftlicher Wert, Leipzig 1915.

Hering, Rainer, Konstruierte Nation. Der Alldeutsche Verband 1890 bis 1939, Hamburg 2003.

Heyersberg, Fritz A., Maschinenverwendung im Wirtschaftsleben der Türkei, Berlin 1934.

Hobson, John A., Der Imperialismus, Köln, Berlin 1968.

Holborn, Hajo, Deutschland und die Türkei 1878-90, Berlin 1926.

Huber, Reinhard, Die Bagdadbahn, Berlin 1943.

Hubka Gustav, Die Reformaktion in Mazedonien in den Jahren 1904-08, in: Streffleurs Militärische Zeitschrift, Bd. 1, Nr. 2, Jg. 86, Wien 1909, S. 913-26.

Ibbeken, Rudolf, Das außenpolitische Problem Staat und Wirtschaft in der deutschen Reichspolitik 1880-1914, Diss. phil., München 1929.

İzzet, Pascha, Denkwürdigkeiten des Marschalls İzzet Pascha, Klinghardt, Karl (hrsg.), Leipzig 1927.

Jerussalimski, Arkadi S., Die Außenpolitik und die Diplomatie des deutschen Imperialismus Ende des 19. Jahrhunderts, Berlin 1954.

----------, Der deutsche Imperialismus. Geschichte und Gegenwart, Berlin 1968.

Jäckh, Ernst, Der aufsteigende Halbmond. Beiträge zur türkischen Renaissance, Berlin 1911.

----------, Die Beziehungen der deutschen Industrie zum türkischen Reich, in: Technik und Wirtschaft, Heft 5, Jg. 9, 1916, S. 189-204.

----------, Deutschland im Orient nach dem Balkankrieg, München 1913.

Jäger, Hans, Unternehmer in der deutschen Politik 1890-1918, Bonn 1967.

Kampen, Wilhelm van, Studien zur deutschen Türkeipolitik in der Zeit Wilhelms II., Kiel 1968.

Kamphövener, Elsa Sophia von, Damals im Reiche der Osmanen. Ein Märchen der Wirklichkeit aus der Türkei des Sultan Abdülhamid, Gütersloh 1959.

Karal, Enver Ziya, Osmanlı Tarihi [Die osmanische Geschichte], Bd. 8, 1. Aufl., Ankara 1962.

Karal, Enver Ziya, Osmanlı Tarihi [Die Osmanische Geschichte], Bd. 7, 3. Aufl., Ankara 1983.

Kälble, Hartmut, Industrielle Interessenpolitik in der Wilhelminischen Gesellschaft. Zentralverband Deutscher Industrieller 1895-1914, Berlin 1967.

Kärger, Karl, Kleinasien. Ein deutsches Kolonisationsfeld, Berlin 1892.

Kettenbach, Hans Werner, Lenins Theorie des Imperialismus. Grundlagen und Voraussetzungen, Köln 1965.

Klass, Gert von, Die drei Ringe. Lebensgeschichte eines Industrieunternehmens, Tübingen 1953.

----------, Krupps. The Story of an Industrial Empire, London 1954.

Kloosterhuis, Jürgen, „Friedliche Imperialisten“ Deutsche Auslandsvereine und auswärtige Kulturpolitik 1906-08, Bd. 1und 2, Frankfurt a. M., Bern, New York, 1981.

Kocabaş, Süleyman, Pancermenizmin „Şarka Doğru“ Politikası. Tarihte Türkler ve Almanlar, [Die Politik des Pangermanismus „Drang nach dem Osten“. Die Türken und Deutschen in der Geschichte], İstanbul 1988.

Kosar, Franz, Leichte Feldgeschütze, Bd.1, München 1971.

Kössler, Armin, Aktionsfeld Osmanisches Reich. Die Wirtschaftsinteressen des Deutschen Kaiserreiches in der Türkei 1871-1908, New York 1981.

Krauss, Jakob, Deutsch-türkische Handelsbeziehungen. Seit dem Berliner Vertrag unter besonderer Berücksichtigung der Handelswege, Jena 1901.

Kruck, Alfred, Geschichte des Alldeutschen Verbandes 1890-1939, Wiesbaden 1954.

Küntzer, Karl, Abdülhamid II. und die Reformen in der Türkei, Dresden, Leipzig 1897.

Lindenberg, Paul, Auf deutschen Pfaden im Orient. Reisebilder, Berlin 1902.

Lindow, Erik, Freiherr Marschall von Bieberstein als Botschafter in Konstantinopel 1897-1912, Danzig 1934.

Manchester, William, Krupp. Chronik einer Familie, München 1978.

----------, The Arms of Krupp 1587-1968, Canada, 1965.

Matuz, Josef, Das Osmanische Reich, Grundlinien seiner Geschichte, 1.Aufl., Darmstadt 1985.

McGarity, Madison J., Foreign Influence on the Ottoman Turkish Army 1880-1918, Washington 1968.

Mejcher, Helmut, Die Bagdadbahn als Instrument deutschen wirtschaftlichen Einflusses im Osmanischen Reich, in: Geschichte und Gesellschaft, Mommsen, Wolfgang J. (hrsg.), Heft 4, Jg. 1, 1975, S. 447-81.

Menne, Bernhard, Krupp Deutschlands Kanonenkönige, Zürich 1937.

----------, Krupp or the Lords of Essen, London, Edinburgh 1937.

Messerschmidt, Manfred, Die Armee in Staat und Gesellschaft. Die Bismarckzeit, in: Michael Stürmer (hrsg.), Das kaiserliche Deutschland. Politik und Gesellschaft 1870-1918, 2. Aufl., Düsseldorf 1984, S. 89-118.

----------, Die politische Geschichte der preußisch-deutschen Armee, in: Handbuch zur deutschen Militärgeschichte 1648-1939, Bd. 2, Militärgeschichte im 19. Jahrhundert 1814-1890, München 1975, S. 3-380.

Mohr, Anton, Der Kampf um Türkisch-Asien. Die Bagdadbahn, Meißen 1919.

Moltke, Helmuth von, Moltke'nin Türkiye Mektupları [Die Türkeibriefe von Moltke], übersetzt von Örs, Hayrullah, İstanbul 1995.

Mommsen, Wolfgang J., Imperialismustheorien. Ein Überblick über die neueren Imperialismusinterpretationen, Göttingen 1977.

----------, Europäischer Finanzimperialismus vor 1914. Ein Beitrag zu einer pluralistischen Theorie des Imperialismus, in: HZ, Bd. 224, 1977, S. 17-81.

----------, The Age of Bureaucracy. Perspectives on the Political Sociology of Max Weber, Oxford 1974.

Mühlen, Norbert, Die Krupps, Frankfurt a. M. 1960.

----------, The Incredible Krupps. The Rise, Fall and Comeback of Germany's Industrial Family, New York 1959.

Mühlmann, Carl, Das deutsch-türkische Waffenbündnis im Weltkriege, Leipzig 1940.

----------, Deutschland und die Türkei 1913-14, Berlin 1929.

Mutluçağ, Hayri, Dost bildiğimiz ve ordumuzu ıslah için içimizde bulundurduklarımızın marifetleri [Die Geschicklichkeiten der Reformoffiziere in der Türkei, die wir für unsere Freunde gehalten haben.], in: Belgelerle Türk Tarihi Dergisi, Nr. 12, İstanbul 1968, S. 34-41.

Naumann, Edmund, Vom Goldenen Horn zu den Quellen des Euphrats, München, Leipzig 1893.

Nipperdey, Thomas, Deutsche Geschichte 1866-1918. Machtstaat vor der Demokratie, Bd. 2, München 1993.

O'Connor, James, Die Bedeutung des ökonomischen Imperialismus, in: Senghaas, Dieter, Imperialismus und strukturelle Gewalt. Analysen über abhängige Reproduktion, 1. Aufl., Frankfurt a. M. 1972, S. 123-186.

Olson, Ludwig, Mauser Bolt Rifles, Iowa 1976.

Önsoy, Rıfat, Türk-Alman İktisadi Münasebetleri 1871-1914 [Die deutsch-türkischen Wirtschaftsbeziehungen 1871-1914], İstanbul 1982.

Orhan, Tuna, Durchbruch der Türkei zur nationalen Staatswirtschaft, Philippsburg 1938.

Ortaylı, İlber, Osmanlı İmparatorluğu'nda Alman Nüfuzu [Deutscher Einfluss im Osmanischen Reich], 1. Aufl., İstanbul 1998.

Özgüldür,Yavuz, Türk-Alman İlişkileri 1923-45 [Die deutsch-türkischen Beziehungen 1923-45], Ankara 1993.

Özyüksel, Murat, Türk-Alman İlişkilerinin Gelişim Sürecinde Anadolu ve Bağdad Demiryolları [Anatolische Eisenbahnen und die Bagdadbahn im Entwicklungsprozess der türkisch-deutschen Beziehungen], İstanbul 1988.

Pachtner, Fritz, Waffen. Ein Buch vom Schaffen und Kämpfen im Waffenbau, Leipzig 1942.

Palmer, Alan, Verfall und Untergang des Osmanischen Reiches, München 1992.

Pick, Walter, Der deutsche Pionier Heinrich August Meissner Pascha und seine Eisenbahnbauten im Nahen Osten 1901-1917, in: Jahrbuch des Instituts für Deutsche Geschichte, Grab, Walter (hrsg.), Bd. 4, Tel Aviv 1975, S. 257-99.

Pröhl, Karl, Die Bedeutung preußischer Politik in den Phasen der orientalischen Frage. Ein Beitrag zur Entwicklung deutsch-türkischer Beziehungen von 1606 bis 1871, Frankfurt a. M., Bern 1986.

Raab, Alfons, Die Politik Deutschlands im Nahen Orient von 1878 bis 1908, Wien 1936.

Rathmann, Lothar, Berlin-Bagdad. Die imperialistische Nahostpolitik des kaiserlichen Deutschlands, Berlin 1962.

Regel, Fritz, Die deutsche Forschung im türkischen Vorderasien, Leipzig 1915.

Richter, Stefan J., Die Orientreise Kaiser Wilhelms II. 1898. Eine Studie zur deutschen Außenpolitik an der Wende zum 20. Jahrhundert, Hamburg 1997.

Ritter, Gerhard A., Das deutsche Reich 1871-1914, Göttingen 1977.

Rohrbach, Paul, Die Bagdadbahn, Berlin 1911.

Ross, Ludwig, Kleinasien und Deutschland. Briefe und Aufsätze mit Bezugnahme auf die Möglichkeit deutscher Niederlassungen in Kleinasien, Halle 1850.

Şakir, Ziya, Mahmud Şevket Paşa [Mahmud Şevket Pascha], Muallim Fuat Gücüyener'in Tarihi Eserler Serisi, o. O. u. J.

Sanders, Otto Liman von, Fünf Jahre Türkei, Berlin 1920.

Sarıgöl Adem, Mahmud Şevket Paşa'nın Günlüğü [Das Tagebuch von Mahmud Şevket Pascha], İstanbul 2001.

Sarnow, Gabriele, Waffen- und Munitionshandel als Mittel zur „friedlichen Durchdringung" Äthiopiens durch den deutschen Imperialismus 1905 bis 1914, in: Militärgeschichte Nr. 6, Jg. 27, 1988, 551-54.

Sautter, Udo, Deutsche Geschichte seit 1815. Daten, Fakten, Dokumente, Bd.1 und 3, Tübingen, Basel 2004.

Seel, Wolfgang, Mauser-Gewehre unter dem Halbmond. Türkenmauser, in: DWJ, Nr. 6/1981, S. 798-803.

----------, Mauser-Gewehre unter dem Halbmond. Türkenmauser, in: DWJ, Nr. 7/1981, S. 976-81.

----------, Mauser-Gewehre unter dem Halbmond. Türkenmauser, in: DWJ, Nr. 8/1981, S. 1160-64.

----------, Mauser-Gewehre unter dem Halbmond. Türkenmauser, in: DWJ, Nr. 9/1981, S. 1264-69.

----------, Mauser-Gewehre unter dem Halbmond. Türkenmauser, in: DWJ, Nr. 10/1981, S. 1418-23.

----------, Mauser-Gewehre unter dem Halbmond. Türkenmauser, in: DWJ, Nr. 11/1981, S. 1578-82.

----------, Mauser-Gewehre unter dem Halbmond. Türkenmauser, in: DWJ, Nr. 12/1981, S. 1722-27.

----------, Mauser-Gewehre unter dem Halbmond. Türkenmauser, in: DWJ, Nr. 1/1982, S. 52-57.

Senghaas, Dieter, Rüstung und Militarismus, Frankfurt a. M. 1972.

Schäfer, Carl, Deutsch-türkische Freundschaft, Berlin 1914.

Schäfer, Jürgen, Deutsche Militärhilfe an Südamerika. Militär- und Rüstungsinteressen in Argentinien, Bolivien und Chile vor 1914, Düsseldorf 1974.

Scherer Friedrich, Adler und Halbmond. Bismarck und der Orient 1878-90, Paderborn, München 2001.

Scherzer, Call von, Das türkische Münzwesen. Die Maße und Gewichte in der Türkei, Wien 1882.

Schieder, Theodor, Nationalismus und Nationalstaat, in: Dann, Otto, Wehler, Ulrich (hrsg.), Studien zum nationalen Problem in modernen Europa, Frankfurt a. M., 1990.

Schmid, Michael, Der Eiserne Kanzler und die Generäle. Deutsche Rüstungspolitik in der Ära Bismarck 1871-90, Paderborn, München 2003.

Schmidt, Hermann, Das Eisenbahnwesen in der Asiatischen Türkei, Berlin 1914.

Schnee, Heinrich, Nationalismus und Imperialismus, Berlin 1928.

Schölch, Alexander, Wirtschaftliche Durchdringung und politische Kontrolle durch die europäischen Mächte im Osmanischen Reich (Konstantinopel, Kairo und Tunis), in: Geschichte und Gesellschaft, Mommsen, Wolfgang J. (hrsg.), Heft 4, Jg. 1, 1975, S. 404-45.

Schöllgen, Gregor, Stationen deutscher Außenpolitik. Von Friedrich dem Großen bis zur Gegenwart, München 1992.

Steinhaus, Kurt, Soziologie der türkischen Revolution. Zum Problem der Entfaltung der bürgerlichen Gesellschaft in sozioökonomisch schwach entwickelten Ländern, Frankfurt a. M. 1969.

Stolper, Gustav, Deutsche Wirtschaft seit 1970, Tübingen 1964.

Sultan Abdülhamid, Siyasi Hatıratım [Meine politische Erinnerungen], 6. Aufl., İstanbul 1999.

Swanson, Glen W., War, Technology and Society in the Ottoman Empire from the Reign of Abdülhamid II to 1913. Mahmud Şevket and German Militay Mission, in: Parry, V., Yapp, M., War, Technology and Society in the Middle East, New York, Toronto 1975, S. 367-85.

Turfan, Ruhi, Yazman, M., Tarihte Türk-Alman İlişkileri [Die deutsch-türkischen Beziehungen in der Geschichte], İstanbul 1969.

Trumpener, Ulrich, Germany and the Ottoman Empire 1914-18, Princeton 1968.

Türk, Fahri, Die deutsch-türkischen Beziehungen von Bismarcks Sturz und Beginn der deutschen Weltpolitik bis zur Machtübernahme der Jungtürken in der Türkei (1890-1908), „DiplArb." Freie Universität, Otto-Suhr-Institut, Sommer-Semester, Berlin 1997.

Türkdoğan, Orhan, Osmanlı'dan Günümüze Türk Toplum Yapısı [Die Struktur der türkischen Gesellschaft von der osmanischen Zeit bis zum heutigen Tag], İstanbul 2002.

Totomjanz V., Toptschjan, E., Die sozial-ökonomische Türkei, Berlin 1901.

Ullrich, Volker, Die nervöse Großmacht. Aufstieg und Untergang des deutschen Kaiserreiches 1871-1918, Frankfurt a. M. 1997.

Vollmer, Erhard, Die deutsche Gewehr-Industrie, Diss., Tübingen 1913.

Von der Goltz, Colmar, Denkwürdigkeiten, Friedrich Freiherr von der Goltz und Wolfgang Förster (hrsg.), Berlin 1929.

----------, Erinnerungen an Mahmud Şevket Pascha, in: Deutsche Rundschau, Julius, Rodenberg (hrsg.), Bd. 157, Jg. 1913, S. 32-46 und 184-209.

Wallach, Jehuda L., Anatomie einer Militärhilfe. Die preußisch-deutschen Militärmissionen in der Türkei 1835-1919, Düsseldorf 1976.

Weber, Max, Gesammelte Politische Schriften, Tübingen 1971.

Wehberg, Hans, Die internationale Beschränkung der Rüstungen, Stuttgart, Berlin 1919.

Wenzel, Georg, Deutsche Wirtschaftsführer. Lebensläufe deutscher Wirtschaftspersönlichkeiten, Hamburg 1929.

Wiedenfeld, Kurt, Die deutsch-türkischen Wirtschaftsbeziehungen und ihre Entwicklungsmöglichkeiten, München, Leipzig 1915.

Wiegand, Theodor, Halbmond im letzten Viertel. Archäologische Reiseberichte, Kulturgeschichte der antiken Welt, Bd. 29, Mainz 1985.

Wolf, Hellmut, Die wirtschaftliche Entwicklung der Stadt Oberndorf am Neckar mit besonderer Berücksichtigung der Mauserwerke und der Schwarzwälder Boten, Tübingen 1933.

Young, Gordon, The Fall and Rise of Alfred Krupp, London 1960.

Zdenek, Jindra, Der Rüstungskonzern Fried. Krupp AG 1914-18, Prag 1986.

Zinkeisen, Wilhelm J., Geschichte des Osmanischen Reiches in Europa, Bd.1-7, Hamburg, Gotha 1840-1863.

11.3 Hilfsmittel

Allgemeine Deutsche Biographie. Historische Kommission bei der Königlichen Akademie der Wissenschaften (hrsg.), Bd. 20, Leipzig 1884.

Collier's Encyclopedia, Bd.14, 24. Aufl., 1968.

Handbuch der Deutschen Aktiengesellschaften. Jahrbuch der deutschen Börsen, Ausgabe 1902/03, Bd. 1 und 2, Leipzig 1903.

Meyers Neues Lexikon, Bd. 8 und 10, 2. Aufl., Leipzig 1974.

Neue Deutsche Biographie. Die historische Kommission bei der bayerischen Akademie der Wissenschaft (hrsg.), Bd. 4 und 16, Berlin 1990.

The New Encyclopaedia Britannica, Bd. 4, 15. Aufl.

Wörterbuch zur deutschen Militärgeschichte, Bd. 2, Berlin 1985.

ETHNIEN - REGIONEN - KONFLIKTE

Soziologische und politologische Untersuchungen

Herausgeber: Abraham Ashkenasi

Band 1 Klaus Gensicke: Der Mufti von Jerusalem, Amin el-Husseini, und die Nationalsozialisten. 1988

Band 2 Christa Klement: Gemeinwesenorientierte Erziehung und Bildung im Sinne von Community Education als Antwort auf gesellschaftspolitische Herausforderungen der Gegenwart. Eine Analyse des Bedarfs und der Implementationsmöglichkeiten unter Berücksichtigung der spezifischen Bedingungen in der Bundesrepublik Deutschland und in Berlin (West). 1990.

Band 3 Brigitte Mihok: Ethnostratifikation im Sozialismus, aufgezeigt an den Beispielländern Ungarn und Rumänien. 1990.

Band 4 Yousef Nashef: The Psycholocical Impact of the Intifada on Palestinian Children Living in Refugee Camps in the West Bank, as Reflected in their Dreams, Drawings and Behavior. 1992.

Band 5 Mehmet Ata Bakis: Türkische Nahostpolitik seit dem Zweiten Weltkrieg. Ein Beitrag zur türkischen Außenpolitik (1945-1991). 1993.

Band 6 Alfred Tovias and Ephraim Ahiram (Editors) with Paul Pasch in cooperation with the Leonard Davis Institute: Whither EU-Israeli Relations? Common and Divergent Interests. 1995.

Band 7 Brigitte Holzer: Subsistenzorientierung als "widerständige Anpassung" an die Moderne in Juchitán, Oaxaca, México. 1996.

Band 8 Stefan Walz: Staat, Nationalität und jüdische Identität in Österreich vom 18. Jahrhundert bis 1914. 1996.

Band 9 Marita Toglo-Allah: Conflits tchadiens et ingérences étrangères. 1997.

Band 10 Brigitte Mihok: Vergleichende Studie zur Situation der Minderheiten in Ungarn und Rumänien (1989-1996) unter besonderer Berücksichtigung der Roma. 1999.

Band 11 Abraham Ashkenasi (Ed.): The Future of Jerusalem. 1999.

Band 12 Abraham Ashkenasi / Georgia Duprés (Hrsg.): Perspektiven im Zypernkonflikt. 2002.

Band 13 Fahri Türk: Die deutsche Rüstungsindustrie in ihren Türkeigeschäften zwischen 1871 und 1914. Die Firma Krupp, die Waffenfabrik Mauser und die Deutschen Waffen- und Munitionsfabriken. Ein Beitrag zu deutsch-türkischen Beziehungen. 2007.

www.peterlang.de

Kolibri 360 GmbH
Ferdinand-Jühlke-Straße 7
99095 Erfurt, Deutschland
produktsicherheit@kolibri360.de

Druck:
CPI Druckdienstleistungen GmbH
im Auftrag der
Kolibri 360 GmbH
Ferdinand-Jühlke-Str. 7
99095 Erfurt